"十三五"职业教育规划教材

果蔬贮藏与加工技术
第二版

刘新社　聂青玉　主编

GUOSHU ZHUCANG
YU JIAGONG JISHU

化学工业出版社
·北京·

《果蔬贮藏与加工技术》（第二版）以项目为导向，重构教材结构。全书共分为四大模块，包括果蔬质量评价与贮藏特性、果蔬采收及商品化处理、果蔬贮藏技术以及果蔬加工技术。内容涵盖果蔬采前因素、采前生理特性、采后病害对品质的影响；采收、采后商品化处理、采后流通技术；常温贮藏、机械冷藏、气调贮藏；果蔬的罐制工艺、干制工艺、速冻制品等，配套编制《果蔬贮藏与加工技术项目学习册》，微课以二维码的形式展现，方便学生学习相关知识，强化岗位实际操作，使学生的理论基础知识以及技能训练得以提高。教材全面贯彻党的教育方针，落实立德树人根本任务，有机融入党的二十大精神。

本书可作为高职高专食品类、农林类专业的师生用书，也可作为相关专业人员的参考用书。

图书在版编目（CIP）数据

果蔬贮藏与加工技术/刘新社，聂青玉主编. —2 版.
北京：化学工业出版社，2018.2（2025.2重印）
"十三五"职业教育规划教材
ISBN 978-7-122-31222-8

Ⅰ.①果… Ⅱ.①刘…②聂… Ⅲ.①果蔬保藏-职业教育-教材②果蔬加工-职业教育-教材 Ⅳ.①TS255.3

中国版本图书馆 CIP 数据核字（2017）第 314158 号

责任编辑：迟 蕾 李植峰 张春娥 装帧设计：张 辉
责任校对：边 涛

出版发行：化学工业出版社（北京市东城区青年湖南街 13 号 邮政编码 100011）
印 装：北京云浩印刷有限责任公司
787mm×1092mm 1/16 印张 18¼ 字数 469 千字 2025 年 2 月北京第 2 版第 8 次印刷

购书咨询：010-64518888（传真：010-64519686） 售后服务：010-64518899
网 址：http://www.cip.com.cn
凡购买本书，如有缺损质量问题，本社销售中心负责调换。

定 价：49.80 元

《果蔬贮藏与加工技术》（第二版）
编写人员

主　　编　刘新社　聂青玉

副 主 编　李　翔　王红军　刘　莉　鞠璐宁　马　昕

参编人员（按姓名汉语拼音排列）

陈　婵（福建农业职业技术学院）

辜义洪（宜宾职业技术学院）

黄蓓蓓（三门峡职业技术学院）

黄　琼（福建农业职业技术学院）

鞠璐宁（闽北职业技术学院）

李　翔（重庆三峡职业学院）

刘　莉（杭州万向职业技术学院）

刘美琴（福建农业职业技术学院）

刘新社（商丘职业技术学院）

刘振平（重庆安全技术职业学院）

卢　智（长治职业技术学院）

马　昕（青海高等职业技术学院）

聂青玉（重庆三峡职业学院）

王红军（商丘职业技术学院）

张　艳（重庆三峡职业学院）

周兴本（辽宁水利职业学院）

前　言

为了更加顺应当前高职高专教学发展新趋势，紧密结合果蔬贮藏与加工现状及未来发展方向，结合高职教育特点及高职高专农林、食品类专业人才培养目标，对《果蔬贮藏与加工技术》进行了二版修订。该教材以真实的工作过程集成和融合，按照学生的学习规律，系统科学地将其教学化，构建了基于工作过程的课程内容体系。

与第一版相比，第二版主要修订内容及特色如下：

1. 以项目为导向，重构教材结构。本教材分为四大模块，二十个项目。模块一围绕果蔬产品品质鉴定这一中心，包括了采前因素、采前生理特性、采后病害对品质的影响，既是相对独立的工作任务，也为后期的任务打下了基础；模块二包括采收、采后商品化处理、采后流通技术；模块三为果蔬贮藏技术，重点包括常温贮藏、冷库贮藏、气调贮藏等，并设计了不同果蔬产品贮藏技术的任务；模块四为果蔬加工技术，以罐制工艺、干制工艺、速冻制品等不同的加工工艺为线索设计了不同的工作任务。

2. 在项目编写中以真实的工作任务为驱动，并配套编制《果蔬贮藏与加工技术项目学习册》。按照工作任务流程引导学生完成任务资讯、任务实施、检查与评估的工作任务。此外，本书配有二维码，展现微课教学。既方便学生学习相关知识，又强化岗位实际操作，使学生在职业基础知识及职业技能两方面得以提高。

3. 根据现行有关标准，修订更新相关内容。自 2009 年 1 月第一版教材出版以来，国家和地方又修订和颁布了一批果蔬贮藏与加工方面的国家标准、行业标准和地方标准。在教材修订过程中，使用新版标准替换了原已废除的版本标准，同时也补充了一些新标准。

4. 教材全面贯彻党的教育方针，落实立德树人根本任务，有机融入党的二十大精神。

但由于作者水平有限，编写时间仓促，收集和组织材料有限，疏漏及不妥之处仍在所难免，敬请专家和广大读者批评指正。

编者

第一版前言

本教材是根据教育部《关于全面提高高等职业教育教学质量的若干意见》（教高【2006】16 号）、《关于全面开展高职高专院校人才培养工作水平评估的通知》（教高厅【2004】16 号）、《关于加强高职高专教育人才培养工作的意见》（教高【2000】2 号）等文件，结合高等职业教育的特点及高职高专农林、食品专业人才的培养目标，围绕培养技能型人才的要求而编写的。

本教材密切结合当前国内外果蔬贮藏保鲜与加工领域发展的前沿动态及我国果蔬企业生产实际情况，依据企业对人才知识、能力、素质的要求，贯彻职业需求导向的原则，体现了工学结合的特色；教材内容以常规技术为基础，关键技术为重点，理论知识遵循"必需"、"够用"、"管用"及与时俱进的原则，实验实训围绕果蔬产品生产流程设立，加入实际案例、技术路线、操作技能，融合了职业培训、双证考核等相关内容。

全书共分八章两大部分。第一部分为果蔬贮藏基础知识及技术。主要介绍了果蔬采后生理变化和采后处理技术对其贮藏性的影响；着重讲述简易通风库、气调贮藏、保鲜剂贮藏等几种重要贮藏技术，突出贮藏过程中主要问题的控制。第二部分为果蔬加工基础知识及技术。主要介绍了果蔬加工品分类和对原辅料的基本要求；着重讲述原料褐变、罐制品胀罐、果汁的酸败、干制品霉变、腌制品酸败等主要问题的控制；对各类果蔬加工制品的生产进行危害分析并指出关键控制点。增加了对果蔬加工业中发展较快的果蔬速冻、果蔬鲜切加工、果蔬脆片加工等内容以及超临界流体萃取和超微粉碎等新技术的介绍。

本教材由刘新社、易诚主编。刘新社编写绪论、第一章第一、二节和第四章及实验实训一、六；易诚编写第六章、第七章第八节和第八章及实验实训八、十七、十八；缑艳霞编写第一章第三节；张怀珠编写第二章及实验实训二、三；黄蓓蓓编写第三章第一、二节及实验实训五；张琰编写第三章第三、四节和第七章第七节及实验实训四、十三；王宗善编写第五章第一节；周兴本编写第五章第二节和实验实训七；陈婵编写第七章第一、二节和实验实训九；刘美琴编写第七章第三节；黄琼编写第七章第四节和实验实训十、十一；刘莉编写第七章第五、十节和实验实训十二、十六；辜义洪编写第七章第六节和实验实训十四、十五；卢智编写第七章第九节。

由于作者水平有限，编写时间仓促，收集和组织材料有限，疏漏之处在所难免，敬请专家和广大读者批评指正。

编者
2009 年 1 月

目 录

绪　论

　　果蔬是仅次于粮食的第二大类农产品，是人们生活的重要副食品，是食品工业的重要原料。果蔬是人类健康不可缺少的营养之源，它不仅能为人体健康提供多种营养素，尤其是维生素、矿物质、膳食纤维，而且以其丰富多彩、天然独特的色、香、味、形、质赋予消费者愉悦的感官刺激和富有审美情趣的精神享受。随着经济的发展和社会的进步，人们在进行食品消费时，追求营养健康的意识不断增强，而鲜食果蔬成为当之无愧的首选食品。但是由于果品本身含水量高，质脆易腐，容易受微生物侵染，再加上生产与消费区域和时节的错位，以及人们对果蔬消费量迅速增加，果蔬生产和消费的不均衡性和区域局限性的矛盾更加突出。为减少果蔬产品的腐烂损失，促进我国果蔬业的可持续发展，提高果蔬产业的附加值，增强园艺产业的出口贸易，提高创汇能力，大力发展果蔬贮藏加工业意义重大。

一、果蔬贮藏与加工的意义

1. 减少果蔬的损失，更好地满足人民的生活需要

　　果蔬采收后由于生理衰老、病菌侵害及机械损伤等原因，易腐烂变质。据统计，世界上因无保鲜措施或保鲜技术不善而造成的果蔬损失达 20%～40%。由于我国果蔬贮藏加工业相对滞后，每年有 8000 万吨的果蔬腐烂，损失总价值约 800 亿元。果蔬贮藏保鲜在于创造适宜的贮藏条件，将果蔬的生命活动控制在最小限度，以延长果蔬的保存期。果蔬加工可以增加果蔬产品的花色品种，增强居民消费的欲望，从而补充更多的营养素，使膳食结构更加合理。将果蔬加工出营养丰富、口味好、花色品种多的产品，可满足人民群众日益增长的物质和文化需求，更好地服务大众，为社会提供更多更好的营养美食。

2. 提高果蔬产品附加值，是增加农民收入的重要途径

　　加入 WTO 以后，我国农业发展面临机遇，果蔬业也面临着绿色贸易壁垒的挑战。面对来自国际果蔬贮藏加工企业的竞争，我国果蔬产品不仅要有数量规模的优势，更要有品种上和质量上的优势；不仅集中在鲜食和初加工农产品的市场供给，更要有深加工农产品的竞争发展，只有通过加工升值，我国的农业和农民才能摆脱被动的局面，获得较高的经济效益，才能从根本上脱贫致富，实现小康。我国的水果蔬菜总产量虽位居世界首位，但贮藏保鲜加工能力较低，目前经贮藏加工的果蔬不足总产量的 10%，90% 以上是鲜销。一般果蔬产品鲜销价格明显低于经过保藏处理或加工的产品。市场调查证明，果蔬鲜销与贮藏加工的投入产出比在 1∶10 左右。采用适当的保鲜加工处理可以显著提高产品附加值，实现果蔬产业良好的经济效益，增加农民收入。

3. 果蔬贮藏、加工是农业生产的延伸，能够促进果蔬业持续健康发展

　　由于近几年水果蔬菜的大面积栽培，果蔬产量大幅度升高，市场的需求结构发生了根本性变化，多数果品和少数蔬菜已经由原来的卖方市场变为买方市场、由原来的供不应求变为

供过于求，出现季节性过剩或总体过剩，进而造成严重损失。果蔬价格随着产量的升高而逐渐降低，农民收入逐渐减少，已经严重损伤了果农、菜农的积极性，不利于农业的产业化发展，严重影响果蔬种植业的发展大局。解决果蔬这种生产和消费矛盾的根本出路就在于要打破消费时节和消费方式的限制，使产品的消费渠道和消费方式多样化，拉长消费链条，优化消费环节。果蔬的贮藏加工是调节市场余缺、缓解产销矛盾、繁荣市场的重要措施，能够促进果蔬业的持续健康发展。

4. 促进果蔬规模化发展，提高产品的国际竞争力

果蔬产品的保鲜加工业发展是现代化农业发展的必然要求。果蔬保鲜与加工业的发展需要大量的原料基地，不仅是满足鲜食的生产需要，也是满足大规模现代化加工生产的需要，因此将促进果蔬栽培业的规模化发展。大量果品蔬菜通过高科技加工技术，提高了产品的质量，增加了花色品种，延长了农产品的销售时间和供给链条；同时可充分发挥我国劳动力成本低的比较优势，使产品增值，提高出口农产品的技术含量和附加值，缩短同发达国家的差距，更有利于产品走出国门，进一步提高我国果品蔬菜的国际竞争力和出口创汇能力。

二、我国果蔬贮藏加工业的现状

我国果蔬的种植历史悠久，资源丰富，素有"世界园林之母"的称誉，是世界上多种果蔬的发源中心之一。长期以来，我国果蔬生产在全世界占有重要地位，特别是改革开放以来，在以经济建设为中心的战略方针的指引下，我国果蔬的种植面积发展很快，产量逐年提高，到 2015 年全国果蔬总产量分别达到 2.71 亿吨和 7.74 亿吨，均居世界各国之首，已经成为世界果蔬原料生产大国。尤其是苹果、梨、柑橘、桃和油桃、枣、板栗、大蒜等果蔬品种在国际上具有举足轻重的地位。

（一）取得的成绩

近年来，我国果蔬贮藏与加工业取得了一定的成绩，果蔬贮藏与加工业在我国农产品贸易中占据了重要地位。

1. 果蔬种植已形成优势产业带

改革开放以来，特别是 1984 年我国放开果品购销价格、实行多渠道经营以来，极大地调动了广大果农的积极性，全国果蔬生产保持了二十几年连续高速发展的强劲势头。据国家统计局统计，到 2014 年全国蔬菜种植面积达到 2128.9 万公顷，单产也达到最高峰 35701.76kg/hm²；至 2015 年年末，全国水果（含瓜果）总面积达 1536.71 万公顷，较"十二五"期初增加 143.38 万公顷，增长 10.3%，年均增长 1.6%。我国已成为世界第一大果品蔬菜生产国，水果蔬菜总产量均居世界第一位。

与此同时，我国形成了几个果蔬贮藏特色区域，建立了一系列冷库群，如山东的苹果、酥梨、蒜薹贮藏；河南的蒜薹、大蒜贮藏；河北的鸭梨贮藏；陕西和山西的苹果贮藏等。加工方面脱水果蔬加工主要分布在东南沿海省份及宁夏、甘肃等西北地区，而果蔬罐头、速冻果蔬加工主要分布在东南沿海地区。在浓缩汁、浓缩浆和果浆加工方面，我国的浓缩苹果汁、番茄酱、浓缩菠萝汁和桃浆的加工占有突出优势，形成了非常明显的浓缩果蔬加工带，建立了以环渤海地区（山东、辽宁、河北）和西北黄土高原地区（陕西、山西、河南）两大浓缩苹果汁加工基地；以西北地区（新疆、宁夏和内蒙古）为主的番茄酱加工基地和以华北地区为主的桃浆加工基地；以热带地区（海南、云南等）为主的热带水果（菠萝、杧果和香蕉）浓缩汁与浓缩浆加工基地。而直饮型果蔬及饮料加工则形成了以北京、上海、浙江、天津和广州等省市为主的加工基地。

2. 贮藏加工技术和装备水平明显提高

近年来，我国果蔬贮藏理论、技术及手段得到了很大的发展。在保留传统窖藏技术的同时，机械制冷贮藏、保鲜剂、涂膜保鲜技术已广泛应用，先进的气调贮藏技术也已开始应用于生产实践。

目前，我国果品总贮量占总产量的 25％以上，商品化处理量约为 10％，果蔬采后损耗率降至 25％左右，基本实现了大宗果蔬产品南北调运与周年供应。

果蔬汁加工中高效榨汁技术、高温短时杀菌技术、无菌包装技术、酶液化与澄清技术、膜技术等在生产中得到了广泛应用；我国打入国际市场的高档脱水蔬菜大都采用真空冻干技术生产，微波干燥和远红外干燥技术也在少数企业得到应用。果蔬速冻的形式由整体的大包装转向经过加工鲜切处理后的小包装；冻结方式开始广泛应用以空气为介质的吹风式冻结装置、管架冻结装置、可连续生产的冻结装置、流态化冻结装置等，使冻结的温度更加均匀，生产效益更高。果蔬物流领域中 MAP 技术、CA 技术等已在主要果蔬贮运保鲜业中得到广泛应用。

3. 国际市场优势日益明显

在农产品出口贸易中，果蔬加工品占有重要的比重。据统计，2014 年我国农产品出口贸易额为 713.4 亿美元，其中蔬菜出口额居第二位，占农产品出口全额的 17.5％，贸易顺差达 119.9 亿美元。我国脱水蔬菜出口量居世界第一，年出口平均增长率高达 18.5％。速冻果蔬以速冻蔬菜为主，占速冻果蔬总量的 80％以上，产品绝大部分销往欧美国家及日本，年出口平均增长率高达 31％，年创汇近 3 亿美元。我国速冻蔬菜主要有甜玉米、芋头、菠菜、芦笋、青刀豆、马铃薯、胡萝卜和香菇等 20 多个品种。

水果也是我国农产品出口的主要品种，2014 年水果贸易顺差 10.6 亿美元，是平衡我国农产品逆差的重要来源，主要出口产品是鲜冻水果、水果汁、水果罐头和其他加工水果。我国的果蔬汁中，苹果浓缩汁生产能力达到 70 万吨以上，为世界第一位，番茄酱产量位居世界第三，生产能力为世界第二，而直饮型果蔬汁则以国内市场为主。我国的果蔬罐头产品已在国际市场上占据绝对优势和市场份额，如橘子罐头占世界贸易量的 80％以上，蘑菇罐头占世界贸易量的 65％，芦笋罐头占世界贸易量的 70％。

（二）问题与差距

尽管我国的果蔬加工产业在贮藏加工能力、技术水平、硬件装备以及国内外市场开发方面都取得了较大的进步和快速的发展，但是与国外发达国家相比仍然存在很大的差距。

1. 高档优质品种缺乏和加工原料基地不足

我国果蔬资源及产量虽居世界第一，但长期以来仅重视采前栽培、病虫害的防治，却忽视了优良果蔬加工品种选育、采后贮运及产地基础设施建设，导致我国果蔬加工产业高档优质品种缺乏和加工原料基地不足。首先是适合加工的果蔬品种很少，制约了果蔬加工业的良性发展。例如，浓缩苹果汁加工长期以来以鲜食品种为原料进行，产品质量差，出口价格低，经济效益不高。国际贸易中占主导地位的脱水马铃薯、洋葱、胡萝卜及速冻豌豆、马铃薯等大宗品种，我国由于缺乏优质加工品种，加工量较少；其次，我国果蔬产品缺少规格化、标准化管理，致使高档鲜售水果比例不高，市场售价低，竞争能力差，出口水平低下，年出口量仅占总产量的 1％，占世界出口的 2.4％，排名第 12 位，销售价格也只有国际平均价格的一半。在果蔬采后商品化处理中不能很好地解决产地果蔬分选、分级、清洗、预冷、冷藏、运输等问题，致使水果在采后流通过程中的损失相当严重，果蔬每年损失率为 25％～30％，价值约 750 亿元。缺少优质的加工原料基地也是不争的事实，如我国脱水蔬菜出口量虽然居世界第一，但大部分加工企业没有自己的加工原料基地。

2. 贮藏加工设备水平低

尽管高新技术在我国果蔬加工业中得到了逐步应用，贮藏加工装备水平也得到了明显提高，但由于缺乏具有自主知识产权的核心关键技术与关键制造技术，造成了我国果蔬加工业总体贮藏加工技术与加工装备制造技术水平偏低。

(1) 冷库建设领域　20世纪80年代以来，我国耗资数亿元修建了100多座气调贮藏库，并引进了一批先进的具有一定规模的果蔬加工生产线。但由于不适应我国国情，设备利用率不高，加工产品质量不稳定，使得气调贮藏库空闲率大于60%，一般只当作普通库使用。

(2) 果蔬汁加工领域　无菌大罐技术、纸盒无菌灌装技术、反渗透浓缩技术等没有突破；关键加工设备的国产化能力差、水平低。

(3) 罐头加工领域　加工过程中的机械化、连续化程度低，对先进技术的掌握、使用、引进、消化能力差。

(4) 泡菜产品方面　沿用老的泡渍盐水的传统工艺，发酵质量不稳定，发酵周期相对较长，生产力低下，难以实现大规模及标准化工业生产。

(5) 脱水果蔬加工领域　目前我国生产脱水蔬菜大多仍采用热风干燥技术，设备则为各种隧道式干燥机，而国际上发达国家基本上不再采用隧道式干燥机，而常用效率较高、温度控制较好的托盘式干燥机、多级输送带式干燥机和滚筒干燥机。

(6) 果蔬速冻加工领域　在速冻设备方面，目前国产速冻设备仍以传统的压缩制冷机为冷源，其制冷效率有很大限制，要达到深冷比较困难。国外发达国家为了提高制冷效率和速冻品质，大量采用新的制冷方式和新的制冷装置。在发达国家，微波解冻、远红外解冻新技术逐渐应用于冷冻食品的解冻。

(7) 果蔬物流领域　国外鲜食水果已基本实现了冷链流通，从采后到消费全程低温，全过程损失率不到5%。我国现代果蔬流通技术与体系尚处于起步阶段，预冷技术、无损检测技术相对落后。进入流通环节的蔬菜商品未实现标准化，基本上是不分等级、规格，卫生质量检测不全面，流通设施不配套，运输工具和交易方式相对落后，导致我国的果蔬物流与交易成本非常高，与发达国家相比平均高20个百分点。

总体来说，我国果蔬加工和综合利用能力比较低，尤其是很多优质果蔬资源利用率不高，野生果蔬资源还有相当数量没有开发利用，果蔬加工品种少、档次低，不能满足日益增长的社会需求，因此果蔬贮藏加工业亟须加快发展步伐，缩小与发达国家的差距。

三、果蔬贮藏加工业的发展对策及任务

加入WTO为我国果蔬贮藏加工业的发展和壮大提供了良好的发展机遇，果蔬生产的规模化、标准化、国际化、多样化将成为果蔬生产的主题和方向。我国果蔬贮藏加工业应以市场需求为动力，以加工工业为龙头，建立生产专业化、管理企业化、服务社会化、科工贸一体化的现代果品产业集团，提高行业抗风险能力，解除农民的后顾之忧，把果蔬资源优势转化为商品优势，促进我国果蔬业持续、稳定、健康发展。为此，我国果蔬贮藏加工业要做好以下几方面的工作。

1. 促进果蔬产业化进程

树立现代果蔬生产产业化观念，以产业链为纽带，实行各部门联合、各学科协作，优势互补。通过政府部门调控，扶强扶优，建立"生产基地＋保鲜加工企业"的科工贸现代果蔬

产业集团和果蔬科技产业化工程，不同果蔬类别和品种安排在最适宜的地区集中种植，为生产优质的果蔬产品奠定良好的基础。建立完善的包括分选、分级、清洗、预冷、冷藏、包装、冷藏运输的流通保鲜系统，加工产品向多样化和规模化方向发展。加强科技指导，推动我国果蔬业上规模、上水平，实现可持续发展。

2. 加强科技支撑作用

果蔬产业是园艺、生物、化学、工艺、工程、机械等多学科交叉渗透的新兴产业，随着高新技术在果蔬业发展中的不断应用，在苗木繁育、采后保鲜加工增值、综合利用等各个产业链条上，都体现出科技对果蔬品产业的重要支撑作用。采用生物技术、生物工程等高新技术，对果蔬加工、综合利用进行研究，提高农业再生资源加工与综合利用的水平。为了增强科技在果蔬业发展中的转化率和贡献率，应加大科技创新和推广应用的力度。

3. 加快科技人才的培养

市场竞争，说到底是人才的竞争。是否有高素质的优秀人才是企业成败的关键。我国果品生产超常、快速发展，使果品专业技术队伍准备不足。为了改变我国果蔬产品保鲜加工产业的不利局面，还是应从人才培养的角度入手，培育一批有能力的科技人才队伍，特别是在果品贮藏、加工、销售领域中的专业技术人员和管理人员。为此，政府应加大教育资金的投入，同时企业也应给予相应的财物支持。

4. 建立果蔬产品信息网络

果蔬生产者处在生产经营链的末端，由于信息失真或信息传递受阻，往往会造成果农菜农利益的严重损失。及时准确的信息是产业运作的依据，以鲜嫩易腐果蔬为原料的果蔬产业更应加强信息工程建设。只有建立起及时、准确的果蔬生产、贮藏、加工、贸易、销售信息网络，才能把握市场动向，指导产业运作，赢得产销主动权。

5. 实施名牌战略

在保证果蔬品种适销和商品质量的同时，还必须强化品牌意识。国产果品中已经有可与洋水果媲美的产品，但大多有品无牌，有的只是产地加品种，如山东红富士苹果、广西沙田柚等，这样很难形成名牌效应。各地要立足本地资源优势，突出区域优势，抓好重点生产，因地制宜地发展特色水果的贮藏保鲜与加工，逐步形成具有市场竞争力的产业带和产业体系。

6. 建立果蔬及其贮运加工产品规格、标准和质量管理体系，尤其是品质安全体系

这将推进果蔬从育种、栽培、管理、收获到贮运等产业链各环节的现代化、合理化转换。制定果蔬贮藏加工的标准化体系，有利于保证贮藏期间果蔬的营养质量，延长果蔬的贮存期，减少果蔬的损耗，提高后续产品的质量。果蔬的标准化、规格化是我国果蔬产品进入国际市场的通行证。国外强烈要求果蔬产品的标准化，设置层层技术堡垒，限制果蔬产品的进口，我国可通过对果蔬产品的标准化调整，促进我国果蔬产业向国际化发展，提高果蔬产品在国际上的竞争力，创造更高的经济效益。

果蔬质量评价与贮藏特性

果蔬采收后用于贮藏的器官仍然是一个有生命的活体，在商品处理、运输、贮藏、销售过程中继续进行着各种生命活动，向衰老、败坏方向变化。果蔬贮藏保鲜，就是要采取一切技术措施，减缓这种变化，延长采后果蔬的生命，长时间保持新鲜品质。

果蔬新鲜品质的保持能力决定于果蔬自身的品质与耐藏性。果蔬的耐藏性是指在适宜的贮藏条件下抗衰老和抵抗贮藏期间病害的能力。果蔬贮藏效果的好坏，在很大程度上决定于采收以后的处理措施、贮藏设备和管理技术所创造的环境条件。果蔬在适宜的温度、湿度和气体成分的条件下，贮藏寿命可以延长。但实践证明，果蔬自身的化学特性及生长期间的栽培条件对其贮藏性能影响也很大。

项目一　果蔬的化学特性和质量评价

※ 【知识目标】

1. 了解果蔬的化学特性及采后变化规律。
2. 掌握果蔬品质的构成与影响因素。
3. 掌握果蔬质量评价的方法与内容。

※ 【技能目标】

1. 能正确测定果蔬的色泽、大小和硬度等指标，对果蔬进行感官质量评价。
2. 能正确测定果蔬的维生素成分以及含酸量等，对果蔬进行营养质量评价。
3. 能进行果蔬农药残留快速检测，对果蔬进行卫生质量评价。

一、果蔬的化学特性

（一）果蔬的化学组成

果蔬的化学成分十分复杂，可分为水分和干物质（固形物）两部分，水分包括游离水和结合水，干物质包括水溶性成分和非水溶性成分。水溶性成分主要是糖类、果胶物质、有机酸、单宁物质、水溶性维生素、水溶性色素、酶、部分含氮物质、部分矿物质等；非水溶性成分主要是纤维素、半纤维素、木质素、原果胶、淀粉、脂肪、脂溶性维生素、脂溶性色素、部分含氮物质、部分矿物质和部分有机酸盐等。这些物质各有特性，它们是决定果蔬本身品质的重要因素。

（二）果蔬化学成分在贮运中的变化

采收后，果蔬内部的许多物质会发生很大的变化，由此引起果蔬耐贮性、抗病性及果蔬品质、营养价值的变化。熟悉果蔬中物质的变化对于做好果蔬的贮运工作具有十分重要的意义。

1. 水分

水分是维持果蔬正常生理活性和新鲜品质的必要条件，也是果蔬的重要品质特性之一。果蔬的含水量因果蔬种类和品种而异，部分果蔬水分的含量见表1-1。

表 1-1　部分果蔬的水分含量

名称	水分/%	名　称	水分/%	名　称	水分/%
苹果	84.6	柿子	82.4	白菜	95.0
梨	89.3	荔枝	84.8	洋葱	88.3
桃	87.5	龙眼	81.4	甘蓝	93.0
梅	91.1	辣椒	92.4	姜	87.0
杏	85.0	冬笋	88.1	芥菜	92.0
葡萄	87.9	萝卜	91.7	马铃薯	79.9

果蔬采收后，水分供应被切断，而呼吸作用仍在进行，由于一部分水分被带走，造成果蔬的萎蔫，从而促使酶的活力增加，加快了一些物质的分解，造成营养物质的损耗，并且减弱了果蔬的耐贮性和抗病性，引起品质劣变。为防止失水，贮藏室内应进行地面洒水、喷雾，或用塑料薄膜覆盖，增大空气中的相对湿度，使果蔬的水分不易蒸发散失。

2. 碳水化合物

碳水化合物是果蔬中干物质的主要成分，包括糖类、淀粉、纤维素、半纤维素、果胶物质等。

（1）糖类　大多数果蔬都含有糖，糖不仅是决定果蔬营养和风味的重要成分，也是果蔬甜味的主要来源，还是果蔬重要的贮藏物质之一。果蔬中的糖主要包括果糖、葡萄糖、蔗糖和某些戊糖等可溶性糖，不同的果蔬含糖的种类不同。例如苹果、梨中主要以果糖为主；桃、樱桃、杏、番茄主要含葡萄糖，果糖次之；甜瓜、胡萝卜主要含蔗糖；西瓜主要含果糖。不同种类的果蔬含糖量差异很大，而且果蔬在成熟和衰老过程中含糖量和含糖种类也在不断地变化。一般果蔬的含糖量随着成熟而增加，但是块茎、块根等蔬菜与前者相反，成熟度越高含糖量越低。

（2）淀粉　淀粉是由α-葡萄糖分子经缩合而成的多糖，分子量很大。在未成熟的果实中含有大量的淀粉，香蕉的绿果中淀粉含量为20%～25%，成熟后下降到1%以下。块根、块茎类蔬菜中含淀粉最多，如藕、菱、芋头、山药、马铃薯等，其淀粉含量与老熟程度成正比。淀粉在成熟及后熟过程中，在酶的作用下可转化为糖。

（3）纤维素和半纤维素　纤维素和半纤维素在植物界分布极广，数量很多，它们是植物的骨架物质，也是细胞壁和皮层的主要成分，对果蔬的形态起支持作用。纤维素不能被人体吸收，但能刺激肠道蠕动，有助于消化。纤维素具有很大的韧性，不溶于水、稀酸、稀碱，但能溶于浓硫酸。半纤维素在水果、蔬菜中既有类似纤维素的支持功能，又有类似淀粉的贮藏功能。半纤维素也不溶于水，能溶于稀碱，也易被稀酸水解成单糖。

纤维素和半纤维素含量高的原料在加工过程中除了会影响产品的口感外，还会使饮料和清汁类产品产生混浊现象。果蔬成熟衰老时产生木质化、角质化组织，使质地坚硬、粗糙，影响品质，如芹菜、菜豆等老化时纤维素含量增加。另外，许多霉菌含有分解纤维素的酶，受霉菌感染腐烂的果蔬往往变为软烂的状态，就是因为纤维素和半纤维素被分解的缘故。

（4）果胶物质 果胶物质的含量及种类直接影响果蔬的硬度和坚实度。不同种类果蔬果胶物质的含量不同，部分果蔬果胶物质的含量见表1-2。

表1-2　部分果蔬果胶物质的含量

品　种	马铃薯	白球甘蓝	胡萝卜	洋葱	青豌豆	西瓜	甜瓜	葡萄	苹果
果胶物质的含量/%	0.7	0.3	0.4	0.3	0.3	0.3	0.6	0.6	1.1
品　种	樱桃	李	杏	桃	草莓	橘子	甜橙	柠檬	柿子
果胶物质的含量/%	0.5	0.6	0.7	0.6	1.6	0.7	0.9	1.1	0.9

原果胶是一种非水溶性物质，存在于植物和未成熟的果实中，常与纤维素结合，也称为果胶纤维素，它使果实显得坚实脆硬。随着果实成熟，在果实中原果胶酶的作用下，原果胶分解为果胶。果胶易溶于水，存在于细胞液中。成熟的果实之所以会变软、变绵以至水烂解体，就是因为原果胶与纤维素分离变成了果胶，使细胞间失去了黏结物质，形成了松弛组织。果胶的降解受果实成熟度和贮藏条件双重影响。当果实进一步成熟、衰老时，果胶继续在果胶酸酶的作用下，分解为果胶酸和甲醇，果胶酸没有黏结能力，会使果实变得绵软以至于水烂。当果胶进一步分解成为半乳糖醛酸时，果实腐烂解体。

果实硬度的变化与果胶物质的变化密切相关。用果实硬度计来测定苹果、梨等的果实硬度，可以判断成熟度并作为判断果实贮藏效果的指标。

3. 有机酸

有机酸是果蔬酸味的主要来源，其中柠檬酸、苹果酸和酒石酸在果实中的含量较高。蔬菜的含酸量较少，除番茄外，大多都感觉不到酸味的存在，但在有些蔬菜如菠菜、苋菜、竹笋中含有较多的草酸。不同种类和品种的果蔬产品，有机酸种类和含量不同。常见果蔬产品有机酸的含量及种类见表1-3、表1-4。

表1-3　几种果实中有机酸的种类及含量

种类	pH	总酸量/%	柠檬酸含量/%	苹果酸含量/%	草酸含量/%	水杨酸含量/%
苹果	3.00～5.00	0.2～1.6	+	+	—	0
葡萄	3.50～4.50	0.3～2.1	0	0.22～0.92	0.08	0.21～0.70
杏	3.40～4.00	0.2～2.6	0.1	1.3	0.14	0
桃	3.20～3.90	0.2～1.0	0.2	0.5	—	0
草莓	3.80～4.40	1.3～3.0	0.9	1.0	0.1～0.6	0.28
梨	3.20～3.95	0.1～0.5	0.24	0.12	0.3	0

表1-4　常见果蔬中的主要有机酸种类

名　称	有机酸种类	名　称	有机酸种类
苹果	苹果酸	菠菜	草酸、苹果酸、柠檬酸
桃	苹果酸、柠檬酸、奎宁酸	甘蓝	柠檬酸、苹果酸、琥珀酸、草酸
梨	苹果酸，果心含柠檬酸	石刁柏	柠檬酸、苹果酸
葡萄	酒石酸、苹果酸	莴苣	苹果酸、柠檬酸、草酸
樱桃	苹果酸	甜菜叶	草酸、柠檬酸、苹果酸
柠檬	柠檬酸、苹果酸	番茄	柠檬酸、苹果酸
杏	苹果酸、柠檬酸	甜瓜	柠檬酸
菠萝	柠檬酸、苹果酸、酒石酸	甘薯	草酸

通常果蔬发育完成后有机酸的含量最高，随着成熟和衰老，有机酸的含量呈下降趋势。

有机酸含量降低主要是由于有机酸参与果蔬呼吸，作为呼吸的基质而被消耗掉。在贮藏中果实的有机酸下降速度比糖快，而且温度越高有机酸的消耗也越多，造成糖酸比逐渐升高，这也是为什么有的果实贮藏一段时间以后吃起来变甜的原因。

果蔬中有机酸的含量以及有机酸在贮藏过程中变化的快慢，通常作为判断果蔬是否成熟和贮藏环境是否适宜的一个指标。

4. 含氮化合物

果蔬中的含氮物质主要是蛋白质，其次是氨基酸、酰胺及某些胺盐和硝酸盐。果实中除了坚果外，含氮物质一般比较少，为 0.2%～1.5%。蔬菜则较多，叶菜类蔬菜富含含氮物质，甘蓝类和豆类蔬菜也含有很多，其中以抱子甘蓝、羽衣甘蓝和花椰菜为最多。

5. 单宁

单宁也称鞣质，是一种多酚类化合物，易溶于水，有涩味，大多数水果、蔬菜中都含有单宁。单宁与果蔬的风味、褐变和抗病性密切相关。单宁是引起涩味的主要成分，含量高时会给人带来很不舒服的收敛性涩感，但是适度的单宁含量可以给产品带来清凉的感觉，也有强化酸味的作用，这一点在清凉饮料的配方设计中具有很好的使用价值。

6. 酶

果蔬中含有各种各样的酶，溶解在细胞汁液中，其中主要有两大类：一类是水解酶类；一类是氧化酶类。

(1) 水解酶类 水解酶类主要包括果胶酶、淀粉酶、蛋白酶。

果胶酶包括能够降解果胶的任何酶，主要有四类：果胶酯酶、果胶酸酯水解酶、果胶裂解酶和果胶酸酯裂解酶。果实在成熟过程中，质地变化最为明显，其中果胶酶类起着重要作用。果实成熟时硬度降低，与半乳糖醛酸酶和果胶酯酶的活性增加有关。梨在成熟过程中，果胶酯酶活性增加时，即已达到初熟阶段。番茄果肉成熟时变软，是果胶酶作用的结果。淀粉酶主要包括 α-淀粉酶、β-淀粉酶、β-葡萄糖淀粉酶和脱支酶，它们都不能使淀粉完全降解。蛋白酶可以将蛋白质降解，从而减少因蛋白质的存在而引起的混浊和沉淀。

(2) 氧化酶类 果蔬中的氧化酶是多酚氧化酶，俗称有酪氨酸酶、儿茶酚酶、酚酶、儿茶氧化酶、马铃薯氧化酶等。该酶诱发酶促褐变，对加工中产品色泽的影响很大。加工过程中主要采用加热破坏酶的活力、调节 pH 降低酶的活力、加抗氧化剂及隔绝氧气等方法来防止酶促褐变。

7. 色素

色素构成了果蔬的色泽，色泽是人们感官评价果蔬质量的一个重要因素，也是检验果蔬成熟衰老的依据。果蔬中色素种类很多，有的单独存在，有的几种色素同时存在，或显现，或被掩盖。各种色素随着成熟期的不同及环境条件的改变而有各种变化。果蔬的色素主要有叶绿素、类胡萝卜素和花青素。其中叶绿素与类胡萝卜素为非水溶性色素，花青素为水溶性色素。

(1) 叶绿素 叶绿素是两种结构很相似的物质，即叶绿素 a 和叶绿素 b 的混合物。叶绿素的含量以及种类直接影响果蔬的外观质量。对于大多数果蔬来讲，随着果蔬的成熟，叶绿素含量逐渐减少；果蔬中叶绿素的含量随着贮藏期的延长而降低。

(2) 类胡萝卜素 类胡萝卜素主要有胡萝卜素、番茄红素、番茄黄素、辣椒黄素、辣椒红素、叶黄素等。其性能稳定，使果蔬表现为黄、橙黄、橙红等颜色，广泛存在于水果和蔬菜的叶、根、花、果实中。类胡萝卜素中有一些化合物可以转化成维生素 A，它们又称作"维生素 A 原"。当果蔬进入成熟阶段时，类胡萝卜素的含量增加，使其显示出特有的色彩。

（3）花青素（也称花色素） 花青素在果蔬中多以花青苷的形式存在，常表现为紫、蓝、红等色。它存在于植物体内，溶于细胞质或液泡中。花青素在日光下形成，生长在背阴处的蔬菜，花青素含量会受影响。

8. 维生素

维生素是活细胞为维持正常生理功能所必需的、需要极微的天然有机物质。维生素在水果、蔬菜中含量极为丰富，它们是人体维生素的重要来源之一，包括维生素 A、维生素 B_1、维生素 B_2、维生素 C、烟酸等，其中主要是维生素 A、维生素 C。据报道，人体所需维生素 C 的 98％、维生素 A 的 57％左右来自于果蔬。贮运加工过程中如何保持原料中原有的维生素和强化维生素是经常遇到的问题。

维生素 C 是植物体在光的作用下合成的，光照时数以及光的质量对果蔬中维生素 C 含量的影响很大。果蔬种类不同，维生素 C 含量有很大差异。果蔬的不同组织部位其含量也不同，一般是果皮的维生素 C 含量高于果肉的含量。

由于果蔬本身含有促进维生素 C 氧化的酶，因而维生素 C 在贮藏过程中会逐渐被氧化减少。其减少的快慢与贮藏条件有很大的关系，一般在低温、低氧条件下贮藏的果蔬，可以降低或延缓维生素 C 的损失。

9. 矿物质

水果、蔬菜中含有丰富的钾、钠、铁、钙、磷和微量的铅、砷等元素，与人体有密切的关系。在植物体中，这些矿物质大部分与酸结合成盐类（如硫酸盐、磷酸盐、有机酸盐）；小部分与大分子结合在一起，参与有机体的构成，如蛋白质中的硫、磷以及叶绿素中的镁等。

10. 芳香物质

果蔬的香味是由其本身所含有的芳香成分所决定的，芳香成分的含量随果蔬成熟度的增大而提高，只有当果蔬完全成熟的时候，其香气才能很好地表现出来，没有成熟的果蔬缺乏香气。但即使在完全成熟的时候，芳香成分的含量也是极微的，一般只有万分之几或十万分之几。只有在某些蔬菜（如胡萝卜、芹菜）、仁果和柑橘的皮中，才有较高的芳香成分的含量，故芳香成分又称精油。果蔬所含的芳香物质是由多种组分构成的，同时又随栽培条件、气候条件、生长发育阶段、种类等的不同而变化。芳香物质的主要成分为醇类、脂类、醛类、酮类和醚类、酚类以及含硫、含氧化合物等，它们是决定果蔬品质的重要因素，也是判断果蔬成熟程度的指标之一。

芳香性成分均为低沸点、易挥发的物质，因此果蔬贮藏过久，一方面会造成芳香成分的含量因挥发和酶的分解而降低，使果蔬风味变差；另一方面，散发的芳香成分会加快果蔬的生理活动过程，破坏果蔬的正常生理代谢，使保存困难。在果蔬的加工过程中，若控制不好，会造成芳香成分的大量损失，使产品品质下降。

11. 糖苷类物质

果蔬中的糖苷类物质很多，主要有以下几种。

（1）苦杏仁苷 苦杏仁苷存在于多种果实的种子中，核果类原料的核仁中苦杏仁苷的含量较多，在食用含有苦杏仁苷的种子时，应事先加以处理，除去所含的氢氰酸，以防中毒。

（2）橘皮苷（橙皮苷） 橘皮苷是柑橘类果实中普遍存在的一种苷类，在皮和络中含量较多，其次是囊衣中含量较多。橘皮苷是维生素 P 的重要组成部分，具有软化血管的作用。橘皮苷不溶于水、溶于碱液和酒精。橘皮苷在碱液中呈黄色，溶解度随 pH 升高而增大。当 pH 降低时，溶解了的橘皮苷会沉淀出来，形成白色的混浊沉淀，这是柑橘罐头中白色沉淀的主要成分。原料成熟度越高，橘皮苷含量越少。在酸性条件下加热，橘皮苷会逐渐水解，生成葡萄糖、鼠李糖和橘皮素。

（3）黑芥子苷 黑芥子苷是十字花科蔬菜辛辣味的主要来源，存在于根、茎、叶和种子中。黑芥子苷可在酶或酸的作用下水解，生成具有特殊刺激性辣味和香气的芥子油、葡萄糖和硫酸氢钾，这种变化在蔬菜的腌制中十分重要。

（4）茄碱苷 茄碱苷又称龙葵苷，是一种剧毒且有苦味的生物碱，含量在 0.02％时即可引起中毒。茄碱苷主要存在于马铃薯的块茎中，在番茄和茄子中也有。在马铃薯中，此物质正常的含量为 0.001％～0.002％，主要集中在薯皮和萌发的芽眼附近，受光发绿的部分特别多，故发芽之后的马铃薯不宜食用。在未熟的绿色茄子和番茄中，茄碱苷的含量也较多，成熟后含量减少。茄碱苷不溶于水，溶于热的酒精和酸溶液，在酶的作用下能够水解为葡萄糖、半乳糖、鼠李糖和茄碱。

二、果蔬的质量评价

果蔬质量评价是在对果蔬质量全面了解的基础上，按相关质量标准对其做出公正、合适的评定。

（一）果蔬质量的构成

果蔬质量指果蔬产品品质的优质程度，不仅包括风味、外观和营养成分，而且还包括卫生品质等，也称为果蔬品质。果蔬质量是果蔬产品的综合特征，直接决定了果蔬产品的可接受性。果蔬质量的构成包括感官质量、卫生质量、营养质量和商品化处理质量。在果蔬质量评价中主要评价果蔬的感官质量和卫生质量。

1. 感官质量

感官质量指通过人体的感觉器官能够感受到的品质指标的总和，主要包括外观、质地、风味三方面。外观包括大小、形状、色泽、光泽等；质地包括对软、硬、汁液及粗、砂等状态的手感和口感；风味包括了舌头感觉的酸、甜、苦、辣、鲜和鼻子嗅到的由芳香化合物赋予的气味。

2. 卫生质量

卫生质量指直接关系到人体健康的品质指标的总和，包括果蔬表面的清洁程度，组织中的重金属含量、农药及其他限制性物质如亚硝酸盐等的残留量。它们主要来自三个方面：一是果蔬原料本身或某些成分经转化而成的有毒物质；二是微生物污染所致；三是水、大气、土壤的污染和农药残毒。果蔬中的有毒有害物质超过一定的限度即可影响人体的健康。

3. 营养质量

营养质量指果蔬产品中含有的各种营养素的总和，包括碳水化合物、脂类、蛋白质、维生素、矿物质等，特别是维生素和矿物质的含量。

4. 商品化处理质量

商品化处理质量指果蔬在采收后和销售环节进行分级、包装、贮藏、运输的质量水平。

（二）果蔬质量标准

果蔬质量标准是对果蔬质量及其相关因子所提出的准则。果蔬质量标准是评定果蔬质量的依据，通过果蔬标准的制定和执行，就能够保证质量达到当前应有的水平，能够刺激生产者改进栽培措施，促进质量和商品率的提高。它可以给果蔬生产者、收购者和流通渠道中各环节提供贸易语言，是生产和流通中评定果蔬产品质量的技术准则和客观依据，有助于生产者和经营管理者在果蔬上市前做好准备工作和标价。等级标准还可以为优质优价提供依据，能够以同一标准对不同市场上销售的产品进行比较，便于市场信息的交流。当果蔬质量发生争议时，可根据标准做出裁决，为果蔬的期货贸易奠定基础。标准一经批准发布就成为技术法规，无论工、农、商部门，还是各级生产、科研、管理部门或企事业单位，都不得擅自更改或降低标准。对违反标准以致造成损失者，应追究责任，进行处分或经济制裁，同时标准管理部门应尽量创造执行的条件，以促进标准早日执行，增强果蔬的竞争力。不过要制定包含所有构成品质因素的标准，困难非常多。制定适宜的标准是今后果蔬质量标准化的一项重要工作。

为了提高我国水果和蔬菜保鲜加工和安全水平，国家制定了很多标准，如：

GB 5009 食品理化指标检验标准

GB/T 8210《出口柑桔鲜果检验方法》

GB/T 8855《新鲜水果和蔬菜的取样方法》

GB/T 10547《柑桔储藏》

GB/T 13607《苹果、柑桔包装》

GB 14875《食品中辛硫磷农药残留的测定方法》

GB 14877《食品中氨基甲酸酯类农药残留量的测定方法》

GB/T 14929.6《大米和柑桔中喹硫磷残留量的测定方法》

GB/T 17331《食品中有机磷和氨基甲酸酯类农药多种残留的测定》

GB/T 17332《食品中有机氯和拟除虫菊酯类农药多种残留的测定》

（三）感官质量评价

感官质量评价主要是指能凭借人的耳、目、口、鼻、手等感觉器官来进行评价的一种质量特性，包括色泽、缺陷（伤残、污点）、大小、形状、口和手的触感、气味和风味等。感官检验的优点是快速简便，不需复杂和特殊的仪器和试剂，不受地点限制；缺点是受检验人员的生理条件、工作经验和外界环境的影响较大，具有一定的主观性。通过对样品色泽、气味、滋味、外形等指标的观察，可判定样品是否达到标准的要求。

1. 色泽

果蔬成熟时表现出特有的色泽，良好的色泽可增强其吸引力，在多数情况下色泽常作为判断果蔬成熟度的指标。色泽经常与风味、质地、营养价值、营养成分的完整性相关。果蔬良好的色泽能诱发人的食欲，因此，保持果蔬固有的色泽是果蔬贮藏的一个重要内容。

2. 大小和形状

一般要求果蔬大小和形状比较整齐，便于大规模地进行机械化处理，废料少，生产快速，易获得均匀一致的果形规格。

果品生产上，以大果实为最好，因为果实个体的大小与亩产量成正比。在加工上，果形较大，去皮、去心等的损失小，数量特性较好，出汁率高，这与生产上的要求相同，但有些产品却有例外，例如制作橘瓣罐头的温州蜜柑，以中等大小的果实为宜，过大、过小都不能制成高质量的橘瓣罐头。果实的形状以果形适于机械处理，能减少加工处理损失为好，如梨以圆球果形最佳；制作糖水橘瓣罐头的温州蜜柑以扁圆形最好。

3. 质地

果蔬的质地特性即对果肉组织的各种接触感觉，如硬度、柔嫩性、汁液性、沙砾性、纤维性和淀粉性等，表现出致密、粗硬、柔软的不同，它关系到食用品质、加工品质、耐藏性和抗压能力。以果实而言，果皮和果肉的构造不同，成熟时的变化也不同，果肉由薄壁细胞构成，其细胞大小、细胞间隙大小、水分含量以及果皮厚薄及韧度均与其组成有关。果蔬的质地关系到产品品质和采后处理，通过植物组织解剖学的研究和多糖类的含量测定，可以了解质地变化的实质，并对果蔬质地进行评价。

表 1-5～表 1-7 是一些常见果蔬的感官质量评价标准。

表 1-5 无公害蔬菜的感官质量指标

种 类	品 种	要 求
叶菜类	白菜类、甘蓝类、绿叶菜类	属同一品种规格，肉质鲜嫩，形态好，色泽正常；茎基部削平，无枯黄叶、病叶、泥土，无明显机械伤和病虫害伤；无烧心焦边、腐烂等现象，无抽薹（菜心除外）；结球的叶菜应结球紧实；菠菜和本地芹菜可带根。花椰菜、青花菜属于同一品种规格，形状正常，肉质致密、新鲜，不带叶柄，茎基部削平，无腐烂、病虫害、机械伤；花椰菜花球洁白，无毛花，青花菜无托叶，可带主茎，花球青绿色、无紫花、无枯蕾现象
茄果类	番茄、茄子、甜椒、辣椒等	属同一品种规格，色鲜，果实圆整、光洁，成熟度适中，整齐，无烂果、异味、病虫和明显机械损伤
瓜类	黄瓜、瓠瓜、丝瓜、苦瓜、冬瓜、南瓜、佛手瓜等	属同一品种规格，形状、色泽一致，瓜条均匀，无疤点，无断裂，不带泥土，无畸形瓜、病虫害瓜、烂瓜，无明显机械伤
根菜类	萝卜、胡萝卜、大头菜、芜菁等	属同一品种规格，皮细光滑，色泽良好，大小均匀，肉质脆嫩致密。新鲜，无畸形、裂痕、糠心、病虫害斑，不带泥沙，不带茎叶、须根
薯芋类	马铃薯、薯蓣、芋、姜、豆薯等	属同一品种规格，色泽一致，不带泥沙，不带茎叶、须根，无机械伤和病虫害斑，无腐烂、干瘪。马铃薯皮不能变绿色
葱蒜类	大葱、分葱、四季葱、韭菜、大蒜、洋葱等	属同一品种规格，允许葱和大蒜的青蒜保留干净须根，去老叶，韭菜去根、去老叶，蒜头、洋葱去根，去枯叶；可食部分质地幼嫩，不带泥沙杂质，无病虫害斑
豆类	豇豆、菜豆、豌豆、蚕豆、刀豆、扁豆等	属同一品种规格，形态完整，成熟度适中，无病虫害斑。食荚类：豆荚新鲜幼嫩，均匀。食豆仁类：籽粒饱满较均匀，无发芽。不带泥土、杂质
水生类	茭白、藕、荸荠、慈姑、菱角等	属同一品种规格，肉质嫩，成熟度适中，无泥土、杂质、机械伤，不干瘪，不腐烂霉变，茭白不黑心
多年生类	竹笋、黄花菜、芦笋等	属同一品种规格，幼嫩，无病虫害斑，无明显机械伤。黄花菜鲜花不能直接煮食
芽苗类	绿豆芽、黄豆芽、豌豆芽、香椿苗等	芽苗幼嫩，不带豆壳杂质，新鲜，不浸水

表 1-6 无公害苹果的感官指标

项目	指标	项目	指标
风味	具有本品种的特有风味，无异常气味	色泽	具有本品种成熟时应有的色泽
成熟度	充分发育，达到市场或贮存要求的成熟度	果梗	完整或统一剪除
果形	果形端正		

表 1-7 葡萄的感官指标

项 目	指 标	项 目	指 标
果穗	典型而完整	破碎率、日烧率/%	≤3
果粒	大小均匀、发育良好	病虫果/%	≤4
成熟度	充分成熟		

（四）理化分析

理化分析是指利用各种仪器设备和化学试剂来鉴定果蔬质量的方法。与感官法相比，结果较为精确，用具体数字表示，能深入地测定果蔬产品的成分、结构和性质等。随着科技的发展，理化检验将朝着快速、少损或无损的方向发展。理化检验具体又可分为物理检验和化学检验两种方法，前者多用于检验果蔬产品的长度、强度、体积、颜色、质量等物理和形态指标；后者多用于检验果蔬产品的营养成分和生理生化指标。

果蔬中所含的化学成分较为复杂，按照各种化合物与人体营养和加工工艺的关系可分为三类：①维持人体健康所必需的物质——营养素；②能影响人体感官的色、香、味感物质；③与加工工艺和加工品质量相关的物质。表1-8～表1-12列出了几种常见果蔬的理化分析标准。

表 1-8　葡萄的理化指标

项　目	指　标
总酸含量（以柠檬酸计）/%	≤0.7
可溶性固形物含量/%	≥20
固-酸比	≥28

表 1-9　苹果的理化指标

品　种＼项　目	去皮硬度/(kgf/cm²)	可溶性固形物含量/%	总酸含量/%
元帅系	≥6.5	≥11	≤0.3
富士系	≥8	≥14	≤0.4
津轻	≥5.5	≥13	≤0.4
乔纳金	≥5.5	≥14	≤0.4
秦冠	≥6	≥13	≤0.4
国光	≥8	≥13	≤0.6
金冠	≥7	≥13	≤0.4
印度	≥8	≥14	≤0.3
王林	≥7	≥14	≤0.3

注：1kgf/cm² = 98.0665kPa。

表 1-10　桃的理化指标

品　种＼项　目	极早熟品种	早熟品种	中熟品种	晚熟品种	极晚熟品种
可溶性固形物含量(20℃)/%	≥8.5	≥9.0	≥10.0	≥10.0	≥10.0
总酸含量（以苹果酸计）/%	≤2.0	≤2.0	≤2.0	≤2.0	≤2.0
固-酸比	≥10	≥10	≥10	≥10	≥10

表 1-11　绿色食品鲜梨的理化指标

品　种＼项　目	果实硬度/(kgf/cm²)	可溶性固形物含量/%	总酸含量/%	固-酸比
鸭梨	4.0～5.5	≥10.0	≤0.16	≥62.5
酥梨	4.0～5.5	≥11.0	≤0.16	≥69
苹梨	6.5～9.0	≥11.0	≤0.10	≥110
雪花梨	6.0～9.0	≥12.0	≤0.12	≥92
香水梨	6.0～7.5	≥10.5	≤0.25	≥48
长把梨	7.0～9.0	≥11.2	≤0.35	≥30
秋白梨	11.0～12.0	≥11.0	≤0.20	≥56
早酥梨	7.1～7.8	≥11.5	≤0.24	≥46
新世纪梨	5.5～7.0	≥11.5	≤0.16	≥72
库尔勒香梨	5.5～7.5	≥11.5	≤0.10	≥115

注：1kgf/cm² = 98.0665kPa。

表 1-12　绿色食品茄果类蔬菜的理化指标

项　目	番茄	辣椒	茄子
维生素 C 含量/(mg/100g)	≥12	≥60	≥5
可溶性固形物含量/%	≥4	—	—
总酸含量/%	≤5	—	—
番茄红素含量/(mg/100g)	≥4,≥8(加工用)	—	—

（五）农药残留量检验

农药残留是指农药使用后残存于生物体、农副产品和环境中的微量农药原体、有毒代谢物、降解物和杂质的总称。残存的数量称残留量，一般以每千克中有多少毫克（mg/kg）表示。农药残留是施药后的必然现象，但如果超过最大残留量，对人畜产生不良影响或通过食物链对生态系统中的生物造成毒害，则称为农药残留毒性（简称残毒）。

农药残留检测主要使用的是气相色谱（GC）、高效液相色谱（HPLC）、毛细管区带电泳技术（CZE）、薄层色谱（TLC）等。现代化学分析技术的发展，使得农药残留检测正朝着快速筛选检测技术的方向发展。如农药检测专用试剂盒，可以对某些农药进行快速筛选检测；采用酶抑制法的速测卡法、检测箱法、pH 测量法、传感器法及酶催化动力学光度法等，可以实现有机磷及氨基甲酸酯类农药的快速筛选检测。这些快速筛选检测方法的优点是可以进行现场原位的粗筛检测，具有很强的实用价值。

表 1-13～表 1-17 列出一些常见果蔬的安全质量检验检查标准。

表 1-13　果蔬中几种农药的允许残留量和污染物的限量

项目	指标/(mg/kg)	项目	指标/(mg/kg)	项目	指标/(mg/kg)
溴氰菊酯	0.01～0.5	氯氰菊酯	0.01～5	辛硫磷	0.05
敌敌畏	0.2	马拉硫磷	0.2～6	噻嗪酮	0.5
多菌灵	0.5～3	百菌清	5	甲霜灵	0.5
代森锰锌	0.5～5	三唑酮	0.05～1	杀螟丹	3
铅(以 Pb 计)	0.3	镉(以 Cd 计)	0.05	汞(以 Hg 计)	0.01

注：不同果蔬品种的农药允许残留量和污染物限量不同，具体使用时请分别查阅食品安全标准 GB 2763—2014《食品中农药最大残留量》和 GB 2762—2012《食品污染物限量》。

表 1-14　落叶核果类的安全指标

项目	指标/(mg/kg)	项目	指标/(mg/kg)	项目	指标/(mg/kg)
敌敌畏	≤0.2	氯氰菊酯	≤2	砷(以 As 计)	≤0.5
毒死蜱	≤1	乐果	≤1	铅(以 Pb 计)	≤0.2
溴氰菊酯	≤0.1	氰戊菊酯	≤0.2	镉(以 Cd 计)	≤0.03
三氟氯氰菊酯	≤0.2	百菌清	≤1		

注：其他有毒有害物质的指标应符合国家有关法律、法规、行政规章和强制性标准。

表 1-15　苹果的安全指标

项　目	指标/(mg/kg)	项　目	指标/(mg/kg)
砷(以 As 计)	≤0.1	DDT	≤0.05
铅(以 Pb 计)	≤0.05	敌敌畏	≤0.02
镉(以 Cd 计)	≤0.03	乐果	≤0.02
汞(以 Hg 计)	≤0.005	杀螟硫磷	≤0.02
氟(以 F 计)	≤0.5	倍硫磷	≤0.02
六六六	≤0.05		

表 1-16　绿色食品茄果类蔬菜的安全指标

项　目	指标/(mg/kg)	项　目	指标/(mg/kg)	项　目	指标/(mg/kg)
砷(以 As 计)	≤0.2	乐果	≤0.5	溴氰菊酯	≤0.2
汞(以 Hg 计)	≤0.01	敌敌畏	≤0.1	氰戊菊酯	≤0.2
铅(以 Pb 计)	≤0.1	辛硫磷	≤0.05	抗蚜威	≤0.5
镉(以 Cd 计)	≤0.05	毒死蜱	≤0.2	百菌清	≤1
氟(以 F 计)	≤0.5	敌百虫	≤0.1	多菌灵	≤0.1
乙酰甲胺磷	≤0.02	氯氰菊酯	≤0.5	亚硝酸盐(以 NO_2^- 计)	≤2

注：NY/T 393—2013 规定的禁用农药不得检出，其他农药残留限量应符合 NY/T 393—2013 的规定。

表 1-17　无公害白菜类蔬菜的安全指标

项　目	指标/(mg/kg)	项　目	指标/(mg/kg)	项　目	指标/(mg/kg)
乐果	≤1	抗蚜威	≤1.0	百菌清	≤1
杀螟硫磷	≤0.5	氯氰菊酯	≤1.0	铅(以 Pb 计)	≤0.2
辛硫磷	≤0.05	氰戊菊酯	≤0.5	镉(以 Cd 计)	≤0.05

注：1. 按照《中华人民共和国农药管理条例》，剧毒和高毒农药不得在蔬菜生产中使用。

2. 以上涉及指标的表格和表格中涉及的规定如 NY/T 393—2013 规定等均引自《无公害食品标准汇编》、《绿色食品标准汇编》。

任务一　果蔬含酸量的测定与化学特性评价

※【任务描述】

采用滴定法测定果蔬中的含酸量，了解含酸量及其他化学成分对果蔬品质的影响。

※【任务准备】

可溶性固形物
的测定

1. 材料

苹果、桃、柑橘、番茄、黄瓜等果蔬。

2. 用具

分析天平、50mL 或 10mL 碱式滴定管、100mL 三角瓶、200mL
容量瓶、1000mL 容量瓶、20mL 移液管、研钵或组织捣碎机、漏斗、棉花或滤纸、纱布、
小刀等。

3. 试剂

0.1mol/L NaOH 标准溶液、1％酚酞指示剂等。

4. 相关标准

GB 5009《食品理化指标检验标准》；GB/T 8210《柑橘鲜果检验方法》等各类果蔬鲜果
理化检验方法。

※ 【作业流程】

※ 【操作要点】

1. 采样

采样就是在待检样品（原料或半成品或成品）中，抽取少量具有代表性的样品对其分析检验，检验结果代表整批原料的结果。因此采样具有代表性就特别重要，否则检验结果毫无价值，甚至得出错误的结论。抽样方法及数量在各类标准检验条款中有具体的规定。

2. 样品的制备

将采集到的样品，在经过感官鉴定之后，剔除非可食部分，处理后用于分析检验，这个过程称为样品的制备，其目的是保证样品的均匀性，分析时取制备样的任何一部分均能代表全部被检物的成分。如水果应去除果皮、果核、种子，然后捣碎；蔬菜应剔除老、黄、烂叶及根系等。

3. 测定

称取均匀样品 20g，置研钵中研碎，注入 200mL 容量瓶中，加蒸馏水至刻度。混合均匀后，用棉花或滤纸过滤。

吸取滤液 20mL 放入 100mL 三角瓶中，加酚酞指示剂 2 滴，用 0.1mol/L NaOH 滴定，直至成淡红色为止。记下 NaOH 液用量。重复滴定三次，取其平均值。对于容易榨汁的果蔬，其汁液含酸量能代表果蔬含酸量。榨汁后，取定量汁液 5～10mL，稀释后（加蒸馏水 20mL），直接用 0.1mol/L NaOH 滴定。

4. 结果计算

记录滴定结果，并按下式计算结果。

$$果蔬含酸量(\%) = \frac{V \times C \times 折算系数}{W} \times 100\%$$

式中　　V ——NaOH 溶液用量，mL；

　　　　C ——NaOH 溶液浓度，mol/L；

　　　　W ——滴定时所取样液中样品的量，g；或用于测定时的果蔬汁液的量，mL；

　折算系数 ——以果蔬主要含酸种类计算，如苹果或番茄为 0.067g/mmol 或 0.067mL/mmol，柑橘为 0.064g/mmol 或 0.064mL/mmol，猕猴桃为 0.064g/mmol 或 0.064mL/mmol。

5. 查阅资料

了解果蔬其他化学成分及化学特性，综合分析评价化学成分在果蔬贮运过程中的变化以及化学特性对果蔬品质的影响。

※ 【成果提交】

《果蔬贮藏与加工技术项目学习册》任务工单。

任务二　果蔬感官品质的评定

※ 【任务描述】
　　使用游标卡尺、硬度计等工具测定果蔬的大小、色泽、形状、硬度、出汁率等指标，综合评定果蔬的感官品质。

※ 【任务准备】
　　1. 材料
　　苹果、桃、柑橘、番茄、黄瓜等果蔬。
　　2. 用具
　　游标卡尺、硬度计、手持糖度计、天平等。
　　3. 相关标准
　　GB/T 8210《柑橘鲜果检验方法》、NY/T 2316《苹果品质指标评价规范》等各类果蔬鲜果检验方法及品质指标评价规范。

※ 【作业流程】

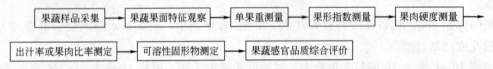

※ 【操作要点】
　　1. 单果重测定
　　取 10 个果实，分别在电子天平上称量，记录每个果实的重量。计算果实平均单果重。
　　2. 果形指数的测定
　　取 10 个果实，用游标卡尺分别测量果实腰部最大处的横径和果实的高度或纵径。计算每种果形指数（果形指数＝纵径/横径）。
　　3. 色泽的测定
　　观察记录果实果皮底色和面色状态，果实底色可分为深绿、绿、浅绿、绿黄、浅黄、黄、乳白等，也可用特制的颜色卡片进行比较，分为若干级；果实因种类不同，显出的面色也不同，如紫、红、粉红等。也可用色差仪，测定果实六个点以上的 L、a、b 值记录果皮的颜色及深浅程度。
　　4. 可食率（出汁率）的测定
　　取 10 个果实，称量后除去果皮、果心、果核或种子，再分别称量，计算果肉（或可食部分）占全部果实的百分率。汁液多的果实，可将果汁榨出，称果汁重量，求该果实的出汁率。
　　5. 果实密度的测定
　　先称取果实的重量，再利用排水法测出果实的体积，然后计算出果实的密度（g/cm³）。
　　6. 硬度测量
　　使用 GY-1 型果实硬度计（图 1-1）测量，将硬度计的压头垂直对准待测部位削皮处果

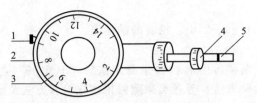

图 1-1　果实硬度计（GY-1 型）

1—回零旋钮；2—刻度盘；3—调整转盘；4—压头；5—压头刻度线

肉，均匀将压头压入果肉至刻度线，此时表针所指的刻度即为果实硬度（单位是 kgf/cm^2）。

7. 可溶性固形物测定

手持糖度计（如图 1-2）完成校正调零后，切取待测材料一块，挤出果蔬汁数滴置于折光仪检测镜上，合上盖板，对向光源，进行读数，即可得出样品的可溶性固形物的含量。重复测定 3 次，取其平均值，以百分数计算。

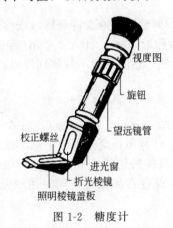

图 1-2　糖度计

柑橘感官检验

※ 【成果提交】

《果蔬贮藏与加工技术项目学习册》任务工单。

任务三　果蔬维生素 C 含量测定与营养品质评价

※ 【任务描述】

采用 2,6-二氯靛酚法测定果蔬的维生素 C，查阅果蔬产品的营养成分，综合评定果蔬的营养品质。

※ 【任务准备】

1. 材料

苹果、桃、柑橘、番茄、黄瓜等果蔬。

2. 用具

分析天平、碱式滴定管、100mL 三角瓶、200mL 容量瓶、10mL 移液管、研钵或组织捣碎机、烧杯、漏斗、棉花或滤纸等。

3. 试剂

2%草酸、抗坏血酸（纯）、2,6-二氯靛酚钠盐等。

4. 相关标准

GB/T 6195《水果、蔬菜维生素 C 含量测定法》；GB 5009《食品理化指标检验标准》；GB/T 8210《柑橘鲜果检验方法》等各类果蔬鲜果理化检验方法及品质指标评价规范。

※ 【作业流程】

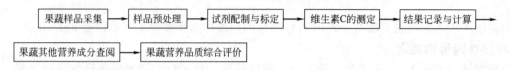

※ 【操作要点】

1. 样品采集与预处理

称取切碎的果蔬样品20g，放在研钵中加2%草酸溶液少许研碎（或称取100g±0.1g样品加2%草酸100g倒入打碎机中打成浆，然后称取40g），注入200mL 容量瓶中，加2%草酸溶液稀释至刻度，过滤备用。如果滤液有颜色，在滴定时不易辨别终点，可先用白陶土脱色，过滤或用离心机沉淀备用。

2. 标定

（1）标准抗坏血酸溶液 精确称取抗坏血酸50mg（±0.1mg），用2%草酸溶解，小心移入250mL 容量瓶中，并加草酸稀释至刻度，计算出每毫升溶液中抗坏血酸的量（mg）。

（2）2,6-二氯靛酚溶液标定 称取2,6-二氯靛酚钠盐50mg，溶于50mL 热水中，冷后加水稀释至250mL，过滤后盛于棕色药瓶内，保存在冰箱中，同时用刚配好的标准抗坏血酸溶液标定。

3. 测定

吸取滤液10mL 于烧杯中，用已标定过的2,6-二氯靛酚钠盐溶液滴定，至桃红色15s 不褪为止，记下染料的用量。吸取2%草酸溶液10mL，用染料作空白滴定并记下用量。

4. 结果计算

结果代入以下公式，计算维生素 C 的含量。

$$W = \frac{(V-V_1) \times A}{B} \times \frac{b}{a} \times 100$$

式中　W——100g 样品中所含的抗坏血酸质量，mg/100g；

　　　V——滴定样品所用的染料体积，mL；

　　　V_1——空白滴定所用的染料体积，mL；

　　　A——1mL 染料溶液相当的抗坏血酸质量，mg/mL；

　　　B——滴定时吸取的样品溶液体积，mL；

　　　b——样品液稀释后总体积，mL；

　　　a——样品的质量，g。

5. 查阅《食物成分表》等资料，了解果蔬产品其他营养成分含量，并对产品进行营养品质综合评价。

※ 【成果提交】

《果蔬贮藏与加工技术项目学习册》任务工单。

任务四　果蔬农药快速检测与卫生品质评价

※【任务描述】

运用速测卡快速检测果蔬中有机磷和氨基甲酸酯类农药残留量。判定检测结果并综合评价果蔬的卫生品质。

※【任务准备】

1. 材料

苹果、桃、柑橘、番茄、黄瓜等果蔬。

2. 用具

常量天平等，有条件时配备 37℃±2℃ 恒温装置。

3. 试剂

（1）速测卡　固化有胆碱酯酶和靛酚乙酸酯试剂的纸片。

（2）pH7.5 缓冲溶液　分别取 15.0g 磷酸氢二钠（$Na_2HPO_4 \cdot 12H_2O$）与 1.59g 无水磷酸二氢钾（KH_2PO_4），用 500mL 蒸馏水溶解。

4. 相关标准

GB/T 5009.20—2003《食品中有机磷农药残留量的测定》；GB/T 5009.199—2003《蔬菜中有机磷和氨基甲酸酯类农药残留量快速检测》；NY/T 448—2001《蔬菜上有机磷和氨基甲酸酯类农药残毒快速检测方法》。

※【作业流程】

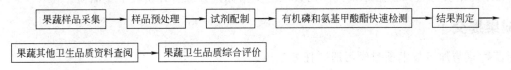

※【操作要点】

1. 整体测定法

选取有代表性的蔬菜样品，擦去表面泥土，剪成 0.5cm 左右见方碎片，取 5g 放入带盖瓶中，加入 10mL 缓冲溶液，振摇 50 次，静置 2min 以上。取一片速测卡，用白色纸片蘸取提取液，在 37℃ 温度中放置 10min，有条件时在恒温装置中放置，预反应后的纸片表面必须保持湿润。将速测卡对折，用手捏 3min 或用恒温装置恒温 3min，使红色纸片与白色纸片叠合反应。每批测定应设一个缓冲液的空白对照。

2. 表面测定法（粗筛法）

擦去蔬菜表面泥土，滴 2~3 滴缓冲溶液在蔬菜表面，用另一片蔬菜在滴液处轻轻摩擦。取一片速测卡，将蔬菜上的液滴滴在白色纸片上。在 37℃ 温度中放置 10min，有条件时在恒温装置中放置，预反应后的纸片表面必须保持湿润。将速测卡对折，用手捏 3min 或用恒温装置恒温 3min，使红色纸片与白色纸片叠合反应。每批测定应设一个缓冲液的空白对照。

3. 结果判定

结果以酶被有机磷或氨基甲酸酯类农药抑制（为阳性）、未抑制（为阴性）表示。与空白对照卡比较，白色纸片不变色或略有浅蓝色均为阳性结果。白色纸片变为天蓝色或与空白对照卡相同，为阴性结果。对阳性结果的样品，可用其他分析方法进一步确定具体农药品种和含量。

速测卡对部分农药的检出限及我国限量标准见表1-18。

表 1-18   部分常见农药的检出限及最大残留限量表

农　药	最低检测限/(mg/kg)	残留限量/(mg/kg)	农　药	最低检测限/(mg/kg)	残留限量/(mg/kg)
甲胺磷	1.7	不得检出	马拉硫磷	2.0	不得检出
敌敌畏	0.3	0.2	水胺硫磷	3.1	不得检出
乐果	1.3	1.0	对硫磷	1.7	不得检出
敌百虫	0.3	0.1	甲萘威(西维因)	2.5	2.0
乙酰甲胺磷	3.5	0.2	克百威	0.1	不得检出
丁硫克百威	1.0	不得检出	久效磷	2.5	不得检出

4. 注意事项

（1）韭菜、生姜、葱、蒜、辣椒、胡萝卜等蔬菜中，含有破坏酶活性或使蓝色产物褪色的物质，处理这类样品时，不要剪得太碎，浸提时间不要太长，必要时可采取整株蔬菜浸提的方法。

（2）当温度条件低于37℃时，酶反应的速率随之放慢，纸片加液后放置反应的时间应相应延长，延长时间的确定，应以空白对照卡用（体温）手指捏3min时可以变蓝，即可继续操作。注意样品放置的时间应与空白对照卡放置的时间一致才有可比性。

（3）空白对照卡不变色的原因

① 纸片表面缓冲溶液加得少，预反应后的纸片表面不够润湿。

② 测定环境的温度太低。

5. 利用网络资源查阅了解果蔬产品的其他卫生指标，并综合评价其卫生品质。

※ 【成果提交】

《果蔬贮藏与加工技术项目学习册》任务工单。

项目二   采前因素对果蔬品质的影响

※ 【知识目标】

1. 了解生物因素对果蔬品质的影响。
2. 掌握影响果蔬品质的生态因素。
3. 掌握影响果蔬品质的农业技术因素。

※ 【技能目标】

1. 能根据不同采后目的选择合适的果蔬种类和品种。
2. 能调节果蔬的生态因素提高果蔬品质。
3. 能运用农业技术提高果蔬品质。

果蔬贮藏效果的好坏，在很大程度上取决于采收后的处理措施、贮藏设备和管理技术所创造的环境条件。然而，果蔬采收后的生理性状，包括耐藏性和抗病性等是在田间生长条件下形成的，不同果蔬的生育特性、田间气候、土壤条件和管理措施等都会对果蔬的品质及贮藏特性产生直接或间接的影响。因此，只着眼于贮藏或流通过程中的技术环节，而忽视田间生长因素这一先决条件，也可能导致贮藏失败。本节主要讨论有关采前因素对果蔬贮藏性状的影响问题。

一、生物因素

1. 起源

一般来讲，起源于热带、亚热带地区或高温季节成熟的果蔬，呼吸旺盛，失水快，体内物质成分变化快，消耗也快，收获后不久便迅速丧失其风味品质。例如浆果中的草莓、无花果、杨梅，蔬菜中的叶菜类、嫩茎类等。温带地区或低温季节收获的果蔬，则大多具有较好的耐藏性，特别是低温季节形成贮藏器官的果蔬产品，新陈代谢过程缓慢，体内有较多的营养物质积累，贮藏寿命长，效果好。

2. 果蔬的种类和品种

不同种类的果蔬其贮藏能力差异很大，一般规律是：晚熟品种耐贮藏，中熟品种次之，早熟品种不耐贮藏。

果品中仁果类如苹果、梨、海棠、山楂等耐贮藏。核果类如桃、杏、李等不耐贮藏。浆果类的草莓、无花果不耐贮藏，但葡萄、猕猴桃较耐贮藏。苹果因品种不同贮藏能力差异较大，最有价值的是一些优质而晚熟的品种，如秦冠、胜利、青香蕉、甜香蕉、红国光、富士、红富士等。雪花梨、蜜梨、秋白梨、长把梨、兰州冬果梨、库尔勒香梨等都是品质较好而且耐贮藏的品种。

蔬菜可食器官多种多样，耐藏性差异较大。蔬菜中的果菜类及水果中的瓜果类，以成熟果实供食用的，如番茄、西瓜、甜瓜等，大体与一般果实贮藏性有相似的规律。但有些果蔬则是以幼嫩子房、嫩果或种子供食用，如黄瓜、茄子、辣椒、豌豆、甜玉米等，除了保存在特殊环境中外，一般是难以长期贮藏的。一些块茎、球茎、鳞茎、肉质根类蔬菜具有较好的贮藏性能。

综上所述，果蔬的贮藏效果在很大程度上取决于果蔬品种本身的耐藏性能。选用耐藏和抗病品种，可达到高效、低耗、节省人力和物力的目的。

3. 果蔬田间生育状况

果蔬的年龄阶段、长势强弱、营养水平、果实大小和负载量等都会对果蔬采后贮藏带来影响。

(1) 树龄和树势　一般幼龄树生长旺盛，所结果实不如中年果树所结的果实耐藏。这主要是幼龄树的果实较大，含钙少，氮和蔗糖含量高，贮藏中水分损失较大，供呼吸用的干物质消耗多，在整个贮藏期间的呼吸强度都较高，大多易得生理病害和寄生病害。据报道，从幼树上采收的曙光苹果，有 60％～70％ 或更多损坏于苦痘病，这类果实不适于长期贮藏。

(2) 果实大小　果实大小与贮藏也有关系。大果由于具有幼树果实性状类似的原因，所以贮藏性较差。大果产生的苦痘病、虎皮病、低温病害比中等大小果实严重。Martin 等研究发现，许多苹果品种的生理病害，如苦痘病等，与果实直径成正相关。这种情况不仅表现在苹果上，如国内报道的鸭梨、冬果梨等也有类似情况。研究表明，这与果实含钙量有关，大果在形成中所含有的一定钙量，被果实体积增大所稀释。柑橘中的大果蕉橘，皮厚、汁少，在贮藏中水肿和枯水出现早且多。

（3）结果部位和负载量 果实在树体上分布位置不同，由于受光照影响，果实的组成成分和成熟度及耐藏力也有差别。光照充足、色泽鲜艳的果实，比背阴处果实的虎皮病和萎缩病轻。因此，供贮藏用的果实最好按其生长部位分层次采摘，并将采收的上层和下层果实分别贮藏。

植株有合理的负载量，可以保证果蔬有良好的营养供应，强化而又平衡其生长和发育过程，从而有较好的抗病性和耐藏力。负载量过大，果个小而色泽不佳，等级率低；负载不足时，会使一些不耐贮藏的特大果实比例增加。

二、生态因素

果蔬的生态因素包括温度、光照、水分、土壤以及地理因素，如经纬度、地势、海拔高度等。

1. 温度

温度决定果蔬的自然分布，也是影响果蔬成熟期及贮藏性的主要因素之一。不同生育期中的温度变化，都会对发育的果实产生影响。花期温度升高能够缩短花期，大多数的花朵能在同一时期授粉受精，在采收时能形成一致的果实。苹果、梨等同一品种的果实在花期和果实发育初期的3~4周内，细胞发生分裂，温度升高增加细胞分裂数，促进果实增大。番茄因序位不同，花期差别很大，但总是随着气温的升高，而缩短从开花到果实成熟的期限。例如，基部序位果实从开花到成熟为45~50天；中部果实为30~40天；上部果实则仅需30天或更少。如果开花期出现低温，番茄早期的落花落果严重，而且受低温影响的花器发育不良，出现扁形或脐部开裂的畸形果实。苹果开花期出现低温，会导致产量降低，形成的果实会大批患有苦痘病和水心病。此外，在出现霜冻的情况下，苹果、梨等果实会留下霜斑，甚至出现畸形，从而降低销售价格。

2. 水分

土壤和空气中水分过多时，对果蔬品质，特别是对收获贮藏产品的耐藏性有不利的影响。多雨年份，多数果蔬的耐藏性降低，果实发生一系列生理病害，如苹果苦痘病、果肉变褐、水心病等。鳞茎类蔬菜，如洋葱、大蒜等，外部革质鳞片腐烂，病害增加。

在水分缺乏的情况下，果实色泽不佳，平均果个较小，成熟期提早。福田博之（1984）指出，果实含钙量低，多发生在干旱年份。主要是钙的供给与树体内液流有关，干旱减少液流，钙的供应也随之减少。低钙果实贮藏时，对某些病害，如苦痘病等的抗病性很弱。在干旱缺水年份或轻质土壤上栽培的直根类蔬菜容易糠心。因此，一切偏离果蔬正常发育的水分条件，都会降低果蔬品质和贮藏性能。

3. 光照

绝大多数的果树和蔬菜都属于喜光植物，特别是其果实、叶球、鳞茎、块根、块茎的形成，必须有一定的光照强度和足够的光照时间。而且果蔬的一些最主要的品质，如含糖量、颜色、维生素C含量等，都与光照条件密切相关。

光照强度对蔬菜干物质重有明显的影响。如生长期阴雨天较多的年份，日照时数少，光照强度低，蔬菜产量就低，干物质含量下降，产品也不耐贮藏。大萝卜在栽培期有50%的遮光，则生长发育不良，糖的积累少，贮藏期糠心增多。

4. 土壤

土壤的营养成分和含量在一定程度上决定果蔬的化学成分。浅层砂地和酸性土壤中缺乏钙素，在这些土壤中栽培的果蔬容易引起一些低钙的生理病害。土壤中可利用的钙低于土壤盐类总含量20%时，蔬菜表现出缺钙；土壤含盐量高，溶液浓度加大，也会妨碍蔬菜对钙的吸收。在上述情况下，栽培的大白菜、甘蓝等结球菜类都容易发生"干烧心"，从而不耐贮藏。

土壤物理性状对蔬菜贮藏也有很大影响。据报道，在排水和通气不良的土壤上栽培的萝卜，收获后失水较快；而在排水和通气良好土壤上栽培的，收获后失水较慢。由此可以说明，物理性状不同的土壤，对于不同蔬菜的保水结构上有所改变，因而对不同蔬菜的贮藏性能产生影响。

一般情况下，在中等密度、施肥适当、湿度合适的土壤生产出的果实，比较容易贮藏。黏质土壤中栽培生产的果实，往往成熟晚些，色泽较差，但果实较硬，贮藏时病害侵染的时间晚，具有一定贮藏能力。在疏松的砂质轻壤土上栽培生产的果实，成熟较早，贮藏时容易过早发生低温生理病害。

5. 地理因素

一般栽培果蔬的地理因素，如经纬度、地势、地形、海拔高度等，对果蔬的影响是间接的，主要是由于地理条件差别，引起一些生存因子如温度、光照、水分等的改变，而影响果蔬的生长发育及耐藏性等。同一品种的果蔬，在不同地理分布和气候条件下，就表现出不同的品质。实践中，一些果蔬的名特产区大多由于该地区具有某些有利于果蔬生长的自然生态条件，而适应于这些果蔬优良品质的形成。

我国柑橘的纬度分布为北纬20°~33.23°，将栽培在不同纬度柑橘品种的平均化学组成做比较，常得到与气候之间的相互关系。一般从北到南含糖量逐渐增加，含酸量逐渐减少，因而糖酸比也随之增加。例如，广东省所产的新会橙、香水橙、柳橙，含糖量高，含酸量低。

我国苹果的地理分布为北纬30°~41°，在我国长江以北的广大地区都有栽培，其中以中、晚熟苹果的品质好，也较耐贮藏。在我国长江以南地区，由于温度偏高，品质不佳，限制了苹果的发展。但在我国云南、贵州、四川等地的高海拔地区，气候凉爽，也能生长优质耐贮的苹果。

海拔高度对果实品质、贮藏力的影响是很明显的。海拔高的地带日照强，特别是紫外光增多，昼夜温差大，有利于红色苹果花青素的形成和糖分的积累，维生素C的含量也高，据调查分析，陕北海拔700~800m处，红元帅苹果只能部分着色，900m以上的苹果红色部分增多，到海拔1040m高度，苹果可达到满红。由此得出结论：海拔1000m是陕西省红元帅系苹果商品基地的最低点；最高限度为1400m，海拔再高，热量不足，苹果不能充分成熟。

三、农业技术因素

农业技术因素对果蔬的影响，主要是决定果蔬既定的遗传特性表现到什么程度。良好的贮藏材料，应该是贮藏的优质果蔬品种与合理的农业技术相结合，即良种和良法相结合，才能获得理想的供贮藏用的产品。

1. 施肥

（1）氮 氮是果蔬正常生长和获得高产的必要条件。果蔬中氮过剩提高了叶绿素的积累，抑制花青素合成，增加果蔬对某些病害的敏感性。如增施硝态氮的番茄果实，对细菌性软腐病变得敏感，苹果则发生裂果或内部崩解，苦痘病增多。高氮促使果实长得大些，也导致贮藏中呼吸强度提高。有关苹果的试验分析表明，在树叶含氮量绝对干重达 2.2%～2.6% 的情况下，果树正常生长发育，超过这个范围就会对果实长期贮藏不利。

氮素在蔬菜栽培上特别重要。施用不同量氮和不同形态的氮都会产生不同的效果。例如对莴苣施用氮肥太多，同时处在土壤水分含量大的条件下，采后放在 $5℃$ 下贮藏，鲜度下降较快；施硝态氮比施铵态氮的，保鲜效果要好些。氮素肥料对不同蔬菜产生的效果并不完全相同，一般来讲，甘蓝等叶菜类在增加施氮量时，对贮藏性能产生不良影响较小；而根菜类、鳞茎类蔬菜对增施氮肥则较敏感，一般是降低了贮藏性能。

(2) 磷　缺磷时，一般表现为器官衰老、脱落，而发生落花、落果等现象。

磷是植物体内能量代谢的主要物质，低磷往往会造成贮藏中果实的低温崩溃，内腐病发生率高。低磷时能促使呼吸强度提高，果实易腐烂，果肉变褐，抗病性降低。

(3) 钙　果蔬组织内钙的含量与呼吸作用、成熟变化及抗逆性关系密切。钙影响与呼吸作用有关的酶，从而使呼吸作用受到抑制。钙含量低，氮钙比值大会使苹果发生苦痘病、鸭梨发生黑心病、芹菜发生褐心病。

钙在果实中的分布因部位不同而异。果皮和果心中含钙比果肉中高 2～4 倍；果实梗端含钙比萼端多。一般生理病害多出现在钙分布最少的部位。果实采后钙自核心区向外部果肉转移，使果肉细胞中保持钙的一定浓度梯度。

(4) 其他矿质元素及微量元素　果树缺钾，果实着色差，易发生焦叶现象。但土壤中含钾过高，会与钙的吸收相对抗，加重果实的苦痘病。

近年的研究表明，镁在调节碳水化合物降解的酶的活化过程中起着重要作用。高镁含量与钾一样会引起苦痘病的发生。

综合各种元素对果蔬贮藏品质的影响，主要集中到与果实钙水平的关系上。提高果蔬钙含量，平衡各元素组成，来改善果蔬贮藏品质，提高耐藏性，是贮藏中保持品质的一条重要途径。

2. 整形修剪和疏花疏果

整形修剪的任务之一是调节果树枝条密度，增加树冠透光面积和结果部位。按一般规律，树冠主要结实部位在自然光强的 30%～90% 范围内。对果实品质而言，40% 以下的光强不能产生有价值的果实；40%～60% 光强产生中等品质的果实；60% 以上光强才产生最佳果实。据报道，元帅苹果随树冠深度增加，叶面积指数增加，光强下降，果实品质降低。从树形上讲，主干形所结果实不如开心形好；圆形大冠不如小冠和扁形树冠好。树冠中光的分布愈不均匀，形成果实的等级率差别就愈大。

修剪会影响到果实的大小和化学组成，也间接影响其贮藏力。对果树实行重剪，枝叶旺长，使叶片与果实比值增大，枝叶与果实生长对水分和营养的竞争突出，使果实中钙贫乏，发生苦痘病的概率增加。重剪也造成树冠郁闭，光照不良，果实着色差。相反，修剪太轻的果树结果多，果实小，品质差，也不利于贮藏。

合理进行疏花疏果，可以保证适当的叶、果比例，获得一定大小和品质的果实。一般在果实细胞分裂之前进行疏果，可以增加果实中的细胞数；较晚疏果则主要是对细胞的膨大有所影响，疏果太晚则对果实大小就无效了。因为疏花疏果影响到果实细胞数量和大小，也就决定着果实形成的大小，在某种程度上决定着果实贮藏的性能。

3. 化学药剂的应用

果树在田间生育期喷布植物生长调节剂、杀菌剂等，除了达到栽培目的之外，有时也对果蔬的贮藏产生影响。有的对采后贮藏是有利的，有的则不利。

（1）**植物生长调节剂**　植物生长调节剂依其使用效果，可分为四种类型。

① 促进生长、促进成熟的药剂。包括生长素类的吲哚乙酸、萘乙酸、2,4-D 等。能促进果蔬的生长，防止落花落果，同时也可促进果实的成熟。例如，使用萘乙酸 20～40 mg/kg，于苹果采前一个月喷布，可有效地防止采前落果，使果实红色增加，但果实容易过熟而不利贮藏。2,4-D 用于番茄可防止早期落果，形成无籽果实，促进成熟，但也不利于贮藏。

② 促进生长而抑制成熟的药剂。赤霉素（GA_3）具有强烈促进细胞分裂和伸长的作用，但也抑制许多果蔬的成熟。如喷过赤霉素的柑橘、苹果、山楂等，果皮着色晚，延缓衰老，某些生理病害可得到减轻。

③ 抑制生长促进成熟的药剂。苹果、梨、桃等采前 1～4 周喷布 200～500mg/kg 的乙烯利，可促进果实着色和成熟，使果实呼吸高峰提前出现，但该果实均不耐贮藏。B_9（丁酰肼）属于生长延缓剂，但对于桃、李、樱桃等则可促进果实内源乙烯的生成，可使果实提前成熟 2～10 天，还有增进黄肉桃果肉颜色的作用。

④ 抑制生长延缓成熟的药剂。包括 B_9、矮壮素（CCC）、青鲜素（MH）、整形素、PP333（多效唑）等一类生长延缓剂。目前使用普遍的为 B_9、CCC、PP333。B_9 对果树生长有抑制作用，喷布 1000～2000mg/kg B_9 的苹果，果实硬度大，着色好。对红星、元帅等采前落果严重而果肉易绵的一类苹果品种，有延缓成熟的良好作用。

（2）**保护剂**　田间使用的杀菌剂、杀虫剂，既能保护果实免受病虫危害，又可增进贮藏效果。柑橘、香蕉、瓜类贮藏期间的炭疽病以及苹果的皮孔病等，大多在生长期潜伏侵染。在采前病菌侵染阶段（花期或果实发育期），喷布对该菌有效的杀菌剂，不仅可以预防潜伏侵染，而且可以减少附着在果实表面的孢子数量。对于潜伏性侵染的危害，在采后才用药物处理的效果甚微。

除了喷布农药防止果实病虫外，近年也在寻求对果实保护的预防措施。据国外报道，英国剑桥大学生物学家洛因斯提出，在果实表面喷布含有蔗糖、脂肪酸和复合糖的混合物，干燥后在果实表面形成薄膜，可以减少空气中氧气进入果实，却允许果实在成熟中产生的 CO_2 逸出，也能保持果实中的水分。北京师范大学化学学院研制的无毒高脂膜，兑水 200 倍喷布果面，对苹果炭疽病和轮纹病有较好的预防效果。

目前，许多新型杀菌剂和乙烯抑制剂的使用，能更有效地控制田间和采后有害微生物和生理病害，延长果蔬的贮藏寿命。

任务五　采前因素对果蔬品质影响调查

※ 【任务描述】

选择当地主要栽培果蔬品种，实地调查不同采前因素与果蔬品质的关系，总结采前因素对果蔬品质及耐贮性的影响。

※ 【任务准备】

1. 材料

苹果、桃、柑橘、番茄、黄瓜等当地主要栽培果蔬。

2. 用具

问卷调查表、笔记本、笔、尺子、温度计等。

3. 相关标准

GB/Z 26580—2011《柑橘生产技术规范》、GB/Z 26582—2011《结球甘蓝生产技术规范》、NY/T 441—2013《苹果生产技术规程》、DB51/T 1180—2011《番茄生产技术规程》等各类果蔬生产规范标准。

※ 【作业流程】

※ 【操作要点】

1. 生物因素调查

采用问卷调查、实地考察等方式，调查果蔬生物因素，包括果蔬的种类与品种、生物起源调查、树龄树势、结果部位、负载量等的调查。

2. 生态因素调查

采用问卷调查、实地考察、网上收集等方式，调查产地温度情况、降雨量、光照、土壤营养成分与物理性状、经纬度、地势地形、海拔等生态因素。

3. 农业技术调查

采用网上查询、问卷调查、实地考察等方式，调查果蔬田间生产时的施肥种类和方式及施肥量、植物生长调节剂等化学药剂使用情况、整形修剪、疏花疏果等农业措施基本情况。

4. 调查结果总结

总结分析采前因素与果蔬品质的关系，分析易对果蔬质量造成不良影响的因素，参考相关果蔬生产技术规程，提出改进建议。

※ 【成果提交】

《果蔬贮藏与加工技术项目学习册》任务工单。

项目三　果蔬采后生理

※ 【知识目标】

1. 了解果蔬采后生理的相关概念。
2. 掌握果蔬贮藏期的生理代谢与果蔬成熟的关系。
3. 掌握果蔬成熟与衰老的基本原理及控制途径。

※ 【技能目标】

1. 能正确测定果蔬的呼吸强度并进行调控。
2. 能调控蒸腾、休眠等生理活动提高果蔬的耐贮性。
3. 能利用植物生长调节剂进行催熟及调控其成熟和衰老。

果蔬是植物体的一部分或是一个器官，采收后的果蔬脱离了母体，仍然是一个有生命的有机体，在贮藏过程中仍进行一系列复杂的生理生化变化，其中最主要的有呼吸生理、蒸腾作用、成熟衰老生理、低温伤害生理和休眠生理，这些生理活动影响着果蔬的耐贮性和抗病性，必须进行有效的调控，以最大限度地延缓果蔬的成熟和衰老。

果蔬贮藏的根本任务是使果蔬产品保持鲜活品质。通过控制环境条件，对产品采后的生命活动进行调节，尽可能延长产品的寿命。一方面使其保持生命力以提高其抗病性，达到防止腐烂败坏的目的；另一方面使产品自身品质得以延迟变劣，达到保鲜的目的。因此，从生理的角度研究腐烂变质的原因，采取措施增强果蔬耐藏性和抗病性，延缓果蔬衰老，对果蔬贮藏具有重要意义。

一、呼吸生理

呼吸作用标志着生命的存在，是采后果蔬新陈代谢的主要过程，对果蔬品质的变化、成熟、贮藏寿命和贮藏中的生理病变，以及果蔬采后的商品处理都有密切关系，它影响和制约着其他生理过程。

1. 呼吸作用与呼吸强度

（1）呼吸作用　呼吸作用是指果蔬生活细胞的呼吸底物，在一系列酶的参与下，经过许多中间反应环节进行的生物氧化还原作用，把体内复杂的有机物分解为简单物质，同时释放能量的过程。呼吸标志着生命的存在，根据呼吸过程中是否有氧气的参与，可将果蔬的呼吸类型分为有氧呼吸和无氧呼吸两种。

① 有氧呼吸。有氧呼吸是在有氧气参与的情况下，通过氧化酶的催化作用，使果蔬的呼吸底物被彻底氧化成二氧化碳和水，同时释放大量能量的过程。通常所说的呼吸作用就是指有氧呼吸。以葡萄糖作为呼吸底物为例，有氧呼吸可简单地表示为：

$$C_6H_{12}O_6 + 6O_2 \longrightarrow 6CO_2 + 6H_2O + 能量$$

在有氧呼吸过程中，有相当一部分能量以热的形式释放，使贮藏环境温度提高，并有 CO_2 积累。因此，在果蔬采后贮藏过程中应多加注意。

② 无氧呼吸。一般指果蔬在无氧的条件下，呼吸底物氧化不彻底，同时释放少量能量的过程。无氧呼吸可以产生乙醛、酒精，也可以产生乳酸。以葡萄糖作为呼吸底物为例，其反应为：

$$C_6H_{12}O_6 \longrightarrow 2CH_3CHOHCOOH + 能量$$
$$C_6H_{12}O_6 \longrightarrow 2C_2H_5OH + 2CO_2 + 能量$$

在正常情况下，有氧呼吸是植物细胞进行的主要代谢类型。从有氧呼吸到无氧呼吸主要取决于环境中氧气的浓度，以氧气浓度 1％～5％ 为界限，高于这个浓度进行有氧呼吸，低于这个浓度进行无氧呼吸。

有氧呼吸有氧气的参与，呼吸底物被彻底氧化，释放的能量多。无氧呼吸使呼吸底物氧化不彻底，产生乙醛、乙醇、乳酸，这些物质积累过多会毒害植物细胞，影响贮藏寿命；同时无氧呼吸释放的能量较低，为了获得同等数量的能量，要消耗远比有氧呼吸更多的底物。因此，在贮藏期应防止产生无氧呼吸。但当产品体积较大时，内层组织气体交换差，在这种情况下为了获得生命活动所必需的能量，就需要进行无氧呼吸，使植物在缺氧条件下不会窒息而死。无氧呼吸要消耗更多的贮藏养分，因而加速果蔬的衰老过程，缩短贮藏期。所以无论何种原因引起的无氧呼吸的加强，都被认为是对果蔬正常代谢的干扰、破坏，对贮藏不利。

（2）呼吸强度（呼吸速率）　表示呼吸作用强弱的一个指标，是指在一定温度下，单位时间内、单位质量的果蔬，吸收氧气或放出二氧化碳的量。通常以 1kg 重的果蔬在 1h 内吸收氧气或释放二氧化碳的量 [mg(mL)]，即 mg(mL)/[h·kg(鲜重)] 来表示。由于无氧呼吸不吸收 O_2，一般用 CO_2 的生成量来表示更确切。呼吸强度高，说明呼吸旺盛，消耗的呼吸底物多而快，贮藏寿命短。因此，在不妨碍果蔬正常生理活动的前提下，必须尽量降低呼吸强度。

2. 呼吸跃变现象

在果实发育过程中，呼吸强度随发育阶段的不同而不同，有些种类的果蔬在生长发育过程中，呼吸强度不断下降，达到一个最低点，在果蔬成熟过程中，呼吸强度又急速上升至最高点，随果蔬成熟衰老再次下降，一般将果蔬呼吸过程中出现的这种现象称为"呼吸跃变现象"。根据果实在生长成熟过程中的呼吸方式，可将其分为两类（图1-3）。一类是跃变型，主要有苹果、梨、香蕉、番茄、柿子、甜瓜、洋梨；跃变型果蔬在生长和成熟的过程中，中间有一个明显的呼吸上升现象。另一类是非跃变型，主要有柑橘、葡萄等，这类果实在采收后，呼吸强度持续缓慢下降，发育过程中没有呼吸高峰，果实充分生长，也已充分成熟，并无一个明显的不同于充分生长阶段的成熟期。

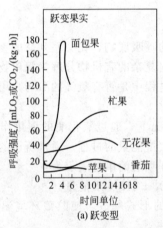
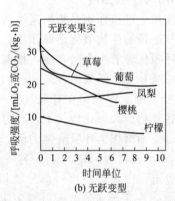

图 1-3　不同呼吸型果实采后呼吸强度变化

跃变型果实的跃变高峰始点，与果实体积达到最大值几乎同步。完熟期间所特有的一切变化，也都是发生在跃变期内。非跃变型果实没有跃变高峰，在完熟期间所有的变化比跃变型果实缓慢得多（图1-4）。呼吸跃变是果实生命中一个临界期，是果实从生长转向衰老的一个标志。对跃变型果实而言，跃变上升期正是它的贮藏期，必须设法推迟呼吸高峰的到来，才能延长贮藏期限。

3. 影响果蔬呼吸强度的因素

影响果蔬采后呼吸作用变化的因素很多，可分为内在因素和外在因素。内在因素包括种类与品种、发育年龄和成熟度等；外在因素包括温度、气体成分、湿度、机械损伤和病虫害等。当确定了某一种类果蔬为贮藏对象时，环境因素则成为影响果蔬呼吸强度的主要因素。

（1）内在因素

① 种类和品种。果蔬产品种类繁多，

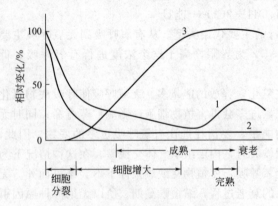

图 1-4　果蔬生长曲线和呼吸曲线
1,3—高峰型（呼吸跃变型）果实呼吸曲线；2—非高峰型（非呼吸跃变型）果实呼吸曲线

被食用部分各不相同，这些器官在组织结构和生理方面有很大差异，呼吸强度相差也很大。在蔬菜的各种器官中，生殖器官新陈代谢异常活跃，呼吸强度一般大于营养器官，所以通常花的呼吸强度最大，叶次之。散叶型蔬菜的呼吸要高于结球型；根茎类蔬菜如直根、块根、块茎、鳞茎的呼吸强度相对最小；果菜类蔬菜介于叶菜类和地下贮藏器官之间，其呼吸强度依次为根菜类<茎菜类<果菜类<叶菜类。在果品中，以浆果呼吸强度最大，如草莓，最不耐贮藏；不耐贮藏的核果类，呼吸强度较大。较耐贮藏的仁果类、葡萄等，呼吸强度较低。

同一类产品，品种之间呼吸强度也有差异。一般来说，由于晚熟品种生长期长，积累的营养物质较多，呼吸强度低于早熟品种；夏季成熟品种的呼吸强度比秋冬成熟品种强；南方生长的比北方要强，贮藏器官的比营养器官的强度大。

② 发育阶段和成熟度。不同发育阶段和成熟度的果蔬的呼吸强度差异很大。在产品的系统发育过程中，幼嫩组织处于细胞分裂和生长代谢旺盛阶段，呼吸强度较高，很难贮藏保鲜。随着果蔬的生长发育，呼吸强度逐渐下降，成熟的果蔬，表皮保护组织如蜡质、角质加厚并变得完整，新陈代谢缓慢，使得呼吸减弱。

(2) 外在因素

① 温度。温度是影响呼吸作用最重要的外在因素。在一定温度范围内，呼吸作用随温度的升高而增强。一般在 $5\sim35℃$ 范围内，温度和呼吸作用的关系可以用温度系数 Q_{10}（温度每升高 $10℃$，呼吸强度增加的倍数）来表示，多数果蔬的呼吸强度增大 $1\sim1.5$ 倍（$Q_{10}=2\sim2.5$）。

从表 1-19 中可以看出，多数果蔬的温度系数在低温范围内要比高温范围内大。这一特性表明，果蔬在低温贮藏时应严格控制好适宜稳定的温度，因为这时环境的温度仅为 $0.5\sim1℃$ 的变化也会使果蔬的呼吸作用有明显的增强。

表 1-19　几种蔬菜 Q_{10} 与温度范围的关系

种　　类	Q_{10}	
	$10\sim24℃$	$0.5\sim10℃$
菜豆	2.5	5.1
菠菜	2.6	3.2
胡萝卜	1.9	3.3

降低贮藏温度可以减弱呼吸强度，减少物质消耗，延长贮藏时间。因此，贮藏果蔬的普遍措施，就是尽可能维持较低的温度，将果实的呼吸作用降到最低限度。但也并非贮藏温度越低越好。当贮藏温度低于适宜温度时，轻者出现冷害，重者出现冻害。一些原产于热带、亚热带的产品对冷敏感，在一定低温下会发生代谢失调，失去耐藏性和抗病性，反而不利于贮藏。

贮藏温度的稳定同样是十分重要的，贮藏期温度的波动会刺激产品体内水解酶活性，加速呼吸，增加物质消耗。贮藏温度上下波动 $1\sim1.5℃$，对细胞原生质有强烈的刺激作用，使呼吸相应加强。如 $5℃$ 恒温下贮藏的洋葱、胡萝卜、甜菜的呼吸强度（释放 CO_2）分别为 $9.9mg/(kg\cdot h)$、$7.7mg/(kg\cdot h)$、$12.2mg/(kg\cdot h)$，若是在 $2℃$ 和 $8℃$ 隔日互变而平均温度为 $5℃$ 的条件下，呼吸强度（释放 CO_2）则分别为 $11.4mg/(kg\cdot h)$、$11.0mg/(kg\cdot h)$、$15.9mg/(kg\cdot h)$，温度浮动，会促进呼吸，增加呼吸底物消耗，成熟衰老加快，不利于贮藏保鲜。所以果蔬贮藏时，应力求贮藏库的温度适宜稳定，避免经常波动或较大波动。

② 湿度。湿度对呼吸的影响，目前还缺乏系统深入的研究，但这种影响在许多贮藏实例中确有反映。大白菜、菠菜、温州蜜柑中已经发现，采后进行预贮，蒸发掉一部分水分，

有利于降低呼吸强度，增加耐贮性。一般来说，轻微的干燥较湿润更可抑制呼吸作用。但湿度过低，果蔬失水，易发生萎蔫，会刺激果蔬内部水解酶活性加强，水解作用加快，呼吸强度增加，呼吸底物消耗增多。

③ 环境气体成分。空气成分也是影响呼吸作用的重要环境因素。贮藏环境中影响果蔬贮藏的气体主要是 O_2、CO_2 和乙烯。从呼吸作用总反应式可知，环境 O_2 和 CO_2 的浓度变化，对呼吸作用有直接影响。在不干扰组织正常呼吸代谢的前提下，适当降低贮藏环境的氧气浓度并提高二氧化碳浓度，可抑制果蔬的呼吸作用，从而延迟果蔬的成熟和衰老，更好地维持果蔬品质。

提高二氧化碳的浓度可以抑制呼吸，但二氧化碳浓度并不是越高越好，二氧化碳浓度过高，反而会刺激呼吸作用和引起无氧呼吸，产生二氧化碳中毒，这种伤害甚至比缺氧伤害更严重，其伤害程度取决于果蔬周围的氧气和二氧化碳浓度、温度和持续的时间。多数果蔬适宜的二氧化碳浓度为 1％～5％。低氧气和高二氧化碳不但可以降低呼吸强度，还能推迟果实的呼吸高峰，甚至使其不出现呼吸跃变。

贮藏环境中，常有乙烯等香气的积累，刺激果蔬采后的呼吸作用，促进果蔬成熟，加速衰老。贮藏过程中应及时脱除乙烯，有利于贮藏。

④ 机械损伤和病虫害。果蔬在采收、分级、包装、运输和贮藏过程中，常常会受到挤压、震动、碰撞、摩擦等损伤，任何损伤，即使是轻微的挤伤和压伤，都会引起呼吸加快，进而加快果蔬的成熟和衰老。因此，在采收及采后的各环节中都要避免机械损伤，在贮藏前要进行严格选果。

病虫害与机械损伤的影响相似，果蔬受到病虫侵害时，呼吸作用明显加强，缩短了贮藏时间。

⑤ 植物调节物质。植物调节物质有两大类，一类是生长激素，如赤霉素、生长素、细胞分裂素等对呼吸有抑制作用，同时延缓果蔬的衰老；另一类是激素，如乙烯、脱落酸，有促进呼吸、加速成熟的作用。在贮藏中应该控制乙烯的生成，及时排除以降低乙烯的含量，是减缓成熟、降低呼吸强度的有效方法。

综上所述，影响呼吸强度的因素是多方面的、复杂的。这些因素之间不是孤立的，而是相互联系、相互制约的。在果蔬贮藏过程中，多种环境因素共同作用于果蔬，影响果蔬的呼吸强度。

二、蒸腾作用

水分是生命活动必不可少的，是影响果蔬新鲜度的重要物质，新鲜果蔬含水量很高，大多数在 65％～96％。在贮藏过程中，若贮藏环境不适宜，湿度低，缺少包装，往往会使果蔬产品体内的水分蒸发散失，使其感官上显得萎蔫、皱缩、疲软、光泽消退，表现为失去新鲜状态；当贮藏环境湿度过高或果蔬大堆散放时，有时可见表层的产品潮润或有水珠凝结现象，容易造成果蔬的腐烂，影响果蔬的安全贮藏。

果蔬体内的水分以气体状态散失到大气中的生理活动，称为蒸腾作用。

1. 蒸腾作用对果蔬产品贮藏的影响

(1) 失重和失鲜 果蔬在贮藏过程中由于不断地蒸腾失水所引起的最明显的表现就是失重和失鲜。失重即"自然消耗"，是果蔬在贮藏中数量方面的散失，包括水分和干物质的损失。水分散失是失重的重要原因，例如，苹果在 2.7℃冷藏时，每周由于水分散失造成的重量损失约为果品重的 0.5％，而呼吸作用仅使苹果失重 0.05％。失鲜是质量方面的损失，大部分果蔬会出现表面皱缩，即萎蔫现象，一般果蔬失水 5％就会出现萎蔫。综合表现为形态、结构、色彩、光泽、质地、风味等多方面的劣变，甚至失去商品价值。

（2）破坏代谢活动，降低耐贮性 多数产品失水对贮藏不利，失水严重时还会造成代谢失调。由于失水萎蔫破坏了果蔬正常的代谢作用，水解作用加强，细胞膨压下降而造成结构特性改变等，导致耐贮性和抗病性的降低。但某些果蔬采后适度失水可抑制代谢，延长贮藏期。洋葱、大蒜在贮藏前必须经过适当晾晒，加速最外层鳞片干燥，肉质鳞片膜质化后才有利于贮藏。大白菜、菠菜及一些果菜类，收获后轻微晾晒，外轮叶片轻度失水，使组织轻度疲软，且细胞失水后膨压下降，有利于码垛，减少机械损伤。适度失水还有利于降低呼吸强度。有时，采后轻度失水还能减轻柑橘果实的生理病害，使"浮皮"减少，保持好的风味和品质。贮藏的关键是控制好蒸腾失水的"度"，失水过多或过少对贮藏都是不利的。

2. 影响蒸腾作用的因素

蒸腾作用与果蔬自身特性和贮藏环境的外部因素有关。

（1）内在因素

① 果蔬表面积比。表面积比是果蔬产品的表面积与其质量或体积之比。因为水分是从产品表面蒸发的，表面积越大，蒸腾作用就越强。

② 果蔬的保护结构。水分在果蔬表面的蒸腾作用有两个途径：一是通过气孔、皮孔等自然孔道；二是通过表皮层，气孔的蒸腾速率远大于表皮层。不同品种的果皮组织厚薄不一，表面的保护层结构有所不同，因而蒸腾特性不同。果皮薄、角质层不发达，保护组织差，极易失水；角质层厚，表面有蜡质、果粉则有利于保持水分。

一般果蔬成熟度高，果皮组织生长发育逐渐完善，角质层、蜡质层逐步形成，水分散失慢。

③ 细胞持水力。细胞中亲水胶体和可溶性固形物的含量同细胞的持水力有关。果蔬中原生质亲水胶体多，可溶性固形物含量高，细胞具有较高的渗透压，可阻碍水分向细胞壁和细胞间隙渗透，有利于保持水分。细胞间隙大，水分移动阻力小，也会加速失水。

此外，果蔬的新陈代谢也影响产品的蒸腾速率，呼吸强度高、代谢旺盛的组织失水较快。

（2）外在因素

① 空气湿度。空气湿度是影响果蔬蒸腾作用的直接因素。表示空气湿度的常见概念包括绝对湿度、相对湿度、饱和湿度和饱和差。绝对湿度是单位体积空气中实际含水量。饱和湿度是在一定温度下，空气湿度达到饱和时的含水量，若空气中水蒸气超过此量，就会凝结成水珠。饱和差是指绝对湿度和饱和湿度的差值。相对湿度（RH）是表示环境湿度，是绝对湿度占饱和湿度的百分率，即

$$RH(\%) = \frac{绝对湿度}{饱和湿度} \times 100\%$$

RH 反映空气中水分达到饱和的程度。生产实践中常以测定相对湿度来了解空气的干湿程度。在一定的温度下，相对湿度越小，果蔬蒸腾速率越大，果蔬就越易萎蔫。

② 温度。高温促进蒸腾，低温抑制蒸腾。温度的变化造成了空气湿度发生改变而影响到蒸腾速率。饱和湿度和饱和差都随温度的升高而增大。当贮藏环境温度升高时饱和湿度增高，若绝对湿度不变，饱和差增加而相对湿度下降，果蔬失水增加。反之，温度降低，由于饱和湿度降低，同一绝对湿度下，饱和差减少，果蔬失水减少甚至结露。

温度稳定，相对湿度则随着绝对湿度的改变而成正相关变动，贮藏环境加湿，就是通过增加绝对湿度达到提高环境的相对湿度而达到抑制果蔬蒸腾的目的。

③ 空气流动。贮藏环境中的空气流动可以改变果蔬周围的空气湿度，从而影响蒸腾作

用。在静止的靠近果蔬的空气中，由于蒸腾作用而使水汽含量增多，空气湿度增高，饱和差比普通环境中的小，蒸腾速率减慢。空气流动时会带走果蔬表面的水蒸气，使周围环境中的空气湿度降低，饱和差又升高，蒸腾速率又加快。在一定的空气流速下，贮藏环境中空气湿度越低，空气流速对产品失水的影响越大。

④ 包装。包装对蒸腾作用的影响十分明显。包装是通过包装物的障碍作用，通过改变小环境空气流速及保持相对湿度、提高空气湿度来达到减少蒸腾的目的。采用包装的果蔬，蒸腾失水量比没有包装的小。果蔬包纸、装塑料袋、涂蜡、保鲜剂等都有防止或降低蒸腾的作用。包装材料越不透水，失水越小。但包装越大，越不透水，影响果蔬体温的下降，易发生腐烂，所以包装要适中。包装中要注意干燥的木箱、筐等本身也要吸收水分，所以木箱、纸箱要先放入库内与潮湿空气相接触，以防吸收果蔬中的水分。

⑤ 气压。气压也是影响果蔬蒸腾作用的一个重要因素。在一般的贮藏条件下，气压是正常的一个大气气压，对产品影响不大。采用真空冷却、真空干燥、减压预冷等减压技术时，水分沸点降低，很快蒸腾，要注意采取相应的措施以防止失水萎蔫。

(3) 抑制蒸腾作用的措施 通过改变果蔬组织结构来抑制产品蒸腾失水是不可能的，对于蒸腾速率高的产品，控制贮藏中果蔬蒸腾失水速率的方法主要在于改善贮藏环境，采取各种措施来防止水分散失。生产上常从以下几个方面采取措施。

① 严格控制果蔬采收的成熟度，使保护层发育完全。

② 直接增大贮藏环境的空气湿度。

③ 采用涂被剂，增加商品价值，同时减少水分蒸腾。

④ 增加产品外部小环境的湿度。可利用包装等物理障碍作用减少水分散失，最简单的方法是用塑料薄膜或其他防水材料等包装材料包装产品，也可将果蔬放入袋子、箱子等容器中，在小环境中果蔬可依靠自身散失出的水分来提高绝对湿度，起到减轻蒸腾失水的作用。注意用塑料薄膜或塑料袋包装后的果蔬需要低温贮藏时，在包装前，一定要先预冷，使果蔬的温度接近库温，然后在低温下包装。

⑤ 采用低温贮藏。一方面，低温抑制呼吸等代谢作用，对减轻失水起一定的作用；另一方面，低温下饱和湿度小，果蔬自身蒸腾失水能明显增加贮藏环境的相对湿度，失水减慢。但在低温贮藏时应避免温度较大幅度的波动，否则容易引起果蔬表面结露，进而腐烂。

3. 结露对果蔬产品贮藏的影响

(1) 果蔬结露对贮藏的影响 在果蔬的贮藏中，当空气水蒸气的绝对含量不变，温度降到某一定点时，空气中的水蒸气达到饱和而凝结成水珠，这种现象叫"结露"，俗称"出汗"。如在贮藏窖或库中堆大堆，或者采用大箱贮藏，有时可以看到堆或箱的表层产品湿润或有水珠凝结；采用塑料薄膜大帐或袋封闭气调贮藏果蔬时，有时会看到薄膜内壁有水珠凝结。结露会增加腐烂损失，在贮藏过程中，为了延长果蔬的贮藏期，要采取各种措施防止果蔬结露。

(2) 影响结露的因素 结露是在露点温度下，空气相对湿度大于100%，过多的水蒸气从空气中析出而造成的。贮藏中的果蔬之所以会产生结露现象，是环境中温湿度的变化引起的。高湿、热空气骤然遇到低温时，容易出现结露。果蔬贮前如果没有充分预冷，果蔬温度高于库温，遇到冷湿空气会有结露现象发生。果蔬体温与库温的差值越大，凝结的水珠越多，结露越严重。大堆或大箱中贮藏的果蔬会因产品呼吸放热，堆、箱内通风不良，不易散热，使其内部温度高于表面温度，形成温差，这种温暖湿润的空气向表面移动时，就会在堆、箱表面遇到低温达到露点而结露；果蔬采用塑料薄膜封闭贮藏时，会因封闭前果蔬产品预冷不充分，内部产品的呼吸热和田间热使其温度高于外部，加之塑料袋内湿度较高，这种冷热温差会使薄膜内结露。果蔬保鲜要求贮藏环境具有较高的相对湿度，在这种环境条件下，库内温度的少量波动就会导致达到露点而在冷却产品的表面结露。可见，温差是引起果蔬结露的根本原因。冷藏后的果蔬，未经升温而直接放在高温场所，果蔬这个冷源与空气中水汽接触会形成水珠。库温波动大、频繁，果蔬品温与库温差增大，也会结露。

（3）抑制结露的措施　控制结露的最有效措施是避免温差的出现，具体如下。

① 预冷。果蔬入库前需充分预冷，设法消除或尽量缩小库温与品温的温差，防止贮藏库内温度的急剧变化；如果采用薄膜气调冷藏的果蔬，也要充分预冷后才能装袋、封帐，防止袋、帐内外出现较大的温差。

② 维持稳定的低温。贮藏过程中要尽量避免库温较大或频繁的波动，维持稳定的低温状态，保持相对平稳的相对湿度。

③ 在果蔬包装容器周围设置"发汗层"。

④ 适宜通风。通风时库内外温差不宜过大，一般温差超过 5℃ 就会出现结露。当库内外温差较大又必须通风时，一定要缓慢通风。

⑤ 堆积大小适当。

⑥ 出库升温。果蔬出库时应逐渐升温，尽量减少与外界环境温度的温差，防止结露。一旦果蔬"结露"时，应采取适当措施，除去过多的水分。

三、休眠生理

1. 休眠与贮藏

（1）休眠现象　休眠是植物体或其器官在发育的某个时期生长和代谢暂时停顿的现象。种子、花芽、腋芽和一些块茎、鳞茎、球茎和根茎类蔬菜都可能处于休眠状态。休眠是植物生命周期中生长发育暂时停顿的阶段，在此期间植物仍保持生命活力，但一切生理活动都降低到最低水平，营养物质的消耗和水分蒸发都很少，对不良环境条件的抵抗力增强，对果蔬贮藏是十分有利的。

（2）休眠的类型　休眠的果蔬产品，根据其生理生化的特点可将休眠分为强迫休眠和生理休眠。

① 强迫休眠。强迫休眠是果蔬在完成营养生长后，遇到不适宜的外界条件如低温、干燥引起的生理过程。结球的白菜和萝卜产品器官形成以后，严冬已来临，外界的环境条件不适宜它们的生长而进入休眠。

② 生理休眠。生理休眠是由内在原因引起的，收获后即使给它们提供适宜的生长条件，也不能使其发芽生长，仍能保持一段时间的休眠状态。如洋葱、大蒜、马铃薯等处于生理休眠阶段时，即使温度、水分、气体等外界条件适宜，也不能使其脱离休眠状态，因而暂时不会发芽。

具有生理休眠的果蔬，比具有强迫休眠的果蔬更耐贮藏。对具有强迫休眠的果蔬，在采后和贮藏过程中，都要加强管理，采取各种措施给果蔬提供不适宜生长的环境条件，尽量延长其休眠期，减少营养损耗，提高贮藏效果。

对于具有生理休眠的果蔬，贮藏的关键在于抓好休眠诱导期及休眠后期的管理，采收后使其尽快进入休眠，贮藏后期要延缓苏醒，采取强制的办法，给果蔬提供不适宜生长的贮藏环境，如温、湿度控制和气调等手段，尽可能地延长其休眠期，提高贮藏效果。

2. 休眠的调控

果蔬的休眠对贮藏有利，贮藏中需要根据休眠不同阶段的特点，采取相关的技术措施，创造有利于休眠的环境条件，尽可能延长休眠期，推迟发芽和生长以减少果蔬产品的采后损失，且在休眠解除后，继续保持在强制的休眠状态。

(1) 调控贮藏环境条件 温度是控制休眠的主要因素，降低贮藏温度是延长休眠期最安全、最有效、应用最广泛的一种措施。板栗、萝卜在 0℃ 能够长期处于休眠状态而不发芽，中断冷藏后才开始正常发芽；马铃薯、洋葱等块茎、鳞茎和球茎类的休眠是由于要度过高温、干燥的环境，创造此类条件有利于休眠，而潮湿、冷凉条件下会使休眠期缩短。0～5℃ 可使洋葱解除休眠，马铃薯采后 2～4℃ 能使休眠期缩短，5℃ 则会打破大蒜的休眠期。高温也可抑制萌芽，如洋葱、大蒜等蔬菜，当进入生理休眠以后，处于 30℃ 的高温干燥环境，也不利于萌芽。因此，采后应给予自然温度或略高于自然温度，并进行适当的晾晒，使产品的伤口愈合，尽快进入休眠。休眠期间，应防止受潮和低温，以防缩短休眠期。度过生理休眠期后，利用低温可强迫这类蔬菜休眠而不萌芽生长。

适当的低 O_2 高 CO_2 也可延长休眠，如洋葱可以利用气调贮藏，同时采用低湿、低温和低 O_2 高 CO_2 能更有效地抑制发芽。但气调贮藏对马铃薯的抑制发芽效果不明显。

(2) 药物处理 某些药物具有明显的抑芽效果。目前使用的主要有青鲜素（MH）、萘乙酸甲酯（NAA）、脱落酸（ABA）等。青鲜素（MH）对块茎、鳞茎类以及大白菜、萝卜、甜菜的块根有一定抑芽作用，对洋葱、大蒜效果最好。在采收前用 0.25% 的 MH 喷洒在植株叶子上，药液吸收后并渗入到鳞茎的分生组织中，转移到生长点，可抑制贮藏期的萌芽，可使洋葱、大蒜贮藏 8 个月不发芽。喷药一定要适时，喷药过晚，叶子干枯，没有吸收与运转 MH 的功能；喷药过早，鳞茎还处于生长阶段，会抑制其生长，影响产量。一般在采前 2 周施药效果较好。植物组织内脱落酸是一种强烈的生长抑制物质，若脱落酸水平低，可解除休眠。采收后的马铃薯用 0.003% 萘乙酸甲酯粉拌撒，也可抑制萌芽。

(3) 辐射处理 辐射处理对抑制马铃薯、洋葱、大蒜和鲜姜发芽都有效，许多国家已经在生产上大量使用。用 γ 射线辐射处理马铃薯抑制发芽在生产上已广泛使用，在休眠期间，用 80～100 Gy 的 γ 射线，使其常温 3 个月到 1 年不发芽。辐射处理抑制发芽的效果关键是要掌握好辐照的时间和剂量。辐射的时间一般在休眠中期进行，辐照的剂量因产品种类而异。

四、成熟衰老生理

（一）成熟衰老的概念

果实的一生，在授粉以后可分为生长、成熟和衰老三个生理阶段。果实在开花受精后的发育过程中，完成了细胞、组织、器官分化发育的最后阶段，达到最大生长并开始成熟时，称生理成熟（绿熟或初熟）。果实停止生长后还要进行一系列生物化学变化逐渐形成本产品特有的色、香、味和质地特征，然后达到最佳食用阶段，称完熟。通常将果实达到生理成熟到完熟达到最佳食用品质的过程都叫成熟（包括生理成熟和完熟）。有些果实，如巴梨、猕猴桃等果实虽然已完成发育达到了生理成熟，但果实质地硬、含糖量低，风味不佳，没有达到最佳的食用阶段，完熟时果肉变软，色、香、味达到了最佳食用品质，才能食用，采后的完熟过程称为后熟。

生理成熟的果实在采后可以自然后熟，达到可食用品质，而幼嫩果实则不能后熟。如绿熟期的番茄采后可达到完熟以供食用，若采收过早，果实未达到生理成熟，则不能后熟着色而达到可食用状态。对于长期贮藏的果蔬，要适当控制贮藏环境温度、湿度和气体成分，使后熟过程缓慢进行，尽可能延长果蔬的贮藏寿命。由于果蔬种类不同，成熟变化并非同步进行。大部分果实是食用幼嫩的果实，需在初熟阶段采收，如苹果、梨、番茄、黄瓜等；充分成熟时食用价值高，可在完熟时采收，如葡萄；冬瓜和南瓜可在老熟时采收。

果蔬产品采后仍然在发生一系列复杂的生理生化变化，继续进行着生长、发育、成熟的过程，直到最后有机体的衰老死亡。在这个过程中，耐藏性和抗病性不断下降。果蔬的衰老是指个体发育的最后阶段，开始发生一系列不可逆的变化，最终导致细胞崩溃及整个器官死亡。衰老的症状是果肉组织开始软化，细胞逐渐自溶崩溃，细胞间隙减少，气体交换受阻，正常的呼吸代谢被破坏，缺氧呼吸比重增大，组织内积累的乙醛、乙醇等有毒物质达到最高含量。这标志着果蔬的贮藏性、抗逆性已处在迅速衰降的过程中。有些果蔬成熟过渡到衰老是连续性的，不能截然分开，成熟是衰老的开始，衰老意味着生命的终结。

（二）成熟与衰老的调控

在果蔬贮藏过程中，一般是通过控制贮藏环境，如温度、湿度和空气成分，使用一些化学药剂和采用物理技术等措施来控制果蔬体内的物质转化和乙烯的合成，达到控制果蔬成熟、衰老的目的。

1. 创造适宜的贮藏环境

（1）温度 温度是影响果蔬贮藏寿命最重要的因素。采后的物质转化与环境温度有关。控制温度是延长果实采后寿命的重要措施。

① 采用适宜的低温贮藏。在不干扰果蔬正常生理代谢的前提下，调控贮藏环境温度，是果蔬安全贮藏的主要手段。在适当的低温下，果蔬的各种代谢活动都会降低到最低水平，且仍然保持原有的协调平衡，保持正常的生理活动，从而有效地控制果蔬的成熟与衰老。

低温有利于控制果实的成熟和衰老，但应该根据果实的种类、品种、生长环境、栽培管理及采收期等因素来决定适宜的贮藏温度。不同种类、不同品种果实的适宜贮藏的温度是不一样的，适合一切果实贮藏的一个理想温度是不存在的。对于果蔬贮藏来说，温度并不是越低越好，不适宜的低温会导致果蔬发生冷害甚至冻害，使果蔬生理代谢失调，直接影响果蔬食用品质，甚至败坏不能食用。

② 保持稳定的贮藏温度。稳定的贮藏温度对果蔬贮藏是十分重要的，贮藏温度的上下波动对果蔬和微生物的新陈代谢都有刺激作用，会促进果实衰老，同时还会影响到果蔬的水分蒸腾，导致结露现象的发生，这容易引起微生物的繁殖和传播，导致果实腐烂，不耐贮藏。

（2）相对湿度 果蔬在贮藏中，水分仍在不断蒸发。一般果蔬损失原有重量5％的水分时就明显地呈现萎蔫，不仅降低果蔬的商品价值，而且还使正常的呼吸作用受到破坏，促进酶的活性，加速水解过程，促进衰老。

提高库内的空气湿度可以有效地降低果实水分的蒸发，避免由于萎蔫产生各种不良的生理效应。绝大部分的果蔬在高湿的贮藏环境中贮藏效果较好。甘蓝、萝卜、花椰菜、马铃薯、苹果、梨等产品在高湿环境下水分蒸腾明显减少。但空气湿度越高越有利于微生物的繁殖和传播，容易引起产品腐烂变质，且贮藏环境的高湿环境容易导致水汽在果蔬表面产生结露现象。

（3）气体成分 贮藏环境的气体成分对果蔬贮藏寿命的影响是十分明显的。气调贮藏作为一种行之有效的果实贮藏保鲜方法在全世界得到了应用和推广。在低温条件下，在一定范围内，降低 O_2 浓度、升高 CO_2 浓度都有抑制果蔬呼吸、延缓后熟老化过程的作用。

贮藏环境中的乙烯浓度对果实的成熟与衰老影响也很大，应及时排除或加以控制。

2. 化学药剂的应用

应用化学药剂是控制成熟与衰老的辅助措施之一。果蔬贮藏中常用的化学药剂有两大类：一类是杀菌防腐化合物，在果蔬采后使用可以减少或预防微生物引起的病害；另一类是调节成熟、衰老的化合物，主要是植物激素和人工合成的植物生长调节剂，在生理上可以参与和干扰代谢作用，对控制果实成熟与衰老有明显的效果。

（1）延缓成熟与衰老的化合物 生长素、细胞分裂素、赤霉素等对呼吸有抑制作用，同时延缓果蔬的衰老。青鲜素（MH）处理可以抑制板栗、洋葱、马铃薯和大白菜等果蔬在贮藏期的发芽，延长某些果蔬的休眠期，也可以降低呼吸强度，延迟果实成熟。此外，B_9 可用于增加果实的着色和硬度，同时 B_9 能延缓苹果的衰老，原因可能是抑制正常乙烯的产生。氨基乙氧基乙烯基甘氨酸（AVG）、氨基氧乙酸（AOA）都能抑制乙烯的合成，延缓衰老。

（2）促进成熟与衰老的化合物 乙烯、脱落酸有促进呼吸、加速果蔬成熟的作用。在贮藏中应该控制乙烯的生成，及时排除以降低乙烯的含量，这是延缓成熟、降低呼吸强度的有效方法。乙烯利是一种人工合成的乙烯发生剂，可促进果实成熟，常常用于果实如香蕉、柿子的催熟与脱涩。抗坏血酸、乙炔、乙醇也有催熟的作用。

3. 物理技术的应用

物理技术也是控制果蔬成熟与衰老的辅助措施之一。果蔬经过涂膜或辐射处理，能够延缓成熟与衰老。

（1）涂膜 涂膜处理也称打蜡，即在采后果蔬的表面人工涂被一层薄膜，起到延缓代谢、保护组织、改善果蔬外观、增加产品光泽、提高商品价值的作用。果蔬涂膜后，在其表面形成一层蜡质薄膜，可适当阻塞果蔬表皮气孔和皮孔，阻碍气体交换，降低果蔬的呼吸作用，减少养分消耗，延缓衰老，同时减少水分蒸发散失，防止果皮皱缩，提高保鲜效果，抑制病原微生物的侵入，减轻腐烂，还可以作为防腐剂的载体，抑制微生物的败坏作用，同时也减轻果蔬贮运过程中的机械损伤。涂膜最先用于柑橘、苹果、梨，现在番茄、黄瓜、青椒等果菜类也开始使用。

涂膜处理通常将蜡、天然树胶、脂类、明胶等造膜物质，配以适当浓度的水溶液或乳液，采用浸涂、刷涂、喷涂、泡沫和雾化等方法施于果蔬表面，风干或烘干后会形成一层薄薄的被膜。应注意涂膜的均匀度与厚度，如果涂膜太厚，果实内部气体交换受阻过度后，随着贮藏时间的延长，果蔬容易出现低氧和高二氧化碳伤害，导致呼吸代谢失调，引起生理伤害，从而加速果蔬的衰老，严重时使果蔬品质变劣，产生异味，甚至腐烂。

一般情况下，只是对短期贮运的果蔬，或者是在果蔬贮藏之后、上市之前进行涂膜处理。涂膜处理在果蔬的贮藏保鲜中只是起辅助作用，而果蔬的品种、成熟度以及贮藏环境的温度、湿度和气体成分等因素，才是影响果蔬产品品质和贮藏寿命的决定性因素。

（2）辐射处理 辐射处理主要是利用 ^{60}Co（钴-60）或 ^{137}Cs（铯-137）发生的 γ 射线照射果蔬。γ 射线具有较强穿透能力，当其穿透过果蔬时，使果蔬中的水分和其他物质发生电离作用，影响果蔬的新陈代谢过程，严重时杀死细胞，从而杀死果蔬表面的各种病原菌及发芽部位的细胞，延长果蔬的贮藏期。此法已经在干果、鲜果以及马铃薯、洋葱、大蒜上广泛使用。

不同的果蔬，生物学特性不同，所采用的辐射剂量也不同，其所起的作用也不相同。低剂量（1kGy）影响植物代谢，可以抑制块茎、鳞茎的发芽，杀死寄生虫；中剂量（1～10kGy）抑制代谢，延长果蔬贮藏期，抑制真菌活动；高剂量（10～50kGy），彻底灭菌。采用辐射处理贮藏果蔬，是强化贮藏效果的一种措施，目前只是在部分产品中允许使用，果蔬经辐射后，在抑制发芽、抑制微生物活动的同时，也会产生一些不良效应，如产生异味、果实组织软化、失去脆性、汁液增多、贮运中损伤增加，一些维生素被破坏，果实颜色变暗甚至褐变等。辐射效应总是随剂量增大而增强，但实际应用上并非剂量越大越好，有时会因剂量增高而起反作用。所以应根据不同的果蔬种类选择合适的辐射剂量和有效的剂量范围，同时在照射前后进行水洗、涂蜡、速冻、微波、低温等处理，也可减少辐射伤害。

（3）电磁处理 可用电磁处理来延缓果蔬的成熟与衰老。电磁处理是利用果蔬本身的电荷特性，通过高压电场和电磁处理，使果蔬内部分子有规则地排列，从而改变果蔬品质，增强果蔬的抗衰老、抗病虫害能力，提高产量。电磁技术的应用为果蔬贮藏保鲜提供了一条新途径。

任务六　果蔬呼吸强度测定与采后生理特性评价

※【任务描述】

采用静置法，测定果蔬采后的呼吸强度；查询果蔬产品的乙烯释放量、蒸腾速率、冰点等生理指标；了解果蔬产品的采后生理规律，综合评价产品的采后生理特性。

※【任务准备】

1. 材料
苹果、桃、柑橘、番茄、黄瓜等当地的果蔬产品。

2. 用具
真空干燥器、25mL 滴定管、150mL 三角瓶、500mL 烧杯、100mL 容量瓶、培养皿等。

3. 试剂
0.4mol/L 氢氧化钠、0.1mol/L 草酸、饱和 $BaCl_2$ 等试剂。

※【作业流程】

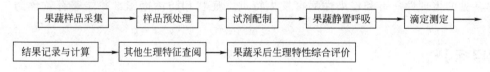

果蔬样品采集 → 样品预处理 → 试剂配制 → 果蔬静置呼吸 → 滴定测定 →

结果记录与计算 → 其他生理特征查阅 → 果蔬采后生理特性综合评价

※【操作要点】

1. 用移液管吸取 0.4mol/L 的 NaOH 20mL 放入培养皿中，将培养皿放进干燥器底部，放置隔板，放入 1kg 果蔬，封盖（如图 1-5 所示）。静置呼吸 1h。

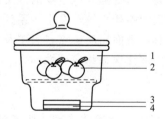

图 1-5　干燥器装置
1—呼吸室；2—果蔬产品；3—培养皿；4—NaOH

2. 1h 后取出培养皿，把碱液移入三角瓶中（冲洗 4～5 次），加饱和 $BaCl_2$ 5mL 和酚酞指示剂 2 滴，用 0.1mol/L 草酸滴定至粉红色消失，用同样方法做空白滴定（干燥器内不放入果蔬样品）。

3. 结果计算

$$呼吸强度[\text{mg CO}_2/(\text{kg}\cdot\text{h})]=\frac{(V_1-V_2)\times c\times 44}{WH}$$

式中　V_1——空白测定时所用草酸量，mL；

　　　V_2——测定样品时所用草酸量，mL；

　　　　c——草酸浓度，mol/L；

　　　W——样品质量，kg；

　　　H——测定时间，h；

　　　44——测定中 NaOH 与 CO_2 的重量转换数。

4. 网上搜索查阅资料，了解果蔬产品的乙烯释放量、蒸腾速率、冰点等生理指标。

5. 果蔬采后生理特性综合评价：根据果蔬生理指标的测定，了解果蔬产品的采后生理规律，综合评价产品的贮藏特性。

※ 【成果提交】

《果蔬贮藏与加工技术项目学习册》任务工单。

项目四　果蔬采后病害及预防

※ 【知识目标】

1. 掌握果蔬贮运期间发生冷害、冻害、气体伤害的主要原因及控制措施。

2. 学习侵染性病害病原菌侵染的特点、影响发病的因素及综合防治措施。

3. 了解常见的生理性病害和侵染性病害发生特点、症状和防治措施，并能够有效预防病害的发生。

※ 【技能目标】

1. 能在贮运过程中有效预防果蔬的冷害、冻害、气体伤害和主要侵染性病害。

2. 能及时控制果蔬贮藏中出现的主要病害，使病害损失降到最低。

水果蔬菜在采收后到贮藏期间，易受到其他生物的侵染或者不适宜环境条件的影响，而使其正常生理代谢受到阻碍，导致细胞死亡等，发生一系列的病害。果蔬产品感病后出现不正常表现，这种不正常表现主要有：表面出现斑点，表皮及内部组织褐变，组织结构和外部形态腐烂。根据发病的原因分为生理性病害和病理性病害。

一、生理性病害

果蔬在采前或采后由于不适宜的环境条件或理化因素造成的生理障碍，称为生理性病害。生理性病害是由非生物因素诱发的病害，无侵染蔓延迹象和病症，只有病状，其病状因病害种类而异，大多是在果蔬表面或内部出现凹陷、褐变、异味、不能正常成熟等。

生理性病害的病因很多，主要有收获前因素，如果实生长发育阶段营养失调、栽培管理措施不当、收获成熟度不当、气候异常、药等；收获后因素，如贮运期间的温湿度失调、气体组分控制不当等。

（一）低温伤害

果蔬采后贮藏在不适宜的低温下产生的生理病变叫低温伤害。低温可降低果蔬的呼吸作用，抑制果蔬的成熟和衰老，抑制微生物的活动，延长果蔬贮藏保鲜期。但由于果蔬的种类和品种不同，对低温的适应能力亦有所不同，如果温度过低，超过果蔬的适应能力，果蔬就会发生冷害和冻害两种低温伤害。

1. 冷害

冷害是冰点以上的低温对果蔬引起细胞膜变性的生理病害，是指0℃以上不适宜的低温对果蔬产品造成的伤害，是由于贮藏的温度低于产品最适贮温的下限所致。冷害伤害温度一般在0～13℃。

冷害可发生在田间或采后的任何阶段，不同种类的果蔬产品对冷害的敏感性不一样。一般说来，原产于热带的水果蔬菜（如香蕉、凤梨等）比较敏感，亚热带地区的水果蔬菜次之，温带果蔬较轻。

（1）症状和发生冷害的临界温度 果蔬遭受冷害后，常表现为果皮或果肉、种子等发生褐色病变，表皮出现水浸状凹陷、烫伤状，不能正常后熟。伴随冷害的发生，果蔬的呼吸作用、化学组成及其他代谢都发生异常变化，降低产品的抗病能力，导致病菌侵入，加重果蔬的腐烂。产生冷害的果蔬产品的外观和内部症状也因其种类不同而异，并随着组织的类型而变化，如黄瓜、西葫芦、白兰瓜、辣椒产品表面出现水浸状的斑点；表皮变色；茄子褪色、香蕉褐变；苹果、桃、梨、菠萝、马铃薯等内部组织发生褐变或崩溃；香蕉、番茄等产品不能正常后熟。同时，不同果蔬产品发生冷害的温度也不一样（见表1-20）。

表1-20　几种主要果蔬的冷害温度及症状

品　种	冷害临界温度/℃	症　状
苹果类	2.2～3.3	内部褐变，褐心，表面烫伤
桃	0～2	果皮出现水浸状，果心褐变，果肉味淡
香蕉	11.7～13.3	果皮出现水浸暗绿色斑块，表皮内出现褐色条纹，中心胎座变硬，成熟延迟
杧果	10～12.8	果皮色黯淡，出现褐斑，后熟异常，味淡，缺乏甜味
荔枝	0～1	果皮黯淡，色泽变褐，果肉出现水浸状
龙眼	2	内果皮出现水浸状或烫伤斑点，外果皮色变暗
柠檬	10～11.7	表皮下陷，心皮壁褐变
凤梨	6.1	皮色黯淡，褐变，冠芽萎蔫，果肉水浸状
红毛丹	7.2	外果皮和软刺褐变
蜜瓜	7.2～10	凹陷，表皮腐烂
南瓜类	10	瓜肉软化，腐烂
黄瓜	4.4～6.1	表皮水浸状，变褐
木瓜	7.2	凹陷，不能正常成熟
白薯	12.8	凹陷，腐烂，内部褪色
马铃薯	0	产生不愉快的甜味，煮时色变暗
番茄	7.2～10	成熟时颜色不正常，水浸状斑点，变软，腐烂
茄子	7.2	表面烫伤，凹陷，腐烂
蚕豆	7.2	凹陷，赤褐色斑点

注：引自罗云波，蔡同一．中国农业大学出版社，2001。

（2）影响冷害的因素

① 内部因素

a. 种类、品种。尤其是原产地，一般原产热带的果蔬更易被冷害伤害。

b. 成熟度。一般产品越幼嫩，对冷害越敏感，红熟番茄可以在0℃下贮藏42天，绿熟番茄在7.2℃就可能产生冷害。

② 外部环境因素

a. 温度。低于冷害临界温度时间越长，冷害发生率越高；低于冷害临界温度，温度越低，冷害发生严重程度越大。

b. 湿度。出现水浸状斑点或凹陷，由于脱水温度低，会加速冷害发生。

c. 空气成分。O_2 高浓度及低浓度都会加重冷害发生，一般认为 O_2 浓度为 7％时安全。CO_2 浓度过高会诱导冷害发生。

d. 化学药物。与产品对冷害抗性有关的药物有 Ca^{2+}，Ca^{2+} 越低，则对冷害越敏感。

(3) 冷害的控制 主要是贮藏温度高于冷害临界温度。

① 采用变温贮藏。升温可以减轻冷害，可能是升温减轻了代谢紊乱的程度，使组织中积累的有毒物质在加强的代谢活性中被消耗，或是在低温中衰竭了的代谢产物在升温时得到恢复。变温贮藏有分步降温、逐渐升温、间歇升温等。在贮运前进行热处理（用热水、热蒸汽在 40～50℃处理），产生抗冷害蛋白。

② 低温锻炼。在贮藏初期，对果蔬采取逐步降温的办法，使之适应低温环境，可避免冷害。

③ 提高果蔬成熟度。提高果蔬成熟度可降低对冷害的敏感性。

④ 提高果蔬的相对湿度。对产品表面涂蜡，水分不易蒸散；对产品进行塑料薄膜包装可提高果蔬的相对湿度，从而减轻冷害。

⑤ 调节气调贮藏气体组成。适当提高二氧化碳浓度、降低氧的浓度有利于减轻冷害。据报道，保持 7％的氧能防止冷害。

2. 冻害

冻害是果蔬处于冰点以下，因组织冻结而引起的一种生理病害。它对果蔬的伤害主要是原生质脱水和冰晶对细胞的机械损伤。果蔬组织受到冻害后，引起果蔬细胞组织内有机酸和某些矿质离子浓度增加，导致细胞原生质变性，出现汁液外流、萎蔫、变色和死亡，失去新鲜状态。且果蔬受冻害造成的失水变性为不可逆的，大部分果蔬产品在解冻后也不能恢复原状，从而失去商品和食用价值。

(1) 影响因素 果蔬产品是否容易发生冻害与其冰点有直接关系。所谓冰点指果蔬组织中水分冻结的温度，一般在 −1.5～−0.7℃。果蔬产品的冰点温度一般比水的冰点（0℃）要低，这是由于细胞液中有一些可溶性物质（主要是糖类）存在，可溶性物质含量越高，冰点越低。不同果蔬种类和品种之间差别也很大，如莴苣在 −0.2℃下就产生冻害，可溶性物质含量较高的大蒜和一种黑紫色甜樱桃其冻害温度分别在 −4℃、−3℃以下。根据果蔬产品对冻害的敏感性将它们分为三类（见表 1-21）。因此，在果蔬的贮藏保鲜过程中，对不同种类和品种的果蔬要保持适宜的低温，而且还要维持恒温，才能达到保鲜目的。

表 1-21　几种主要果蔬对冻害的敏感程度

敏感的品种	杏、鳄梨、香蕉、浆果、桃、李、柠檬、蚕豆、黄瓜、茄子、莴苣、甜椒、马铃薯、红薯、夏南瓜、番茄
中等敏感品种	苹果、梨、葡萄、花椰菜、嫩甘蓝、胡萝卜、芹菜、洋葱、豌豆、菠菜、萝卜、冬南瓜
最敏感的品种	枣、椰子、甜菜、大白菜、甘蓝、大头菜

注：引自罗云波，蔡同一．中国农业大学出版社，2001。

(2) 冻害的控制 首先要掌握果蔬产品的最适贮藏温度，将产品放在适温下贮藏，严格控制环境温度，避免产品长时间处于冰点以下。冷库中靠近蒸发器一端温度较低，在产品上要稍加覆盖，防止产品受冻。产品发生轻微冻害时，最好不要移动，以免损伤细胞，应就地缓慢升温，使细胞间隙中的冰晶融化成水，回到细胞内去。

（二）气体伤害

1. 低氧伤害

氧气可加速果蔬的呼吸和衰老。降低贮藏环境中的氧气含量，可抑制呼吸并推迟果蔬内部有机物质消耗，延长其保鲜寿命。但氧气含量过低，又会发生缺氧，导致呼吸失常和无氧呼吸，产生的中间产物如乙醛、乙醇等有毒物质在细胞组织内逐渐积累造成中毒出现病变。发生低氧伤害的果蔬，表皮组织塌陷、褐色、软化，产生酒味和异味，不能正常后熟。不同果蔬要求氧气最低浓度不同，一般在1%～5%时，大部分果蔬会发生低氧伤害，造成酒精中毒等病变。

2. 高二氧化碳伤害

二氧化碳和氧气之间有拮抗作用，提高环境中二氧化碳浓度，呼吸作用也会受到抑制，可延长保鲜状态。多数果蔬适宜的二氧化碳浓度为3%～5%，浓度过高，一般超过10%时，会使一些代谢受阻，引起代谢失调，造成伤害。发生二氧化碳伤害的果蔬组织出现褐斑、褐变、坏死等病状特征。预防措施主要是在贮藏中严格控制气体组分，经常取样分析，发现问题及时调整气体成分或通风换气；在贮藏库内放干熟石灰吸收多余的二氧化碳。

（三）其他生理病害

1. 矿质元素过量或缺乏

矿质元素过量或缺乏会引发一系列的生理病害。如氮素过量会使组织疏松，口味变淡，西瓜白硬心是氮素过量造成，苹果在贮藏中会诱发虎皮病；缺钙造成苹果苦痘病、水心病，柑橘的浮皮病，芹菜的黑心病，马铃薯的黑心，白菜和橄榄的心腐，胡萝卜裂根，番茄和辣椒的脐腐。

2. 乙烯毒害

乙烯是一种催熟激素，能增加呼吸强度，促进淀粉、糖类水解，加速果实成熟和衰老，被用作果实（番茄、香蕉等）的催熟剂。如果乙烯使用不当，也会出现中毒，表现为果色变暗，失去光泽，出现斑块，并软化腐败。

3. 氨伤害

在机械制冷贮藏保鲜中，采用氨作制冷剂的冷库，由于氨气泄漏，氨气与果蔬接触，引起产品变色和中毒。氨伤害的果品表现为：变色、水肿、有凹陷斑等。预防措施是要经常检查制冷设备，严防气体泄漏。

二、侵染性病害及预防

由病原微生物侵染而引起的病害称为侵染性病害。果蔬采后侵染性病害的病原物主要为真菌和细菌。水果贮运期间的传染性病害几乎全由真菌引起。叶用蔬菜的腐烂，细菌是主要的病原。

（一）病原菌侵染特点

病原菌的侵染过程是指从病原物与寄主接触、侵入到寄主发病的过程。侵染是一个连续性过程。了解病原菌侵染的时间和方式对病害的防控极为重要。

1. 病原菌侵染的类型

从侵染方式上则分为伤口侵染、自然孔口侵染和直接侵染。伤口侵染是指病原菌从果蔬表面的各种创伤伤口侵入，如采收和采后处理过程中的擦伤、碰伤等机械伤、裂果、虫口等，是果蔬贮藏病害的重要侵入方式。青霉病、绿霉病等真菌以及许多细菌性软腐病细菌都是从伤口侵入的。自然孔口侵染是指病原菌从果蔬的气孔、皮孔、芽眼、柱头、蜜腺等孔口侵入。直接侵染是指病原菌直接突破果蔬的保护组织——角质层、蜡层、表皮及表皮细胞而侵入。许多真菌、线虫等都有这种能力，如炭疽菌和灰霉病菌等。

从时间上可分为采前侵染和采后侵染。有些病原菌在采前已侵入果蔬体内，由于果蔬的抗病性强或环境条件不利于病原菌扩展，而未表现出症状。但产品携带病原菌在采收后，随着果蔬成熟衰老及环境改变，即可继续扩展并出现症状，这种现象称为采前侵染或潜伏侵染。如板栗的黑霉病、洋葱的灰霉病等均是潜伏性侵染病害。这类病害的防治主要是应加强采前的田间管理，清除病原，减少侵染。引起果蔬腐烂的病原菌主要是在采后各个环节侵入，称为采后侵染。采前病菌以孢子形式存在果面，采后环境条件适宜时孢子萌发，通过伤口或皮孔直接侵入，之后迅速发病，引起果实腐烂。如葡萄、草莓的灰霉病，柑橘、苹果的青霉病等均可在采后通过伤口或皮孔直接侵入果实。因此，采后药剂、辐射等防腐处理是防治这类病害的主要措施。

2. 病原菌侵染过程

病原菌从接触、侵入到引致寄主发病的过程称为侵染过程（简称病程）。病程一般分为四个阶段：侵入前期、侵入期、潜育期和发病期。

(1) 侵入前期 从病原菌与寄主接触到病原菌向侵入部位生长或活动，并形成某种侵入结构为止。

这一时期是病原菌侵染过程中的薄弱环节，也是防止病原菌侵染的关键阶段。

(2) 侵入期 从病原菌开始侵入起，到病原菌与寄主建立寄生关系为止。侵入期湿度和温度对病原菌的影响最为关键。控制贮藏环境适宜的湿度和低温对于抑制病原菌侵入起着至关重要的作用。

(3) 潜育期 指从病原菌侵入与寄主建立寄生关系开始，直到表现明显的症状为止。症状的出现就是潜育期的结束。

(4) 发病期（即显症期） 寄主受到侵染后，从开始出现明显症状即进入发病期，此后，症状的严重性不断增加。随着症状的扩展，病原真菌在受害部位产生大量无性孢子，细菌性病害则在显症后病部产生脓状物，它们是再侵染的菌源。

3. 传播途径

(1) 接触传播 病产品与健康产品的接触使病菌传播。如青霉病菌侵入果皮后，可分泌一种挥发物质，使接触到的好果果皮损伤引起接触传染。

(2) 气流传播 产品在堆放、装卸、运输过程中不断受到震动，由震动造成的局部小气流使病原菌孢子得以飞散，到处传播，如草莓和葡萄灰霉菌等。

(3) 水滴传播 产品在贮藏过程中，塑料包装袋内壁或产品表面常产生许多水滴，水滴的流动和滴落常将病原菌传播到健康产品上。

(4) 土壤传播 产品采收时沾上了带菌的土壤，而带菌的果蔬又可将病菌传播给健康的果蔬。

(5) 昆虫传播 昆虫可黏附细菌和真菌，其活动可将病菌黏带到健康产品上。

病原菌的传播途径可以为采后病害防治提供重要依据。

（二）影响发病的因素

1. 机械损伤

果蔬贮运中发生的腐烂病害，多因组织遭受机械伤害而引起病原菌侵染所致。采收时所用工具的种类、人员操作的认真程度都直接关系到产品机械损伤的多少。粗放采收的果蔬在贮藏中造成的腐烂可达 70%～80%，所以用于贮藏运销的水果蔬菜均要求人工精细采收。采后的分级、打蜡、包装、运输、装卸等也会对产品造成不同程度的损伤，所以应注意：在挑选适宜的分级打蜡设备时，要了解设备的性能指标和技术参数，做到科学包装，轻装轻卸。

2. 温度

温度对寄主、病原菌及病原菌的侵染过程均有明显的影响。

适宜的低温环境可强烈抑制果蔬的呼吸作用，抑制真菌孢子萌发和菌丝生长，减少侵染并抑制已形成的侵染组织的发展。在 0℃ 左右时，温度的微小变化对微生物生长的影响比其他任何范围内温度波动的影响更明显。在 0℃ 左右贮藏可在一定程度上控制病菌侵染，但并不能完全控制，而且低温贮藏的果蔬在低温解除后往往腐烂加重，使常温下货架期缩短。

若温度过低，会造成冷害或冻害，遭受低温伤害后的果蔬组织抗性大大降低，造成大量腐烂。如蒜薹的灰霉病、甜椒的灰霉病、番茄的酸腐病、苹果的青霉病等发病更严重。

适当的高温处理可以杀灭病原菌，如 38～43℃ 热风处理洋葱数小时，可杀灭洋葱颈腐病菌；44℃ 水蒸气处理草莓 30～60min，可防治葡萄孢和根霉引起的腐烂病害。但高温处理对产品的影响不能不考虑在内。

3. 湿度

大多数新鲜果蔬贮运均要求高湿条件，而大多数真菌孢子的萌发也要求高湿度，贮藏的果蔬表面温度如降低到库内露点以下时，果蔬表面常有结露。在这种高湿度的情况下，许多病菌的孢子就能快速萌发，侵入果蔬引起病害。要减少果蔬产品表面结露，应对产品进行充分预冷。

4. 气体成分

贮藏环境中高 CO_2 浓度对病菌生长有较强的抑制作用，但当 CO_2 浓度超过 10% 时，大部分果蔬即发生生理损伤，腐烂速度加快。通常高 CO_2 对真菌性腐烂的抑制优于对细菌性腐烂的抑制。仅靠增加 CO_2 或降低 O_2 浓度还不能抑制果蔬的腐烂。

乙烯会促进果实的成熟和衰老，使产品抗病能力下降，并诱发病菌在果蔬组织内生长。所以抑制乙烯产生及脱除乙烯的措施对防病抗病均有利。

5. 采收前田间病害侵染状况

田间栽培管理、病虫害防治状况直接影响到果蔬带菌的种类及带菌量，尤其对于一些在贮运期间无再侵染的病害，如苹果炭疽病、霉心病、葡萄白腐病等，其发病的严重程度取决于田间侵染状况。

6. 果蔬的生物学特性

不同种类和品种的果蔬抗病性差异很大。如浆果类和核果类果实易感染腐烂病，而仁果类、根茎类蔬菜发病较少。

（三）侵染性病害综合防治措施

侵染性病害的防治是在充分掌握病害发生发展规律的基础上，抓住关键时期，以预防为主，综合防治，多种措施合理配合，以达到防病治病的目的。

1. 农业防治

在果品蔬菜生产中，采用农业措施，创造有利于果蔬生长发育的环境，增强产品本身的抗病能力，同时创造不利于病原菌活动、繁殖和侵染的环境条件，减轻病害的发生程度，这种方法为农业防治。农业防治是最经济、最基本的病害防治方法。常用的措施有培育无病苗木、田园卫生、合理施肥、合理修剪、果实套袋与排灌等。另外，适期无伤采收，严格选果入库，合理包装，文明装卸，贮运场所的卫生和消毒，贮藏场所的温度、湿度、气体成分的管理等，对防治贮运病害也能起到间接或直接的作用。

2. 化学防治

使用杀菌剂杀死或抑制病原菌，对未发病产品进行保护或对已发病产品进行治疗；或利用植物生长调节剂和其他化学物质，提高果蔬抗病能力，防止或减轻病害造成损失的方法称化学防治。化学防治要掌握病害侵入的关键时期，如许多果实产生褐腐病、黑腐病、酸腐病都是近成熟期才侵染发病的，防治的关键时期是果实着色期；对于贮藏期侵入的病害，则应将采前喷药与采后浸药相结合以降低带菌量，效果更好。

利用植物生长调节剂或其他化学物质提高产品抗病性，生长调节剂如 2,4-D 在柑橘贮藏上已广泛应用，赤霉素（GA$_3$）、植物激素（6-BA）、多效唑等在果蔬贮藏保鲜中的作用也逐渐显现出来。其他化学物质如乙烯吸收剂、高锰酸钾及一些涂膜剂等对于延缓衰老、提高果蔬抗性、减少病菌入侵或发展也起到了一定作用。

3. 物理防治

控制贮藏环境中温度、湿度和空气成分，或应用热力处理，或利用射线辐射处理等方法来防治果蔬贮运病害，均称为物理防治。物理防治具有无公害、不污染环境的特点，但对辐射处理的安全性存在争议。

(1) 控制温度 适宜的低温可以提高产品本身的抗病能力，抑制病菌的生长、繁殖、扩展和传播，减少腐烂率。冷链技术的运用则最大限度地限制了病原菌的活动，提高了产品的抗病能力。

采后热处理是用热蒸汽或热水对果蔬进行短时间处理，为杀死或抑制果蔬表面病原菌及潜伏在表皮下的病原菌而采取的一种控制采后病害的方法。这种方法对于低温下易受冷害的热带、亚热带果蔬，如杧果、番木瓜、番茄等效果较好。热水处理的有效温度为 46~60℃，时间为 0.5~10min；热空气处理的有效温度为 43~54℃，时间为 6~10min。热处理配合其他处理，如在热水中加入杀菌剂则效果更佳。

(2) 控制湿度 高湿度有利于病菌孢子萌发、繁殖和传播，如发生结露现象，腐烂更为严重。所以，入贮的果蔬不宜在雨天或雨后采收，若用药剂浸果，必须在晾干后方可包装入库；贮藏时，要严格控制贮藏适温，以免温度上下波动过大而造成结露现象。

(3) 气调处理 果蔬产品贮藏期间采用高 CO_2 短时间处理，采用低 O_2 和高 CO_2 的贮藏环境条件对许多采后病害都有明显的抑制作用。特别是用高 CO_2 处理，如用 30% CO_2 处理柿子 24h 可以控制黑斑病的发生。

(4) 辐射防腐 通常利用^{60}Co 等放射性同位素产生的 γ 射线对贮藏前的果蔬进行照射，以达到防腐保鲜的目的。γ 射线可穿透果蔬组织，消灭深层侵染的病原菌。常见果蔬采后消灭病原真菌的 γ 射线辐射抑菌剂量为 1.5~2kGy。

(5) 紫外线防治 低剂量波长 254nm 的短波紫外线，如同激素或化学抑制剂及物理刺激因子一样，可诱导植物组织产生抗性，减少对黑斑病、灰霉病、软腐病、镰刀菌的敏感性。

4. 生物防治

生物防治法就是利用有益生物及其代谢产物防治植物病害的方法。该方法具有不污染环境、无农药残留、不破坏生态平衡等特点。

(1) 利用拮抗微生物防病 环境中具有相当丰富的抗生菌源，果蔬表面也存在有天然拮抗菌，而且将天然产生于果蔬表面的拮抗菌再用于果蔬腐烂的控制，效果更好。

（2）采后产品抗性的诱导　利用低致病力的病原菌或无致病力的病原菌，或无致病力的其他腐生菌，预先接种或混合接种在果蔬上，诱发果蔬产生对病菌的抗病性。

任务七　常见果蔬采后病害识别

※ 【任务描述】

观察识别几种果蔬的主要采后病害，分析病害产生的原因，讨论防治途径，制定防治方案。

※ 【任务准备】

1. 材料

苹果、桃、柑橘、番茄、黄瓜等当地主要栽培果蔬生理性、侵染性病害材料。

2. 用具

放大镜、刀片、挑针、滴瓶、载玻片、盖玻片、培养皿和显微镜等。

3. 相关标准

NY/T 2389—2013《柑橘采后病害防治技术规范》等各类果蔬采后病害防治技术规范。

※ 【作业流程】

确定调查材料 → 果蔬生理性病害观察识别 → 果蔬侵染性病害观察识别 → 分析病害产生的原因 →

讨论防治办法 → 结果总结

※ 【操作要点】

1. 观察记录果蔬的外观以及病症部位、形状、大小、色泽、有无菌丝或孢子等，分清是生理性病害还是侵染性病害。

2. 观察果蔬采后生理性病害的主要症状，了解致病原因。如苹果的虎皮病、苦痘病、水心病，梨的黑心病，柑橘水肿病、枯水病，香蕉冷害；马铃薯黑心病，蒜薹 CO_2 中毒，黄瓜、番茄冻害等症状标本和挂图。

3. 观察果蔬采后侵染性病害的主要症状，分析造成病害的原因。如苹果炭疽病、心腐病，梨黑星病，葡萄灰霉病，柑橘青绿霉病；马铃薯干腐病，番茄细菌性软腐病等的标本、挂图及病原菌玻片标本。

4. 总结分析造成病害的因素，参考相关采后病害防治技术规范，提出预防措施。

※ 【成果提交】

《果蔬贮藏与加工技术项目学习册》任务工单。

柑橘贮藏期病害

模块二
果蔬采收及商品化处理

　　果蔬产品的采收及采后商品化处理直接影响到采后产品的贮运损耗、品质保存和贮藏寿命。由于果蔬产品生产季节性强，采收期相对集中，而且脆嫩多汁，易于损伤腐烂，往往由于采收或采后处理不当造成大量损失，甚至丰产不丰收。如不给予足够的重视，即使有较好的贮藏设备、先进的管理技术，也难以发挥应有的作用。发展园艺产品生产的目的就是为消费者提供丰富优质的新鲜果蔬产品，并且使产品生产者和经营者从中获得经济收益。但是由于果蔬产品的种类和品种繁多，生产条件差异很大，因而商品性状各异，质量良莠不齐。收获后的果蔬产品要成为商品参与流通或进行贮藏保鲜，只有经过分级、包装、贮运和销售之前的一系列商品化处理，才能使贮运效果进一步提高、商品质量更符合市场流通的需要。

项目一　果蔬采收

※ 【知识目标】

　　1. 了解果蔬采收成熟度的确定方法以及采收技术。
　　2. 掌握不同果蔬采收的方法及其技术要点。

※ 【技能目标】

　　1. 能科学判断常见果蔬是否成熟并正确采收。
　　2. 能选择正确的采收工具、采收方法进行科学采收。

　　采收是果蔬生产中的最后一个环节，同时也是影响其贮藏成败的关键环节。采收的目标是使果蔬产品在适当的成熟度时转化成为商品，采收速度要尽可能快，采收时力求做到最小的损伤以及最少的花费。

　　联合国粮农组织的调查报告显示，发展中国家在采收过程中造成的果蔬损失达 8%～10%，其主要原因是由采收成熟度、田间采收容器以及采收方法不当而引起机械损伤严重，在采收后的贮运到包装处理过程中缺乏对产品的有效保护。在采收中最主要的是采收成熟度和采收方法，这与果品蔬菜的产量、品质和商品价值有密切关系。果蔬产品一定要在其适宜的成熟度时采收，采收过早或过晚均会对产品品质和耐贮性带来不利的影响。采收过早不仅产品的大小和重量达不到标准，而且产品的风味、色泽和品质也不好，耐贮性也差；采收过晚，产品已经过熟，开始衰老，不耐贮藏和运输。在确定产品的成熟度、采收时间和方法时，应该根据产品的特点并考虑产品的采收用途、贮藏期的长短、贮藏方法和设备条件等因素。一般就地销售的产品，可以适当晚采；而用做长期贮藏和远距离运输的产品，应当适当早采；对于有呼吸高峰的果蔬产品，应该在达到生理成熟或呼吸跃变前采收。采收工作有很强的时间性和技术性，必须及时并且由经过培训的工人进行采收，才能取得良好的效果，否则会造成不必要的损失。采收以前必须做好人力和物力上的安排和组织工作，根据产品特点选择适当的采收期和采收方法。

果蔬产品的表面结构有良好的天然保护层，当其受到破坏后，组织就失去了天然的抵抗力，容易受病菌的感染而造成腐烂。所以，果蔬产品的采收应避免一切机械损伤。采收过程中所引起的机械损伤在以后的各环节中无论如何进行处理也不能完全恢复，反而会加重采后运输、包装、贮藏和销售过程中的产品损耗，同时降低产品的商品性，大大影响其贮藏保鲜效果，降低经济效益。

总之，果蔬产品采收的原则是适时、无损、保质、保量和减少损耗。适时就是在符合鲜食、贮藏、加工的要求时采收。无损就是要避免机械损伤，保持完整性，以便充分发挥其特有的耐藏性和抗病性。

一、采收期的确定

采收期取决于产品的成熟度、产品的特性和销售策略。产品根据其本身的生物学特性和采后用途、市场远近、加工和贮运条件而决定其适宜的采收成熟度。

（一）采收成熟度的标准

果蔬产品的采收成熟度与其采后销售策略有很大关系。一般作为当地鲜销的产品可以晚采一些，以达到最大产量和最佳品质。作为长期贮藏和远途运输的果实，有的在充分成熟时采收，这有利于保证质量和提高其耐藏能力，如柑橘类果实、葡萄等；有的在果实已达到一定大小、质量已有一定保证的情况下，尽可能提早采收，这有利于延迟呼吸高峰的到来，有利于长期贮运，如香蕉、菠萝、苹果和梨等。有些果实和蔬菜并非以生理成熟作为食用或加工原料的采收标准，而往往以产品器官的生长度为依据。例如，黄瓜、茄子等采收细嫩果实；甜椒多数在果实发育饱满、尚未达到生理成熟的绿果时采收，也可在成熟后采收红色果。至于叶菜类则以其生长状态为采收标准，有些叶菜采收标准不严格，可以根据市场需要及时采收。块茎、鳞茎等有休眠期的蔬菜，开始进入休眠时采收最耐藏。

由此可见，水果、蔬菜生长发育达到可以采收的成熟度，因其种类及用途不同，标准也不一样。

（二）确定采收成熟度的方法

如何判断成熟度，这要根据果蔬的种类和品种特性及其生长发育规律，从果蔬产品的形态和生理指标上加以区分。生理成熟与商业成熟之间有着明显的区别，前者是植物生命中的一个特定阶段，后者指能够转化为市场需要的特定销售产品的采收时机。

1. 色泽

许多果实在成熟时都显示出其固有的果皮颜色，在生产实践中果皮的颜色成为判断果实成熟度的重要标志之一。果实首先在果皮上积累叶绿素，随着果实成熟度的提高，叶绿素逐渐分解，底色（类胡萝卜素、叶黄素等）逐渐显现出来。例如苹果、桃、葡萄等红色品种，成熟时果面呈现红色；柑橘类果实在成熟时，果皮呈现出橙黄色或橙红色；橙子一般要求全红或全黄；橘子允许稍带绿色（绿色总面积不超过果面的1/3）；板栗成熟标准是栗苞呈黄色，苞口开始开裂；坚果成熟时呈棕褐色。

一些果菜类的蔬菜也常用色泽变化来判断其成熟度。如作长距离运输或贮藏的番茄，应该在绿熟阶段采收，即果顶显现奶油色时采收；而就地销售的番茄可在着色期采收，即果顶为粉红或红色时采收；红色的番茄可作加工原料，或就地销售。甜椒一般在绿熟时采收。茄子应该在表皮明亮而有光泽时采收。黄瓜应在瓜皮深绿色时采收。当西瓜接近地面的部分由绿色变为略黄，甜瓜的色泽从深绿色变为斑绿和稍黄时表示瓜已成熟。豌豆从暗绿色变为亮绿色、菜豆由绿色转为发白表示已成熟。甘蓝叶球的颜色变为淡绿色时表示成熟，花椰菜的花球白而不发黄为适宜的采收期。

果蔬色泽的变化一般由采收者目测判断，现在也有一些地方用事先编的一套从绿色到黄色、红色等变化的系列色卡，用感官比色法来确定其成熟度。但由于果蔬色泽还受到成熟度以外的其他因素的影响，所以这个指标并非完全可靠。而使用分光光度计或色差计可以对颜色进行比较客观的测量。

2. 饱满程度和硬度

饱满程度一般用来表示发育的状况。有些蔬菜的饱满程度大，表示发育良好、充分成熟或达到采收的质量标准。如结球甘蓝、花椰菜在叶球或花球致密、充实时采收，耐贮性好；番茄、辣椒较硬实有利于贮运。但有一些蔬菜的饱满程度高则表示品质下降，如莴笋、芥菜、芹菜应该在叶变得坚硬前采收。黄瓜、茄子、豌豆、菜豆、甜玉米等都应该在幼嫩时采收。

其他果实一般用质地和硬度表示。果实的硬度是指果肉抗压力的强弱。抗压力愈强，果实的硬度就愈大，反之果实的硬度就愈小。一般未成熟的果实硬度较大，达到一定成熟度时变得柔软多汁。如苹果、梨等都要求在果实有一定的硬度时采收。如辽宁国光苹果的采收硬度为 $84.6N/cm^2$；烟台的青香蕉苹果采收时硬度一般为 $124.6N/cm^2$；四川的金冠苹果采收时硬度为 $66.8N/cm^2$。此外，桃、李、杏的成熟度与硬度的关系也十分密切。

3. 果实形态和大小

果实必须长到一定的大小、质量和充实饱满的程度才能达到成熟。不同种类、品种的水果和蔬菜都具有固定的形状及大小。例如香蕉在发育和成熟过程中，蕉指横切面上的棱角逐渐钝圆，故可根据蕉指横切面形状或蕉指的角度来判断其成熟度。邻近果梗处果肩的丰满度亦可作为杧果和其他一些核果成熟度的标志。

4. 生长期

果实的生长期也是采收的重要参数之一。栽种在同一地区的果树，其果实从生长到成熟，大都有一定的天数。可以用计算日期的方法来确定成熟状态和采收日期。如山东元帅系苹果的生长期为 145 天左右，国光苹果的生长期为 160 天左右。各地可以根据多年的经验得出适合采收的平均生长期。但由于各年气候和栽培管理以及土壤、耕作等条件的不同，果实生长期和成熟程度差别较大。因此，目前许多果园采用从盛花期开始计算果实生长日期。例如，我国很多苹果产区采收红星苹果的日期，以从盛花期到采收期 140～150 天为适宜。

5. 主要化学物质含量的变化

果品和蔬菜中的主要化学物质有淀粉、糖、有机酸和抗坏血酸等，它们含量的变化可以作为衡量品质和成熟度的指标。实践中常以可溶性固形物含量的高低来判断成熟度，或以可溶性固形物含量与含酸量（固-酸比）、总糖含量与总酸含量（糖-酸比）的比值来衡量品种的成熟度，要求固-酸比或糖-酸比达到一定比值才能采收。例如四川甜橙采收时要求固-酸比为 10：1 或糖-酸比为 8：1，风味品质好，伏令夏橙和枣在糖含量累积最高时采收为宜，而柠檬则需在含酸量最高时采收，猕猴桃在果肉可溶性固形物含量为 6.5％～8.0％时采收最好。

6. 其他成熟特征

不同的水果和蔬菜在成熟过程中会表现出不同的特征。一些瓜果可以根据其种子的变色程度来判断成熟度，种子从尖端开始由白色逐渐变褐、变黑是瓜果充分成熟的标志之一；豆类蔬菜应该在种子膨大硬化以前采收，其食用和加工品质才好，但作为种子使用的豆类蔬菜则应该在充分成熟时采收才好；西瓜的瓜秧卷须枯萎，冬瓜在表皮上茸毛消失并出现蜡质白粉，南瓜表皮硬化并在其上产生白粉时采收；苹果、葡萄等果实成熟时表面产生一层白色粉状蜡质，这也是成熟的标志之一。

判断果蔬成熟度的方法还有很多，在确定品种的成熟度时，应根据该品种某一个或几个主要的成熟特征，判断其最适采收期，以达到长期贮藏、加工和运销的目的。

二、果蔬产品的采收方法

果蔬采收除了掌握适当的成熟度外，还要注意采收方法。果蔬的采收有人工采收和机械采收两大类。在发达国家，由于劳动力比较昂贵，果蔬生产中千方百计地研究用机械方式代替人工进行采收作业。但是，真正在生产中得到应用的大都是以加工为目的的果蔬产品，如制造番茄酱的番茄、制造罐头的豌豆等是进行机械采收的。其他基本都是以人工采收为主。

1. 人工采收

作为鲜销和长期贮藏的果蔬最好人工采收，虽然人工采收增加了生产成本，但由于有很多果蔬鲜嫩多汁，用人工采收灵活性很强，可以做到轻采轻放，减少甚至避免碰擦伤；还可以针对不同的产品、不同的形状、不同的成熟度，及时进行采收和分类处理，既不影响质量又不致减少产量。因此，目前世界各国的鲜食果实基本上仍然是以人工采收为主。

在我国，园艺产品的采收绝大部分采用人工进行。这就需要对工人认真管理，进行培训，使他们都能了解产品的质量要求、采收标准，达到应有的操作水平和采收速度。

具体的采收方法应根据果蔬产品的种类而定。如苹果和梨成熟时，果梗与果枝间产生离层，采收时以手掌将果实向上一托，果实即可自然脱落。柑橘类果实可用一果两剪法：果实离人较远时，第一剪距果蒂 1cm 处剪下，第二剪齐萼剪平，做到"保全萼片不抽心，一果两剪不刮脸，轻拿轻放不碰伤"。柑橘的采果剪是圆头的，不能用尖头剪。柿子采收用修枝剪剪取，要保留果柄和萼片，果柄要短，以免刺伤果实。桃、杏、李等成熟后果肉变得比较柔软，容易造成指痕，故采收时应先剪齐指甲，或戴上手套，并小心用手掌托住果实用手指轻按果柄使其脱落。同一棵树上的果实，因成熟度不一致，分批采收可提高产品的品质和产量。对于一些产品可用机械辅助人工采收以提高采收效率。如在莴苣、甜瓜等一些蔬菜的采收上，常用皮带传送装置传送已采收的产品到中央装载容器或田间处理容器。在番木瓜或香蕉采收时，采收梯旁常安置有可升降的工作平台用于装载产品。

采收要有计划性，根据市场销售及出口贸易的需要决定采收期和采收数量，及早安排运输工具和做好商品流通计划，做好准备工作，避免采收时的忙乱、产品积压、野蛮装卸和流通不畅。

2. 机械采收

机械采收可以节省大量劳动力，适用于那些成熟时果梗与果枝之间形成离层的果实。一般使用强风压机械，迫使离层分离脱落；或是用强力机械振动主枝，使果实振动脱落。但必须树下布满柔软的帆布垫或传送带，以盛接果实，并自动将果实送入分级包装机内。目前机械采收主要用于以加工为目的的果蔬产品或能一次性采收且对机械损伤不敏感的产品。如美国使用机械采收樱桃、葡萄和苹果，机械采收的效率高、成本低。与人工采收相比，上述三种产品机械采收的成本分别降低了 66%、51% 和 43%。根茎类蔬菜使用大型犁耙等机械采收，可以大大提高采收效率，豌豆、甜玉米、马铃薯都可用机械采收，但要求成熟度大体一致。

为便于机械采收，催熟剂和脱落剂的应用研究越来越被重视。如放线菌酮、维生素 C、萘乙酸等药剂，在机械采收前使用较好。

机械采收虽然可以改善采收工人的工作条件以及减少因大量雇用和管理工人所带来的一系列问题，但是机械采收不能进行选择采收，容易遭受机械损伤，影响产品的质量、商品的价值，贮藏时腐烂率增加；采收机械设备价格昂贵，投资较大，故目前国内外机械采收主要用于采后即行加工的果蔬。

任务八　果蔬的采收

※【任务描述】

科学判断常见果蔬的成熟度，正确选择采收方法，完成当地主要水果或蔬菜的采收工作。

※【任务准备】

1. 材料
苹果、桃、柑橘、番茄、黄瓜等当地主要果蔬。

2. 用具
采果剪、采果袋、周转筐等。

3. 相关标准
NY/T 983—2015《苹果采收与贮运技术规范》、NY/T 2787—2015《草莓采收与贮运技术规范》等各类果蔬鲜果采收技术规范。

※【作业流程】

※【操作要点】

1. 果蔬成熟度的判断
采收前观察待采产品田间生长情况、挂果及成熟情况，根据采收的目的（鲜食、贮藏或加工）确定适宜的采收期。

2. 采收操作
常见果蔬的采收方法如下所述。

（1）梨果类　苹果和梨成熟时，果梗与果枝间产生离层，采收时以手掌将果实向上一托，果实即可自然脱落，再小心倒入果筐中。

（2）柑果类　柑橘果实选择圆头果剪，一果两剪法：果实离人较远时，第一剪距果蒂 1cm 处剪下，第二剪齐萼剪平，做到"保全萼片不抽心，一果两剪不刮脸，轻拿轻放不碰伤"。

（3）核果类　桃、杏、李等成熟后果肉变得比较柔软，容易造成指痕，故采果时应先剪齐指甲，或戴上手套，并小心用手掌托住果实、用手指轻按果柄使其脱落。

（4）浆果类　柿子采收用修枝剪剪取，要保留果柄和萼片，果柄要短，以免刺伤果实。葡萄用果剪将整枝果穗摘下，手提果穗轴横放果筐中，避免擦掉果粉。

（5）蔬菜类　依据不同的食用器官，选择不同的采收和周转方法，地下根茎类大部用锹、锄或机械挖刨。洋葱、大蒜可连根拔起。多数叶菜类、果瓜类、豆类蔬菜则用刀割、手摘或用机械采收。

3. 采后处理

采摘后的果蔬在田间做简单的整理与挑选，放入有衬垫的周转箱，转运至果蔬采后处理场所。

4. 注意事项

一般晴天上午或傍晚气温较低时采收为宜。采收注意及时而无伤，保证采收质量。

※ 【成果提交】

《果蔬贮藏与加工技术项目学习册》任务工单。

项目二　果蔬采后商品化处理

※ 【知识目标】

1. 认识果蔬的贮藏性、商品质量与后处理有密切关系。
2. 采后进行清洗、预冷、分级、包装、催熟等处理的作用及技术要求。

※ 【技能目标】

1. 能对苹果、番茄等常见果蔬进行清洗、预冷、分级、包装等采后处理。
2. 能根据果蔬的贮藏特性设计合理的采后处理流程。

果蔬产品的采后商品化处理就是为保持和改进产品质量并使其从农产品转化为商品所采取的一系列措施的总称。其目的是减少采后损失，使果蔬产品做到清洁、整齐、美观，有利于销售和食用，提高其耐贮运性和商品价值与信誉。主要包括清洗、预冷、分级、防腐、包装等环节。可以根据产品的种类，选用全部的措施或只选用其中的某几项措施。

目前，许多国家农产品采后处理已实现产业化，采后处理的产值与采收时的产值比，在美国高达3.7，日本为2.4，而我国只有0.4。加强采后处理，可减少采后损失，最大限度保持果蔬的营养、新鲜和食用安全，促使果蔬生产商品化、标准化和产业化，提升产品附加值。因此，建立果蔬采后商品化处理体系，已成为我国果蔬产品生产和流通中迫切需要解决的问题。

一、整理与挑选

果蔬产品从田间收获后，往往带有残叶、败叶、泥土、病虫污染等，要进行适当的处理，而后清洗。首先要清除残枝败叶，因为带有残叶、败叶、泥土、病虫污染的产品，既没有商品价值，又严重影响产品的外观和商品质量，还携带有大量的微生物孢子和虫卵等有害物质，引起采后的大量腐烂损失。整理与挑选的目的是剔除有机械伤、病虫危害、外观畸形等不符合商品要求的产品，以便改进产品的外观，改善商品形象，便于包装贮运，有利于销售和食用。挑选是剔除虫蛀、霉变和伤口大的果实，对残、次果和损伤不严重的则先进行修整后再应用，同时挑选混入的砂石、虫卵和其他杂质。整理与挑选一般采用人工方法进行，处理中必须戴手套，注意轻拿轻放，尽量剔除受伤产品，同时尽量防止对产品造成新的机械伤害，这是获得良好贮藏保鲜效果的保证。有些国家已经应用电学特性检测技术、光学特性检测技术、声波振动特性检测技术、核磁共振（NMR）技术等果蔬产品的无损伤检测技术，以剔除受伤害的产品。

二、愈伤

果蔬产品在收获过程中，常会造成一些机械损伤，伤口感染病菌而使产品在贮运期间腐烂变质，造成严重损失。为了减少产品贮藏中由于机械损伤造成的腐烂损失，首要问题是应精细操作。其次，通过愈伤处理，果蔬在适宜的条件下，轻微伤口会自然产生木栓愈伤组织，逐渐使伤口愈合。利用这种功能，人为地创造适宜的条件可以加速产品愈伤组织的形成，称为愈伤处理。J. E. Harrison（1955）将甜橙果实在 21℃下进行愈伤处理，然后在 1℃下贮藏 14 周，处理果和对照果的腐烂率分别为 13％和 50％。

果蔬产品愈伤要求一定的温度、湿度和通气条件，其中温度对愈伤的影响最大。在适宜的温度下，伤口愈合快而且愈合面比较平整；低温下伤口愈合缓慢，愈伤的时间拖长，有时可能不等伤口愈合已遭受病菌侵害；温度过高促使伤部迅速失水，造成组织干缩而影响伤口愈合。愈伤温度因产品种类而有所不同，例如马铃薯在 21～27℃下愈伤最快，甘薯的愈伤温度为 32～35℃，木栓层在 36℃以上或低温下都不能形成。就大多数种类的果蔬产品而言，愈伤的条件为温度25～30℃，相对湿度 85％～90％，并且通气条件良好，环境中有充足的氧气。

果蔬产品愈伤的难易在种类间差异很大，仁果类、瓜类、根茎类蔬菜一般具有较强的愈伤能力；柑橘类、核果类、果菜类的愈伤能力较差；浆果类、叶菜类受伤后一般不形成愈伤组织。

愈伤作用也受产品成熟度的影响，刚收获的产品表现出较强的愈伤能力，而经过一段时间放置或者贮藏，进入完熟或者衰老阶段的果蔬产品，愈伤能力显著衰退，一旦受伤则伤口很难愈合。

愈伤可在专用的愈伤处理场所进行，场所里有加温设施。也可在没有加热装置的贮藏库或者窑窖中进行。虽然我国目前用于果蔬产品愈伤处理的专用设施并不多见，但由于果蔬产品收获后到入库贮藏之间的运行过程比较缓慢，一般需要数日，这期间实际上也存在着部分愈伤作用。另外，马铃薯、甘薯、洋葱、大蒜、姜、哈密瓜等贮藏前进行晾晒处理，晾晒中也进行着愈伤作用。

三、清洗

果蔬产品由于受生长或贮藏环境的影响，表面常带有泥土污物，影响其商品外观，所以产品上市销售前常进行清洗，减少表面的病原微生物。

清洗是采用浸泡、冲洗、喷淋等方式水洗或用干毛刷刷净某些果蔬产品，特别是块根、块茎类蔬菜，除去黏附着的污泥，减少病菌和农药残留，使之清洁卫生，符合商品要求和卫生标准。

果蔬产品在清洗过程中应注意洗涤水必须清洁，还可加入适量的杀菌剂，如次氯酸钠、漂白粉等。产品清洗后，清洗槽中的水含有很多真菌孢子，要及时更换。如果将清洁剂和保鲜剂配合使用，还可进一步降低果实在贮运过程中的损失。

清洗方法可分为人工清洗和机械清洗。人工清洗是将洗涤液盛入已消毒的容器中，调好水温，将产品轻轻放入，用软毛巾、海绵或软质毛刷等迅速洗去果面污物。机械清洗可用清洗机。清洗机的结构一般由传送装置、清洗滚筒、喷淋系统和箱体组成。水洗后必须进行干燥处理，除去游离水分。

四、预冷

预冷是将新鲜采收的产品在运输、贮藏或加工以前迅速除去田间热，将其体温降低到适宜温度的过程。其目的是在运输或贮藏前使产品尽快降温，以便更好地保持水果蔬菜的生鲜品质，提高耐贮性。预冷可以降低产品的生理活性，减少营养损失和水分损失，延长贮藏寿命，改善贮后品质，减少贮藏病害。

预冷较一般冷却的主要区别在于降温速度。预冷要求尽快降温，必须在收获后24h之内达到降温要求，而且降温速度愈快效果愈好。多数果蔬产品收获时的体温接近环境气温，高温季节达到30℃以上，其呼吸旺盛，后熟衰老变化速度快，同时易腐烂变质。如果将这种高温产品装入车辆长途运输，或者入库贮藏，即使在有冷藏设备的条件下，其效果也是难以如愿的。有研究指出，苹果在常温下（20℃）延迟1天，就相当于缩短冷藏条件下（0℃）7~10天的贮藏寿命。由此可见，果蔬产品收获后迅速预冷和及时贮藏，对保证良好的贮运效果是何等重要，尤其对易腐烂变质和有呼吸高峰的草莓、樱桃等意义更大。为了最大限度地保持果蔬的生鲜品质和延长货架寿命，预冷最好在产地进行，而且越快越好，预冷不及时或不彻底，都会增加产品的采后损失。

预冷的方式分为自然预冷和人工预冷。人工预冷中有冰接触预冷、空气冷却、水冷却和真空预冷等方式。各种方式都有其优缺点，其中以空气冷却最为常用。预冷时应根据产品种类、数量和包装状况来决定采用何种方式和设施。

(1) 自然降温冷却　自然降温冷却是最简便易行的预冷方法。就是将产品放在阴凉通风的地方，利用夜间低温，使之自然冷却，翌日气温升高前入贮。这种方法简单，但冷却的时间长，受环境条件影响大，而且难于达到产品所需要的预冷温度。

(2) 水冷却　水冷却是以冷水为介质的一种冷却方式，水比空气的热容量大，当果蔬产品表面与冷水充分接触，产品内部的热量可迅速传至体表而被水吸收。将果蔬浸在冷水中或者用冷水冲淋，达到降温的目的。冷却水有低温水（一般在0~3℃左右）和自来水两种，前者冷却效果好，后者生产费用低。目前使用的水冷却装置有喷淋式、浸渍式，即流水系统和传送带系统。

水冷却有较空气冷却降温速度快、产品失水少的特点。最大缺点是促使某些病菌的传染，易引起产品的腐烂，特别是受各种伤害的产品，发病更为严重。因此，应该在冷却水中加入一些防腐药剂，如加入一些次氯酸或用氯气消毒。水冷却仪器应经常用水清洗，以减少病原微生物的交叉感染。商业上适于用水冷却的果蔬有柑橘、桃、胡萝卜、芹菜、甜玉米、菜豆等。

(3) 空气冷却　空气冷却是使冷空气迅速流经产品周围使之冷却，分为自然对流冷却法、冷库空气冷却法和强制通风冷却法。

① 自然对流冷却法。此法是一种最简便易行的预冷方法，预冷装置缺少时，为了减少随产品进入库内的热量可将收获后的果蔬在阴凉通风的地方放置一段时间，利用昼夜温差散去产品田间热。这种方法冷却的时间较长，而且难于达到产品所需要的预冷温度，但是在没有更好的预冷条件时，自然冷却仍是一种应用较普遍的方法。

② 冷库空气冷却法。此法是将收获后的果蔬直接放在冷库内预冷。这种冷库是为贮藏果蔬产品而设计的，所以制冷能力小，风量也小。由空气自然对流或风机送入冷风使之在果蔬包装箱的周围循环，再通过对流和传导逐渐使箱内产品温度降低。这种方法冷却速度很慢，一般需要一昼夜甚至更长时间。但此法不需另外增设冷却设备，冷却和贮藏同时进行。

可用于苹果、梨、柑橘等耐藏的品种。对于易腐烂变质的品种则不宜使用，因为冷却速度慢，会影响贮藏效果。冷库空气冷却时产品容易失水，95％或95％以上的相对湿度可以减少失水量。

③ 强制通风冷却法。此法是采用专门的快速冷却装置，通过强制空气高速循环，使产品温度快速降下来。强制通风冷却多采用隧道式预冷装置，即将果蔬包装箱放在冷却隧道的传送带上，高速冷风在隧道内循环而使产品冷却。强制通风预冷所用的时间比一般冷库预冷要快4～10倍，但比真空冷却所用的时间至少长2倍。大部分果蔬适合用强制通风冷却，在草莓、葡萄、甜瓜和红熟的番茄上使用效果显著。

另外，还有真空冷却和传统的包装加冰冷却等预冷方式。在选择预冷方式时，必须要考虑现有的设备、成本、包装类型、距离销售市场的远近以及产品本身的特性。在预冷期间要定期测量产品的温度，以判断冷却的程度，防止温度过低产生冷害或冻害，造成产品在运输、贮藏或销售过程中变质腐烂。

五、分级

分级是使果品商品化、标准化的重要手段，是根据果品的大小、质量、色泽、形状、成熟度、新鲜度和病虫害、机械伤等商品性状，按照国家标准或其他标准进行严格挑选、分级，并根据不同的果实进行相应的处理。分级是产品商品化生产的必需环节，是提高商品质量及经济价值的重要手段。产品经过分级后，商品质量大大提高，减少了贮运过程中的损失，并便于包装、运输及市场的规范化管理。

果蔬产品在生长发育过程中，由于受多种因素的影响，其大小、形状、色泽、成熟度、病虫伤害、机械损伤等状况差异甚大，即使同一植株的个体，甚至同一枝条的果实商品性状也不可能完全一样，而从若干果园收集的果品，必然大小不一、良莠不齐。只有按照一定的标准进行分级，使其商品标准化，或者商品性状大体趋于一致，才有利于产品的定价、收购、销售、包装，果蔬的分级是果蔬产品实现标准化的重要操作步骤，是生产、销售和消费三者之间相互联系的纽带。通过分级标准的制订与实施，有利于园艺产品按质论价、优质优价政策的执行，是增强果蔬产品市场竞争力的有效措施。

（一）分级标准

果品蔬菜分级有国际标准、国家标准、协会标准和企业标准四种。水果的国际标准是1954年在日内瓦由欧共体制定的，许多标准已经重新修订，目的是为了促进经济合作和发展。目前已有37种产品有了国际标准，这些标准和要求在欧盟国家水果和蔬菜的进出口中是强制执行的。

我国现有的果品质量标准逐年增加，其中苹果、梨、香蕉、鲜龙眼、核桃、板栗、红枣等都已制定了国家标准。此外，还制定了一些行业标准，如香蕉的销售标准，梨销售标准，出口鲜苹果检验方法，出口鲜甜橙、鲜宽皮柑橘、鲜柠檬等的标准。

水果分级标准的主要项目因种类和品种而异。我国目前一般是在果形、新鲜度、颜色、品质、病虫害和机械伤等方面已符合要求的基础上，再按果形大小或单果质量进行分级，按果形大小分级即根据果实横径的最大部分直径分为若干等级。果品大小分级多用分级板进行，分级板上有一系列不同直径的孔。如我国出口的红星苹果，直径从65～90mm，每相差5mm为一个等级，共分为5等。四川省对出口西方一些国家的柑橘分为大、中、小3个等级。而日本爱媛县应用光电分级机，对柑橘果实的大小进行分级。表2-1为我国出口鲜苹果的等级规格。

表 2-1 出口鲜苹果的等级规格

等 级	规 格	限 度
AAA（特级）	1. 有本品种果形特征，果柄完整； 2. 具有本品种成熟时应有的色泽，各品种最低着色度应符合表 2-2 规定； 3. 大型果实横径不低于 65mm，中型果实横径不低于 60mm； 4. 果实成熟，但不过熟； 5. 红色品种轻微碰伤总面积不超过 1.0cm²，其中最大面积不超过 0.5cm²；黄、绿品种轻微碰伤面积不超过 0.5cm²，不得有其他缺陷和损伤	总不合格果不超过 5%
AA（一级）	1. 具有本品种果形特征，果柄完整； 2. 具有本品种成熟时应有的色泽，各品种最低着色度应符合表 2-2 规定； 3. 大型果实横径不低于 65mm，中型果实横径不低于 60mm； 4. 果实成熟，但不过熟； 5. 缺陷与损伤：轻微碰伤总面积不超过 1.0cm²，其中最大面积不超过 0.5cm²。轻微枝叶摩伤，其面积不超过 1.0cm²。金冠品种的锈斑面积不超过 3cm²，水锈和蝇点面积不超过 1.0cm²。未破皮雹伤 2 处，总面积不超过 0.5cm²。红色品种桃红色的日灼伤面积不超过 1.5cm²，黄绿色品种白色灼伤面积不超过 1.0cm²。不得有破皮伤、虫伤、病害、萎缩、冻伤和瘤子	总不合格果不超过 10%
A（二级）	1. 有本品种果形特征，带有果柄，无畸形； 2. 具有本品种成熟时应有的色泽，各品种最低着色度应符合表 2-2 规定； 3. 大型果实横径不低于 65mm，中型果实横径不低于 60mm； 4. 果实成熟，但不过熟； 5. 缺陷与损伤总面积、摩伤、水锈和蝇点、日灼面积标准同 AA 级。轻微药害面积不超过 1/10，轻微雹伤总面积不超过 1.0cm²。干枯虫伤 3 处，每处面积不超过 0.03cm²。小疵点不超过 5 个。不得有刺伤、破皮伤、病害、萎缩、冻伤、食心虫伤，已愈合的其他面积不大于 0.03cm²	总不合格果不超过 10%

注：1. 本表适用于元帅系、富士、国光和金冠苹果。

2. 本表引自 GB/T 10651—2008。

表 2-2 出口鲜苹果各品种、等级的最低着色度

品　种	AAA（特级）	AA（一级）	A（二级）
元帅类	90%	70%	40%
富士	70%	50%	40%
国光	70%	50%	40%
其他同类品种	70%	50%	
金冠	黄或金黄色	黄或黄绿色	黄、绿黄或黄绿色
青香蕉	绿色不带红晕	绿色、红晕不超过果面 1/4	绿色、红晕不限

注：本表引自 GB/T 10651—2008。

　　蔬菜由于食用部分不同，成熟标准不一致，所以很难有一个固定统一的分级标准，只能按照对各种蔬菜品质的要求制定个别的标准。蔬菜通常根据坚实度、清洁度、大小、重量、颜色、形状、鲜嫩度以及病虫感染和机械伤等分级，一般分为三个等级，即特级、一级和二级。特级品质最好，具有本品种的典型形状和色泽，不存在影响组织和风味的内部缺点，大小一致，产品在包装内排列整齐，在数量或重量上允许有 5% 的误差；一级产品与特级产品有同样的品质，允许在色泽、形状上稍有缺点，外表稍有斑点，但不影响外观和品质，产品不需要整齐地排列在包装箱内，可允许有 10% 的误差；二级产品可以呈现某些内部和外部缺陷，价格低廉，采后适合于就地销售或短距离运输。

　　蒜薹是我国的重要蔬菜之一，目前我国已制定了蒜薹的国家标准，它适用于鲜蒜薹的收购、调运、贮藏、销售及出口。蒜薹按其质地鲜嫩、粗细长短、成熟度等分为特级、一级、二级，见表 2-3。

表 2-3 蒜薹等级规格

等级	规格	限度
特级	1. 质地脆嫩，色泽鲜绿，成熟适度，不萎缩糠心，去两端保留嫩茎，每批样品整洁均匀； 2. 无虫害、损伤、划薹、杂质、病斑、畸形、霉烂等现象； 3. 蒜薹嫩茎粗细均匀，长度 30～40cm； 4. 扎成 0.5～1.0kg 的小捆	不合格率不得超过 1%（以重量计）
一级	1. 质地脆嫩，色泽鲜绿，成熟适度，不萎缩糠心，薹茎基部无老化，薹苞绿色，不膨大，不坏死，允许顶尖稍有黄色； 2. 无明显的虫害、损伤、划薹、杂质、畸形、病斑、霉烂等现象； 3. 蒜薹嫩茎粗细均匀，长度≥30cm； 4. 扎成 0.5～1.0kg 的小捆	每批样品不合格率不得超过 10%（以重量计）
二级	1. 质地脆嫩，色泽淡绿，不脱水萎蔫，薹茎基部无老化，薹苞稍大允许顶尖稍有黄色干枯，但不分散； 2. 无严重虫害、损伤、划薹、杂质、畸形、病斑、霉烂等现象； 3. 蒜薹嫩茎粗细均匀，长度≥30cm； 4. 扎成 0.5～1.0kg 的小捆	每批样品不合格率不得超过 10%（以重量计）

注：本表引自 GH/T 1192—2017。

（二）分级方法

1. 人工分级

这是目前国内普遍采用的分级方法。该分级方法分为两种：一是单凭人的视觉判断，按果蔬的颜色、大小将产品分为若干级。采用这种方法分级的产品，级别标准容易受人心理因素的影响，往往偏差较大。二是用选果板分级，选果板上有一系列直径大小不同的孔，根据果实横径和着色面积的不同进行分级。采用这种方法分级的产品，同一级别果实的大小基本一致，偏差较小。

人工分级能最大程度地减轻果蔬的机械伤害，适用于各种果蔬，但工作效率低，级别标准有时不严格。

2. 机械分级

机械分级不仅可消除人为因素的影响，更重要的是能显著提高工作效率。有时为了使分级标准更加一致，机械分级常常与人工分级结合进行。目前我国已研制出了水果分级机，大大提高了分级效率。美国、日本的机械分级起步较早，大多数采用计算机控制。除容易受伤的果实和大部分蔬菜仍采用人工分级外，美国、日本的其余果蔬产品一般采用机械分级。

果蔬的机械分级设备有以下几种。

（1）形状分选装置 按照被选果蔬的形状大小进行（直径、长度等）分选，有机械式和光电式等不同类型。

① 机械式形状分选装置多是以缝隙或筛孔的大小将产品分级。当产品通过由小逐级变大的缝隙或筛孔时，小的先分选出来，最大的最后选出。适用于柑橘、李子、梅、樱桃、洋葱、马铃薯、胡萝卜等。

② 较先进的光电式形状分选装置有多种，有的是利用产品通过光电系统时的遮光，测量其外径或大小，根据测得的参数与设定的标准值比较进行分级。较先进的装置则是利用摄像机拍摄，经电子计算机进行图像处理，求出果实的面积、直径、高度等。例如黄瓜和茄子的形状分选装置，将果实一个个整齐地摆放到传送带的托盘上，当其经过检测装置部位时，

安装在传送带上方的黑白摄像机摄取果实的图像，通过计算机处理后可迅速得出其长度、粗度、弯曲程度等，实现大小分级与品质（弯曲、畸形）分级同时进行。光电式形状分选装置克服了机械式分选装置易损伤产品的缺点，适用于黄瓜、茄子、番茄、菜豆等。

（2）重量分选装置 根据产品的重量进行分选。按被选产品的重量与预先设定的重量进行比较分级。重量分选装置有机械秤式和电子秤式等不同的类型。

① 机械秤式分选装置主要由固定在传送带上可回转的托盘和设置在不同重量等级分口处的固定秤组成。将果实单个放进回转托盘，当其移动接触到固定秤，秤上果实的重量达到固定秤的设定重量时，托盘翻转，果实即落下。适用于球状的果蔬产品，缺点是容易造成产品的损伤，而且噪声很大。

② 电子秤重量分选装置则改变了机械秤式装置每一重量等级都要设秤及噪声大的缺点。一台电子秤可分选各重量等级的产品，装置大大简化，精度也有提高。

重量分选装置多用于苹果、梨、桃、番茄、甜瓜、西瓜、马铃薯等。

（3）颜色分选装置 根据果实的颜色进行分选。果实的表皮颜色与成熟度和内在品质有密切关系，颜色的分选主要代表了成熟度的分选。例如，利用彩色摄像机和电子计算机处理的红、绿两色型装置可用于番茄、柑橘和柿子的分选，可同时判别出果实的颜色、大小以及表皮有无损伤等。红、绿、蓝三色型机则可用于色彩更为复杂的苹果的分选。

六、防腐与涂膜

果蔬产品经清洗、分级后，还应进行防腐、涂蜡处理，可以改善商品外观，提高商品价值，减少表面的病原微生物，减少水分蒸腾，保持产品的新鲜度，抑制呼吸代谢，延缓衰老。

1. 防腐

果蔬采收后仍进行着一系列生理生化活动，如蒸腾作用、呼吸作用、乙烯释放、色素转化等。果蔬产品贮藏过程是组织逐步走向成熟和衰老的过程。而衰老又与病害的发展形成紧密联系。

为了延长果蔬产品的商品寿命，达到抑制衰老、减少腐烂的目的，可在采收前后进行保鲜防腐处理。保鲜防腐处理是采用天然或人工合成的化学物质对果蔬表面进行处理。该类化学物质的主要成分是杀菌物质和生长调节物质。从目前来看，使用化学药剂仍是一项经济而有效的保鲜措施。但在使用时应根据国家卫生部门的有关规定，注意选用高效、低毒、低残留的药剂，以保证食品的安全。

果蔬产品贮运中常常使用的化学防腐保鲜药剂主要包括植物激素类、化学防腐剂类和乙烯抑制剂。

（1）植物激素类 植物激素类对果蔬产品的作用可分为三种：细胞分裂素类、生长素类和生长抑制剂类。细胞分裂素类主要有 GA（赤霉素），可抑制产品呼吸强度，推迟跃变型果实呼吸高峰的到来，延迟果实褪绿。采后用 GA 处理，能显著抑制香蕉、番茄等果实的后熟变化。生长素类主要有 2,4-D（2,4-二氯苯氧乙酸），在柑橘上使用，能抑制离层形成，保持果蒂新鲜不脱落，抑制各种蒂腐性病变，减少腐烂，延长贮藏寿命。生长抑制剂主要有MH（青鲜素），MH 的主要作用为抑制洋葱、胡萝卜、马铃薯的发芽。洋葱应在采前10～14 天用 MH 喷洒，因为此时物质的移动活跃。若将采后洋葱浸在 MH 液中也有抑制发芽的效果。但是，如果鳞茎的根部切掉后浸泡，则会增加腐烂。

（2）化学防腐剂类 病害是果蔬产品采后损失的重要原因，造成贮藏和运输中的腐烂，减少贮藏时间。采用杀菌剂来处理产品，减少腐烂。目前使用的化学防腐剂种类很多，常见防腐剂种类为：①仲丁胺（2-氨基丁烷，简称 2-AB），有强烈的挥发性，高效低毒，可控制多种果蔬的腐烂，对柑橘、苹果、葡萄、龙眼、番茄、蒜薹等果蔬的贮藏保鲜具有明显效果。②苯并咪唑类防腐剂。这类防腐剂主要包括特克多（TBZ）、苯来特、多菌灵、托布津等。它们大多属于广谱、高效、低毒防腐剂，用于采后洗果，对防止香蕉、柑橘、桃、梨、苹果、荔枝等水果的发霉腐烂都有明显的效果。其使用浓度一般在 $0.05\% \sim 0.2\%$，可以有效地防止大多数果蔬由于青霉菌和绿霉菌所引起的病害。这类防腐剂若与 2,4-D 混合使用，保鲜效果更佳。

（3）乙烯脱除剂 乙烯作为果蔬产品的一种衰老激素已为人们所认识，乙烯的积累可加速果蔬产品向衰老转化，商品品质下降，货架期缩短，经济效益降低，因此应及时除去容器中的乙烯，延长产品的贮藏期。

1-MCP（1-甲基环丙烯）是近来在果蔬产品保鲜中研究较多的乙烯受体抑制剂，它的特点是常温下稳定，无毒无味，对环境影响小，且效果很好，使用浓度低，在 $100 \sim 1000 \mu g/L$ 范围内。在植物内源乙烯大量产生之前，施用 1-MCP 会抢先与乙烯受体结合，封阻了乙烯与其结合和随后产生的效应，暂时延缓乙烯的生理反应。大量实验证明，1-MCP 能有效地延长产品的贮藏期、货架期，有利于保持果蔬产品的采后品质。

（4）其他防腐药剂 果蔬产品贮藏运输中，由于微生物病害的影响，常常使大量产品腐烂变质，造成严重经济损失。可用于防腐又相对安全的杀菌剂还有氯气、漂白粉和 SO_2 等。

2. 涂膜

果蔬产品表面有一层天然的蜡质保护层，往往在采后处理或清洗中受到破坏。人为地在果品表面涂上一层果蜡的方法称为涂膜，也称涂蜡和打蜡。涂膜后可以增加产品的光泽而改善外观，提高商品质量；堵塞表皮上的部分自然开孔（气孔和皮孔等），降低蒸腾作用，减少水分损失，保持新鲜；阻碍气体交换，抑制呼吸作用，延缓后熟和减少养分消耗；抑制微生物的入侵，减少腐烂病害等。若在涂膜液中加入防腐剂，则防腐效果更佳。

在国外，涂膜技术已有 70 多年的历史。据报道，1992 年美国福尔德斯公司首先在甜橙上开始使用并获得成功。之后，世界各国纷纷开展涂膜技术研究。自 20 世纪 50 年代起，美国、日本、意大利、澳大利亚等国都相继进行涂蜡处理，使涂蜡技术得到迅速发展。目前，该技术已成为发达国家果蔬产品商品化处理中的必要措施之一。我国市场上出售的进口苹果、柑橘等高档水果，几乎都经过打蜡处理。而我国由于受经济、技术水平的限制，至今仍未在生产中普遍应用。

涂膜液是将涂膜剂微粒均匀地分散在水或油中形成稳定的悬浮液。世界上最初使用的涂膜剂是石蜡、松脂和虫胶等。商业上使用较多的涂膜剂是以石蜡和巴西棕榈蜡作为基础原料的，因为石蜡可以很好地控制失水，而巴西棕榈蜡能使果实产生诱人的光泽。近年来含有天然蜡、合成或天然的高聚物、乳化剂、水和有机溶剂等的涂膜剂逐渐被普遍使用。天然蜡如棕榈蜡、米糠蜡等；高聚物包括多聚糖、蛋白质、纤维素衍生物、聚氧乙烯、聚丁烯等；乳化剂包括 $C_{16 \sim 18}$ 脂肪酸蔗糖酯、油酸钠、吗啉脂肪酸盐等。这些原料都对人体无害，符合食品添加剂标准，常作为杀菌剂的载体或作为防止衰老和生理失调以及发芽抑制剂的载体。

随着人们健康意识的不断增强，果蔬涂膜保鲜的研究突飞猛进，涂膜剂向无毒和可食方向发展，如日本用淀粉、蛋白质等高分子溶液加上植物油制成混合涂料，喷在新鲜柑橘和苹果上，干燥后可在产品表面形成很多直径为 0.001mm 小孔的薄膜，从而抑制果实的呼吸作用。我国科研人员将甲壳素、海藻酸钠、淀粉、蛋白质、纤维素等单独或混合使用，都取得了较为理想的保鲜效果。现在涂膜剂中还常加入中草药、抗菌肽、氨基酸等天然防腐剂以达到更好的保鲜效果。

涂膜的方法大体分为浸涂法、刷涂法、喷涂法、泡沫法和雾化法五种，有人工和机械之分。目前世界上的新型涂膜机，一般是由洗果、干燥、涂膜、低温干燥、分级和包装等部分联合组成。

涂膜要做到三点：①涂被厚度均匀、适量。过厚会引起呼吸失调，导致一系列生理生化变化，果实品质下降；②涂料本身必须安全、无毒、无损人体健康；③成本低廉，材料易得，便于推广。值得注意的是，涂膜处理只是产品采后一定期限内商品化处理的一种辅助措施，只能在上市前进行处理或作短期贮藏、运输，否则会给产品的品质带来不良影响。

七、催熟和脱涩

1. 催熟

催熟是指销售前用人工方法促使果实加速完熟的技术。为了提早上市，以获得更好的经济利益，或为了长途运输，需要提前采收，这时采下的果实成熟度不一致，很多果实青绿、肉质坚硬、风味欠佳、缺乏香气，不受消费者欢迎。为了保障这些产品在销售时达到完熟程度，确保其最佳品质，常需要采取催熟措施。催熟可使产品提早上市，使未充分成熟的果实尽快达到销售标准或最佳食用成熟度及最佳商品外观。催熟多用于香蕉、苹果、洋梨、猕猴桃、番茄、蜜露甜瓜等。

(1) 催熟的条件 被催熟的果蔬必须达到一定的成熟度，催熟时一般要求较高的温度、湿度和充足的 O_2，要有适宜的催熟剂。不同种类产品的最佳催熟温度和湿度不同，一般以温度 $21\sim25℃$、相对湿度 $85\%\sim90\%$ 为宜。湿度过低，果蔬会失水萎蔫，催熟效果不佳，湿度过高产品又易感病腐烂。由于催熟环境的温度和湿度都比较高，致病微生物容易生长，因此要注意催熟室的消毒。为了充分发挥催熟剂的作用，催熟环境应该有良好的气密性，催熟剂应有一定的浓度。此外，催熟室内的气体成分对催熟效果也有影响，二氧化碳的累积会抑制催熟效果，因此催熟室要注意通风，以保证室内有足够的氧气。

乙烯、丙烯等都具有催熟作用。尤其以乙烯的催熟作用最强，是最常用的果实催熟剂，一般使用浓度为 $0.2\sim1g/L$，香蕉为 $1g/L$，苹果、梨为 $0.5\sim1g/L$，柑橘为 $0.2\sim0.25g/L$，番茄和甜瓜为 $0.1\sim0.2g/L$。由于乙烯是气体，用乙烯进行催熟处理时需要相对密闭的环境。大规模处理时应有专门的催熟室，小规模时采用塑料密封帐为催熟室。催熟产品堆码时需留出通风道，使乙烯分布均匀。

乙烯是气体，使用不便。生产上常采用乙烯利进行水果蔬菜的催熟。乙烯利的化学名称为 2-氯乙基磷酸，乙烯利是其商品名。在酸性条件下乙烯利比较稳定，在微碱性条件下分解产生乙烯，故使用时要加 0.05% 的洗衣粉，使其呈微碱性，并能增加药液的附着力。其使用浓度因种类和品种而不同。催熟时可将果实在乙烯利溶液里浸泡约 1min 取出，也可采用喷淋的方法，然后盖上塑料膜，在室温下一般 $2\sim5$ 天即可催熟。

(2) 各种果蔬的催熟

① 香蕉的催熟。为了便于运输和贮藏，香蕉一般在绿熟坚硬期采收，绿熟阶段的香蕉质硬、味涩，不能食用，运抵目的地后应进行催熟处理，使香蕉皮色转黄，果肉变软，脱涩变甜，产生特有的风味和气味。具体做法是，将绿熟香蕉放入密闭环境中，保持 $22\sim25℃$ 和 90% 的相对湿度，香蕉会自行释放乙烯，几天就可成熟。有条件时，可利用乙烯催熟，在 $20℃$ 和 $80\%\sim85\%$ 的相对湿度下，向催熟室内加入 $1g/m^3$ 的乙烯，处理 $24\sim28h$，当果皮稍黄时取出即可。为了避免催熟室内累积过多的二氧化碳（二氧化碳浓度超过 1% 时，乙烯的催熟作用将受影响），每隔 24h 要通风 $1\sim2h$，密闭后再加入乙烯，待香蕉稍现黄色取出，可很快变黄后熟。此外，还可以用熏香法，将一梳梳的香蕉装在竹篓中，置于密闭的蕉

房内，点线香 30 余支，保持室温 21℃左右，密闭 20～24h 后，将密闭室打开，2～3h 后将香蕉取出，放在温暖通风处 2～3 天，香蕉的果皮由绿变黄，涩味消失而变甜变香。

② 柑橘类果实的脱绿。柑橘类果实特别是柠檬，一般多在充分成熟以前采收，此时果实含酸量高，果汁多，风味好，但是果皮呈绿色，商品质量欠佳。上市前可以通入 0.2～0.3g/m³ 的乙烯，保持 85%～90% 的相对湿度，2～3 天即可脱绿。蜜柑上市前放入催熟室或密闭的塑料薄膜大帐内，通入 0.5～1g/m³ 的乙烯，经过 15h 果皮即可褪绿转黄。柑橘用 0.2～0.6g/kg 的乙烯利浸果，在 20℃下 2 周即可褪绿。

③ 番茄的催熟。将绿熟番茄放在温度 20～25℃ 和相对湿度为 85%～90% 下，用 0.1～0.15g/m³ 的乙烯处理 48～96h，果实可由绿变红。也可直接将绿熟番茄放入密闭环境中，保持温度 22～25℃ 和 90% 的相对湿度，利用其自身释放的乙烯催熟，但是所需的催熟时间较长。

2. 脱涩

脱涩主要是针对柿而采用的一种处理措施。柿有甜柿和涩柿两大品种群，甜柿品种的果实在树上充分长成后可自然脱涩，采收后，即可食用。涩柿含有较多的单宁物质，成熟后仍有强烈的涩味，采后不能立即食用，必须经过脱涩处理才能上市。柿果的脱涩就是将体内的可溶性单宁通过与乙醛缩合，变为不溶性单宁的过程。我国栽培的柿以涩柿品种居多，果实成熟采收后仍有强烈的涩味，必须经过脱涩处理才能食用。

(1) 影响脱涩的因素 柿脱涩的难易程度与品种、成熟度、环境温度以及药剂的处理浓度等诸多因素密切相关。

① 品种。柿中可溶性单宁含量高、乙醇脱氢酶活性低的品种较难脱涩。如冻柿，脱涩时间需要 110h；恒曲红柿脱涩仅需 14h。

② 成熟度。柿子果实的成熟度高，可溶性单宁含量减少，脱涩较容易。

③ 温度。温度的高低直接影响果实的呼吸作用。温度高，呼吸作用强，醇、醛类物质产生多，容易脱涩；温度低，呼吸作用弱，醇、醛类物质产生少，脱涩慢。同时，温度影响乙醇脱氢酶的活化程度。在 45℃ 以下，随着温度升高该酶活性增强，将乙醇转化为乙醛的能力增大，可加速脱涩。而在 45℃ 以上，随着温度升高，酶的活性逐渐受到抑制，脱涩也不易进行。

④ 化学物质的浓度。无论是间接还是直接作用，最终都是由化学物质引起单宁的转化。因此，在一定浓度范围内，能使柿脱涩的化学物质浓度愈大，脱涩愈快。如用乙烯利催熟，浓度愈大，后熟脱涩愈快，但乙烯浓度过大，会促使糖分解，则味变淡。

(2) 脱涩方法 涩柿采收后，随其自然成熟也会脱涩，只是脱涩时间较长，而且对于单宁含量特别高的品种往往脱涩不彻底。实践中最常见的脱涩方法有以下几种。

① CO_2 脱涩。将柿果装箱后，密闭于塑料大帐内，通入 CO_2 并保持其浓度为 60%～80%，在室温下 2～3 天即可脱涩。如果温度升高，脱涩时间可相应缩短。用此法脱涩的柿子质地脆硬，货架期较长，可进行大规模生产。但有时处理不当，脱涩后会产生 CO_2 伤害，使果心褐变或变黑。

② 酒精脱涩。将 35%～75% 的酒精或白酒喷洒于涩柿表面，每千克柿果用 35% 的酒精 5～7mL，然后将果实密闭于容器中，在室温下 4～7 天即可脱涩。此法可用于运输途中，将处理过的柿果用塑料袋密封后装箱运输，到达目的地后即可上市销售。

③ 石灰水脱涩。将涩柿浸入 7% 的石灰水中，经 3～5 天即可脱涩。果实脱涩后质地脆硬，不易腐烂，但果面往往有石灰痕迹，影响商品外观，最好用清水冲洗后再上市。

④ 乙烯及乙烯利脱涩。将涩柿放入催熟室内，保持温度 18～21℃ 和相对湿度 80%～

85%，通入 $1g/m^3$ 的乙烯，2～3 天后可脱涩。或用 0.25～0.5g/kg 的乙烯利喷果或蘸果，4～6 天后也可脱涩。果实脱涩后，质地软，风味佳，色泽鲜艳，但不宜贮藏和长距离运输，必须及时就地销售。

脱涩还有温水脱涩、鲜果脱涩等，生产中可根据各自的条件及脱涩后的要求（软柿或硬柿、货架寿命的长短及品质好坏等）选择适宜的脱涩方法。

八、包装

果蔬产品包装是标准化、商品化，保证安全运输和贮藏的重要措施。有了合理的包装，就有可能使果蔬产品在运输中保持良好的状态，减少因互相摩擦、碰撞、挤压而造成的机械损伤，减少病害蔓延和水分蒸发，避免果蔬产品散堆发热而引起腐烂变质。包装可以使果蔬产品在流通中保持良好的稳定性，提高商品率和卫生质量。果蔬产品多是脆嫩多汁商品，极易遭受损伤，为了保护产品在运输、贮藏、销售中免受伤害，对其进行包装是必不可少的。同时包装也是商品的一部分，是贸易的辅助手段，为市场交易提供标准的规格单位，便于流通过程中的标准化，也有利于机械化操作。适宜的包装对于提高商品质量和信誉十分重要。

1. 包装容器和包装材料

（1）包装容器的要求 包装容器应具备的基本条件有以下几点。

①保护性。在装卸、运输、堆码中有足够的机械强度，防止果蔬产品受挤压碰撞而影响品质。②通透性，以利于产品在贮运过程中散热和气体交换。③防潮性。避免由于容器的吸水变形而使内部产品腐烂。④美观、清洁、无异味、无有害化学物质，内壁光滑、卫生、质量轻、成本低、便于取材、易于回收及处理。包装外面应注明商标、品名、等级、质量、产地、特定标志及包装日期等。

（2）包装容器的种类和规格 果蔬产品包装分为外包装和内包装。外包装材料最初多为植物材料，尺寸大小不一，以便于运输。现在外包装材料多用高密度聚乙烯、聚苯乙烯、纸、木板条等。包装容器的长宽尺寸在 GB 4892—2008《硬质直立体运输包装尺寸系列》中有具体规定。随着科学技术的发展，包装的材料及其形式越来越多样化。我国目前外包装容器的种类、材料、特点、适用范围见表 2-4。

表 2-4　包装容器种类、材料及适用范围

种　　类	材　　料	适用范围
塑料箱	高密度聚乙烯	任何果蔬
	聚苯乙烯	高档果蔬
纸箱	板纸	果蔬
钙塑箱	聚乙烯、碳酸钙	果蔬
板条箱	木板条	果蔬
筐	竹子、荆条	任何果蔬
加固竹筐	筐体竹皮、筐盖木板	任何果蔬
网、袋	天然纤维或合成纤维	不易擦伤、含水量少的果蔬

各种包装材料各有优缺点，如塑料箱轻便防潮，但造价高；竹筐价格低廉，大小却难以一致，而且容易刺伤产品；木箱大小规格一致，能长期周转使用，但较沉重，易使产品碰伤、擦伤等。纸箱的重量轻，可折叠平放，便于运输；纸箱能印刷各种图案，外观美观，便于宣传与竞争。纸箱通过上蜡，可提高其防水防潮性能，受湿受潮后仍具有很好的强度而不变形。

在良好的外包装条件下，内包装可进一步防止产品受震荡、碰撞、摩擦而引起的机械伤害。可以通过在底部加衬垫、浅盘杯、薄垫片或改进包装材料，减少堆叠层数来解决。常见的内包装材料及作用见表2-5。除防震作用外，内包装还具有一定的防失水、调节小范围气体成分浓度的作用，如聚乙烯包裹或聚乙烯薄膜袋的内包装材料，可以有效地减少蒸腾失水，防止产品萎蔫。但这类包装材料的特点是不利于气体交换，管理不当容易引起二氧化碳伤害。对于呼吸跃变型果实来说还会引起乙烯的大量积累，加速果实的后熟、衰老，使品质迅速下降。因此，可用膜上打孔法加以解决，打孔的数目及大小根据产品自身特点加以确定，这种方法不仅减少了乙烯的积累，还可在小范围内形成低氧、高二氧化碳的气调环境，有利于产品的贮藏保鲜。内包装的另一个优点是便于零售，为大规模自动售货提供条件。目前超级市场中常见的水果放入浅盘外覆保鲜膜就是一个例子。这种零售用内包装外观新颖、别致，包装袋上注明产品的商标、品牌、重量、出厂日期、产地或出产厂家及有关部门的批准文号、执行标准、条形码等。内包装的主要缺点是不易回收，难以重新利用导致环境污染。目前国外逐渐用纸包装取代塑料薄膜内包装。

表 2-5 果蔬产品包装常用的内包装材料

种类	作　用	种类	作　用
纸	衬垫、包装及化学药剂的载体，缓冲挤压	泡沫塑料	衬垫，减少碰撞，缓冲震荡
纸或塑料托盘	分离产品及衬垫，减少碰撞	塑料薄膜袋	控制失水和呼吸
瓦楞插板	分离产品，增大支撑强度	塑料薄膜	保护产品，控制失水

随着商品经济的发展，包装标准化已成为果蔬商品化的重要内容之一，越来越受到人们的重视。国外在此方面发展较早，世界各国都有本国相应的果蔬包装容器标准。东欧国家采用的包装箱标准一般是 600mm×400mm 和 500mm×300mm，包装箱的高度根据给定的容量标准来确定，易伤果蔬每箱装量不超过 14kg、仁果类不超过 20kg。美国红星苹果的纸箱规格为 500mm×302mm×322mm。日本福岛装桃纸箱，装 10kg 的规格为 460mm×310mm×180mm，装 5kg 的规格为 350mm×460mm×95mm。我国出口的鸭梨每箱净重18kg，纸箱规格有 60、72、80、96、120、140（个）（为每箱鸭梨的个数）等；出口的柑橘每箱净重 17kg，纸箱内容积为 470mm×277mm×270mm，按装果个数分为七级，规格为每箱装 60、76、96、124、150、180、192（个）。

产品的包装应适度，要做到既有利于通风透气，又不会引起产品在容器内滚动、相互碰撞。包装时应轻拿轻放，装量要适度，防止过满或过少而造成损伤。由于各种果蔬抗机械损伤的能力不同，为了避免上部产品将下面的产品压伤，下列果蔬的最大装箱（筐）高度为：苹果和梨 60cm，柑橘 35cm，洋葱、马铃薯和甘蓝 100cm，胡萝卜 75cm，番茄 40cm。

2. 成件

产品装箱完毕后，还要对重量、质量、等级、规格等指标进行检验，检验合格者方可捆扎、封钉成件。对包装箱的封口原则为简便易行、安全牢固。纸箱多采用黏合剂封口，木箱则采用铁钉封口。封口后还可在外面捆扎加固，多用的材料为铝丝、尼龙编带，上述步骤完成后对包装成品进行堆码。目前多采用"品"字形堆码，垛应稳固，箱体间、垛间及垛与墙壁间应留有一定空隙，便于通风散热。垛高应根据产品特性、包装容器、质量及堆码机械化程度来确定。若为冷藏运输，堆码时应采取相应措施防止低温伤害。果蔬销售小包装可在批发或零售环节进行，包装时剔除腐烂及受伤的产品。销售小包装应根据产品特点，选择透明薄膜袋或带孔塑料袋包装，也可放在塑料托盘或泡沫托盘上，再用透明薄膜包裹。销售包装上应标明重量、品名、价格和日期。销售小包装应具有保鲜、美观、便于携带等特点。

目前，国外发达国家水果和蔬菜都具有良好的包装，而且正向着标准化、规格化、美观、经济等方面发展，以达到重量轻、无毒、易冷却、耐湿等要求。而国内水果和蔬菜的包装形式混杂，各地使用的包装材料、包装方式也不相同，给商品流通造成一定困难，应加速包装材料和技术的改进，重视产品的包装质量，从而增强商品的竞争力。

任务九　果蔬采后商品化处理

※ 【任务描述】

设计果蔬采后商品化处理流程，完成当地主要水果或蔬菜的清洗、分级、涂膜、包装等主要采后商品化处理环节工作，有效降低采后损失，提高商品价值。

※ 【任务准备】

1. 材料
苹果、桃、柑橘、番茄、黄瓜等当地主要果蔬。

2. 用具
周转筐、分级板、天平、清洗盆、包装箱、包装纸等。

3. 试剂
0.2%二苯胺乳剂、0.3%亚硫酸盐、果蜡等。

4. 相关标准
NY/T 2721—2015《柑橘商品化处理技术规程》、NY/T 2790—2015《瓜类蔬菜采后处理与产地贮藏技术规范》等各类果蔬产品商品化处理技术规程。

※ 【作业流程】

※ 【操作要点】

1. 挑选
根据不同果蔬的特点规定相应的标准，挑选出涉及病、虫、伤、残、色、畸形等部分，以便改进产品的外观，改善商品形象，便于包装贮运，有利于销售和食用。

2. 清洗
常温下用0.5%的盐酸或0.1%漂白粉等洗涤剂对果蔬进行清洗，然后用符合饮用水标准的清水冲洗干净后晾干。

3. 分级
按照不同果蔬相关技术规程确定分级依据，按大小、色泽、质量将产品分为不同等级。

4. 涂蜡
选择适宜的蜡液及涂蜡方式，使果面均匀着蜡。可将涂膜剂用刷子刷涂于果面或将涂膜剂装入喷雾器喷涂果面，也可以直接将果实浸渍在涂膜剂溶液中30s，然后晾干。多用于苹果、柑橘、油桃、李子等果实。

5. 包装

涂膜处理后的果实分别进行单果包装，再装箱入库。针对不同水果的特点和要求以及用途的不同如运输包装、贮藏包装、销售包装等，选择包装容器并与包装设计结合在一起。注明商标、品名、等级、重量、产地、特定标志、包装日期等内容。对外销售的果蔬，包装不仅要求标准化，而且还要美观化。

6. 不同果蔬采后处理要点

（1）苹果 采后按大小、颜色进行分级；为了防止苹果虎皮病，用 0.2％的二苯胺乳剂浸染 30s，捞出后晾干；单果包纸，再装箱，入库。

（2）葡萄 采后挑选，将果穗中的烂、小、绿果粒摘除；装入有垫物的纸箱中；同时将称好的亚硫酸钠粉剂加硅胶粉剂混合，按重 0.3％的亚硫酸盐和 0.6％的硅胶分包成若干个纸包，在葡萄果箱的不同部位均匀放入；盖盖放入冷库中贮藏。

（3）蔬菜 荷兰豆、西芹、扁豆等，经挑选、分级、称重（250g/包），放在塑料方盒中，用保鲜膜密封起来，待入库贮藏。

※ 【成果提交】

《果蔬贮藏与加工技术项目学习册》任务工单。

任务十　果蔬的催熟脱涩处理

柑橘采后处理

※ 【任务描述】

利用适宜的温度或乙烯利、酒精等化学物质刺激香蕉、柿子、番茄等果蔬产品，完成果蔬的人工催熟处理。

※ 【任务准备】

1. 材料

香蕉、番茄、柿子等需后熟的果蔬产品。

2. 用具

催熟箱、聚乙烯薄膜袋、干燥器、乙烯利、酒精等。

3. 相关标准

NY/T 3104—2017《仁果类水果（苹果和梨）采后预冷技术规范》、NY/T 2790—2015《瓜类蔬菜采后处理与产地贮藏技术规范》等各类果蔬鲜果采后处理技术规范。

※ 【作业流程】

原料预处理 → 装入密封容器 → 脱涩或催熟 → 果蔬成熟 → 包装

※ 【操作要点】

1. 香蕉催熟

取未出现呼吸跃变的香蕉 1kg，置于干燥器中，用 1～2g/L 的乙烯利水溶液浸没香蕉 15s，取出后晾干，装入聚乙烯薄膜袋中，置于室温下，观察其品质的变化。取同样成熟度的香蕉，不加处理，置于相同环境，作对照观察。

2. 番茄催熟

(1) 酒精催熟　番茄在由绿转白时，用酒精喷洒果面，放在果箱中密封，置于 20～24℃、湿度 85％～90％的环境中，观察其色泽变化。

(2) 乙烯利催熟　将乙烯利配成 500～800mg/kg 的水溶液，在番茄果面喷洒，用塑料薄膜密封，置于 20～24℃、湿度 85％～90％的环境中，观察其色泽变化。

3. 柿子脱涩

(1) 温水脱涩　取柿子 20 个，放于小盆中，加入 45℃温水，使柿子淹没，上压竹算不使露出水面，置于温箱内，将温度调至 40℃，经过 16h 取出，用小刀削下柿子果顶，品尝有无涩味，如涩味未脱可继续处理。

(2) 石灰水浸果脱涩　用清水 50kg，加石灰 1.5kg，搅匀后稍加澄清，吸取上部清液，将柿子淹没其中，经 4～7 天取出，观察脱涩及脆度。

(3) 自发降氧脱涩　将柿子放于 0.08mm 厚聚乙烯薄膜袋内，封口，将袋放于 22～25℃环境中，经 5 天后，解袋观察脱涩、腐烂及脆度。

(4) 混果催熟　取柿子 20 个，与梨或苹果混装于干燥器中，置于温箱内，使温度维持在 20℃，经 4～7 天，取出观察柿子脱涩及脆度。

(5) 对照　将柿子置于 20℃左右条件下，观察柿子涩味和质地的变化。

※ 【成果提交】

《果蔬贮藏与加工技术项目学习册》任务工单。

项目三　果蔬运输与冷链流通

※ 【知识目标】

1. 掌握影响果蔬运输质量的环境因素，运输的基本要求和技术要点。
2. 了解运输方式和常用的运输工具，明确我国果蔬运输的发展方向。

※ 【技能目标】

1. 能根据果蔬的贮藏特性选择合理的运输工具及方式。
2. 能根据果蔬产销地的不同设计运销方案。

我国幅员辽阔，南北方物产各有特色，只有通过运输才能调剂果蔬市场供应，互补余缺。运输是果蔬生产与消费之间的桥梁，也是果蔬商品经济发展必不可少的重要环节。在某些发达国家，水果大约有 90％以上、蔬菜约有 70％是经运输后被销售。近年来随着我国商品经济的飞速发展，果蔬运输也受到了前所未有的重视。

运输可以看作是动态贮藏，运输过程中产品的振动程度，以及环境的温度、湿度和空气成分等都对运输效果产生重要影响。

一、运输的基本要求

新鲜果蔬与其他商品相比，运输要求较为严格。我国地域辽阔，自然条件复杂，在运输过程中气候变化难以预料，加之交通设施和运输工具与发达国家相比还有很大差距，因此，必须严格管理，根据果蔬的生物学特性，尽量满足果蔬在运输过程中所需要的条件，才能确保运输安全，减少损失。

1. 快装快运

果蔬采后仍然是一个活的有机体，新陈代谢作用旺盛，由于断绝了从母体的营养来源，只能凭借自身采前积累的营养物质的分解，来提供生命活动所需要的能量。果蔬呼吸越强，营养物质消耗越多，品质下降越快。

一般而言，运输过程中的环境条件是难以控制的，很难满足运输要求，特别是气候的变化和道路的颠簸，极易对果蔬质量造成不良影响。因此，运输中的各个环节一定要快，使果蔬迅速到达目的地。

2. 轻装轻卸，防止机械损伤

合理的装卸直接关系到果蔬运输的质量，因为绝大多数果蔬的含水量为80％～90％，属于鲜嫩易腐性产品。如果装卸粗放，产品极易受伤，导致腐烂，这是目前运输中存在的普遍问题，也是引起果蔬采后损失的一个主要原因。因此，装卸过程中一定要做到轻装轻卸。

3. 防热、防冻、防污染

任何果蔬对温度都有严格的要求，温度过高，会加快产品衰老，使品质下降；温度过低，使产品容易遭受冷害或冻害。此外，运输过程中温度波动频繁或过大都对保持产品质量不利。另外，还要注意卫生，防止污染。

现在在国外果蔬大量采用冷链运输。产品预冷后，在流通的各个环节直到销售，都要保持适宜的低温。运输工具都配备调温装置，如冷藏卡车、铁路的加冰保温车和机械保温车、冷藏轮船以及近几年来发展的冷藏气调集装箱、冷藏减压集装箱等。

二、运输的方式和工具

1. 公路运输

公路运输是我国最重要和最常用的短途运输方式。虽然存在成本高、运量小、耗能大等缺点，但其灵活性强、速度快、适应地区广。主要工具有各种大小车辆。随着高速公路的建成，高速冷藏集装箱运输将成为今后公路运输的主流。

(1) 货车运输　大量果蔬公路运输是由普通货车和厢式货车承担的。优点是灵活、速度快，但运输质量不高，损耗大。

(2) 冷藏汽车运输　目前使用的冷藏汽车主要有：①保温汽车，有隔热车体但无冷却设备。②非机械冷藏车，用冰等作冷源。③机械制冷汽车，车厢隔热良好，并装有控温设备，能维持车内低温条件。可用来中、长途运输新鲜果蔬。运输质量高但单车运量小，成本高。

2. 铁路运输

铁路运输具有运输量大、速度快、运输振动小、运费较低（运费高于水运，低于陆运）、连续性强等优点，适合于长途运输。其缺点是机动性能差。铁路运输工具主要有：

(1) 普通棚车　在我国新鲜果蔬运输中普通棚货车仍为重要的运输工具。车厢内没有温度调节控制设备，受自然气温的影响大。车厢内的温度和湿度通过通风、草帘棉毯覆盖、炉温加热、夹冰等措施调节。毕竟土法保温难以达到理想的温度，常导致果蔬腐烂损失严重，损失率随着运程的延长而增加。

(2) 通风隔热车　隔热车是一种仅具有隔热功能的车体，车内无任何制冷和加温设备。在货物运输过程中，主要依靠隔热性能良好的车体的保温作用来减少车内外的热交换，以保证货物在运输期间温度的波动不超过允许的范围。这种车辆具有投资少、造价低、耗能少和节省运营费等优点，在国外已得到广泛运用。

(3) 冷藏车 铁路冷藏运输运用冷藏、保温、防寒、加温、通风等方法，在铁路上快速优质地运输易腐货物，既促进了经济的发展，又满足了市场的需要。冷藏车的特点是：车体隔热，密封性好，车内有冷却装置，在温热季节能在车内保持比外界气温低的温度，在寒季还可以用于不加冷的保温运送或加温运送，在车内保持比外界气温高的温度。目前我国的冷藏车有机械冷藏车和冷冻板冷藏车。

3. 集装箱

集装箱是当今世界上发展非常迅速的一种运输工具，既省人力、时间，又可保证产品质量。集装箱突出的特点是：抗压强度大，可以长期反复使用；便于机械化装卸，货物周转迅速；能创造良好的贮运条件，保护产品不受伤害。

集装箱的种类很多，按功能分有普通集装箱、冷藏集装箱、冷藏气调集装箱、冷藏减压集装箱等。在普通集装箱的基础上增加箱体隔热层和制冷设备，即成为冷藏集装箱。冷藏集装箱是专为运输新鲜食品（如新鲜果蔬、鱼、肉等）而设计的。国际冷藏集装箱的规格为：外部尺寸 6058mm×2438mm×2438mm，内部尺寸 5477mm×2251mm×2099mm，门 2289mm×2135mm，内容积 25.9m³，箱体自重 2520kg，载重 17800kg，总重 20320kg。

冷藏集装箱可利用大型拖车直接到果蔬产地，产品收获后直接装入箱内降温，使果蔬在短期内即处于最佳贮运条件下，保持新鲜状态，直接运往目的地。这种优越性是其他运输工具不可比拟的。

4. 水路运输

利用各种轮船进行水路运输具有运输量大、成本低、行驶平稳等优点，尤其是海运是最便宜的运输方式。在国外，海运价格只是铁路的 1/8、公路的 1/40。但其受自然条件限制较大，运输的连续性差，速度慢，因此水路运输果蔬的种类受到限制。水路运输工具中用于短途转运或销售的一般为木船、小艇、拖驳和帆船；远途运输的则用大型船舶、远洋货轮等，轮船有普通舱和冷藏舱。发展冷藏船运输果蔬，是我国水路运输的发展方向。

5. 空运

空运的最大特点是速度快，但装载量很小，运价昂贵，适于运输特供高档果蔬（如草莓、鲜猴头、松蘑）和高档切花等。美国草莓空运出口日本的利润很好。我国出口日本的鲜香菇、蒜薹也有采用空运的。

由于空运的时间短，在数小时的航程中常无须使用制冷装置，果蔬只需在装机前预冷至一定温度，并采取一定的保温措施即可取得满意的效果。在较长时间的飞行中，则一般用干冰作冷却剂，因干冰装置简单，重量轻，不易出故障，十分适合航空运输的要求。用于冷却果蔬的干冰制冷装置常采用间接冷却法，因此，干冰升华后产生的 CO_2 不会在产品环境中积存而导致 CO_2 中毒。

6. 低温冷链运输

在经济技术发达国家如日本、美国等，果蔬采后已实现了冷链运输。从果蔬产品生产到消费之间需要维持一定的低温条件，即果蔬采收后处理、贮藏、运输、销售等一系列流通过程中都应实施低温环境保藏，以保持其新鲜度，防止品质下降，这种低温保藏技术体系可称为低温冷链运输系统。实践证明，冷链流通已取得了良好效果。

值得注意的是，由于果蔬种类繁多，需要的适宜低温各不相同，因而在冷链流通系统中所要求的温度也不一样。冷链流通系统是一个动态化过程，是一个跨行业、多部门有机结合的整体，要求各部门相互协调、紧密配合，并拥有相适应的冷藏设备。其中最重要的就是冷链运输温度，对于低温的控制要达到在环境变化的衔接过程中始终保持稳定是不容易的，实践中往往会发生温度的变化或某个低温环节中断而导致温度频繁波动，这对保持果蔬正常生理和优良品质极为不利。因此，冷链环节的某一温度变化过程持续时间越短保鲜效果越好。

随着我国商品经济和冷藏技术的发展，具有中国特色的果蔬采后冷链系统必将得到迅速发展。

三、运输技术要点

1. 运输的果蔬质量要符合运输标准

要求没有败坏，成熟度和包装应符合规定，并且新鲜、完整、清洁，没有损伤和萎蔫。

2. 做好卫生工作

在装载果蔬之前，车船应认真清扫，彻底消毒，确保卫生。

3. 装运简便快速，尽量缩短采收与装运时间

装运时避免撞击、挤压、跌落；堆码要注意安全稳当，要有支撑与垫条，防止运输中移动或倾倒。堆码不能过高，堆间应留有适当的空间，以利通风。

4. 做好运输环境条件控制

果蔬运输的环境条件控制主要是指温度、湿度、气体等。

(1) 温度的控制 温度是运输过程中的重要环境条件之一。低温运输对保持果蔬的品质及降低运输中的损耗十分重要。长途运输尽量利用冰保车、机冷车、冷藏集装箱等运输工具，并逐渐实现了冷链流通。但对于秋冬季节，南果蔬向北方调运时，要注意加热保暖防冻。

(2) 湿度的控制 湿度在运输时对果蔬的影响较小。但如果是长距离运输或运输所需时间较长时，就必须考虑湿度的影响，有良好的内、外包装。对于水分含量较高的蔬菜，可利用加湿器向蔬菜表面喷雾。

(3) 气体成分的控制 对于采用冷藏气调集装箱运输方式和长距离运输时，要注意气体成分的调节和控制，气体成分浓度的调节和控制方法可参照所运果蔬在气调贮藏时的相关要求和技术。

5. 运输工具运行应快速平稳，减轻振动

在运输途中剧烈地振动会造成新鲜果品的机械伤，机械伤会促使水果乙烯的发生，加快果品的成熟，同时易受病原微生物的侵染，造成果品的腐烂。因此，在运输中尽量避免剧烈地振动。比较而言，铁路运输振动强度小于公路运输，水路运输又小于铁路运输，振动的程度与道路的状况、车辆的性能有直接关系，路况差，振动强度大，车辆减振效果差，振动强度也会加大。因此在启运前一定要了解路径状况，在产品进行包装时采取增加填充物，装载堆码时尽可能使产品稳固或加以牢固捆绑，以免造成挤、压、碰撞等机械损伤。

6. 果蔬最好分类装运，不要混装

因为各种果蔬产生的挥发性物质相互干扰，影响运输安全。尤其是不能和产生乙烯量大的果蔬在一起装运，因为微量的乙烯也可促使其他果蔬提前成熟，影响果蔬质量。

果蔬贮藏技术

果蔬采收后由于脱离了与母体或土壤的联系，不能再获得营养和补充水分，易受其自身及外界一系列因素的影响，质量不断下降，甚至失去商品价值。为了保持新鲜果蔬产品的质量和减少损失，克服消费者长期均衡需要与季节性生产的矛盾，必须对收获的新鲜果蔬进行贮藏。

新鲜果蔬贮藏时，应根据产品生物学特性，提供有利于产品贮藏所需的适宜环境条件，并且降低导致新鲜果蔬产品质量下降的各种生理生化及物质转变的速度，抑制水分的散失、延缓成熟衰老和生理失调的发生，控制微生物的活动及由病原微生物引起的病害，达到延长新鲜果蔬产品的贮藏寿命、市场供应期和减少产品损失的目的。

果蔬贮藏技术包括简易贮藏、机械冷藏、气调贮藏和新技术在贮藏中的应用。不同的贮藏方法特点各有不同。本模块将分别介绍各种贮藏方式的原理、特点、主要设施及贮藏技术，各地可以根据当地情况和贮藏种类特点选择适宜的贮藏方法。

项目一　常温贮藏

※ 【知识目标】

1. 掌握各种常温贮藏方式的特点和基本构造。
2. 掌握常温贮藏方式的优点、不足及注意事项。

※ 【技能目标】

1. 能运用窖藏、土窑洞贮藏、通风库贮藏等简易贮藏方式贮藏果蔬。
2. 能根据常温贮藏的效果分析贮藏中易出现的问题，并提出解决方案。

常温贮藏通常是指在构造相对简单的贮藏场所，利用环境条件中的温度随季节和时间而变化的特点，通过人为控制措施使贮藏场所的贮藏条件达到或接近产品贮藏要求的一种贮藏方式。

一、简易贮藏

简易贮藏是为调节果蔬供应期而采用的一类较小规模的贮藏方式，主要包括堆藏、沟藏（埋藏）和窖藏三种基本形式以及由此衍生的其他形式，都是利用当地自然低气温来维持所需的贮藏温度。简易贮藏的设施结构简单，所需材料少、费用低，可因地制宜进行建造，运用得当可以获得较好的质量控制效果，是目前我国农村地区及家庭个体普遍采用的贮藏方式。

1. 堆藏

堆藏是将果蔬产品直接堆码在地面或浅坑中，或在阴棚下，表面用土壤、薄膜、秸秆、草席等覆盖，以防止风吹、日晒、雨淋的一种短期贮藏方式。

(1) 堆藏的方法 选择地势较高的地方，将果蔬就地堆成圆形或长条形的垛，也可作成屋脊形顶，以防止倒塌，或者装筐堆成4～5层的长方形。注意在堆内要留出通气孔以便通风散热。随着外界气候的变化，可逐渐调整覆盖的时间和覆盖物的厚度，以维持堆内适宜的温湿度。常用的覆盖物有席子、作物秸秆或泥土等，北京等地的大白菜堆藏也有以雪为覆盖物的。

(2) 形式与结构 堆的形式可以是圆锥形、长条形等，大小高低依果蔬种类而不同，可以在室内，也可在室外。一般堆高为1～2m，宽多为1.5～2m，长度依果蔬数量而定。一般贮藏堆不宜过高，否则影响内外气体及热量交换，造成堆中心产品的腐烂，但贮藏堆过小时，冬季不易保温。

(3) 特点与性能 堆藏使用方便，成本低，覆盖物可以因地制宜、就地取材。但堆藏产品的温度受外界气温影响较大，同时也受到土温的影响，秋季容易降温而冬季保温却较困难。贮藏的效果很大程度上取决于堆藏后对覆盖的管理，影响堆藏温度的控制因素是宽度，增大堆藏的宽度，降温性能减弱而保温性能增强。这种贮藏方式一般只适用于北方秋季果蔬的贮前短贮和果蔬采收后入库前的预贮。由于堆藏产品内部散热慢，容易使内部发热，所以叶菜类产品不宜采用堆藏形式贮藏。

(4) 管理措施 堆藏的管理主要是控制好分层覆盖和通风，以维持堆内适宜的温度、湿度条件，防止果蔬受热、受冻和水分过度蒸发。果蔬在堆藏中出现的主要问题是腐烂损耗较大，这是由于堆内中心温度过高、湿度过大而造成。因此，堆藏时要注意：贮藏堆不能太高太宽；堆内应根据贮藏量留出通气孔；在贮藏的前期可根据天气情况进行1～2次倒垛。

2. 沟（埋）藏

沟藏也称埋藏，是将果蔬堆放在沟或坑内，达到一定的厚度，上面一般用土壤覆盖，利用土壤的保湿保温性进行贮藏的一种方法。

(1) 沟（埋）藏的方法 将采收后的果蔬进行预贮降温，去除田间热；按要求挖好贮藏沟，在沟底平铺一层洁净的干草或细沙，将经过严格挑选的产品分层放入，也可整箱、整筐放入。对于容积较大、较宽的贮藏沟，在中间每隔1.2～1.5m插一捆作物秸秆，或在沟底设置通风道，以利于通风散热。随着外界气温的降低逐步进行覆土。可用竹筒插一支温度计来观察沟内的温度变化，随时掌握沟内的情况。最后，沿贮藏沟的两侧设置排水沟，以防外界雨、雪水的渗入。

(2) 形式与结构 用于沟藏的贮藏沟，应选择在平坦干燥、地下水位较低的地方。沟以长方形为宜，长度不限，可根据果蔬贮藏量确定。沟的深度视当地气候条件、贮藏果蔬的种类而定，寒冷地区宜深些，过浅果蔬易受冻，温暖地区宜浅些，防止果蔬受热腐烂，深度一般为1.0～1.5m。沟的宽度一般在1.0～1.5m，这能改变气温和土温作用面积的比例，对贮藏效果影响很大，加大宽度，果蔬贮藏的容量增加，散热面积相对减少，尤其贮藏初期和后期果蔬容易发热。沟的方向应根据当地气候条件而定，在较温暖地区，为了增大迎风面，加强贮藏初期和后期的降温作用，宜采用东西向平底直沟；在寒冷地区为减少严冬寒风的直接袭击，以南北向为宜。挖沟时，为防止阳光直射到沟中可将取出的表土堆在沟的南面构成屏障，以便维持沟内稳定的低温环境。在沙质地挖沟时，需挖成倒梯形，以防塌倒，一般口宽 1.0m、底宽约 0.8m。

为了便于空气流通，在沟底顺沟长方向挖一条 10cm×10cm 通风纵沟，并沿两头直通地面；顺沟长每隔 3～5m 再挖同样一条通风横沟，形成纵横交错的通风系统（见图 3-1）。

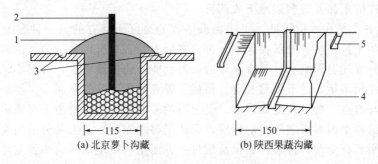

图 3-1　果蔬沟（埋）藏示意图（单位：cm）
1—覆土；2—通风把；3,5—排水沟；4—通风沟

（3）特点与性能　沟（埋）藏是一种地下封闭式贮藏方式，使用时可就地取材，成本低，并且充分利用土壤的保温、保湿性能，使贮藏环境维持一个较恒定的温度和相对稳定的湿度；同时封闭式的贮藏环境促使果蔬自身呼吸，减少 O_2 含量，增加 CO_2 含量，具有保温和自发气调的作用，从而获得适宜的控制果蔬质量的综合环境。沟藏通常用于寒冷地区和要求贮藏温度较高的果蔬的短期贮藏，常见于仁果类水果及直根、块茎类蔬菜，在北方用于冬季贮藏萝卜、胡萝卜等根菜类蔬菜较为普遍。

（4）管理措施　采收后的果蔬先进行预贮散热，除去田间热。贮藏期间随着外界气温的变化逐步进行覆草或覆土，堵塞通风设施，以防降温过低。当春季气温回升时，沟内温度开始升高，即需结束贮藏。沟（埋）藏存在的主要问题是贮藏初期的高温不易控制，整个贮藏期不便随时取用和检查产品，贮藏损耗也较大，故在沟藏时应注意：选择耐贮性强的种类和品种；掌握好入贮的时间，做好预冷工作；设置风障遮阴；根据气候的变化来调节覆土的时间及厚度。

3. 窖藏

窖藏是利用深入地下的地窖进行的贮藏。窖藏略与沟藏相似，主要区别为：窖内留有活动空间，结构上留有供人员进出的门洞等，可供贮藏期间人员进出检查贮藏情况。另外，窖内配备了一定的通风、保温设施，可以调节和控制窖内的温度、湿度、气体成分。其优点是便于检查及调节温、湿度，适于贮藏多种果蔬，贮藏效果较好。

（1）窖藏的方法　在果蔬入窖前，空窖要彻底进行清扫并消毒，可用硫黄熏蒸（$10g/m^3$），或用 1% 的甲醛溶液喷洒，密封两天，通风换气后使用。贮藏所用的篓、筐等用具，使用前要用 0.05%～0.5% 的漂白粉溶液浸泡，用毛刷刷洗干净，晾干后使用。果蔬经挑选预冷后，即可入窖贮藏。在窖内堆码时，要注意留有一定的间隙，以便翻动和空气流动。窖藏期分三个阶段管理，入窖初期，窖内温度升高很快，要在夜间全部打开通气孔，达到迅速降温的目的，通风换气时间以凌晨效果最好；贮藏中期，主要是保温防冻，应关闭窖口和通气口；贮藏后期，窖内温度回升，应选择在温度较低的早晚进行通风换气。贮藏期间应随时检查产品，发现腐烂果蔬需及时除去，以防交叉感染。果蔬全部出窖后，应立即将窖内打扫干净，同时封闭窖口和通气孔，以便秋季重新使用时，窖内能保持较低的温度。

（2）形式与结构　窖藏是在沟藏的基础上演变和发展来的，其类型多样，以棚窖最为普遍。

① 棚窖。棚窖也称土窖，是在地面挖一长方形的窖身，并用木料、秸秆、泥土覆盖成棚顶的窖型，是一种临时性或半永久性的贮藏场所，在北方平原地区应用比较普遍。根据入土深浅，棚窖可分为半地下式和地下式两种。较温暖的地区或地下水位较高的地方多用半地下式，冬季寒冷的东北各省多建地下式棚窖。

② 井窖。井窖是在水位较低、土质黏重坚实的地区所特有的另一种窖型。井窖是一种深入地下封闭的土窖，窖身全部在地下，窖口在地上。窖身可以是一个，也可以是几个连在一起。井窖受外界气温影响小，具有很好的保温性能，建造投资少，规模小，坚固耐用，一次建成可连续使用多年，适于贮藏甘薯、柑橘、姜等易受冷害的产品。

（3）性能与特点 窖藏在地面以下，受土温的影响很大；同时由于有通风口，受气温的影响也很大。这两个因素影响的相对程度，会依据窖的深度、地上部分的高度以及通风口的面积和通风效果而有变动。窖藏控制果蔬质量一方面是利用土地的隔热保温性以及窖体的密闭性保持窖内稳定的温度和较高的湿度；另一方面又可以利用简单的通风设备来调节控制窖内的温度与湿度，在贮藏环境控制方面较沟藏与堆藏增强了主动性。

二、土窑洞贮藏

土窑洞贮藏是我国西北地区的传统贮藏方式。土窑洞多建在丘陵山坡处，要求土质坚实，可作为永久性的贮藏场所。其具有结构简单、造价低、有较好的保温性能、贮藏效果好等特点。

1. 土窑洞的结构

土窑洞是利用土层中稳定的温度和外界自然冷源的相互作用来降低窑内温度，创造适宜的贮藏条件。其平面结构形式有大平窑、子母窑和砖砌窑洞等类型，后两种类型是由大平窑发展而来的，其中应用比较普遍的有大平窑和母子窑两类。

（1）大平窑 大平窑从窑门到窑端呈通道形，由窑门、窑身和通气孔三部分组成（见图 3-2）。

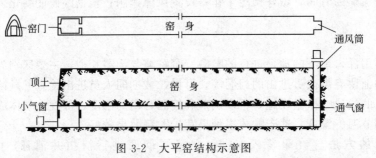

图 3-2 大平窑结构示意图

窑门是窑洞前端较窄的部分，高约 3m，宽 1.2～2m，门道长 4～6m。为了进出库方便，门道可适当加宽，门道前后分别设门。窑身是贮存果蔬的部分，一般长为 30～60m、宽为 2.6～3.2m，高度与窑门一致，一般为 3.0～3.2m。窑身的横断面要筑成尖拱形。从窑门到窑端比降 1%～2%，以防积水并利于空气流通。通风筒的主要作用是促使窑洞内外空气对流，以利于通风降温，它常设于窑洞最后部，从窑底向上垂直通向地面，为加速通风换气，可在活动窗处安装排气扇。

（2）母子窑 母子窑内由下坡马道、母窑、子窑和通气孔四部分组成（见图3-3）。一般窑身即母窑长 10～20m，比降 10%～20%，自窑门向内构成缓坡，母窑用作通道，也可贮果，子窑是主要贮果部位，其宽度和高度与大平窑相似，长度以 10～15m 为宜。子窑的数目可随贮藏产品数量的需要而定。通气孔设在母窑后端，内径和高度根据产品贮藏量确定，一般通气孔内直径约 1.5m、高 7~10m，即可满足窑内通气的需要。

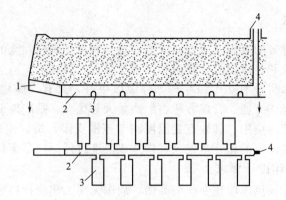

图 3-3　母子窑结构示意图（比例 1：800）
1—窑门；2—母窑；3—子窑；4—通气孔

2. 土窑洞的特点

土窑洞的特点是利用深厚的土层，形成与外界环境隔离的隔热层，土层是自然冷源的载体，土层温度一旦下降，上升则很缓慢，在冬季蓄存的冷量，可周年用于调节窑温。母子窑的性能比大平窑更好，可在窑内存放冰或积雪，甚至配备一定的机械制冷设施，可进一步降低调控温度，能更好、更长地保持适宜的贮藏条件。

3. 土窑洞的管理

（1）温度管理　土窑洞的温度管理大体上可分为秋季管理（降温阶段管理），冬季管理（蓄冷阶段管理），春、夏季管理（保温阶段管理）三个阶段。

① 秋季管理是指在秋季贮藏产品入窑至窑温降至 0℃ 期间，该阶段昼夜温差大，应在夜间打开窑门和通风孔进行降温，白昼要及时关闭。这一时期要抓紧时机通风降温，尽早降低窑温。

② 冬季管理是指在窑温降至 0℃ 到翌年回升到 4℃ 期间，要在不引起果品冻害的前提下，充分利用窑外自然低温和灵活的通风换气设备将外界冷量积蓄在土层中，窑内适当洒水加湿，有助于加快降温速度，如冬季在窑洞内积雪、贮冰。

③ 春、夏季管理是指从开春气温回升，窑温上升至 4℃ 以上，至贮藏产品全部出库的时间，这一时期的温度管理主要是减少窑内外热量交换，最大限度地抑制窑温升高，尽量避免或减少窑门的开启，减少人员在窑洞内活动时间，减少蓄冷流失，当有寒流或低温出现时，及时进行通风。

（2）湿度管理　土窑洞本身要求四周的土层保持一定的含水量，才能防止窑壁土层由于干燥而引起裂缝，甚至塌方。另外，窑洞经过连年的通风管理，土中的大量水分会随气流而流失，故土窑洞贮藏必须有可行的加湿措施。具体加湿措施有冬季窑内贮雪、贮冰；窑洞地面洒水；果品出窑后窑内灌水等。

（3）其他管理

① 窑洞消毒。在产品全部出库后或入库前，需对窑洞和贮藏工具进行彻底消毒处理，可用燃烧硫黄（1.0~1.5kg/100m³）密闭熏蒸，也可用 2% 的福尔马林（甲醛）或 4% 的漂白粉溶液进行喷雾消毒。熏蒸或喷雾后稍加通风再入贮。

② 封窑。果品全部出窑后，利用外界低温通风降温，灌一次透水，然后用土坯或砖将

窑门封闭，再用麦秸泥抹严，与外界隔离，减少蓄冷在高温季节流失，使窑洞内保持稳定的低温环境，到秋季开始贮藏果品时再将窑门打开。

三、通风库贮藏

通风库贮藏是在棚窖的基础上演变而成的，是具有良好隔热性能的永久性建筑。通风库设置了完善的通风系统和绝缘设施，降温和保温效果大大提高。

通风库的优点是库房设有热绝缘结构，保温效果好，具有设施建筑比较简单、投资较低、无需特殊设备、操作方便、管理方便、贮藏量大等优点，是产地节能贮藏的一种贮藏方式。在我国北方地区普遍应用。其缺点是温度调节范围有限，难以用来长期贮藏果蔬产品，劳动强度大，温、湿度调节的相互牵连大，常造成湿度过低，产品干耗上升。

1. 通风库的结构和设计要求

（1）库位的选择 通风库应建在地势高燥，周围无高大建筑物挡风，四周畅旷、通风良好的地方。地下水位应低于库位1m以上，达不到要求时在地坪设隔湿层。通风库的吞吐量较大，要求交通及水电设施方便，同时距离产销地点较近。通风库的方向应根据阳光照射和风向等因素选择，北方以南北走向为宜，可减少冬季北面寒风（迎风面）的袭击，有利保温；南方则以东西走向为宜，可利用北面的风口引风降温，同时在南侧采取加厚绝缘层或设置走廊。

（2）库型的选择 通风库有地上式、半地下式及地下式三种基本形式。地上式通风库的库体全部在地面以上，受气温影响较大，适宜于地下水位高或温暖的地区，多应用于南方地区。地下式通风库的库体全部处在地面以下，受气温影响较小，保温性能好，适宜于高寒、以保温为主的北方地区或地下水位低等地区使用。半地下式通风库，则介于两者之间，库体约有一半处于地面以上，另一半处在地面以下，库温既受气温影响，又受土温影响，可利用土壤作为隔热材料，能节省部分建筑材料，还可利用气温增加通风降温的效果，适宜于较温暖的地区采用。

通风库的库型可根据本地区气候条件和地下水位的高低进行选择。大体上，华北地区宜采用半地下式库，但在地下水位较高的低洼地带，无法建造半地下库时，也可采用地上式；在有严寒冬季的东北、西北地区，则可采用保温好的地下式库。

（3）库顶结构 通风库的库顶有脊形顶、平顶及拱形顶三种，脊形顶适于使用木材等建筑材料，但需在顶下方单独做绝缘层，增加造价；平顶的暴露面最小，故绝缘材料省而绝缘效果好；拱顶的建筑费用低。

（4）平面配置和库容

① 平面配置。通风库多为长方形，通常跨度5~12m，长30~50m，库内净高度一般为3.5~4.5m。贮量大的地方可按一定的排列方式，建成一个通风库群。库群中的每一个库房之间的排列有两种形式：一种是分列式，每个库房都自成独立的一个贮藏单位，互不相连；另一种为连接式，相邻库房之间共用一道侧墙，一排库房侧墙的总数是分列式的1/2再多一道。小型库群可安排成单列连接式，各库房的一头设一共用走廊，或将中间的一个库房兼作进出通道，在其侧墙上开门通入各库房。

在北方寒冷地区，大多将全部库房分为两排，中间设中央走廊，宽度为6~8m，库房的方向与走廊垂直，库门开向走廊。中央走廊有顶及气窗，两端设双重门。中央走廊主要起缓冲作用，防止冬季寒风直接吹入库房内引起库温急剧下降。中央走廊还可以兼作分级、包装及临时存放贮藏产品的场所。库群中的各个库房也可单独向外界开门而不设共同走廊，在每个库门处必须设缓冲间。温暖地区的库群，每个库房以单设库门为好，可以更好地利用库门进行通风，以增大通风量，提高通风效果。

通风库除了以上的主体建筑外，还有工作室、休息室、化验室、器材贮藏室和食堂等辅助建筑需要统一考虑，具体的平面安排，还可根据库容量的大小和贮藏间的多少以及装卸产品等要求考虑。

② 库容。库容量要根据单位面积贮藏的果蔬量和果蔬的容重及贮藏方式来计算。确定要求贮藏产品的数量后，在计算通风库应占的体积和面积时，先要假定所采用容器的种类，例如木箱、纸箱或筐等；估计出每件包装可以容纳的果蔬重量和单位面积可容纳产品的数量；然后计算通风库内的面积，总面积要包括容器之间、容器与四壁之间的间隔距离和走道、操作空间所占的面积。整个库群的大小要按常年的贮藏任务而定。在我国当前经营水平和条件下，一般水果或蔬菜通风贮藏库库容可以从 50～300t，过大或过小对搬运、堆码操作和空间利用等都不经济。

(5) 通风系统 通风系统的作用是引入库外的自然低温空气而对库内温度进行调节，同时也将果蔬释放出的大量 CO_2、乙烯、醇类、热和水蒸气等及时排除，故通风系统的效能直接影响通风库的贮藏效果，是通风库的一个十分重要的组成部分。

通风的方式，可利用库内外的温差形成自然气流，也可利用排风扇强制空气流动。通风量首先取决于通风口（进气口和出气口）的截面积，还取决于空气的流动速度和通风的时间，而空气的流速又取决于进出气口的构造和配置。

① 通风量和通风面积。通风量及通风面积可由计算确定，也可由实验估算。根据单位时间应从贮藏库排除的总热量以及单位体积空气所能携带的热量，算出要求的总通风量，然后按空气流速计算出通风面积。通风量及通风面积的精确计算比较复杂，所涉及的因素大多是变化不定的随机因素，在具体设计工作中，一般简化计算步骤为：确定库内需排出的总热量；根据进出库空气的温、湿度差计算单位体积空气能带走的热量，并计算所需的总通风量；确定空气的平均流速、通风时间，并计算所需的通风面积。在实际应用中，除理论计算外，还应参考实际经验数据。

② 通风系统的设置。通风系统主要包括进气口（进气孔）和出气口（排气筒）。在库内最低的位置即库墙的基部设进气口或导气窗，与库外安置的进气筒连接，导入冷空气；出气口设在库顶，并有出气筒伸出屋顶以上。通风换气的效能与进、排气筒的构造和配置有关（图 3-4）。

为增强通风换气的效果，在设计时要考虑如下问题。

a. 在进气口和排气筒面积一定时，为提高对流效率，就要使库内冷热空气有各自的方向和路线，并尽可能提高进、排气口的压力差，即进气口和排气口的垂直距离越大，通风效果就越好。

b. 当通风总面积相等，通气口小而多比大而少的通风效果好，故每个进、排气口的面积不宜过大，但通气口的数量要多些，应分布在库的各个部位。一般贮藏量在 500t 以下，每 50t 产品的通风面积不应少于 $0.5cm^2$，通风口的大小一般在 （25cm×25cm）～（40cm×40cm），间隔 5～6cm 为宜。

c. 进气口和排气筒均应设置隔热层，以防排出的湿热空气在筒壁凝水或结霜，阻碍空气流通或回

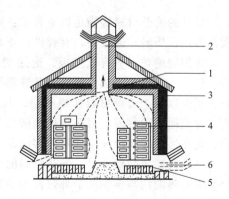

图 3-4 通风库的构造及空气
流通示意图

1—活门；2—排气烟囱；3—隔热材料；
4—果蔬箱；5—地搁栅；6—进气口

滴到库内，筒的顶部有帽罩，帽罩之下空气的进出口宜设铁纱窗，以防虫、鼠进入。进气口和排气筒设活门，作为通风换气的调节开关。

（6）绝热材料和绝热结构

① 绝热材料。通风库的隔热性能主要与仓库的暴露面及库体结构材料的绝热性能有关。绝热层的隔热效果，首先取决于所用的绝热材料及其厚度，其次是取决于库顶及墙体等的厚度、暴露面的大小及门窗、四壁的严密程度。暴露面包括库顶、四壁及地坪六个面。在相同的库容下建筑平面越接近方形，则暴露面越小，隔热性能越好。但实际上，由于建筑模数、造价等方面的限制，建筑平面基本上不可能按暴露面最小的原则来确定。故通风库的隔热性能主要取决于暴露面的热传导能力，这与库体结构材料的绝缘性能有关，而热传导能力主要由材料的导热系数与厚度所决定。材料的热传导性用导热系数（k）或热阻值（R）来表示，二者互为倒数。导热系数（k）是指每 $1m^2$、厚 $1m$ 的材料在两端温差为 1K 时，1h 内的传热量。材料的导热系数（k）值越小，绝缘性能越好，保温效果越佳。热阻值（R）为导热系数（k）的倒数，热阻值（R）越大，则热量在传导时遇到的阻力越大。即导热系数越小，热阻值越大，隔热性能越好。常用绝热材料的 k、R 值见表 3-1。

表 3-1　常见材料的绝热性能

材　料	导热系数 $k/W \cdot (m^2 \cdot K)^{-1}$	热阻值($R=1/k$)	材　料	导热系数 $k/W \cdot (m^2 \cdot K)^{-1}$	热阻值($R=1/k$)
静止空气	0.029	34.5	加气混凝土	0.093~0.140	10.8~7.1
聚氨酯泡沫板	0.023	43.5	泡沫混凝土	0.163~0.186	6.1~5.4
聚苯乙烯泡沫板	0.041	24.4	普通混凝土	1.454	0.69
聚氯乙烯泡沫板	0.043	23.3	普通砖	0.791	1.26
膨胀珍珠岩	0.034~0.047	29.4~21.3	玻璃	0.791	1.26
软木板	0.058	17.2	干土	0.291	3.44
油毛毡	0.058	17.2	湿土	3.78	0.26
玻璃棉	0.058	17.2	干沙	0.87	1.15
纤维板	0.063	15.9	湿沙	8.72	0.11
稻壳、锯木屑	0.071	14.1	雪	0.47	2.13
刨花	0.094	10.6	冰	2.33	0.43
炉渣、木料	0.209	4.78	钢	58.2	0.017

良好的绝热材料应满足以下要求：k 值小，为不良导热体，导热性能差；不吸湿，不易吸水霉烂；质轻；强度高，有弹性；不自燃或不易燃；无异味；价廉易得。

常用的绝热材料有软木板、泡沫塑料、石棉、纤维板、刨花、炉渣、稻壳、作物茎秆等。软木、石棉的绝热性能好，其导热性能很差，但价格昂贵，使用受到一定限制；以锯木屑、稻壳以及炉渣等材料作绝热层，其造价较低，但其流动性强，不易固定，且易吸湿生霉。建筑通风贮藏库，可用价格低廉易得的、绝热性稍差的材料，用增加厚度的办法加以补偿。现在通风库及冷库中使用较多的是新型的聚氨酯泡沫板、膨胀珍珠岩等。

在建筑通风贮藏库时，绝热材料的厚度（绝热层的厚度）应当使通风库的暴露面向外传导散失的热能约与该库的全部热源相等为宜，这样才能使库温稳定。可根据绝热材料的导热性能不同选用不同的材料，如要达到相同的隔热效果，则所需的厚度不同。隔热性能差的材料可用增加厚度的办法加以补偿，以能达到隔热保温的目的，来防止库外温度变化对库内温度的影响。同时，应该注意的是水的导热性能很强，材料一经潮湿，其隔热性能大大降低。因此，绝热材料必须保持干燥，注意防潮，才具有良好的绝热性，通风库的绝热层两侧须加防水层。

② 绝热结构。库的绝热结构是指在库的暴露面，尤其是库顶、地上墙壁、门窗等部分敷设绝热材料构成的绝热层，目的是减少外界气温变动的影响，以维持库内稳定的贮藏温度。因此，通风库的墙体要做成双层墙，外墙为承重墙，使用砖、石、水泥等材料，内墙不要求承重，可采用质轻、热阻高、防水性能好的建筑材料，在内、外墙间按设计要求的厚度敷设绝热材料。由于许多绝热材料只有在干燥时才能保持良好的绝缘性能，故在内外温差较大的情况下，应在绝缘层的两侧设防水层。

贮藏库墙壁为土墙时，土墙中夯入 10%～15% 的石灰，可提高墙壁的强度和耐水性，掺入草筋可减少裂缝，掺入适量的沙子、石屑或矿渣，也可以提高强度和减少裂缝。以锯木屑、稻壳作绝缘层时，要适量加入防腐剂，并且要分层设置，以免下沉，同时要敷设隔潮材料。门窗宜用泡沫塑料填充隔热。

例如：大型通风库的绝缘结构，外墙至少为 20cm 厚的砖墙，内墙可直接敷设设计厚度的聚氨酯泡沫塑料、软木板等，或外墙为 10cm 的砖墙，内外墙间的间距为设计的绝缘层厚度，填以不定形的绝缘材料如膨胀珍珠岩、稻壳等。防水层用沥青或防水纸。有时也在各墙体结构间用空气层来加强绝缘作用。

天花板可用木板或其他板材构成，木板上方铺设绝缘材料。在贮藏库的暴露面上，以墙壁转角处、天花板与墙壁交接处的漏热最大，故整个贮藏库的绝缘层要求相互接成整体。

通风库的门窗是最易产生对流传热的地方，以保温为主的通风库应在不妨碍日常管理工作的原则下尽量减少门及采光窗的数量及面积，并且在必须设置的门上也应敷设绝热材料，装置双重门；采光窗应用双层玻璃，层间距 5cm 左右。窗外再设百叶窗，以阻挡直射阳光。

2. 通风库的管理

通风库使用管理工作的重点是创造库内适宜的贮藏温度和相对湿度。

(1) 通风库的清洁和消毒处理 通风贮藏库在产品入库之前和结束贮藏之后，都要进行彻底清扫和消毒工作，一切可移动、拆卸的设备、用具都搬到库外进行日光消毒，以减少果蔬贮藏中因微生物感染引起的病害。库房的消毒可用 1%～2% 福尔马林或漂白粉喷洒，或用量 5～10g/m³ 硫黄燃烧熏蒸，也可用臭氧处理，兼有除异味的作用。处理时一般要密闭库房 24～48h，之后通风排尽残药。用 1% 的甲醛水溶液、4% 的漂白粉澄清液或有效氯含量 0.1% 的次氯酸钠溶液喷洒库内用具、架子等设备及墙壁，密闭 24～48h 后通风。使用完毕的果蔬筐、果蔬箱，应随即洗干净，再用漂白粉或 2%～5% 的硫酸铜液浸渍，晒干备用。消毒对减少产品贮藏中微生物病害和腐烂有积极作用，是管理措施中的重要环节。

(2) 产品的入库和码垛 各种果蔬最好先包装，再在库内堆成垛。垛的四周要可以通气或放在贮藏架上，通风库贮量大时，要避免产品入库过于集中，多种果蔬原则上应该分库号存放，避免相互干扰。

(3) 通风库的温度和湿度管理

① 温度管理。秋季产品入库之前充分利用夜间冷空气尽可能降低库体温度。入贮初期，以迅速降温为主，应将全部的通风口和门窗打开，必要时还可以用鼓风机、电动排风扇或轴流风机辅助，随着气温的下降逐渐缩小通风口的开放面积，到最冷的季节关闭全部进气口，使排气筒兼进、排气作用，或缩短放风时间。在北方地区，温度管理大体上可以分为前、中、后三期，前期和后期以通风降温为主，中期则以防冻保温为主。总之，通风库管理只要精心管理，合理地利用气候条件，就可达到较好的效果。

② 湿度管理。保持库内较高的相对湿度，减少产品因水蒸发而增加失重的损耗，也是通风贮藏库管理中的一项重要工作。在入贮初期，常会感到湿度不足，特别是北方地区的秋

冬季节，这就需要向库内空气中补充水分。对大多数水果蔬菜而言，库内相对湿度需保持在90%～95%，因此，加湿是必要的管理措施，常用的方法是在库内地面泼水，可用塑料薄膜袋包装果品和蔬菜，保持袋内较高的相对湿度。

（4）通风库的周年利用　通风库一般可在秋、冬、春季连续使用。近年来各地大力发展夏菜贮藏，通风库可以周年利用。使用上应注意：一方面要在出入库的空档抓紧时间做好库房的清扫、消毒及维修工作；另一方面要做好夏季的通风管理，在高温季节应停止或仅在夜间通风。在管理上需特别注意采后病害的交叉传染问题。

任务十一　贮藏环境中氧气和二氧化碳含量的测定

※ 【任务描述】

参观当地常见简易果蔬贮藏库，测定果蔬贮藏环境中 O_2 和 CO_2 的含量，了解不同贮藏方式中 O_2 和 CO_2 含量的变化，进而分析对果蔬贮藏品质的影响。

※ 【任务准备】

1. 材料
苹果、桃、柑橘、番茄、黄瓜等果蔬。

2. 用具
便携式数字测氧仪 CY-12C 型、便携式二氧化碳数字测量仪（GXH-3010）等。

※ 【作业流程】

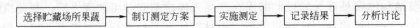

选择贮藏场所果蔬 → 制订测定方案 → 实施测定 → 记录结果 → 分析讨论

※ 【操作要点】

1. 氧气浓度测定
使用便携式数字测氧仪（CY-12C 型）测定果蔬贮藏环境中的 O_2 浓度。

将附件连接好，氧电极接嘴的一头接过滤器皮管，另一头接吸气球皮管。如果在正压条件下使用，将吸气球取下。

（1）定标

① 简便方法。以新鲜空气定标，精度一般，将开关旋到 50 挡位置，稳定 3min 左右（刚开机时数字由大到小下降，下降是电极的平衡过程，属正常现象）。捏动吸气球 2～3 次，吸入新鲜空气，调 21% 旋钮，使液晶屏显示 21%。

② 标准气法。将标气流量调整在 200～500mL/min，通入氧电极，3min 后调整 "IN" 旋钮，使显示器至标气的测定值，测量氧气浓度大于 50% 时，需要用纯氧定标 99.6%。

（2）检测　当仪器定标完成后，可进行现场检测，把取样装置一头与被测气体出口连接，另一头连接吸气球，捏动吸气球 3～4 次，待读数稳定后即可得到被测气体中的氧含量。根据范围选择适当的挡位。检测结束后，将开关旋至 OFF 位置。

2. 二氧化碳浓度测定
使用便携式二氧化碳数字测量仪（GXH-3010）测定果蔬贮藏环境中 CO_2 浓度。

（1）启动　交流供电时，将稳压电源的插头插在仪器侧面板"外接"插孔处，按下

"POWER"（电源）开关，红色指示灯亮，将"TEST"（检查）开关向上扳动，仪器表头指示为电源供电，外接电源时要大于6V。电池工作时要大于5.8V，否则要给仪器充电。如果电源检查正常，则将"TEST"开关扳下，预热5～10min。

（2）**校零点**　将仪器侧面板上的圆形切换旋钮沿顺时针方向拧到"零点"位置，打开"PUMP"开关，黄色指示灯亮，并可听到泵的声音，说明泵在工作，大约15s，若表头指示值不是零，转动前面板"零点"电位点，将指示值调为"0"。

（3）**终点**　仪器随机带有一低压铝合金小瓶标气，使用时，需将泵开关关闭，将切换旋钮逆时针旋转到"测量"位置，然后将铝合金小气瓶嘴对准仪器"IN"，轻轻一顶气瓶底部，可听到"嘶"的一声，时间为0.5～1s。约20s后，指示稳定，如标称浓度为小瓶标气的数值，可不必调整，差异较大时，用随机附带的钟表改锥调整"SPAN"电位器，将指示值调整在标气有效范围之内即可。

（4）**测量**　将取样器接在仪器入口，打开泵开关，便可将被测环境的气体导入仪器内，从显示器上直接读出被测样品的 CO_2 浓度值。测量下一个数据时，不必回零，将取样器接杆指向被测处，即可读出被测值。一般情况下，工作1h后，应检查零点。

※ **【成果提交】**

《果蔬贮藏与加工技术项目学习册》任务工单。

项目二　冷库贮藏

※ **【知识目标】**

1. 掌握冷库贮藏的原理、特点和类型。
2. 掌握冷库建筑设计的要求和基本设施。
3. 掌握冷库贮藏的管理措施。

※ **【技能目标】**

1. 能够根据不同产品正确选择冷库库址、库容、机械设备等。
2. 能够进行冷库贮藏管理。

机械冷库贮藏是指在利用良好隔热材料建筑的仓库中，利用制冷剂的相变特性，通过机械制冷系统的作用，产生冷量并将其导入库房中，将库内的热传送到库外，使库内的温度降低并保持在利于延长产品贮藏寿命的水平的贮藏方式。根据不同贮藏商品的要求，控制库房内的温、湿度条件在合理的水平，并适当加以通风换气。机械冷库是一种永久性的、隔热性能良好的建筑。

机械冷藏起源于19世纪后期，可精确控制贮藏温、湿度，不受季节的影响，可满足周年贮藏水果、蔬菜，是目前应用最广泛的果蔬贮藏方式，但机械冷藏的贮藏库和制冷机械设备需要较多的资金投入，运行成本较高，且贮藏库房运行要求有良好的管理技术。目前，世界范围内机械冷藏库正向着操作机械化、规范化，控制精细化、自动化方向发展。

根据制冷要求不同，机械冷藏库分为高温库（0℃左右）和低温库（低于-18℃）两类，果蔬机械冷藏库为高温冷藏库。冷藏库根据贮藏容量大小划分，虽然具体的规模尚未统一，但大致可分为四类（见表 3-2）。目前，中国贮藏果蔬产品的冷藏库中，大型、大中型库占的比例较小，中小型、小型库较多。容积在 500m³ 以内（农村建造采用最多的库容积是 90～120m³）、贮藏量在 100t 以下（一般在 10～40t）的微型库，是我国产地人民群众、小型果蔬批发市场应用较广泛的果蔬保鲜场所。它们可有效地调节果蔬的淡旺季，实现产品的减损增值，具有建造快、造价较低、操作简单、性能可靠、自动化程度高、保鲜效果良好等特点。微型冷库及配套贮藏保鲜技术在今后相当一段时间内仍是适合我国目前现状的果蔬保鲜主要技术之一。

表 3-2　机械冷藏库的库容分类

规模类型	容量/t	规模类型	容量/t
大型	＞10000	中小型	1000～5000
大中型	5000～10000	小型	＜1000

一、机械冷库的制冷原理

机械制冷的工作原理就是利用制冷剂从液态变为气态时吸收热量的特性，使之封闭在制冷系统中从液态变为气态而吸热，再从气态转变为液态而放热。在这一互变过程中，可不断地将冷藏库内的热传递到库外，使库内水果或蔬菜的温度随冷藏库温度的下降而降低，并维持恒定的低温条件，达到延缓果蔬衰老、延长贮藏寿命和保证品质的目的。

1.制冷系统

机械冷藏库达到并维持适宜的低温，依赖于制冷系统持续不断运行，排除贮藏库房内各种来源的热能。制冷系统是由制冷机械组成的一个密闭循环系统，其中充满制冷剂。压缩机工作时，向一侧加压形成高压区，另一侧因有抽吸作用而成为低压区。以制冷剂气化而吸热为工作原理的制冷系统以压缩式为多。压缩式制冷系统主要由蒸发器、压缩机、冷凝液化器和节流阀（膨胀阀）四大主要部分组成。除此之外，还有贮液器、电磁阀、油分离器、过滤器、空气分离器、相关的阀门、仪表、管道和风机等其他部件，它们是为了保证和改善制冷机械的工作状况，提高制冷效果及其工作时的经济性和可靠性而设置的，在制冷系统中处于辅助地位，具体见图 3-5。

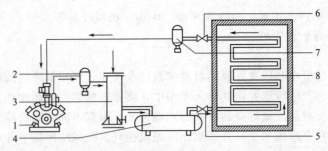

图 3-5　制冷系统
1—压缩机；2—油分离器；3—冷凝器；4—贮液器；5—膨胀阀；6—吸收阀；7—氨分离器；8—贮藏库

（1）压缩机　压缩机是制冷系统的"心脏"，推动制冷剂在系统中循环。压缩机将冷藏库房中由蒸发器蒸发吸热气化的制冷剂通过吸收阀的辅助压缩至冷凝程度，并将被压缩的制冷剂输送至冷凝器。目前，常用的为活塞式压缩机。

（2）冷凝器　冷凝器通过水或空气的冷却作用将由压缩机输送来的高压、高温气态制冷剂在经过冷凝器时被冷却介质（风或水）吸去热量，促使其凝结液化为液态制冷剂，而后流入贮液器贮存起来。

(3) 节流阀 节流阀（膨胀阀）是控制液态制冷剂流量的关卡和压力变化的转折点，用来调节进入蒸发器的制冷剂的流量，同时起到制冷作用。

(4) 蒸发器 蒸发器是由一系列蒸发排管构成的热交换器，液态制冷剂通过膨胀阀，在蒸发器中由于压力骤减由液态变成气态，在此过程中制冷剂吸收载冷剂的热量，降低库房中温度，将库内的热传递至库外。载冷剂常用空气、水或浓盐液（常用 $CaCl_2$）。

制冷剂在蒸发器内气化时，温度达到 0℃ 以下，与库内湿空气接触，使之达到饱和，在蒸发器外壁凝成冰霜，冰霜层不利于热的传导而影响降温效果。因此，在冷藏管理工作中，必须及时除去冰霜，即所谓"冲霜"。冲霜可用冷水喷淋蒸发器，也可利用吸热后的制冷剂引入蒸发器外盘管中循环流动，使冰霜融化。

液态制冷剂由高压部分经膨胀阀进入处于低压部分的蒸发器时达到沸点而蒸发，吸收周围环境的热，达到降低环境温度的目的。压缩机通过活塞运动吸进来自蒸发器的气态制冷剂，并将之压缩处于高压状态，这种高温高压的气体在冷凝器中与冷却介质（通常用水或空气）进行热交换，温度下降而液化，以后液态的制冷剂通过节流阀的节流作用和压缩机的抽吸作用，压力下降，使制冷剂在蒸发器中气化吸热，温度下降，并与蒸发器周围介质进行热交换而使介质冷却，最后两者温度平衡，完成一个循环。运行中的压缩机，一方面不断吸收蒸发器内生成的制冷剂蒸气，使蒸发器内处于低压状态；另一方面将所吸收的制冷剂蒸气压缩，使其处于高压状态。高压的液态制冷剂通过调节阀进入蒸发器，压力骤减而蒸发。根据贮藏对象的要求人为地调节制冷剂的供应量和循环的次数，使产生的冷量与需排除的热量相匹配，以满足降温需要，保证冷藏库内温度保持在适宜的水平。

2. 制冷剂

制冷剂是在常温下为气态，而又易于液化的物质，利用它从液态气化吸热而起到制冷的作用。在制冷系统中，制冷剂的任务是传递热量。理想的制冷剂应具备低沸点、低冷凝点、对金属无腐蚀性、不易燃烧、不爆炸、无毒无味、易于检测和易得价廉等特点。目前，生产中常用的有氨（NH_3）和氟利昂等。常用制冷剂的物理特性见表 3-3。

表 3-3 常用制冷剂的物理特性

制冷剂	化学分子式	正常蒸发温度/℃	临界温度/℃	临界压力/MPa	临界比体积/(m³/kg)	凝固温度/℃	爆炸浓度极限容积/%
氨	NH_3	−33.40	132.4	11.5	4.130	−77.7	16～25
二氧化硫	SO_2	−10.08	157.2	8.1	1.920	−75.2	—
二氧化碳	CO_2	−78.90	31.0	7.5	2.160	−56.6	不爆
一氯甲烷	CH_3Cl	−23.74	143.1	6.8	2.700	−97.6	8.1～17.2
二氯甲烷	CH_2Cl_2	40.00	239.0	6.5	—	−96.7	12～15.6
氟利昂-11	CCl_3F	23.70	198.0	4.5	1.805	−111.0	不爆
氟利昂-12	CCl_2F_2	−29.80	111.5	4.1	1.800	—	—
氟利昂-22	$CHClF_2$	−40.80	96.0	5.0	1.905	−155.0	不爆
乙烷	C_2H_6	−88.60	32.1	5.0	4.700	—	—
丙烷	C_3H_8	−42.77	86.8	4.3	—	−160.0	—
水	H_2O	100	—	—	—	−183.2	—

（1）氨（NH₃） 氨是目前使用最为广泛的一种中压中温制冷剂，主要用于中等和较大能力的压缩冷冻机。作为制冷剂的氨，要质地纯净，其含水量不超过 0.2%。氨的潜热比其他制冷剂高，在 0℃时，它的蒸发热是 1260kJ/kg。氨还具有冷凝压力低、沸点低、价格低廉等优点。但氨自身有一定的危险性，泄漏后有刺激性味道，对人体皮肤和黏膜等有伤害，若空气中含有 0.5%～0.6%（体积分数）时，人在其中停留 0.5h 就会引起严重中毒，甚至有生命危险。在含氨的环境中新鲜果蔬产品有发生氨中毒的可能。另外氨的比体积较大，10℃时，为 0.2897m³/kg，因此相关设备较大，占地较多。空气中含量超 16%时，会发生爆炸性燃烧，所以利用氨制冷时，对制冷系统的密闭性要求很严。另外，氨遇水呈现碱性对金属管道等有腐蚀作用，使用时对氨的纯度要求很高。

（2）卤化甲烷族（氟利昂） 卤化甲烷族是指氟氯与甲烷的化合物，商品名通称为氟利昂，国际上规定用统一的编号（代号）表示。最常用的是氟利昂-12（R12）、氟利昂-22（R22）和氟利昂-11（R11）等。氟利昂对人和产品安全无毒，不会引起燃烧和爆炸，不会腐蚀制冷设备等，但氟利昂气化热小，制冷能力低，仅适用于中小型制冷机组。另外，氟利昂价格较贵，泄漏不易被发现。最新研究表明，大气臭氧层的破坏，与氟利昂对大气的污染有密切关系，国际上正在逐步禁止使用，并积极研究和寻找替代品，以避免或减少对大气臭氧层的破坏。研究的新型替代制冷剂主要有人工合成型和天然型两类，如 R134a、R600a、R507、R404a 等。

3. 冷藏库房的冷却方式

机械冷藏库的库内冷却系统，一般可分为直接冷却（蒸发）、鼓风冷却和盐水冷却三种。

（1）直接冷却（蒸发） 也称直接膨胀或直接蒸发，是将蒸发器直接装置于冷库中，蒸发器的蛇形管盘绕在库房内天花板下方或四周墙壁，制冷剂在蛇形盘管中直接蒸发，通过制冷剂的蒸发将库内空气冷却。蒸发器一般用蛇形管制成，装成壁管组或天棚管组均可。该系统宜采用氨或二氯二氟甲烷作为制冷剂。

直接冷却的主要优点是库内降温速度快；缺点是蒸发器易结霜影响制冷效果，要经常冲霜，库内温度分布不均匀而且不易控制，接近蒸发器处温度较低，远处则温度较高。此外，如果制冷剂在蒸发管或阀门处泄漏，在库内累积会直接危害果蔬产品。该方式不适合在大、中型果蔬冷藏库中应用。

（2）鼓风冷却 鼓风冷却是现代冷藏库内普遍采用的方式。它是将蒸发器安装在空气冷却器（室）内，借助鼓风机的吸力将库内的热空气抽吸进入空气冷却器而降温，冷却的空气由鼓风机直接或通过送风管道（沿冷库长边设置于天花板下）输送至冷库的各部位，形成空气的对流循环，如此循环不已，达到降低库温的目的。高速的空气流动，加速了果蔬与周围空气的热交换，使库内温度下降快而均匀。蒸发器和鼓风机设在冷藏库内一端的中轴线上（图 3-6），将冷风吹向全库，然后使热空气回流到蒸发器。大型冷藏库常用风道连接蒸发器，延长送风距离，使冷风在库内分布范围扩大，库温下降更加均匀。

鼓风冷却系统在库内造成空气对流循环，冷却速度快，并且通过在冷却器内增设加湿装置而调节空气湿度，库内各部位的温度和湿度较为均匀一致。这种冷却方式由于空气流速较快，如不注意湿度的调节，会加重新鲜果蔬产品的水分损失，导致产品新鲜程度和质量的

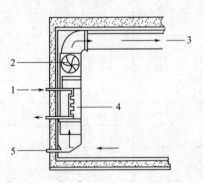

图 3-6 鼓风冷却示意图
1—蒸发管；2—鼓风机；3—排风筒；
4—蒸发柜；5—脱水器

下降。在制冷系统中的蒸发器，必须有足够的表面积，使库内的空气与这一冷面充分接触，以使制冷剂与库内空气之温差不致太大。如果两者温差太大，产品在长期贮藏中，就会造成严重失水，甚至萎蔫。

当库内的湿热空气流经用盘管做成的蒸发器时，空气中的水分会在蒸发器上结霜，在减少空气湿度的同时，会降低空气与盘管冷面的热交换。因此，需要有除霜设备。除霜可以用水，也可以使热的制冷剂在盘管内循环，还可以用电热除霜。

(3) 盐水冷却 盐水冷却（间接冷却）的蒸发器不直接安装在冷库内，而是将制冷系统的蒸发器安装在冷藏库房外的盐水槽中，先冷却盐水，再将已降温的盐水泵入库房中的冷却盘管，吸取热量以降低库温，温度升高后的盐水流回盐水槽被冷却，继续输至盘管进行下一循环过程，不断吸热降温。

冷却盘管多安置在冷藏库房的天花板下方或四周墙壁上。制冷系统工作时盘管周围的空气温度首先降低，降温后的冷空气随之下沉，附近的热空气补充到盘管周围，于是形成库内空气缓慢地自然对流，采用这种冷却方式降温需时较长，冷却效率较低，且库房内温度不易均匀，故在果蔬冷藏库中很少采用。

另一种冷却方式是以盐水或抗冻溶液构成冷却面进行冷却，将前述盐水槽中已冷却的盐水引入冷藏库中，在专设的喷淋塔中喷淋，吸收库内空气的热，用鼓风机将冷风送至各个部位。对于要求在0℃以上的冷藏库，还可以用冷水代替盐水进行冷却，水蒸气还有利于增加库内空气的相对湿度，减少产品水分损失。这种冷却方式中的蒸发器是先将盐水或抗冻液喷淋到有制冷剂通过的盘管上冷却，然后泵入中心盐水喷淋装置中，由管道将仓库内空气引入这一中心盐水喷淋装置，冷却后送回库内，循环往复。具有盐水喷淋装置和风机的蒸发器，没有除霜的问题，但盐水或抗冻液体会被稀释，需适时调整。

二、机械冷库的构造

机械冷藏库由建筑主体（库房）和机械制冷系统两大部分组成。现代化的冷库还设有温、湿自动检测和控制系统，具体见图3-7。

1. 机械冷藏库的组成

机械冷藏库是一建筑群体，由主体建筑和辅助建筑两大部分组成。按照构成建筑物的用途不同可分为冷藏库房、生产辅助用房、生产附属用房和生活辅助房等。

冷藏库是贮藏新鲜果蔬产品的场所，根据贮藏规模和对象的不同，冷藏库房可分为若干间，以满足不同温度和相对湿度的要求。生产辅助用房包括装卸站台、穿堂、楼梯、电梯间和过磅间等。生产附属用房主要是指与冷藏库

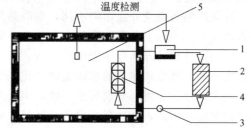

图 3-7　果蔬冷藏库示意图
1—压缩机；2—冷凝器；3—膨胀阀；
4—蒸发器（吊顶风机）；5—库房

房主体建筑、与生产操作密切相关的生产用房，包括整理间、制冷机房、变配电间、水泵房、产品检验室等。

2. 机械冷藏库房的结构

机械冷藏库房主要由支撑系统、保温系统和防潮系统三大部分构成。

(1) 支撑系统 支撑系统是冷库的骨架，是保温系统和防潮系统赖以敷设的主体，由围护结构和承重结构两部分组成，这一部分形成了整个库体的外形，也决定了库容的大小。冷

库的围护结构是指冷藏库的墙体、屋顶建筑和地坪。冷库的围护墙体有砖砌墙体、预制钢筋混凝土墙体和现场浇筑钢筋混凝土墙体等形式，在分间冷藏库中还设有冷藏库内墙，内墙有隔热和不隔热两种形式。冷藏库屋顶建筑，除了避免日晒和防止风沙雨雾对库内的侵袭外，还起着隔热和稳定墙体的作用。冷库的地坪一般由钢筋混凝土承重结构层、隔热层、防潮层组成。承重结构主要是指冷藏库建筑的柱、梁、楼板等建筑构件。柱是冷藏库的主要承重构件，在冷藏库建筑中普遍采用钢筋混凝土柱。冷藏库的柱子截面多采用正方形，以便于施工和敷设隔热层。为提高库内的有效使用面积，冷藏库建筑中柱的跨度较大、截面积较小，柱网多采用 6m×6m 格式，大型的冷藏库柱网也有 12m×6m 或 18m×6m 的格式。

(2) 保温系统 保温系统是在冷库四周墙壁、库顶和地面采取隔热处理，设置隔热层，以维持冷藏库内温度的恒定。隔热层设置是冷藏库围护结构的最重要组成部分，要求能最大限度地隔绝库内外热的传递，以保证冷藏库内稳定适宜的低温条件。不仅冷库的外墙、屋面和地面应设置隔热层，而且有温差存在的相邻库房的隔墙、楼面也要做隔热处理。隔热层的厚度、材料选择、施工技术等对冷藏库的性能有重要影响。

① 隔热材料。用于隔热层的隔热材料应具有如下特征和要求：导热系数 (k) 小（或热阻值要大），不易吸水或不吸水，质量轻，不易变形和下沉，无臭味，不易燃烧，不易腐烂、被虫蛀和被鼠咬，耐冻，无毒、对人和产品安全，便于使用且价廉易得。隔热材料常不能完全满足以上要求，必须根据实际需要加以综合评定，选择合适的材料。不同材料的隔热性能差异很大，有的只能单作隔热材料，有的可作建筑框架材料，也具一定的隔热性能。

② 隔热层厚度。冷库隔热层的厚度应当使贮藏库的暴露面向外传导散失的热量约与该库的全部热源相等，这样才能使库温保持稳定。冷藏库房围护结构在相同热阻要求下，因材料的导热系数不同，则所需材料厚度不同。在冷库使用期间，围护结构内外温差越大，则热阻值要求越大，隔热层所用材料的厚度也应增加。厚度不够，虽然节省了隔热材料的费用，但冷藏库房保温性能差，耗电费用高，运行成本提高，设备投资及维修费用相应增加。隔热层加厚，虽然隔热材料的投资加大，但提高了隔热性能，则耗电减少，制冷设备投资及维修费用相应下降。

冷藏库的各面受外温影响不同，则隔热层厚度不同。如用平屋顶结构，屋顶直接受阳光照射面积大，隔热层的厚度宜增大；相反，如果冷藏库顶部隔热层之上加有屋盖，形成一层缓冲空间，这样的隔热层厚度可小一些。长时间受阳光照射的墙面比阴面墙壁的隔热层厚度又需大一些。冷藏库建筑的地面温度变化相对较小，但也受地温影响，对隔热层的要求也可灵活处理，厚度和材料要求可低一些，但需坚固。土壤湿度高的地段，地面容易传热，则需加厚隔热层。因此，在选择冷藏库地址时，要考虑在地下水位低的地段建库。

因此，设计人员常根据冷藏库所处地区的实际情况和具体条件决定冷库围护结构合理的热阻值（选择合理的隔热材料和决定其采用的厚度），即选择隔热性能好、价廉易得的最佳材料，根据经济热阻［（一次投资＋运行费)/使用年限］设计合理的隔热层厚度，以保证冷藏库有效而经济地运转。冷藏库房在不同温差条件下使用时所需围护结构的总热阻值见表3-4。

③ 隔热层的施工方法。隔热层的施工方法有三种形式：一是在现场敷设隔热层。二是采用预制隔热嵌板，预制隔热嵌板的两面是镀锌铁（钢）板或铝合金板，中间夹着一层隔热材料，隔热材料大多采用硬质聚氨酯泡沫塑料。隔热嵌板固定于承重结构上，嵌板接缝一般采用灌注发泡聚氨酯来密封。此法施工简单，速度快，维修容易。三是在现场喷涂聚氨酯，使用移动式喷涂机，将异氰酸和聚醚两种材料同时喷涂于墙面，两者立即起化学反应而发泡，形成所需要厚度的隔热层。这种方法可形成一个整体而无接缝，施工速度快。

表 3-4　不同温差条件下围护结构所需的总热阻（*R*）

室内外温差 Δt/℃	设计时所允许的最大面积传入热量/(kJ·m⁻²·h⁻¹)				
	7月	8月	9月	10月	11月
50	29.94	26.17	23.24	20.93	19.05
40	23.24	20.93	18.21	16.75	14.86
30	18.21	15.49	14.03	12.56	11.30
20	11.93	10.47	9.21	8.37	7.54

　　库顶有两种隔热处理形式：一种是在冷库库顶直接敷设隔热层，隔热层做在库顶上面的称为外隔热，反贴在库顶内侧的称为内隔热，隔热材料一般用如软木、聚氨酯喷涂等轻质的块状材料。另一种是设置阁楼层，将隔热材料敷设在阁楼层内，一般用膨胀珍珠岩或稻草等松散保温隔热材料。

　　果品蔬菜冷藏库一般维持的温度在 0℃ 左右，而地温经常在 10~15℃，热量能够由地面不断地向库内渗透，因此，冷库地板也必须敷设隔热层。

　　(3) 防潮系统　防潮系统是阻止水汽向保温系统渗透的屏障，是维持冷库良好的保温性能和延长冷库使用寿命的重要保证。防潮层是围护结构中另一重要组成部分。缺少防潮层时，当空气中的水蒸气分压随气温升高而增大时，由于冷库内外温度不同，水蒸气不断由高温侧向低温侧渗透，通过围护结构进入隔热材料的空隙，当温度达到或低于露点温度时，水蒸气在该处凝结或结冰，导致隔热材料受潮，导热系数增大，隔热性能降低，同时也使隔热材料受到侵蚀或发生腐朽。因此，防潮系统对冷藏库的隔热性能十分重要。

　　通常在隔热层的外侧（加在向高温的一面，即在冷藏库外墙的内侧加一层隔潮层，以阻止外界热空气进入）或内外两侧敷设防潮层，形成一个闭合系统，以阻止水汽的渗入。

　　常用的隔潮材料有沥青、油毡、水柏油、塑料涂层、塑料薄膜或金属板，可用它们做成隔潮层。防潮系统敷设时要完全封闭，包围隔热材料，不留有任何缝隙，尤其是在温度较高的一面。如果只在绝热层的一面敷设防潮层，就必须敷设在绝热层经常温度较高的一面。

　　当建筑结构中导热系数较大的构件（如柱、梁、管道等）穿过或嵌入冷藏库房围护结构的防潮隔热层时，可形成"冷桥"，也会破坏隔热层和防潮层的完整性和严密性，从而使隔热材料受潮失效，必须采取有效措施消除冷桥的影响。常用的方法有两种，即外置式隔热防潮系统（隔热防潮层设置在地坪、内墙和天花板外侧、外墙、屋顶上，把能形成冷桥的结构包围在里面）和内置式隔热防潮系统（隔热防潮层设置在地板、内墙、天花板内侧），见图 3-8。

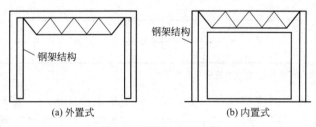

图 3-8　消除冷桥的方法

三、冷藏库房的设计

1. 库址选择

适于建造冷藏库的地点通常应具有以下条件：①靠近果蔬产品的产地或销地。②交通方便，地形开阔，留有一定的发展空间。③冷库以建设在没有阳光照射和热风频繁的阴凉处为佳。在一些山谷或地形较低、冷凉空气流通的位置最为有利。④有良好的水、电源。⑤四周卫生条件良好。⑥冷库周围应有良好的排水条件，地下水位要低，保持干燥对冷库很重要。

2. 平面布局

生产主体用房应满足冷藏库规定。根据果蔬产品的特点和生产实践经验，大中型冷藏库房采用多层、多隔间的建筑方法，小型冷藏库房采用单层多隔间的方法；贮藏间容量从相对较大如 $300\sim500$t 向小型化如 $100\sim250$t 发展；库房的层高传统上多在 $4.5\sim5.0$m，随着科学技术水平的提高、操作条件的改善和包装材料的更新，层高可增加至 $8\sim10$m，甚至更高。小库容、高层间距的贮藏间既可满足果蔬产品不同贮藏条件和贮藏目的的要求，又有利于提高库房的利用率和便于管理。

冷库设计，还要考虑必要的附属建筑和设施，如工作间、包装整理间、工具库和装卸台等。冷库的布局必须符合生产的工艺流程、运输、设备和管道布置的要求，既能方便生产管理又要经济合理。

3. 库房容量的确定

冷库的大小根据经常需要贮存产品的数量和产品在库内的堆码形式而定。设计时，要先确定需要贮藏的容量。贮藏容量是根据需要贮藏的产品在库内堆码所必须占据的体积、行间过道、堆码产品与墙壁之间的空间、堆码产品与天花板之间的空间以及包装容器之间的空隙等计算出来的，用以确定库房的内部空间。确定冷库贮藏容量后计算冷库容积公式如下：

$$V=\frac{1000G}{\eta\gamma}$$

式中 V——冷藏间容积，m³；

　　　G——冷库贮藏容量，t；

　　　η——冷藏间的容积利用系数（见表3-5）；

　　　γ——贮藏果蔬平均容重，kg/m³（鲜蔬菜按 230kg/m³，箱装鲜水果按 350kg/m³ 计算，或按实际密度计算）。

表 3-5　冷藏间容积利用系数

公称容积/m³	容积利用系数 η
500～1000	0.40
1001～2000	0.50
2001～10000	0.55
10001～15000	0.60
>15000	0.62

注：新鲜蔬菜水果容积利用系数按表中数值乘 0.8 修正。

确定容量之后，再根据建筑投资和实际操作需要确定冷库的长、宽与高度。从建筑经验来看，通常采用的宽度一般不超过 12m，高度以 6m 为宜。设计时可依据实际条件和经济情况，选择恰当的设计尺寸。

4. 制冷设备的负荷计算

制冷设备的负荷与冷库的耗冷密切相关，确定冷库的负荷量是匹配和选择制冷设备的重要参数。冷库负荷主要包括以下几个部分：①库房内外温差和太阳辐射作用而通过围护结构传入的热量，称围护结构传热量；②果蔬在贮藏过程中因呼吸作用放出的热量，称呼吸热；

③由于通风换气或开库门，由外界空气进入库内而带入的热量，称通风换气热；④由于工作人员必要的操作、库内照明和各种动力设备运行产生的热量，称为经营操作热量。

冷库设备负荷应按下式计算：

$$Q = Q_1 + Q_2 + Q_3 + Q_4$$

式中　Q——冷库设备负荷；

　　　Q_1——围护结构传热；

　　　Q_2——果蔬呼吸热；

　　　Q_3——通风换气热；

　　　Q_4——经营操作热量。

四、机械冷库的使用和管理

机械冷藏库用于贮藏果蔬时，其效果的好坏受诸多因素的影响，在管理上要特别注意以下方面。

1. 入贮前准备

冷藏库被有害菌类污染常是引起果蔬腐烂的重要原因。因此，冷藏库在使用前，应对库房和用具进行全面彻底的消毒，以防止果蔬腐烂变质，并做好防虫、防鼠工作。常用的库房消毒处理方法有：乳酸消毒（按每立方米库容 1mL 乳酸的用量）、过氧乙酸消毒（按每立方米库容 5～10mL 的用量）、漂白粉消毒（按每立方米库容 40mL 的 10% 漂白粉溶液用量）、福尔马林消毒（按每立方米库容 15mL 的福尔马林用量）、硫黄熏蒸消毒（按每立方米库容 5～10g 硫黄的用量）。消毒后需彻底通风换气。库内所有用具（包括垫仓板、贮藏架、周转箱等）用 0.5% 的漂白粉溶液或 2%～5% 硫酸铜溶液浸泡、刷洗、晾干后备用。以上处理对虫害亦有良好的抑制作用，对鼠类也有驱避作用。

2. 产品的入贮及堆放

产品入库贮藏时，若已经预冷则可一次性入库，建立适宜的贮藏条件进行贮藏；若未经预冷处理则应分次、分批进行。一般来说，第一次入贮量以不超过该库总量的 1/5 为宜，以后每次以 1/10～1/8 为好。入库时，最好把每天入贮的水果蔬菜尽可能地分散堆放，以便迅速降温，当入贮产品降到要求温度时，再将产品堆垛到要求高度。

产品入贮时堆放的科学性对贮藏及降温有明显影响。产品堆放的总要求是"三离一隙"，目的是为了使库房内的空气循环畅通，避免产生死角，及时排除田间热和呼吸热，保证各部分温度的稳定均匀。"三离"是指离墙、离地面、离天花板。"一隙"是指垛与垛之间及垛内要留有一定的空隙，以保证冷空气进入垛间和垛内，排除热量。产品堆放时要防止倒塌情况的发生，可搭架或堆码到一定高度时（如 1.5m），用垫仓板衬一层再堆放的方式来解决。新鲜果蔬产品堆放时，要做到分等、分级、分批次存放，尽可能避免混贮。

3. 温度控制

温度是决定新鲜果蔬产品机械冷藏成败的关键，果蔬冷藏库温控制要把握"适宜、稳定、均匀及产品进出库时的合理升降温"的原则。大多数新鲜果蔬产品在入贮初期降温速度越快越好，入库产品的品温与库温的差别越小越好。要做到温差小，入库时就要做到降温快、温差小，要从采摘时间、运输以及散热预冷等方面采取措施。

在选择和设定适宜贮藏温度的基础上，需维持库房中温度的稳定。冷藏中，要求冷藏库的温度波动尽可能小，最好控制在 ±0.5℃ 以内，尤其是在相对湿度较高时，更应注意降低温度波动幅度。同时，还要求库内各处的温度分布均匀，无过冷、过热的死角，防止堆集过大过密，使局部产品受害，这对于长期贮藏的新鲜果蔬产品来说尤为重要。

机械冷藏库的温度控制是靠调节制冷剂在蒸发器中的流量和气化速率来完成的，温度的调节一般只要给机器设定温度值，变化的调节可自动完成。为了便于了解库内温度变化，要在库内不同位置装置温度计或遥测温度计，做好库内各部分温度的观察和记录工作。出库时，要求将产品尽量升温至接近外温，以防产品结露，缩短货架寿命。

4. 相对湿度管理

相对湿度是在某一温度下空气中水蒸气的饱和程度。空气的温度越高则其容纳水蒸气的能力就越强，贮藏产品的水分损失除直接减轻了重量以外，还会使果蔬新鲜程度和外观质量下降，食用价值降低，促进成熟衰老和病害的发生。新鲜果品蔬菜的贮藏也要求相对湿度保持稳定。要保持相对湿度的稳定，维持温度的恒定是关键。冷库的相对湿度一般维持在80%～90%时，才能使贮藏产品不致失水萎蔫。

冷库湿度调节的方法较多。当相对湿度低时，库房增湿可采用地面洒水；也可将水以雾状微粒喷到空气中去，直接向空气加湿；也可直接喷于库房地面或产品上；也有设置空气调节柜，在通风时将外界引入的空气先经加湿装置加湿，机械加湿方法效果很好，易于控制加湿量，冷库内湿度分布也均匀，缺点是增加了蒸发器的结霜。另外，贮藏产品的包装如果干燥且易吸湿，易使库内的湿度降低，贮前入贮产品用一些药品溶液处理，入库时带入一定的水汽，会增加仓库的湿度，如用氯化钙、防腐剂等处理后的苹果等；或用塑料薄膜单果套袋或以塑料袋作内衬等对产品进行包装，也可创造高湿的小环境。当相对湿度过高时，可用生石灰、草木灰等吸潮，也可以通过加强通风换气来达到降湿的目的。

常见果蔬产品的贮藏条件见表3-6。

表 3-6　常见果蔬产品的推荐贮藏条件

种类	温度/℃	相对湿度/%	种类	温度/℃	相对湿度/%
苹果	−1.0～4.0	90～95	菠萝	7.0～13.0	85～90
杏	−0.5～0	90～95	宽皮橘	4.0	90～95
香蕉(青)	13.0～14.0	90～95	青花菜	0	95～100
草莓	0	90～95	大白菜	0	95～100
酸樱桃	0	90～95	胡萝卜	0	98～100
甜樱桃	−1.0～−0.5	90～95	花菜	0	95～98
无花果	−0.5～0	85～90	芹菜	0	98～100
葡萄柚	10.0～15.5	85～90	甜玉米	0	95～98
葡萄	−1.0～−0.5	90～95	黄瓜	10.0～13.0	95
猕猴桃	−0.5～0	90～95	茄子	8.0～12.0	90～95
柠檬	11.0～15.5	85～90	大蒜头	0	65～70
枇杷	0	90	生姜	13	65
荔枝	1.5	90～95	生菜(叶)	0	98～100
杧果	13.0	85～90	蘑菇	0	95
油桃	−0.5～0	90～95	洋葱	0	65～70
甜橙	3～9	85～90	青椒	7.0～13.0	90～95
桃	−0.5～0	90～95	马铃薯	3.5～4.5	90～95
中国梨	0～3	90～95	菠菜	0	95～100
西洋梨	−1.5～−0.5	90～95	番茄(绿熟)	10.0～12.0	85～90
柿	−1.0	90	番茄(硬熟)	3.0～8.0	80～90

5. 通风换气

冷藏的果蔬在贮藏期间会释放出许多有害物质，如乙烯、CO_2 等，当这些物质积累到一定浓度后，就会使贮藏产品受到伤害。因此，冷库的通风换气是必要的，通风换气是机械冷藏库管理中的一个重要环节。

实际上中、小型冷库多无专门通风设施，一般冷库日常管理中的库门启闭即可使库内外有足够的气体交换，故小型冷库一般不需太多的通风。果蔬在中、大型冷库作长期贮藏时，CO_2 的积累成为不可忽视的问题，一般可在库内安装通风装置或风扇。通风换气的频率及持续时间应根据贮藏产品的种类、数量和贮藏时间的长短而定。对于新陈代谢旺盛的产品，通风换气的次数要多一些；产品贮藏初期，可适当缩短通风间隔的时间，如 10～15 天换气一次，当温度稳定后，通风换气可一个月一次。生产上，通风换气常在每天温度相对最低的晚上到凌晨这一段时间进行，雨天、雾天等外界湿度过大时不宜通风，以免库内温湿度的剧烈变化。

6. 贮藏产品的检查

新鲜果蔬产品在贮藏过程中，要进行贮藏条件（温度、湿度、气体成分）的检查、核对和控制，并根据实际需要记录、绘图和调整等。另外，还要定期对贮藏库房中的果蔬产品的外观、颜色、硬度、品质风味进行检查，了解产品的质量状况和变化，做到心中有数，发现问题及时采取相应的解决措施。对产品的检查应做到全面和及时，对于不耐贮的新鲜果蔬产品间隔 3～5 天检查一次，耐贮性好的产品可间隔 15 天甚至更长时间检查一次。检查要做好记录。此外，要注意库房设备的日常维护，及时处理各种故障，保证冷库的正常运行，如注意制冷效果、泄漏等的检查，以采取针对性措施如及时除霜等。

7. 出库管理

出库时，若冷藏库内外有较大温差（通常超过 5℃），从 0℃ 左右的冷库中取出的产品与周围温度较高的空气接触，会在产品的表面凝结水珠，即通常所称的"出汗"现象，既影响外观，也容易受微生物的感染发生腐烂。因此，冷藏的果品和蔬菜在出库时、销售前最好预先进行适当的升温处理，再送往批发或零售点。在生产上，升温最好在专用升温间，在冷库外设置临时堆放果箱的周转仓库或在冷藏库房穿堂中进行。升温的速度不宜太快，维持气温比品温高 3～4℃ 即可，直至品温比正常气温低 4～5℃ 为止。出库前需催熟的产品可结合催熟进行升温处理。

项目三 气 调 贮 藏

※ 【知识目标】

1. 掌握气调贮藏的原理、特点和类型。
2. 掌握气调库建筑设计的要求和基本设施。
3. 掌握气调贮藏的管理措施。

※ 【技能目标】

1. 能够正确测定气调库中的温度、气体成分等指标。
2. 能够控制气调库的温度、湿度和气体成分，使果蔬的贮藏效果良好。

气调贮藏是调节气体成分贮藏的简称，是将果蔬放在密封库房内，同时改变贮藏环境中气体成分的一种果蔬保鲜技术。果蔬气调贮藏技术的应用起源于 20 世纪初，20 世纪 50 年代后，在美、英等国开始商业运行，70 年代后得到普通应用，被认为是当代贮藏果蔬效果最好的贮藏方式。我国在 20 世纪 60 年代开始开展气调贮藏的研究，逐步在苹果上推广应用。经过近 40 年的研究和实践，在气调库的建设和关键配套设备方面取得了很大的发展。近年来，各地兴建了一大批规模不等的气调冷藏库，气调果蔬产品量不断增加，取得良好效果。

一、气调贮藏的原理与类型

1. 气调贮藏的基本原理

气调贮藏是在冷藏的基础上发展起来的，其原理就是在一定的适宜温度下，通过改变贮藏环境中的气体成分，降低 O_2 浓度和提高 CO_2 浓度来控制果蔬的呼吸强度，最大限度地抑制其生理代谢过程，抑制微生物的生长繁殖和乙烯的产生，以达到减少物质消耗、延缓衰老，即保持品质和延长贮藏寿命的目的。

正常空气中，O_2 浓度约为 21％，CO_2 的浓度为 0.03％，其余为 N_2 等。采收后的新鲜果蔬产品进行着正常的以呼吸代谢为主的生理活动，表现为吸收消耗 O_2，释放大约等量的 CO_2，并释放出一定热量。适当降低 O_2 浓度或增加 CO_2 浓度，就改变了环境中气体成分的组成，在该环境下，新鲜果蔬的呼吸作用就会受到抑制，呼吸强度降低，呼吸高峰出现的时间推迟，新陈代谢的速度延缓，减少了营养成分和其他物质的降低和消耗，从而推迟了成熟衰老，为保持新鲜果蔬的质量奠定了生理基础；同时，较低的 O_2 浓度和较高的 CO_2 浓度能抑制乙烯的生物合成，削弱乙烯刺激生理作用的能力，有利于新鲜果蔬贮藏寿命的延长；此外，适宜的低 O_2 和高 CO_2 浓度具有抑制某些生理性病害和病理性病害发生发展的作用，减少产品贮藏过程中的腐烂损失。因此，气调贮藏能更好地保持产品原有的色、香、味、质地等特性以及营养价值，有效地延长新鲜果蔬产品的贮藏期和货架寿命。

2. 气调贮藏的特点

与常温贮藏和冷藏相比，气调贮藏具有以下几方面的显著特点。

(1) 保鲜效果好　气调贮藏由于强烈地抑制了果蔬产品采后的衰老进程而使贮藏期明显延长，不少水果经气调长期贮藏（如 6～8 个月）之后，仍然保持原有的鲜度及脆性，果实的水分、维生素 C 含量、含糖量、酸度、硬度、色泽、重量等与新采摘状态相差无几，果蔬质量高，具有市场竞争力。

(2) 贮藏时间长　气调贮藏比普通冷藏库贮藏时间长 0.5～1.0 倍。延长贮期，用户可灵活掌握出库时间，捕获销售良机，创造最佳经济效果，用目前的气调贮藏技术处理优质苹果，已完全可以达到周年供应鲜果的目的。

(3) 损耗低　气调贮藏有效地抑制了果蔬产品的呼吸作用、蒸腾作用和微生物的危害，因而也就明显地降低了贮藏期间的损耗。

(4) 货架期长　气调冷藏库内贮藏的水果蔬菜，由于长期受到低 O_2 和高 CO_2 的作用，在出库后有一个从"休眠"状态向正常状态转化的过程，使水果蔬菜出库后的货架期可延长 21～28 天，是普通冷藏库的 3～4 倍。

(5) "绿色"安全　在果蔬产品气调贮藏过程中，不用任何化学药物处理，所采用的措施全是物理因素，果蔬产品所能接触到的 O_2、N_2、CO_2、H_2O 和低温等因子都是人们日常生活中所不可缺少的物理因子，因而也就不会造成任何形式的污染，完全符合绿色食品标准。

(6) 利于长途运输和外销　气调贮藏后的新鲜果蔬产品，由于贮后质量得到明显改善而为外销和远销创造了条件，气调运输技术的出现又使远距离大吨位易腐商品的运价比空运降低 4～8 倍，无论对商家还是对消费者都极具吸引力。

（7）具有良好的社会和经济效益　气调贮藏由于具有贮藏时间长和贮藏效果好等多种优点，因而可使多种果蔬产品几乎可以达到季产年销和周年供应，在很大程度上解决了我国新鲜果蔬产品"旺季烂、淡季断"的矛盾，既满足了广大消费者的需求，长期为人们提供高质量的营养源，又改善了水果的生产经营，给生产者和经营者以巨大的经济回报。

3. 气调贮藏的类型

气调贮藏根据在气体成分控制精度上的不同分为两大类，即自发气调（MA）和人工气调（CA）。

（1）自发气调（MA）　利用果蔬自身的呼吸代谢来降低贮藏环境中氧的浓度，提高二氧化碳浓度，抑制呼吸，延缓新陈代谢，从而实现对产品的保鲜贮藏。理论上有氧呼吸过程中消耗 1% 的 O_2 即可产生 1% 的 CO_2，而 N_2 则保持不变（即 O_2 和 CO_2 体积和为 21%）。而生产实践中则常出现消耗的 O_2 多于产出的 CO_2（即 O_2 和 CO_2 体积和为 $<21\%$）的情况，自发气调贮藏基本不出现 O_2 和 CO_2 体积和为 $>21\%$ 的情况。自发气调方法较简单，容易操作，但在整个贮藏过程中氧和二氧化碳浓度变化较大，且没有一个恒定的气体指标。MA 的方法多种多样，常有塑料袋密封贮藏和硅橡胶窗贮藏，如蒜薹简易气调贮藏。

（2）人工气调（CA）　也叫连续法气调，是根据产品的需要和人的意愿精准控制贮藏环境中气体成分的浓度并保持稳定的一种气调贮藏方法。CA 贮藏由于 O_2 和 CO_2 的比例能够严格控制，而且能做到与贮藏温度密切配合，技术先进，因而贮藏效果好。CA 是当前发达国家采用的主要方式，也是我国今后发展气调贮藏的主要目标。

气调贮藏经过几十年的不断研究、探索和完善，特别是 20 世纪 80 年代以后有了新的发展，开发出了一些有别于传统气调的新方法，如快速 CA、低氧 CA、低乙烯 CA、双维（动态、双变）CA 等，丰富了气调理论和技术，为生产实践提供了更多的选择。

4. 气调贮藏的条件

根据对气调反应的不同，新鲜果蔬产品可分为三类，即对气调反应优良的，代表种类有苹果、猕猴桃、香蕉、草莓、蒜薹、绿叶菜类等；对气调反应不明显的，如葡萄、柑橘、马铃薯、萝卜等；介于两者之间对气调反应一般的，如核果类等。只有对气调反应良好和一般的新鲜果蔬产品才有进行气调贮藏的必要和潜力。

（1）气调贮藏的温度要求　气调贮藏时，大多数果蔬气调贮藏适宜温度略高于机械冷藏，幅度约为 $0.5℃$。新鲜果蔬保鲜贮藏时，贮藏者设法抑制了果品蔬菜的新陈代谢，尤其是抑制了呼吸代谢过程。这些抑制新陈代谢的手段主要是降低温度，提高 CO_2 浓度和降低 O_2 浓度等。这些条件均属于果品蔬菜正常生命活动的逆境，而逆境的适度应用，正是保鲜成功的重要手段。任何一种果品或蔬菜，其抗逆性都有一定的限度。譬如，一些品种的苹果常规冷藏的适宜温度是 $0℃$，如果进行气调贮藏，在 $0℃$ 时再加以高 CO_2 和低 O_2 的环境条件，则苹果可能会承受不住这三方面的抑制而出现 CO_2 伤害等病症。因此，这类苹果在气调贮藏时，贮藏温度可提高到 $3℃$ 左右，这样就可以避免 CO_2 伤害，同样取得良好的贮藏效果。由此看出，气调贮藏对热带、亚热带果品蔬菜来说有着非常重要的意义，因为它可以采用较高的贮藏温度从而避免产品发生冷害。当然这里的较高温度也是很有限的，气调贮藏必须有适宜的低温配合，才能获得更好的效果。

（2）**气体浓度效应**

① 低 O_2 处理的效应。气调贮藏环境中降低 O_2 浓度，可以降低呼吸强度和基质的氧化

速度，延缓跃变型果蔬呼吸高峰到来的时间，降低峰值，能够明显抑制叶绿素的降解，抑制乙烯的生物合成，延缓原果胶的降解速度，降低维生素 C 的氧化分解。贮藏前对产品用低 O_2 条件进行处理，对提高产品的贮藏效果也有良好的效果。由此看来，采用低 O_2 处理或贮藏，可成为气调贮藏中加强果实耐贮性的有效措施。

② 高 CO_2 处理的效应。在气调贮藏环境中提高 CO_2 浓度，能够抑制呼吸作用和底物的消耗，贮藏前给以高浓度 CO_2 处理，有助于加强气调贮藏的效果。人们在实验和生产中发现，有一些刚采摘的果品或蔬菜对高 CO_2 和低 O_2 的忍耐性较强，而且贮藏前期的高 CO_2 处理对抑制产品的新陈代谢和成熟衰老有良好的效应。低 O_2 和高 CO_2 条件超过产品的忍耐极限时，又会产生负效应，低 O_2 导致无氧呼吸，高 CO_2 引起生理病害，产生异味，加重腐烂。

③ 乙烯和臭氧的影响。果蔬，特别是果实在成熟时和受伤害后，会产生较多的乙烯。微量乙烯（1mg/kg）对果蔬的呼吸就会产生影响，乙烯还会促进叶绿素的分解。乙烯等低分子不饱和碳氢化合物含量的过分积累，会造成过熟，从而有损果蔬的品质。但当乙烯被氧化成氧化乙烯时，对果蔬的成熟则有抑制作用。臭氧可使乙烯氧化成为氧化乙烯，即可防止果蔬过熟，从而保持良好的新鲜度。

(3) O_2、CO_2 和温度的互作效应　气调贮藏，在控制贮藏环境中 O_2 和 CO_2 含量的同时，还要控制贮藏环境的温度，并且使三者得到适当的配合。三者之间也会发生相互联系和制约，这些因素对贮藏产品起着综合的影响，亦即互作效应。

适宜的低 O_2 高 CO_2 浓度的贮藏效果是在适宜的低温下才能实现的。贮藏环境中的 O_2、CO_2 和温度以及其他影响果蔬贮藏效果的因素，保持一定的动态平衡，形成了适合某种果品或蔬菜长期贮藏的气体组合条件。而当一个条件发生改变时，另外的条件也应随之做相应的调整，这样才可能仍然维持一个适宜的综合贮藏条件。不同的贮藏产品都有各自最佳的贮藏条件组合，但这种最佳组合不是一成不变的，当某一条件发生改变时，可以通过调整另外的因素来弥补由这一因素的改变所造成的不良影响。因此，适合一种产品的适宜气体组合条件可能有多个。常见果蔬气调贮藏的温湿度范围、气调条件和贮藏期见表 3-7。

(4) 相对湿度　相对湿度对气调贮藏效果也能产生重要影响。维持较高的空气相对湿度，对于减少果蔬产品的水分损失，保持果蔬新鲜状态具有重要作用。气调贮藏果蔬产品对库房内的相对湿度要求通常比冷库高，一般在 90％～93％，增湿是气调贮藏库普遍需要采取的措施。

(5) 动态气调贮藏条件　果蔬在不同的贮藏时期内，逐步由新鲜向衰老变化，根据果蔬生理变化特点，在不同时期控制不同的气调指标，以适应果蔬对气体成分的适应性不断变化的特点，从而得到有效延缓代谢过程，保持更好的食用品质的效果。此法称之为动态气调贮藏，简称 DCA。科研人员在金冠苹果贮藏实验中，第一个月维持 O_2 和 CO_2 体积比为 3：0，第二个月为 3：2，以后为 3：5，温度为 2℃，湿度为 98％，贮藏 6 个月时比一直贮于 O_2 和 CO_2 体积比为 3：5 条件下的果实保持较高的硬度，含酸量也较高，呼吸强度较低，各种损耗也较少。

二、气调贮藏的方法

气调贮藏的实施主要分为封闭和调气两部分。调气是创造并维持产品所要求的气体组成。封闭则是杜绝外界空气对所创造的气体环境的干扰破坏。目前国内气调贮藏主要方法有气调冷藏库贮藏和塑料薄膜袋（帐）气调贮藏两类。气调冷藏库主要有两种类型，它们主要表现在库体的不同，而里面的硬件设备则是基本一致的。一是组装库，直接利用隔热气密材

表 3-7　常见果蔬气调贮藏的温湿度范围、气调条件和贮藏期

品　名	温度范围/℃	湿度范围/%	气调条件		贮藏期
			O_2 体积分数/%	CO_2 体积分数/%	
苹果	−1～5	85～95	2～4	1～5	6～10 个月
梨	−1～3	85～95	2～5	0～5	8～9 个月
草莓	0～2	90～95	3～5	10～20	2～3 周
桃	0～2	80～90	8～10	3～5	1～2 个月
葡萄	−1～0	85～90	5	10	3～5 个月
板栗	−2～0	90～95	3～7	2～6	8～12 个月
枣	−1～0	90～95	3～5	0～2	2～4 个月
柠檬	12～15	85～90	0～5	5～8	4～6 个月
香蕉	10～16	90～95	2～5	5～8	1～2 个月
龙眼	0～5	85～90	6～8	4～6	1～2 个月
荔枝	1～3	85～90	2～5	0～5	1～2 个月
杧果	5～13	85～90	2～5	2～7	1～1.5 个月
哈密瓜	3～4	75～85	2～5	0～5	4～5 个月
芹菜	−2～1	90～95	2～4	3～5	3～4 个月
黄瓜	12～13	90～95	2～5	0～5	1～2 个月
青椒	7～9	85～95	2～5	4～6	2 个月
番茄	20～28	80～85	2～5	0～5	1～1.5 个月
胡萝卜	0～5	90～95	1～2	0～5	6～7 个月
菜花	0～1	90～95	2～4	0～5	3～4 个月
菠菜	0～1	95～100	12～16	4～6	3～4 个月
蒜薹	0～1	85～95	2～5	0～6	3～8 个月
大白菜	0～1	85～90	1～6	0～5	4～6 个月
结球甘蓝	3～18	90～95	2～5	0～6	4～6 个月

料进行组装即可，具有工期短、效率高、质量好的特点，造价相对较高。二是土建库，又可分两种情况，一种是利用原有的冷库，在此基础上加气密层，另一种则是完全重新建造。塑料薄膜袋（帐）气调贮藏主要是利用冷藏库，在普通冷藏库内安装一个和数个气调冷藏库大帐，使帐体与原有库体之间形成夹套，通过帐外制冷和帐内气调来形成一个适于果蔬长期贮藏的气调环境。塑料薄膜帐多采用无毒 PVC 保鲜膜，上面加设硅橡胶窗等。

1. 气调冷藏库贮藏

气调冷藏库是目前世界上最先进的果蔬保鲜设施之一。它既能控制库内的温度、湿度，又能控制库内的氧气、二氧化碳、乙烯等气体的含量，通过控制贮藏环境的气体成分来抑制水果蔬菜的生理活性，使库内的水果蔬菜处于休眠状态。

（1）气调冷藏库的构造　气调冷藏库是在传统果蔬冷库的基础上发展起来的，因此，一方面它同样要求通常冷藏库所具有的良好的隔热性、防潮性；另一方面气调冷藏库体具有自身的特点，最主要的就是要求库体具有较高气密性，目的是减少与外界气体的交换，有利于人为调节库内气体成分；另外要考虑安全性，其结构应能承受住雨、雪以及本身的设备、管道、水果包装、机械、建筑物自重等所产生的静力同时还应能克服由于内外温差和冬夏温差所造成的温度应力和由此而产生的构件。由于气调冷藏库是一种密闭式冷库，当库内温度降低时，其气体压力也随之降低，库内外两侧就形成了气压差，此外，在气调设备运行以及气调冷藏库气密试验过程中，都会在围护结构的两侧形成压力差。若不把压力差及时消除或控制在一定的范围内，将对围护结构产生危害。

气调冷藏库的基本构造如图 3-9 所示。一个完整的气调库可分为 5 部分，即围护结构、

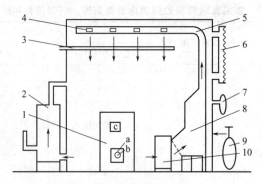

图 3-9　气调冷藏库的基本构造

a—气密筒；b—气密孔；c—观察窗

1—气密门；2—CO_2吸收装置；3—加热装置；4—冷气出口；5—冷风管；

6—呼吸袋；7—气体分析装置；8—冷风机；9—N_2发生器；10—空气净化器

制冷系统、气调系统、控制系统和辅助性建筑。

① 围护结构。气调库的围护结构与冷库有相同部分，如承重和隔热保温结构，不同的是要求更高的气密结构。气密结构是气调库的关键结构，要求较高的气密性和完整性。气调冷藏库建筑中作为气密材料的有钢板、铝合金板、铝箔沥青纤维板、胶合板、玻璃纤维、增强塑料及塑料薄膜，各种密封胶、橡皮泥、防水胶布等。它主要有两种形式，一是与隔热保温结构做成一体，常用聚氨酯加气密材料现场发泡喷涂等方法；二是在隔热保温结构之外做成独立的气密结构。另外，常规气调库的气密门也非常重要。气调库的气密结构还附有一些压力平衡和安全结构。

② 制冷系统。气调贮藏并非单纯地调节气体，而是建立在低温条件上的气体调节。所以气调贮藏需要有制冷设备，包括冷凝器、压缩机、蒸发器、节流器（膨胀阀）等。与一般冷库基本相同，因气调库气密性强，不方便出入，要求制冷设备有更好的可靠性、无故障运转和更高的安全性。

③ 气调系统。气调系统是气调库的关键部分，它的作用是维持气调库内 O_2 和 CO_2 等气体成分的特定比例，主要通过造气调气设备和测控仪器仪表进行气体成分的贮存、混合、分配、测试和调整等。一个完整的气调系统主要包括四大类设备。

贮配气设备：贮配气用的贮气罐、瓶，配气所需的减压阀、流量计、调节控制阀、仪表和管道等。通过这些设备的合理连接，保证气调贮藏期间所需各种气体的供给，并以符合新鲜果蔬所需的速度和比例输送至气调冷藏库房中。

气体发生系统：完成库内气体调节。主要包括真空泵、制氮机、降氧机、富氮脱氧机（烃类化合物燃烧系统、分子筛气调机、氨裂解系统、膜分离系统）。其中膜分离系统是比较先进的气体发生系统，目前被广泛选用，它利用中空纤维膜，对不同大小的分子进行有选择性的分离，将压缩空气中的氮与氧分离，达到气调的目的。

气体净化系统：果蔬产品气调贮藏时须不断地排除封闭器内过多的 CO_2；此外，果蔬产品自身释放的某些挥发性物质，如乙烯和芳香酯类，在库内积累会产生有害影响。这些物质可以用气体净化系统清除掉。这种气体净化系统去除的是 CO_2 等气体成分，所以又称为气体洗涤器或二氧化碳吸附器。

分析监测仪器设备：为满足气调贮藏过程中相关贮藏条件的精确检测，为调配气提供依据，并对调配气进行自动监控，常需配备必要的分析监测仪器设备，主要有采样泵、安全阀、控制阀、流量计、奥氏气体分析仪、温湿度记录仪、测 O_2 仪、测 CO_2 仪、气相色谱仪、计算机等。

④ 控制系统。控制系统是制冷控制、气体调节、湿度调节等方面控制的统称，可以集成为一体，也可以分散控制。

⑤ 辅助性建筑。包括建筑预冷车间、监控室、化验室等。

（2）气调冷藏库的设计与建造 气调冷藏库的设计和建造在基本遵循机械冷藏库的建设原则的同时，还要保证库房的良好气密性及压力平衡。在生产辅助用房上应增加气体贮存间、气体调节和分配机房。应适应贮藏间气调贮藏产品多样化（种类、品种、成熟度、贮藏时间等）要求，使单间的库容小型化（100～200t/间）。库房应易于脱除有害气体和观察取样，并能实行自动化控制等。

良好的气密性是气调贮藏的首要条件，满足气密性要求的措施是在气调冷藏库房的围护结构上敷设气密层，气密层的设置是气调贮藏库设计和建筑中的关键。

气密材料和施工质量决定了气调冷藏库性能的优劣。气密层巨大的表面积经常受到温度、压力的影响，若施工不当或黏结不牢，尤其是当库体出现压力变化时，气密层有可能剥落而失去气密作用。因此，根据气调冷藏库的特点，土建的砖混结构设置气密层时多设在围护结构的内侧，以便于检查和维修。对于装配式气调冷藏库的气密层则多采用彩镀夹心板设置。

在建成的库房内现场喷涂泡沫聚氨酯（聚氨基甲酸酯），可以获得性能良好的气密结构并兼有良好的保温性能，在生产实践中得到普遍应用。

气调冷藏库难以做到绝对气密，允许有一定的气体通透性，但不能超出一定的标准。气调冷藏库建成后或在重新使用前都要进行气密性检验，检验结果如不符合规定的要求，应查明原因，进行修补使其密封，达到气密标准后才能使用。

气密性能检验以气密标准为依据。联合国粮农组织（FAO）推荐的气调冷藏库气密标准见表 3-8。

表 3-8　FAO 的气密标准

初始压力差/Pa	30min 后压力差/Pa	结果
294	＞147	优秀
	107.8～147	良好
	39.2～107.8	合格
	＜39.2	不合格

气调贮藏库的气密特性使其库房内外容易形成一定的压力差。为保障气调冷藏库的安全运行，保持库内压力的相对平稳，库房设计和建造时须设置压力平衡装置。用于压力调节的装置主要有缓冲气囊（呼吸袋）和压力平衡器。缓冲气囊是一具有伸缩功能的塑料贮气袋，当库内压力波动较小时（＜98Pa），通过气囊的膨胀和收缩来平衡库内外的压力。压力平衡器为一盛水的容器，当库内外压力差较大时（＞98Pa），水封即可自动鼓泡泄气，以保持库内外的压差在允许范围之内，使气调冷藏库得以安全运转。

气调贮藏库的库门通常有两种设置方法：只设一道门，既是保温门又是密封门，门在门框顶上的铁轨上滑动，由滑轮联挂。门的每一边有两个，总共 8 个插锁将门拴在门框上。门拴紧后，在门的四周门缝处涂上不会硬化的黏合剂密封；设两道门，第一道是保温门，第二道是密封门，通常第二道门的结构很轻巧，用螺钉铆接在门框上，门缝处再涂上玛碲脂加强密封。

另外，各种管道穿过墙壁进入库内的任何部位都需加用密封材料，不能漏气。

气调冷藏库运行期间，要求稳定的气体成分，管理人员不宜经常进入库房对产品、设备及库体状况进行检查。因此，气调冷藏库设计和建造时，必须设置观察窗和取样（产品和气体）孔。观察窗可设置在气调门上，取样孔则多设置于侧墙的适当位置。

2. 塑料薄膜袋（帐）气调贮藏

塑料薄膜袋（帐）气调贮藏是利用塑料膜对气体的低透性，包装或密封果蔬产品，构成气调贮藏的封闭小环境，达到改变 O_2 和 CO_2 浓度、控制水分蒸发、抑制呼吸、延缓衰老、减少生理病害、延长贮藏期的目的。

此法可与常温贮藏、普通冷库相结合，也可在运输中应用。塑料薄膜袋（帐）贮藏常用方法有塑料薄膜帐贮藏和塑料薄膜袋密封贮藏。

（1）塑料薄膜帐贮藏 选用 0.20～0.25mm 厚、机械强度好、透明、热密封性好、耐低温的聚乙烯或无毒聚氯乙烯，压制成长方形帐子（见图 3-10）。帐子大小根据堆垛而定，一般可贮藏几吨至几十吨。帐子分帐顶和帐底两部分。在紧靠帐顶的上部设有充气袖口，紧靠帐底的下部设有抽气袖口，四壁中间部位均留有取气样用的小孔。帐底是一块塑料薄膜布，其大小与帐顶的面积相同。

薄膜帐安装时，先在比帐底四边略少 20～30cm 的地面上，挖好深宽各 10cm 左右的小沟，在小沟上铺上帐底，帐底上放置垫果筐用的砖，砖之间撒消石灰（吸收二氧化碳用）。然后将预冷的容器放在砖上，码成通气的垛，垛底先铺一层垫底薄膜，在其上摆放垫木，使盛装产品的容器架空。每一容器的上下四周都酌留通气孔隙，码好的垛用塑料帐罩住，再把帐顶四壁的下边与帐底的四边紧紧卷在一起（卷 20～30cm），埋入小沟内，用土覆盖，压紧；也可以用活动贮藏架在装架后整架封闭；比较耐压的产品可以散堆到帐架内再行封帐；同时将充气和抽气袖口扎紧，使成不漏气的密闭系统（见图 3-11）。为使凝结水不侵蚀贮藏产品，应设法使封闭帐悬空，不使之贴紧产品。帐顶凝结水的排除，可加衬吸水层，还可将帐顶做成屋脊形，以免凝结水滴到产品上而引起腐烂病害。

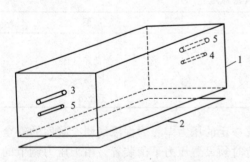

图 3-10　塑料薄膜帐子结构示意图
1—帐子；2—帐底；3—充气袖口；
4—抽气袖口；5—取样小孔

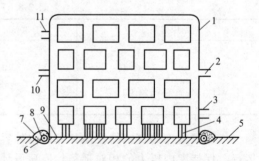

图 3-11　塑料薄膜帐子密封后纵剖面示意图
1—帐顶；2—取气样小孔；3—抽气袖口；
4—砖头；5—地面；6—小沟；7—覆土；
8—帐顶与帐底的卷道；9—帐底；
10—取样小孔；11—充气袖口

另外，塑料薄膜帐中应配有抽气机，制氮机，氧气、二氧化碳测定仪，橡皮管等设备。

（2）塑料薄膜袋密封贮藏 是指将产品装在塑料薄膜袋内（多数为 0.02～0.08mm 厚的聚乙烯），扎紧袋口或热合密封的一种简易气调贮藏方法。袋的规格、袋的容量不一，大的一般为 30kg，小的一般小于 10kg，而在柑橘等水果盛行单果包装，塑料薄膜做成小包装，因为塑料膜很薄，透气性较好，在较短的时间内，可以形成并维持适当的低 O_2 和高 CO_2 的气调环境，而不致造成低 O_2 或高 CO_2 伤害。该方法适用于短期贮藏、远途运输或零售包装的许多种果品蔬菜。

3. 硅窗薄膜袋（帐）气调贮藏

1963 年以来，人们开展了对硅橡胶薄膜在果品蔬菜贮藏上的应用研究，并取得成功，使塑料薄膜在果蔬贮藏上的应用变得更便捷、更广泛。

硅橡胶是一种有机硅高分子聚合物，具有特殊的透气性。首先，硅橡胶薄膜对 CO_2 的渗透率是同厚度聚乙烯膜的 $200\sim300$ 倍，是聚氯乙烯膜的 20000 倍。第二，硅橡胶膜具有选择性透性，对 N_2、O_2 和 CO_2 的透性比为 $1:2:12$，同时对乙烯和一些芳香成分也有较大的透性。利用硅橡胶膜特有的性能，在较厚的塑料薄膜（如 0.23mm 聚乙烯）做成的袋（帐）上镶嵌一定面积的硅橡胶膜，就做成一个有硅橡胶膜气窗的包装袋（或硅窗气调帐），袋内的果品或蔬菜进行呼吸作用释放出的 CO_2 通过气窗透出袋外，而所消耗掉的 O_2 则由大气透过气窗进入袋内而得到补充。由于硅橡胶膜具有较大的 CO_2 与 O_2 的透性比，且袋内 CO_2 的透出量是与袋内的浓度成正相关，因此，贮藏一定时间之后，袋内的 CO_2 和 O_2 含量就自然会调节到一定的范围。

有硅橡胶气窗的包装袋（帐）与普通塑料薄膜袋（帐）一样，主要是利用薄膜本身的透性自然调节袋中的气体成分。因此，袋内的气体成分必然是与气窗的特性、厚薄、大小，袋子容量、装载量，产品的种类、品种、成熟度，以及贮藏温度等因素有关，实际应用时要通过试验研究，最后确定袋（帐）子的大小、装量和硅橡胶窗面积的大小。

三、气调贮藏的管理

（一）气体指标及调节

1. 气体指标

气调贮藏按人为控制气体种类的多少可分为单指标、双指标和多指标三种情况。

（1）单指标 仅控制贮藏环境中的某一种气体成分如 O_2 或 CO_2，而对其他气体成分不加调节。有些果蔬产品对 CO_2 很敏感，则可采用 O_2 单指标，就是只控制 O_2 的含量，CO_2 被全部吸收。O_2 单指标必然是一个低指标，因为当无 CO_2 存在时，O_2 影响植物呼吸的阈值大约为 7%，O_2 单指标必须低于 7%，才能有效地抑制贮藏产品的呼吸强度。对于多数果品蔬菜来说，单指标的效果难以达到很理想的贮藏效果。但这一方法只要求控制一种气体浓度指标，因而管理较简单，操作也比较简便，容易推广。需要注意的是被调节气体浓度低于或超过规定的指标时，有导致生理伤害发生的可能。

（2）双指标 是指对常规气调成分的 O_2 和 CO_2 两种气体（也可能是其他两种气体成分）均加以调节和控制的一种气调贮藏方法。依据气调时 O_2 和 CO_2 浓度多少的不同又有三种情况：O_2 和 CO_2 体积和为 21%，O_2 和 CO_2 体积和为 $>21\%$ 和 O_2 和 CO_2 体积和为 $<21\%$。新鲜果蔬气调贮藏中以第三种应用最多。一般来说，低 O_2 和低 CO_2 指标的贮藏效果较好。

（3）多指标 不仅控制贮藏环境中的 O_2 和 CO_2，同时还对其他与贮藏效果有关的气体成分如乙烯（C_2H_4）、CO 等进行调节。这种气调方法贮藏效果好，但调控气体成分的难度提高，对调气设备的要求较高，设备的投资较大。

上面是 CA 贮藏通用的三种气体指标，MA 贮藏不规定具体指标，只需封闭薄膜的透气性同产品的呼吸作用达到自然平衡。可以想象用这种方法封闭容器，容器内的 CO_2 浓度较高，O_2 浓度较低。所以 MA 贮藏一般只适用于较耐高 CO_2 和低 O_2 的果蔬产品，并限用于较短期的贮运，除非另有简便的调气措施。

2. 气体的调节

气调贮藏环境内从刚封闭时的正常气体成分转变到要求的气体指标，是一个降 O_2 和升 CO_2 的过渡期，可称为降 O_2 期。降 O_2 之后，则是使 O_2 和 CO_2 稳定在规定指标的稳定期。降 O_2 期的长短以及稳定期的管理，关系到果品蔬菜贮藏效果的好与坏。

(1) 自然降 O_2 法 (缓慢降 O_2 法) 封闭后利用果实的呼吸作用，逐渐使 O_2 消耗到要求的浓度，同时积累 CO_2。

① 放风法。每隔一定时间，当 O_2 浓度降至指标的低限或 CO_2 浓度升高到指标的高限时，开启贮藏帐、袋或气调冷藏库，部分或全部换入新鲜空气，而后再进行封闭。此法是最简便的气调贮藏法。此法在整个贮藏期间 O_2 和 CO_2 含量总在不断变动，实际不存在稳定期。在每一个放风周期之内，两种气体都有一次大幅度的变化。每次临放风前，O_2 浓度降到最低点，CO_2 浓度升至最高点，放风后，O_2 浓度升至最高点，CO_2 浓度降至最低点。即在一个放风周期内，中间一段时间 O_2 浓度和 CO_2 浓度的含量比较接近，在这之前是高 O_2 浓度、低 CO_2 浓度期，之后是低 O_2 浓度、高 CO_2 浓度期。这首尾两个时期对贮藏产品可能会带来很不利的影响。然而，整个周期内两种气体的平均含量比较接近，对于一些抗性较强的果品蔬菜如蒜薹等，采用这种气调法，其效果远优于常规冷藏法。

② 调气法。双指标总和小于 21％和单指标的气体调节，是在降 O_2 期去除超过指标的 CO_2，当 O_2 浓度降至所定指标后，定期或连续输入适量的新鲜空气，同时继续吸除多余的 CO_2，使两种气体稳定在要求指标。

(2) 人工降 O_2 法 (快速降 O_2 法) 利用人为的方法使封闭后环境中的 O_2 浓度迅速下降，CO_2 浓度迅速上升。实际上该法免除了降 O_2 期，封闭后立即进入稳定期。

① 充 N_2 法。封闭后先用抽气机抽出气调环境中的大部分空气，然后充入纯度 99％的 N_2，由 N_2 稀释剩余空气中的 O_2，使其浓度达到要求指标。有时充入适量 CO_2，使之也立即达到要求浓度。此后的管理同前述调气法。

② 气流法。把预先由人工按要求指标配制好的气体输入封闭容器内，以代替其中的全部空气。在以后的整个贮藏期间，始终连续不断地排出部分气体和充入人工配制的气体，控制气体的流速使内部气体稳定在要求指标。

人工降 O_2 法由于避免了降 O_2 过程的高 O_2 期，所以能比自然降 O_2 法进一步提高贮藏效果。然而，此法要求的技术和设备较复杂，同时消耗较多的 N_2 和电力。

(二) 气调贮藏库的使用与管理

要想取得满意的贮藏效果，单纯靠硬件设备是不行的，还应加强贮藏前、中、后期的管理。在整个贮藏期间重点做好以下几方面的管理：一是抓好原料的选择，保证贮藏产品的原始质量，用于气调贮藏对新鲜果蔬产品质量要求很高，如果原料本身已经发病或者成熟度很高，无论多么高级的贮藏方式都不可能获得满意的贮藏效果。二是产品入库和出库，果蔬产品入库贮藏时要尽可能做到按种类、品种、成熟度、产地、贮藏时间要求等分库贮藏，不要混贮，入库时，除留出必要的通风、检查通道外，应尽量减少气调间的自由空间。这样，可以加快气调速度，缩短气调的时间，使果蔬尽早进入气调贮藏状态。三是果蔬预冷和空库降温，入库前先进行空库降温，采用空库降温，可预先将围护结构的蓄热排除。气调贮藏的新鲜产品采收后应立即预冷，加速果蔬田间热的散发并尽快降低果蔬温度及呼吸热的产生。在气调间进行空库降温和入库后的预冷降温时，应注意保持库内外的压力平衡，不能封库降温，只能关门降温。尤其是入库后的降温，一定要等果蔬温度和库温达到并基本稳定在贮藏温度时才能封库，在降温时就急于封库，会在围护结构两侧产生压差，对结构安全造成威胁。四是库房内应保持较高的相对湿度，有利于产品新鲜状态的保持。五是气体调节，当库内温度基本稳定后，应迅速封库降 O_2，进行调气作业。一般来讲气调间的降 O_2 速度越快越好，在降 O_2 的同时，也应使 CO_2 的浓度升到最佳值。六是注意安全性检查，果蔬从入库到出库，始终做好整个贮藏期果蔬的质量监测也是非常重要的，每间气调库（间）都应有样品果蔬箱，放在库门或技术走廊观察窗门能看见和伸手可拿的地方，一般半个月抽样检查一次，包括硬度、糖分、含水量、形态等主要指标。在每年春季，库外气温上升时，果蔬也到了气调贮藏的后期，抽样检查的时间间隔应适当缩短。由于观察窗门处的隔热效果较差，样品果蔬的贮藏质量比库内大批果蔬的质量稍差，样品没有问题，库内大批果蔬一般不会有问题。需要特别指出，整个贮期必须严格监视果蔬的冻、病害的发生。

另外，气调贮藏要求速进整出。不能像普通果蔬冷库那样随便进出货，库外空气随意进入气调间，这样不仅破坏了气调贮藏状态，而且加快了气调门的磨损，影响气密性。因此，果蔬出库时，最好一次出完或在短期内分批出完。

在整个贮藏过程中，应经常测定、分析库内气体成分的变化，并进行必要的调节。气调贮藏库的温度、湿度管理与机械冷库基本相同，可以借鉴。

气调库及设备经一个贮季后（一般都在半年以上），必须进行年检大修，详细检修库房的气密性。气密破损的部位在修复后应重新进行气密性试验。各种机器设备、管道阀门、控制仪器仪表、电气部件等均应按说明书的要求进行年检大修。经试运转后，应恢复到原有的性能，为下一贮季做好准备。

（三）塑料薄膜帐（袋）的温度、湿度管理

塑料薄膜封闭贮藏时，帐（袋）内部因有产品释放的呼吸热，内部的温度总会比外部高一些，一般有 0.5～1.0℃ 的温差。另外，塑料袋（帐）内部的湿度较高，经常接近饱和。而塑料膜正处于冷热交界处，在其内侧常有一些凝结水珠。如果库温波动，则帐（袋）内外的温差会变得更大、更频繁，薄膜上的凝结水珠也就更多。封闭帐（袋）内的水珠还溶有 CO_2，pH 值约为 5，这种酸性溶液滴到果品蔬菜上，有利于病菌的活动，对果蔬产品也会不同程度地造成伤害。封闭空间内四周的温度因受库温的影响而较低，中部的温度则较高，这就会发生内部气体的对流。当较暖的气体流至冷处时，降温至露点以下便会析出部分水汽形成凝结水。这种气体再流至暖处，温度升高，饱和差增大，因而又会加强产品水分的蒸腾。这种温度、湿度的交替变动，就像有一台无形的抽水机，不断地把产品中的水"抽"出来变成凝结水。也可能并不发生空气对流，而由于温度较高处的水汽分压较大，该处的水汽会向低温处扩散，同样导致高温处产品的脱水而低温处产品结露。所以薄膜封闭贮藏时，一方面是帐（袋）内部湿度很高，另一方面产品仍然有较明显的脱水现象。解决这一问题的关键在于力求保持库温稳定，尽量减小封闭帐（袋）内外的温差。

任务十二　当地主要农产品贮藏库调查

※【任务描述】

通过参观访问、调查研究，了解当地主要农产品贮藏库种类及结构性能、贮藏方法及特点、贮藏品种、贮藏条件、管理技术和贮藏效果，以及贮藏中出现的问题，掌握常温贮藏、冷库贮藏、气调贮藏的原理与方法。

※ 【任务准备】

1. 场所

当地主要的果蔬贮藏库。

2. 用具

笔记本、卷尺、温度计等。

3. 相关标准

GB/T 8210《柑橘鲜果检验方法》、NY/T 2316《苹果品质指标评价规范》等各类果蔬鲜果检验方法及品质指标评价规范。

※ 【作业流程】

选择参观场所 → 制定调查方案 → 实施参观调查 → 记录分析 → 贮藏库综合评价

※ 【操作要点】

1. 确定贮藏设施性能指标

① 贮藏冷库的建筑材料，隔热材料（库顶、地面、四周墙）的性质和厚度。

② 防潮隔气层的处理（材料、处理方法和部位）。

③ 控温性能。能提供的温度范围，控制温度条件的方式。

④ 控湿性能。能提供的湿度范围，控制湿度条件的方式。

⑤ 气体调节性能。能提供的气体成分范围，控制气体成分的方式。

⑥ 保温性能。保持温度的能力，保温材料的使用，保温方式。

⑦ 通风性能。通风换气的能力，通风门、窗、进气孔、出气孔等的结构、排列、面积、分布情况。

⑧ 气密性能。保持气密性的能力，气密材料的使用，气密方式。

⑨ 库容积。贮存产品的能力。

⑩ 辅助性能。照明、防火、避雷、防鼠、贮藏架、包装、称量设施等。

2. 实地调查

① 对当地主要贮藏设施进行普查摸底，确定重点调查对象。调查对象要呈典型性分布，力求涵盖尽可能多的贮藏设施类型。

② 通过实地考察、询问等对贮藏设施性能进行调查，并做详细记录。

③ 了解贮藏设施的使用情况、贮藏要求及效果、管理措施、贮藏效益及贮藏辅助技术的应用情况。

※ 【成果提交】

《果蔬贮藏与加工技术项目学习册》任务工单。

项目四　其他贮藏技术

※ 【知识目标】

1. 了解不同贮藏技术的原理、特点和类型。

2. 了解贮藏技术发展新趋势。

※【技能目标】

能够根据不同果蔬的贮藏特点选择不同的贮藏方式。

一、保鲜剂贮藏

保鲜剂贮藏是利用一些化学物质或药剂以浸泡、喷布或熏蒸的方式处理果蔬产品，通过控制果蔬的呼吸，减少果蔬营养物质分解和水分的散失；抑制原果胶酶的活性，延缓果蔬的软化；阻止氧气的大量吸入从而减少果蔬乙烯气体的产生数量；利用乙烯吸收剂降低乙烯气体对果蔬的不利影响等；延缓果蔬采后的生理变化，降低果蔬衰老速度，达到保持果蔬良好品质、延长果蔬保鲜期的作用。

果蔬保鲜剂根据其作用可以分为三类。

1. 防腐剂类

利用化学或天然抗菌剂防止霉菌和其他污染菌滋生繁殖，防病防腐保鲜。根据防腐剂的来源可分为化学防腐保鲜剂和天然防腐保鲜剂两大类。

(1) 化学防腐保鲜剂　主要以液体浸泡、喷布或熏蒸的方式抑制或杀死果蔬表面的微生物，从而起到防腐保鲜的目的。化学防腐保鲜剂可分为防护型化学防腐保鲜剂、广谱内吸型化学防腐保鲜剂和熏蒸型化学防腐保鲜剂等。

(2) 天然防腐保鲜剂　天然防腐保鲜剂采用的材料主要是芸香科、菊科、樟科的植物香料或魔芋等中草药制剂及荷叶、大蒜、茶叶、葡萄色素等提取物。我国在此方面研究已取得较好的成效。

以中草药类植物提取物保鲜果蔬，许多植物可以入药，以煎煮、浸泡的方法提取其成分，并配合其他药剂，用于处理采后的果蔬，具有较好的保鲜效果。广泛使用的有魔芋提取液（主要成分为魔芋甘露聚糖）、高良姜煎剂（主要成分为挥发油）、大蒜浸提液（主要成分为大蒜素即二烯丙基硫代磺酸酯）、植酸保鲜剂等，用该类物质浸泡或涂覆在葡萄、草莓、哈密瓜、香蕉、樱桃、菠萝、荔枝等瓜果上，不仅可以维持新鲜瓜果微弱的生理作用，达到理想的透水、透气性能，而且还可以提高瓜果的光泽；抵御外界病菌的侵入，并能显著地抑制酶的活性。在食用菌的保鲜上，采用植酸处理后，可以阻止蘑菇变色，解决了二氧化硫的残留问题，使蘑菇等食用菌的保鲜期从2～3天延长至5～7天。植酸用于极不耐贮的鲜樱桃的保藏，也取得了较好的效果。中科院武汉植物研究所从73种植物173个抽提物中筛选出代号为EP的猕猴桃天然防腐保鲜剂，贮藏猕猴桃5个月，其好果率在85%以上，且果实品质较佳。

国外研究并在国内开始应用的天然果蔬保鲜剂主要有美国研制的雪鲜果蔬保鲜剂，它是一种新型的高效多功能果蔬保鲜剂，可延缓新鲜果蔬的氧化作用和酶促褐变，对于去皮、去核后的半成品保鲜具有较好的效果。英国研制的森柏保鲜剂，是一种无色、无味、无毒、无污染、无副作用，可食的果蔬保鲜剂，广泛应用于果蔬保鲜。

2. 生理调节剂类

生理调节剂是一些具有调节生理活性的物质和能够调节或刺激植物生长的化学药剂。它能调节果蔬的生理活性，作为果蔬保鲜剂在延缓果实软化衰老方面效果显著，目前研究应用的主要有：生长素类、赤霉素类、细胞分裂素类及其他一些与成熟衰老有关的调节物质等。用生长素类物质2,4-D浸泡柑橘、葡萄果实可降低果实腐烂率，防止落蒂；

赤霉素类可阻止组织衰老、果皮褪绿变黄、果肉变软、胡萝卜素的积累以及对抗乙烯、ABA对呼吸的刺激作用，在柑橘、杜果、杏、葡萄、草莓的保鲜方面效果显著。细胞分裂素有保护叶绿素、抑制衰老的作用，可用来延缓绿叶蔬菜（如甘蓝、花椰菜等）和食用菌的衰老。其他与成熟衰老有关的调节物质，如多胺（主要为腐胺、精胺、亚精胺），适当的浓度可阻止叶绿素被破坏，抑制乙烯合成，延缓衰老，多胺可延长李、香蕉的贮期，此外，像油菜素内酯、茉莉酸及其甲酯、水杨酸（SA）等调节物质在果蔬的保鲜、抗病等多方面也取得较满意的效果。许多植物生理活性调节剂作为果蔬保鲜剂在延缓果实软化衰老方面效果显著，但使用时应谨慎选择，有些生理活性调节剂对人体健康和环境有负面作用，已被限制使用。在食用含有此类保鲜剂的水果时尽量去皮。

3. 膜剂类

俗称涂膜保鲜剂，通常是用蜡（蜂蜡、石蜡、虫蜡等）、天然树脂（以我国云南玉溪产虫胶制品质量最佳）、脂类（如棉籽油等）、明胶、淀粉等造膜物质制成适当浓度的水溶液或者乳液。采用浸渍、涂抹、喷布等方法施于果蔬的表面，风干后形成一层薄薄的透明膜，能抑制呼吸作用，减少水分散发，防止微生物入侵。

涂膜保鲜剂因其造价低、美化商品和不同程度的微气调作用而在不少国家得到广泛应用。我国在20世纪80年代引进这项技术，现已研制出自己的涂膜保鲜剂，如中国林科院林化所研制的紫胶水果涂料、中国农科院研制的京2B系列膜剂、广西化工所研制的复方卵磷脂保鲜剂，用于鲜橙贮藏，保鲜效果明显。下面介绍几种常用的涂膜保鲜剂。

(1) 中草药复合半透膜保鲜剂 用百部、虎杖、良姜、黄连素、鞭打绣球等中草药进行超临界提取，提取物再配以淀粉、魔芋、卵磷脂等就可以制成中草药复合半透膜果蔬保鲜剂。例如NPS天然果蔬保鲜剂，是从天然植物鞭打绣球的种子中提取的一种保鲜剂，它具有良好的成膜性，且成膜后无色无味，速溶于水，易洗涤，因此可将其这一特性用于果蔬的涂膜保鲜。经NPS药剂处理的果实，表面光泽明显增强，具有上光打蜡的效果，因此，作为保鲜剂尤其适用于果蔬的货架期保鲜。用0.5%～1%的鞭打绣球种子胶质溶液涂膜早熟金冠苹果，涂膜后在25～30℃的温室下开放型放置40天，其外观颜色和品质基本不变。用0.25%～0.5%的鞭打绣球种子胶质溶液涂覆鸭梨，在室温下开放型放置40天，其品质基本不变。用0.5%～1%的该溶液处理果菜类的甜椒、黄瓜、番茄等，可有效地延长货架期10天以上。

(2) 磷蛋白类高分子蛋白质保鲜膜 磷蛋白类高分子蛋白质广泛存在于动植物体中。由于该蛋白质分子中含有大量的亲水基团，成膜后具有适宜的透气性和透水性，对气体通过具有较好的选择性，水果经浸渍处理后能在表面形成一层均匀的膜，膜的厚度可根据果实生理变化的不同在几十微米之间方便地调节。该膜属无毒类药物，能显著抑制果蔬的呼吸强度。这种保鲜膜的使用浓度最好为3%～7%，pH值2.7～8.5均可。果蔬经浸渍后，3h左右即可在其表面成膜，一般有效用量为0.15～0.5g/t。金冠苹果用该保鲜剂处理后贮存5个月，好果率为95%；国光苹果处理后贮存6个月后，好果率达98%；除此之外，对于柑橘、香蕉的保鲜效果也很好；在草莓上使用1%～2%的浓度，可使草莓贮存时间在常温下延长2天左右，在4～8℃下延长15～20天。

(3) 可食性涂被保鲜剂保鲜 ①防腐型果蔬涂被保鲜剂，含有天然多糖类物质及其他有效活性因子，能在果蔬表面形成一层透明的保护膜，具有广谱抗菌、防霉、保湿的功能，可有效防止果蔬腐烂，提高保鲜性能。②防褐型果蔬涂被保鲜剂，含有天然生物保鲜因子——壳聚糖和食品级护色添加剂，能在果蔬表面形成一层透明的保护膜，可通过调节环境氧气，抑制氧化酶的活性，有效防止果蔬褐变和白化，达到保持商品质量的目的。③护绿型果蔬涂被保鲜剂，由天然多糖类物质及其他食品级成分复配而成，可在果蔬表面形成一层透明薄膜，以此实现分子调节、裂缝调节及厚度调节的统一，达到适宜的气调效果，可明显保持果蔬原有绿色，防止水分蒸发，抑制微生物的侵染与繁殖。④增亮型果蔬涂被保鲜剂，含有蜡制剂、助溶剂、乳化剂及其他有效活性因子，能迅速在水果表面形成一层透明光亮的薄膜，使水果光亮诱人，并能抑制水分蒸发和微生物的侵染与繁殖，显著延长货架期。

二、减压贮藏

减压贮藏又叫低压换气贮藏、低压贮藏，指的是在冷藏基础上将密闭环境中的气体压力由正常的大气状态降低至负压，形成一定的真空度后来贮藏新鲜果蔬产品的一种贮藏方法。减压贮藏作为新鲜果蔬产品贮藏的一种技术创新，可视为气调贮藏的进一步发展。减压保鲜技术源于 20 世纪 60 年代，70 年代减压贮藏逐步迈向了广泛研究应用的道路。

1. 减压贮藏的原理

减压贮藏能够降低果蔬呼吸强度，并抑制乙烯的生物合成；而且低压可推迟叶绿素的分解，抑制类胡萝卜素和番茄红素的合成，减缓淀粉的水解、糖的增加和酸的消耗等过程，从而延缓果蔬的成熟和衰老；并能防止和减少各种贮藏生理病害，如酒精中毒、虎皮病等，以保持新鲜果蔬品质、硬度、色泽等。

在不改变空气组成的情况下，降低气压，使空气的各种气体组分的分压都相应降低。例如气压降至正常的 1/10，空气中的 O_2、CO_2、C_2H_4 等的分压也都降至原来的 1/10。同时它们的绝对含量则降为原来的 1/10，O_2 的含量只相当于正常气压下 2.1% 了。所以减压贮藏也能创造一个低 O_2 条件，从而起到类似气调贮藏的作用。另外，减压处理还能促进植物组织内气体成分向外扩散，这是减压贮藏更重要的作用。所以减压处理能够大大加速组织内乙烯向外扩散，减少内源乙烯的含量。据测定，当气压从 1.01325×10^5 Pa 降至 2.6664×10^4 Pa，苹果的内源乙烯几乎降为 1/4。在减压条件下植物组织中其他挥发性代谢产物如乙醛、乙醇、芳香物质等也都加速向外扩散。这些作用对防止果蔬组织完熟衰老都是极其有利的，并且一般是气压越低，作用越明显。减压贮藏不仅可以延缓完熟，还有保持绿色、防止组织软化、减轻冷害和一些贮藏生理病害的效应，如菠菜、生菜、青豆、青葱、水萝卜、蘑菇等在减压贮藏中都有保色作用。减压贮藏由于可造成超低 O_2 条件，所以可抑制微生物的生长发育和孢子形成，由此减轻某些侵染性病害。

减压贮藏的一个重要问题是，在减压条件下组织易蒸腾干萎，因此必须保持很高的空气湿度，一般须在 95% 以上。而湿度很高又会加重微生物病害，所以减压贮藏最好要配合应用消毒防腐剂。另一个问题是刚从减压中取出的产品风味不好，不香，但在放置一段时间后可以有所恢复。

2. 减压贮藏的特点

减压保鲜技术是在真空技术发展的基础上，将常压贮藏替换为真空环境下的气体置换贮存方式。此方式能迅速改变贮存容器内的大气压力，并且能够精确地控制气体成分，取得稳定的超低氧环境。因此，减压保鲜有其独到的特点。

（1）**贮藏期延长**　减压下贮藏的新鲜果蔬产品贮藏寿命较长。减压贮藏时经常性地进行通风换气，气体交换加速，因而新鲜果蔬产品代谢过程中产生的 CO_2、C_2H_4、乙醇、乙醛等有害气体能够及时排除，不会造成积累，所以减压贮藏能大大延长果蔬的贮藏期限，可以真正解决果蔬季节性生产和周年供应的矛盾。

（2）**降温、降氧迅速**　减压贮藏能够快速降低贮藏环境温度、快速降低氧分压及快速脱除有害气体成分，在减压条件下，果蔬的田间热、呼吸热等随真空泵的运行而被快速排出，造成降温迅速；由于真空条件下，空气的各种气体组分分压都相应地迅速下降，故氧分压也迅速降低，克服了气调贮藏中降氧缓慢的不足；同时，由于减压造成果蔬组织内外产生压力差，以此压力差为动力，果蔬组织内的气体成分向外扩散，避免了有害气体对果蔬的毒害作用，延缓了果蔬的衰老。

（3）贮量大且可多品种混放　由于减压贮藏换气频繁，气体扩散速度快，尽管产品在贮藏室内密集堆放，室内各部分仍能维持较均匀的温湿度和气体成分，所以贮藏量较大；同时减压贮藏可尽快排出产品体内的有害物质，防止了产品之间相互促进衰老，可多品种同放于一贮藏室内。

（4）出入库方便、货架期延长　减压贮藏所要求的温湿度、气体浓度很容易达到，操作灵活、使用方便，所以产品可随时出入库，避免了普通冷藏和气调贮藏产品易受出入库影响的不良后果。经减压贮藏的产品，在解除低压后仍有后效，其后熟和衰老过程仍然缓慢，故可延长产品货架期。

（5）节能、经济　减压贮藏除空气外不需要提供其他气体，省去了气体发生器和 CO_2 脱除设备等。由于减压库的制冷降温与抽真空相互不断地连续进行，并维持压力的动态平衡，所以减压贮藏库的降温速度相当快，果蔬可不预冷，直接入库贮藏，尤其在运输方面节约了时间，加快了货物的流通速度。

3. 减压贮藏的条件要求

减压贮藏中达到低压要求和稳定低压状态的维持对库体设计和建筑提出了比气调贮藏库更严格的要求，表现在对气密程度和库房结构强度要求更高。气密性不够，设计的真空度难以实现，无法达到预期的贮藏效果；气密性不够还会增加维持低压状态的运行成本，加速机械设备的磨损。

减压贮藏由于需较高的真空度才会产生明显的效果，库房要承受比气调贮藏库大得多的内外压力差，要求贮藏室能经受 $1.01325 \times 10^5 Pa$ 以上的压力，库房建造时所用材料必须达到足够的机械强度，库体结构合理牢固，因而减压贮藏库房建造费用大。此外，减压贮藏对设备有一定的特殊要求。

三、辐射贮藏

辐射是指一种带有能量的波动形式辐射，通过波辐射穿过物体并在空间内部进行能量的传递过程。果蔬辐射贮藏保鲜是利用放射性同位素（主要是 ^{60}Co 或 ^{137}Cs）发出的 γ 射线、β 射线、X 射线、紫外线及其他电离射线或电子束辐照果蔬产品，抑制采后呼吸，延迟果蔬产品的后熟，最大限度地减少害虫孳生和抑制微生物导致的产品腐烂，从而延长果蔬产品的贮藏寿命。

辐射保鲜是一种物理保鲜方法，与其他方法相比，它具有节约能源且不改变所处理材料的品质和外形，没有任何残留毒物，对环境不造成污染，处理时间短，可以不打开包装直接进行杀虫杀菌，操作工艺简单，易于管理等优点。

辐射处理的卫生安全问题一直是较受关注的问题，主要集中于以下三点：①辐照是否会使果蔬产品也产生放射性；②辐照是否引起致癌、致畸、致突变物产生；③辐照是否会破坏果蔬产品的营养成分。FAO 和 WHO 指出，当辐射剂量不超过 10kGy 时，没有毒理学危险，在营养学和微生物学上也是安全的，因此，到目前为止所有果蔬产品所使用的剂量均是安全的。

在蔬菜贮藏方面，由于照射剂量不同，所起的作用也有差异。

① 低剂量：1kGy 以下，影响植物代谢，抑制块茎、鳞茎类发芽，杀死寄生虫。

② 中剂量：1～10kGy，抑制代谢，延长果品蔬菜贮藏期，阻止真菌活动，杀死沙门菌。

③ 高剂量：10～50kGy，彻底灭菌。

用射线辐照块茎、鳞茎类蔬菜可以抑制其发芽，剂量约为 0.05～0.15kGy。用 0.2kGy 照射姜时抑芽效果很好，剂量再高反而引起腐烂。

实际操作中，经常根据果蔬的特点和贮藏目的确定其最适照射剂量。

四、其他贮藏新技术

1. 物理保鲜技术

(1) 磁场处理 磁场技术是近年来在果蔬保鲜领域兴起的一种新型技术。磁场技术是利用其杀菌贮藏机理，通过作用于生物体的外磁场产生的生物效应，破坏生物中蛋白质和酶的活性，达到消菌灭菌的功效。其次磁场对生物体的电子传递、遗传基因、新陈代谢都起到了一定的延缓与抑制作用。磁场可明显降低水果的生理活动水平，降低呼吸强度，减少水分蒸发，对外观和失重也起到一定的改善作用。

(2) 高压电场处理 将产品放在或通过金属极板组成的高压电场中，会产生这样一些作用：电场的直接作用，高压放电形成离子空气的作用，放电形成臭氧的作用。

电场的直接作用：高压电场处理果蔬，使酶的活性显著降低，各种代谢功能和生化反应受到抑制，从而降低果蔬的呼吸强度，延缓果蔬的成熟。高压电场处理不只是电场单独起作用，同时还有离子空气的作用。在电晕放电中还同时产生臭氧，臭氧具有杀菌和氧化乙烯的作用，从而破坏果蔬的后熟条件。

(3) 负离子和臭氧处理 正离子对植物的生理活动起促进作用，负离子起抑制作用。因此，在果蔬贮藏中多用负离子空气处理产品。产品不直接处在电场中，而是按电晕放电使空气电离的原理，制成负离子空气发生器，借风扇将离子空气吹向产品，使产品在发生器的外面接受离子淋沐。

臭氧（O_3）是一种强氧化剂，具有强烈的杀菌防腐功能，又是一种良好的消毒剂和杀菌剂，既可杀灭消除果蔬致病微生物及其分泌的毒素，又能抑制并延缓果蔬有机物的水解，从而延长果蔬的保鲜期。

臭氧对环境有害气体具有降解作用，从而延缓果蔬的后熟与衰老。臭氧处理果蔬后，能使果蔬成熟过程中释放出来的乙烯、乙醇、乙醛等气体氧化分解，还可消除贮藏室内乙烯等有害挥发物，分解内源乙烯，抑制细胞内氧化酶，从而延缓果蔬的后熟和衰老。

臭氧还能调节果蔬的生理代谢，降低内源乙烯浓度，钝化酶活性，降低果蔬的呼吸作用，从而减缓营养物质在贮藏期间的转化。臭氧能诱导果蔬表皮的气孔缩小，减少水分蒸散和养分消耗；同时，负氧离子因具有较强的穿透力，可阻碍糖代谢的正常进行，使果蔬的代谢水平有所降低，抑制果蔬体内呼吸作用，延长贮藏保鲜期。臭氧及负氧离子的协同作用所产生的生物学效应，使这一保鲜方法效果显著。

利用臭氧及负氧离子保鲜还具有降解果蔬表面的有机氯、有机磷等农药残毒，以及清除库内异味、臭味和灭鼠驱鼠的优点。臭氧及负氧离子在完成氧化反应后，剩余的自行还原成氧气，不会留下任何有毒的残留物。

(4) 热处理 热处理是指在采后以适宜温度（在 35～50℃）处理果蔬，以杀死或抑制病原菌的活动，减少果实采后腐烂，改变酶活性，降低果实的某些生理代谢，延迟后熟期的到来，改变果蔬表面结构特性，诱导果蔬的抗逆性，从而达到贮藏保鲜的效果。其主要优点是无化学残留、安全性高、简便有效。近年来在果蔬采后的病虫害检疫、防治方面正逐渐受到重视。

热处理的介质通常有热蒸汽、热水、干热空气、红外辐射和微波辐射，生产上常用的是热蒸汽、热水浸泡和强力热空气等。通常用 $30\sim50$℃ 处理数小时至数天，或用 $40\sim60$℃ 处理数分钟至数十分钟。目前热处理已在柑橘类、杧果、木瓜、甜椒、茄子等果蔬上广泛应用。

(5) 超高压技术 超高压技术是指在一定温度下，用 $100\sim1000$MPa 的压力来处理食品，高压可使蛋白质变性、酶失活、微生物灭活等，抑制果蔬的生理活性，从而达到杀菌灭酶、保鲜贮藏。

2. 利用生物技术保鲜

生物技术保鲜目前主要是利用转基因技术和生物防治技术进行贮藏保鲜。

(1) 利用转基因技术保鲜果蔬 基因工程技术保鲜主要是进行果蔬产品完熟、衰老调控基因以及抗病基因、抗褐变基因和抗冷基因的转导研究，从基因工程角度解决果蔬产品的保鲜问题。

果实的软化及货架寿命与细胞壁降解酶的活性，尤其与多聚半乳糖醛酸酶和纤维素酶的活性密切相关，也受果胶降解酶活性的影响。目前，已经阐明编码细胞壁水解酶如 PG 酶（多聚半乳糖醛酸酶）与纤维素酶的基因表达，这些酶在调节细胞壁的结构方面发挥重要的作用。通过对果实细胞壁软化机理及抗软化基因转导研究，在提高果实耐藏性方面，美国取得了较大进展。

我国也积极开展了番茄基因工程的研究工作，获得了转基因番茄果实，转基因番茄具有极强的耐贮藏能力和抗感病性能。转基因番茄的货架期延长了 $30\sim40$ 天，并且能在随季节变化的常温下贮藏 3 个月，最长的竟达 9 个月之久。目前，国内外均在开展以延长苹果、桃、猕猴桃及甜瓜的贮藏期为目标的研究工作。

(2) 生物防治在果蔬贮藏保鲜上的应用 生物防治是一种以菌治菌的方式，主要是通过采用拮抗微生物来降低果蔬采后腐烂损失，通常采取降低病原微生物、预防或消除田间侵染、钝化伤害侵染以及抑制病害的发生和传播四种方法来进行防治。由于此方式没有化学防腐保鲜剂所带来的环境污染、农药残留及抗药性等问题，且有贮藏条件易控制、处理目标明确等优点，目前较成功地用于菠萝、草莓、菠菜、白菜等果蔬中。

生物防治的拮抗菌主要有细菌、酵母菌和小型丝状真菌。多种酵母菌、丝状真菌与细菌是许多果实上的多种真菌病原微生物的竞争性抑制剂。通过提高采收时拮抗性微生物的浓度，可以很好地控制贮藏期间的青霉与灰霉病。而且，拮抗性微生物也只有直接接触到了潜伏侵染占据的空间才能起到真正的抑菌作用。

项目五　常见果蔬贮藏技术

※【知识目标】

1. 掌握仁果类、浆果类、干果类、柑橘类等果品的贮藏特性、贮藏方式及贮藏技术要点。

2. 掌握根菜类、茎菜类、果菜类、叶菜类及花菜、蒜薹等蔬菜的贮藏特性、贮藏方式及贮藏技术要点。

3. 了解果蔬贮藏中存在的问题及改进途径。

※【技能目标】

1. 能够利用窖藏、土窑洞和通风库贮藏仁果类、干果类、柑橘类和根菜类、叶菜类等果蔬。
2. 能够利用气调贮藏、冷库贮藏浆果类、茎菜类、果菜类及花菜、蒜薹等果蔬，并制定出它们在贮藏过程中的温湿度、气体调节及贮藏病害控制等贮藏技术方案。

中国幅员辽阔，果品特别是蔬菜种类和品种繁多，蔬菜的食用部分差别很大。不同种类、不同品种的果蔬有不同的生理特性，这些特性大多与贮藏有密切关系。要做好果蔬贮藏，需根据果蔬的生理特性及贮藏要求选择适宜品种，采用优良的管理栽培技术，适时采收，从而获得优质产品，并创造适宜的贮藏环境，保持果蔬的品质，增加其耐贮性，进而达到贮藏保鲜的目的。

一、仁果类

仁果类的果实中心有薄壁构成的若干种子室，室内含有种仁。可食部分为果皮、果肉。仁果类包括苹果、梨、山楂、枇杷等。

（一）苹果的贮藏

1. 贮藏特性

（1）品种特性 苹果品种很多，目前全国有几十个栽培品种，其中主栽品种有十几个。按成熟期不同可分为早熟、中熟、晚熟三类。各品种由于遗传性所决定的贮藏性和商品性状存在着明显差异。

① 早熟品种。成熟期在 6 月至 7 月初。主要品种有辽伏、伏帅、甜黄魁、黄魁、红魁、伏花皮等。由于生长期短，采后呼吸旺盛，内源乙烯发生量大，一般不耐贮藏，其中辽伏可贮 7～10 天。

② 中熟品种。成熟期在 8～9 月。主要品种有金帅、元帅、红星、首红、魁红、华冠、伏锦、新嘎拉、红玉等。这些品种较耐贮藏。常温下可存放 2 周左右，冷藏条件下可贮藏 2 个月，气调贮藏期更长一些。

③ 晚熟品种。成熟期在 10～11 月初。主要品种有国光、青香蕉、倭锦、富士、长富 2 号、秋富 1 号、金冠等。这些品种产量高，由于干物质积累多、呼吸水平低、乙烯发生晚且较少，因此一般具有风味好、肉质脆硬且耐贮藏的特点。在常温库一般可贮藏 3～4 个月，在冷库或气调条件下，贮藏期可达 5～8 个月，晚熟品种是贮藏的主要品种。

果实的商品性状（如色泽、风味、质地、形状等）对其商品价值及销售影响很大。因此用于长期贮存的苹果品种不仅要耐贮藏，而且必须具有良好的商品性状，以求获得更高的经济效益。

（2）呼吸跃变 苹果属于呼吸跃变型果实，成熟时乙烯生成量很大，从而导致贮藏环境中有较多乙烯积累。苹果是对乙烯敏感性较强的果实，贮藏中采用通风换气或者脱除技术降低贮藏环境中的乙烯很有必要。另外，采收成熟度对苹果贮藏的影响很大，对计划长期贮存的苹果，应在呼吸跃变启动之前采收。在贮藏过程中，通过降温和调节气体成分，可推迟呼吸跃变发生，延长贮藏期。

（3）贮藏条件

① 温度。大多数苹果品种，贮藏适温是 −1～0℃。气调贮藏的理想温度应较一般贮藏温度高出 0.5～1℃，有助于减轻气体伤害。红玉等对低温较敏感的品种适宜贮藏在 2～4℃。

② 湿度。低温下应采用高湿度贮藏，库内湿度保持在 90%～95%。常温库贮藏苹果一般以空气湿度 85%～90%较为适宜。贮藏后期果实细胞的湿度不够时，可在地面洒水或在窖内放置水缸。

③ 气体。控制贮藏环境中的氧气、二氧化碳和乙烯含量，对提高苹果贮藏效果有显著作用。对大多数苹果而言，贮藏温度 0～2℃时，以二氧化碳含量 3%～5%、氧气含量2%～4%比较适宜。

乙烯对果实有催熟作用，通常除采用降低贮藏环境中的氧气浓度和提高二氧化碳浓度外，还可用活性炭、溴化活性炭、高锰酸钾等吸附方法，减少贮藏环境中的乙烯含量。

2. 贮藏方式

(1) 地沟贮藏法　在地势平坦、背风面阴、土质坚实、高燥不积水、运输管理方便的地段，将经过严格挑选的苹果适当降温入沟贮藏。首先从沟的一端开始一层层摆果，厚度为60～70cm。入沟后在上方搭好屋脊状支架，盖上稻草、玉米秸或苇席等遮阴、防寒、保温。在整个贮藏期间，根据气候状况和苹果贮藏特性，做好初期、中期和后期管理工作。

(2) 窖窖贮藏　窖窖贮藏苹果可提供较理想的温度、湿度条件，既可筐装、箱装堆码，也可散放堆藏。从苹果入库到封窖前的贮藏初期，要打开窖门和通风孔，充分利用夜间低温降低窖温和土温，至窖温降到 0℃为止。贮藏中期的重点工作是防冻，第二年春季气温回升时，严密封闭窖门和通风孔，避免外面热空气进入窖内。

(3) 气调库贮藏　气调库是密闭条件很好的冷藏库，设有调控气体成分、温度、湿度的机械设备和仪表，管理方便，容易达到贮藏要求的条件。对于大多数苹果品种而言，控制2%～5%氧气浓度和 3%～5%二氧化碳浓度比较适宜。苹果气调贮藏的温度可比一般冷藏高 0.5～1℃，对二氧化碳敏感的品种，贮温还可再高些，因为提高温度既可减轻二氧化碳伤害，又对易受低温伤害的品种减轻冷害有利。用气调库贮藏保鲜能大大延长苹果的贮藏期限和大幅度降低由于微生物和生理病害造成的损失，并能保持苹果的营养价值。

(4) 塑料袋贮藏法　用草将果筐的底部和四周垫好，将塑料袋（容量 20～25kg）置入其中。用 0.02%～0.05%的 2,4-D 加入 800～1000 倍的多菌灵液洗果。将药剂处理后的苹果晾干后放入袋内封口，再搬进较干燥的室内，20～30 天检查 1 次，及时调整温湿度，剔除病果。如采用塑料膜将苹果包装贮藏效果更好，贮藏5～7 个月后果实仍新鲜。

3. 贮藏技术要点

(1) 选择品种　选择商品性状好、耐贮藏的中、晚熟品种。苹果作为一种商品，尤其是果品生产发展到现今买方市场的情况下，贮藏时绝不可只追求品种的耐藏性而轻视其商品质量，必须选择贮藏性与商品性兼优的品种。

(2) 适时采收　根据品种特性、贮藏条件、预计贮藏期长短而确定适宜的采收期。常温贮藏或计划贮藏期较长时，应适当早采；低温或气调贮藏、计划贮藏期较短时，可适当晚采。采收时尽量避免机械损伤，并严格剔除有病虫、冰雹、日灼等伤害的果实。

(3) 产品处理　产品处理主要包括分级和包装等。严格按照市场要求的质量标准进行分级，出口苹果必须按照国际标准或者协议标准分级。包装采用定量的小木箱、塑料箱、瓦楞纸箱，每箱装 10kg 左右。机械化程度较高的仓库，可用容量大约 300kg 的大木箱包装，出库时再用纸箱分装。不论使用哪种包装容器，堆垛时都要注意做到堆码稳固整齐，并留有一定的通风散热空隙。

(4) 贮藏管理　在各种贮藏方式中，都应首先做好温度和湿度的管理，使二者尽可能达到或者接近贮藏要求的适宜水平。对于 CA（人工气调贮藏）和 MA（自发气调贮藏），除了调控温度和湿度条件外，还应根据品种特性，控制适宜的 O_2 和 CO_2 浓度。根据品种特性和贮藏条件，控制适当的贮藏期也很重要，千万不要因等待商机或者滞销等原因而使苹果的贮藏期不适当延长，以免造成严重变质或者腐烂损失。

（5）产地选择　在苹果贮藏中，产地的生态条件、田间农业技术措施以及树龄树势等是不可忽视的采前因素。选择优生区域、田间栽培管理水平高、盛果期果园的苹果是提高贮藏效果的重要先天性条件。我国山东、陕西、山西、河南、辽宁、甘肃等苹果主产省中，各地都有苹果的适生区域，贮藏时可就近选择产地。就全国而言，西北黄土高原地区具有适宜苹果生长发育的光、热、水、气资源，是我国乃至世界的苹果优生区域，今后可为内销外贸提供大量的鲜食苹果货源。

（二）梨的贮藏

我国是梨属植物中心发源地之一，亚洲梨属的梨大都源于亚洲东部，日本和朝鲜也是亚洲梨的原始产地；国内栽培的白梨、砂梨、秋子梨都原产我国。尤其在我国北方，梨是仅次于苹果的第二类果树。因此，梨不仅在国内市场占有重要地位，而且在国际市场的地位亦举足轻重。

1. 贮藏特性

（1）种类和品种　我国栽培梨的种类及品种很多，根据其产地、果皮颜色等分为秋子梨、白梨、砂梨、西洋梨四大系统，各系统及其品种的商品性状和耐藏性有很大差异；根据果实成熟后的肉质硬度，可将梨分为硬质梨和软质梨两大类，白梨和砂梨系统属硬肉梨，秋子梨和西洋梨系统属软肉梨。

一般来说，硬肉梨较软肉梨耐贮藏，但对 CO_2 的敏感性强，气调贮藏时易发生 CO_2 伤害。

（2）呼吸跃变　国内外研究公认，西洋梨是典型的呼吸跃变型果实。白梨系统也具有呼吸跃变，但其内源乙烯发生量很少，果实后熟变化不明显。

（3）贮藏条件

① 温度。大多数梨品种贮藏的适宜温度为（0 ± 1）℃。但鸭梨等个别品种对低温比较敏感，采后若迅速降温至 0℃ 贮藏，果实易发生黑心病。采后缓慢降温或分段降温，可减轻黑心病发生。

② 湿度。梨果皮薄，表面蜡质少，贮藏中易失水萎蔫。高湿度是梨贮藏的基本条件之一，在低温下贮藏梨适宜的相对湿度为 $90\%\sim95\%$。

③ 气体。梨贮藏中的低 O_2 浓度（$3\%\sim5\%$）几乎对所有品种都有抑制成熟衰老的作用。但是品种间对 CO_2 的适应性却差异甚大。许多研究表明，除洋梨外，绝大多数梨品种对 CO_2 特别敏感，不适于气调贮藏。目前全国栽培和贮藏量比较大的鸭梨、酥梨、雪花梨对 CO_2 的敏感性都比较突出。

2. 贮藏方式

梨同苹果一样，短期贮藏可采用沟藏、窑窖贮藏、通风库贮藏。拟中长期贮藏的梨，则应采用机械冷库贮藏，这是我国当前贮藏梨的主要方式。

3. 贮藏技术要点

（1）选择品种　梨各系统均包括许多品种，中晚熟品种较早熟品种耐贮藏。当前我国栽培的众多品种中，鸭梨、酥梨、雪花梨、秋白梨、苹果梨等都是耐藏性好、经济价值高的品种，可进行长期贮藏；京白梨、苍溪梨、巴梨等的品质也较优良，在适宜条件下可贮藏 $3\sim4$ 个月。

(2) 适时采收　采收期主要根据梨的种类、品种特性、成熟程度、食用方法以及市场供应情况而定。过早或过迟采收的梨均不耐贮藏，故应适时采收。

采收过早，果肉中的石细胞多，风味淡，品质差，贮藏中易失水皱缩，贮藏后期易发生果皮褐变；采收过晚，秋子梨和西洋梨系统的品种采后会很快软化，白梨系统和砂梨系统的品种采收过晚，果肉脆度明显下降，贮藏中后期易出现空腔，甚至果心败坏，同时对 CO_2 的敏感性增强。

(3) 产品处理

① 分级。果品分级的目的是使之达到商品标准化。我国梨的分级标准分为 4 种：国家标准、行业标准、地方标准和企业标准。

② 包装。可分为外包装和内包装，生产上外包装都用纸箱包装，每箱 15～20kg，纸箱要求科学、坚固、经济、防潮、精美、轻便。内包装是用包装物（如保鲜纸、保鲜袋等）对果实进行包装。

(4) 贮藏管理

① 贮藏初期。对低温较敏感的品种（如鸭梨、京白梨等）开始降温时不能太快，应采用缓慢降温，即果实入库后将温度迅速降至 12℃，1 周后每天降低 1℃，至 0℃左右时贮藏，降温过程总共约 1 个月时间。

② 目前长期贮藏的梨大多数为白梨系统，它们对 CO_2 比较敏感，易发生果心褐变，故气调贮藏时必须严格控制 CO_2 浓度小于 2%，普通冷库或常温库贮藏期间也应定期通风换气。

③ 梨的贮藏期应适当，贮藏期过长会使果皮发生褐变，对销售造成极为不利的影响。

(5) 产地选择　梨的品种很多，分布区域广泛，我国南北各地均有梨树栽培，但每个品种都有其主要栽培的区域。主产区栽培的梨之所以高产、优质、耐贮藏，在于当地具有适宜该品种生长发育的生态条件，以及有精耕细作、科学管理等人为因素的影响。

二、核果类

核果，肉质果的一种，由一至多心皮组成，种子常 1 粒，内果皮坚硬，包于种子之外，构成果核。

桃、李、杏、樱桃都属于核果类果实。核果类果实色鲜味美，成熟期早，对调节晚春和伏夏市场供应起到了重要作用。这类果实成熟期正值一年中气温较高的季节，果实采后呼吸十分旺盛，很快进入完熟衰老阶段。因此一般只做短期贮藏。

（一）贮藏特性

桃、李、杏（包括樱桃）果实中都含有硬核，同属于核果类水果，在果实发育及采后生理方面有着共同的特点。正因果实中含有硬核，所以生长时出现双 S 形的生长曲线。桃、李、杏果实的呼吸强度大，都有呼吸高峰，所以同属呼吸跃变型果实，这决定了它们有着基本相似的贮运保鲜技术措施。但随着树种和品种不同，所采用的贮运保鲜技术又有区别。

1. 品种

核果类果实不同品种的耐藏性差异很大。一般早熟品种不耐贮运，中晚熟品种耐贮运性较好。如桃的早熟品种五月鲜、水蜜桃等不耐贮藏；晚熟品种肥城桃、深州蜜桃、陕西冬桃等则较耐贮运。另外，太久保、白凤、岗山白、燕山红等品种也有较好的耐藏性。离核品种、软溶质品种耐藏性差。李、杏、樱桃的耐藏性与桃类似。

2. 生理特性

（1）呼吸强度与乙烯变化　桃、李、杏均属呼吸跃变型果实。桃采后具有双呼吸高峰和乙烯释放高峰，呼吸强度比苹果高3～4倍，果实乙烯释放量大，果肉组织中果胶酶、纤维素酶、淀粉酶活性很强，果实变软败坏迅速，这是桃不耐藏的重要生理原因。

樱桃属于非呼吸跃变型果实，成熟果实采后用乙烯处理不引起呼吸作用的明显加快。

（2）低温伤害 核果类果实除樱桃外，其他几种对低温非常敏感，一般在0℃下贮藏3～4周即发生低温伤害，表现为果肉褐变、生梗、木质化，丧失原有风味。一般贮藏适温为0～1℃。桃对温度的反应比其他果实都敏感。桃采后在低温条件下呼吸强度被强烈地抑制，但易发生冷害。桃的冰点温度为-1.5℃，长期贮存在0℃以下易发生冷害。

（3）气体成分 桃和油桃对低O_2浓度忍耐程度强于高CO_2浓度。研究发现，CO_2浓度过高，无论低温或常温贮藏，都会造成核果类果实（除樱桃外）不可逆转的硬化，品质劣变或有异味。但甜樱桃果实对高浓度CO_2具有较强的忍耐力。甜樱桃果实在10%CO_2浓度条件下比在5%CO_2浓度中生成的乙醇含量低，说明高浓度CO_2不会加重甜樱桃果实的无氧呼吸。

3. 贮藏条件

（1）贮藏温度 桃、李、杏适宜的贮藏温度为0～1℃，但长期在0℃贮藏易发生冷害。目前控制冷害的方法是间隙加温法，即将桃先放在-0.5～0℃下贮15天，之后升温到18℃贮2天，再转入低温贮藏，如此反复。间隙加温可降低桃的呼吸强度，使乙烯释放量降低并减轻冷害，同时温度升高也有利于其他有害气体的挥发和代谢。

（2）贮藏环境湿度 桃、李、杏、樱桃贮藏时，相对湿度应控制在90%～95%。湿度过大，易引起腐烂，加重冷害的症状；湿度过小，会引起过度失水、失重，影响商品性，从而造成不应有的经济损失。

（3）气体成分

① 桃在O_2浓度1%、CO_2浓度5%的气调条件下，可加倍延长贮藏期（温、湿度等其他条件相同）。

② 李以O_2浓度3%～5%、CO_2浓度5%为适宜的气调状态。但李对CO_2极敏感，长期高CO_2会使果顶开裂率增加。

③ 杏气调贮藏最适的气体组成是O_2浓度2%～3%、CO_2浓度2%～3%。

④ 樱桃适宜气调气体成分是O_2浓度3%～5%、CO_2浓度10%～25%。樱桃耐高浓度CO_2，所以在运输时也采用高浓度CO_2处理，抑制它的呼吸强度，保持鲜度。

（二）贮藏方式

1. 桃的贮藏

（1）常温贮藏 桃不宜采取常温贮藏方式，但由于运输和货架保鲜的需要，可采取一定的措施来延长桃的常温保鲜寿命。

① 钙处理。用0.2%～1.5%的$CaCl_2$溶液浸泡2min或真空浸泡数分钟，沥干液体，裸放于室内，对中、晚熟品种可提高耐藏性。

② 热处理。用52℃恒温水浸果2min，或用54℃蒸汽保温15min，可杀死病原菌孢子，防止腐烂。

③ 薄膜包装。一种是用0.02～0.03mm厚的聚氯乙烯袋单果包装，也可与钙处理或热处理联合使用效果更好。另一种是特制保鲜袋装果。天津果品保鲜研究中心研制成功的HA系列桃保鲜袋，厚0.03mm，该袋通过制膜时加入离子代换性保鲜原料，可防止贮期发生CO_2伤害，其中HA-16用于桃常温保鲜效果显著。

（2）冷库贮藏 在0℃、相对湿度90%～95%条件下，桃可贮藏3～4周。若贮期过长，果实风味变淡，产生冷害且移至常温后不能正常后熟。冷藏中采用塑料小包装，可延长贮期，获得更好的贮藏效果。

(3) 气调贮藏 国外推荐采用 0℃、1%～2% O_2 浓度和 3%～5% CO_2 浓度贮藏，该条件下桃可贮藏 4～6 周；1% O_2+5% CO_2 浓度贮藏油桃，贮藏期可达 45 天，比普通冷藏延长 1 倍。

(4) 间歇升温贮藏 间歇升温贮藏是用高于冷害临界温度的温度中断低温以减轻冷害的一种方法。当温度低于冷害温度时，果实就会发生冷害，中断低温会推迟冷害的发生，减轻冷害程度。

2. 李的贮藏

李采后软化进程较桃稍慢，果肉具有韧性，耐压性比桃强，商业贮藏多以冷藏为主。在 0～1℃、85%～90% 相对湿度条件下，贮期一般可达 20～30 天，若结合间歇升温处理，贮期可进一步延长。用 0.025mm 厚的聚乙烯薄膜袋包装，每袋装果 5kg，在 0～1℃、1%～3% O_2 浓度和 5% CO_2 浓度条件下，贮期可达 10 周左右，腐烂率较低。

3. 杏的贮藏

杏很少在商业上大量贮藏，生产上可进行短期机械冷藏。贮温 0～1℃、相对湿度 90%～95%，若再辅以调节气体成分，控制 O_2 浓度 2%～3%、CO_2 浓度 2.5%～3%，可贮藏 20 天。杏在常温下贮运和低温下贮藏时间过长，都易发生褐变和由根霉引起的腐烂。

4. 樱桃的贮藏

(1) 气调贮藏 气调贮藏适于长期贮藏，适宜的指标为：氧气 3%～5%，二氧化碳 5%～10%，相对湿度 90%～95%。气调贮藏法可明显延长贮藏期，果实的腐烂率和褐变程度均较低，而且硬度、颜色和风味保持较好，但相对成本较高。

(2) 简易包装贮藏 简易贮藏适于短期贮藏，方法简便且成本低，但要选择无毒和透气性较好的薄膜包装。贮藏温度以 −1～1℃ 为宜，薄膜袋不宜过大，以每袋装果 1.5kg 为宜。

(3) 冰窖贮藏 北方常用地下窖冰贮樱桃。果实装盒、装箱后入窖。贮藏时窖底和四周填留 50cm 厚的冰块（冰块可取自天然或人工冰），果箱之间的空隙应填满碎冰，堆层之间用 30cm×30cm×100cm 冰砖间隔，后用稻草覆盖顶层；贮藏期保持窖温 0.5～1℃，可贮藏 30～40 天。

(三) 贮藏技术要点

1. 采收

影响核果类贮藏效果的因素很多，其中采收期是主要因素之一。采收过早，产量低，果实成熟后风味差且易受冷害；采收过晚，果实过软易受机械伤，腐烂严重难以贮藏。

(1) 桃 一般在七八成熟时采收。应于早、晚冷凉时采收，采摘时应轻采轻放，防止机械伤。

(2) 李 必须适时早采，以七八成熟为宜，此时李的果皮由绿转为该品种的特有颜色，表面有一薄层果粉，果肉仍较硬，采收应在早晚冷凉无露时进行，采后不能淋雨，以免引起腐烂。

(3) 杏和樱桃 杏和樱桃的成熟期相对集中，完熟后几乎不能存放和运输，所以必须根据用途不同，适当早采且必须带果柄采收。为防止贮运时果柄脱落，可在采收前喷钙，也可在采收后浸钙。采前定期对樱桃喷氯化钙溶液，可明显降低果实贮运时的腐烂、掉梗率和褐变指数。

2. 挑选

剔除受病虫侵染的产品和受机械伤的产品。挑选一般采用人工方法。操作人员必须戴手套，挑选过程要轻拿轻放，以免造成新的机械伤。

3. 预冷

核果类果实采后应尽快预冷，除去田间热，迅速降低品温，使果品尽快达到贮运最适温度，降低呼吸强度，减少消耗。一般在采后12h内，最迟24h内将果实冷却到5℃以下，可有效抑制桃褐腐病和软腐病的发生。迅速预冷可更好地保持果实硬度，减少失重，控制贮期病害。

4. 包装

（1）桃包装容器不宜过大，以防震动、碰撞与摩擦 一般用浅而小的纸箱盛装，箱内加衬软物或格板，每箱5～10kg。也可以在箱内铺设0.02mm厚的低密度聚乙烯袋，袋中加乙烯吸收剂后封口，可抑制果实软化。

（2）李果装载量不宜过多，包装容器宜用格箱 一般装量在8～12kg。内包装可用聚乙烯薄膜袋，每袋装果3kg，再装入容器中。

（3）樱桃适于装入0.06～0.08mm厚的聚氯乙烯薄膜袋中 每袋装果2～2.5kg，扎紧袋口，置于小型纸箱中贮藏。

5. 间歇升温控制冷害

对低温敏感的李在贮藏15～20天后，进行升温处理，可有效防止冷害。适当的间歇升温既可使果实避免冷害，又可保持其良好的色泽和风味。

三、浆果类

浆果，肉果中的一类。果皮的三层区分不明显，果皮外面的几层细胞为薄壁细胞，其余部分均为肉质多汁，内含种子，如葡萄、香蕉、番茄、柿子、草莓等。

（一）葡萄的贮藏

葡萄是世界四大类水果之一，意大利、法国、美国、智利、俄罗斯、日本等国为葡萄的主产国家。我国主产区有新疆的和田、吐鲁番，河北的宣化、昌黎和涿鹿，山西的清徐、阳高，山东的平度、烟台、青岛，河南的民权，陕西的丹凤、渭北地区，安徽的萧县及江苏的徐州等。

葡萄味甘微酸、性平，具有补肝肾、益气血、开胃力、生津液和利小便之功效。

葡萄中含有矿物质钙、钾、磷、铁以及多种维生素 B_1、维生素 B_2、维生素 B_6、维生素 C 和维生素 P 等，还含有多种人体所需的氨基酸，常食葡萄对神经衰弱、疲劳过度大有裨益。

1. 贮藏特性

（1）品种 不同的葡萄品种，耐贮藏性能明显不同，葡萄种类中美洲种耐贮藏性强于欧亚种；晚熟品种强于早熟品种。耐贮性好的品种具有果皮厚韧、着色好、果皮和穗轴蜡质厚、含糖量高、不易脱粒和果柄不易断裂等生理特性。我国主要耐贮品种有玫瑰香、保尔加尔、意大利、龙眼、牛奶、泽香、巨峰、黑奥林及红地球、瑞必尔、秋黑等。它们在适宜的贮藏条件下可贮藏3～6个月。

（2）呼吸跃变 葡萄是以整穗体现其商品价值的，故耐藏性应由浆果、果梗和穗轴的生物学特性共同决定。整穗葡萄为非呼吸跃变型果实，采后其呼吸呈下降趋势，成熟期间乙烯释放量少。葡萄果梗有呼吸跃变，呼吸强度是果实的8～14倍，且易失水造成褐变、脱粒。

果蒂与果粒交界处的细微伤痕，也易引起霉菌侵入。故葡萄贮藏保鲜的关键在于推迟果梗和穗轴的衰老，控制果梗和穗轴的失水变干及腐烂。

（3）贮藏条件

① 温度。温度是影响葡萄变质速度的最重要的环境因子。在最适温度基础上，每增加10℃，变质速度便增加 2～3 倍。

② 湿度。葡萄失水速度依赖于产品和周围环境的蒸汽压差。蒸汽压差大，水分损失增加。

③ 气体。乙烯具有促进果粒老化和成熟的作用，O_2 浓度和 CO_2 浓度影响着果实的呼吸强度和乙烯的生成速度。一般认为气体条件：O_2 浓度 2%～4%、CO_2 浓度 3%～5% 为适当组合，对大多数葡萄品种具有良好的贮藏效果。

2. 贮藏方式

（1）窖藏

① 葡萄采收预冷后，待窖温冷却到 5℃ 以下入窖贮藏。贮藏前先将葡萄装筐、装箱，并整齐地将筐、箱垛起，用塑料薄膜全部盖严；然后按 $1m^3$ 3g 硫黄的用量，将硫黄分放在塑料薄膜帐幕内预先准备好的铁盒上燃烧，使其生成二氧化硫；熏蒸 0.5h 后揭开通风，然后隔 12～15 天再熏蒸 1 次，以后每隔 2 个月重熏 1 次。通过二氧化硫熏蒸，葡萄在 0℃ 的温度下即可长期贮藏。

② 控制窖内温度、湿度。一般入窖初期由于外界气温较高，可采用通风措施，使温度维持在 10℃ 以下。入冬后，气温下降，可采用昼通夜闭的方法，保持窖内温度在 0～1℃。相对湿度以 80%～90% 为好，湿度不足时可在地面喷水保湿。当外界温度降到 10℃ 以下时则应注意封闭窖门。

③ 加强检查，及时剔除病穗烂粒。

（2）气调贮藏法 目前，在葡萄保鲜方面，主要是利用气调保鲜袋和 MA（自动气调库）进行贮藏保鲜，调整贮藏环境中的气体成分，使贮藏环境中的 O_2、CO_2 浓度达到适宜贮藏的浓度（CO_2 2%～3%、O_2 3%），从而有效地抑制病菌的生长，减少果实水分的损失和腐烂，起到延缓衰老、延长贮藏期的目的。

（3）减压贮藏法 此法是将葡萄贮藏在密闭的室内，用真空抽出部分空气，使内部气压降到一定程度后，新鲜空气不断通过压力调节器、加湿机器后，变成近似饱和湿度的空气进入贮藏室，从而去除田间热、呼吸热和代谢产生的乙烯、二氧化碳、乙醇、乙醛等不利因子，使贮藏物品长期处于最佳休眠状态。

（4）涂膜贮藏 用多糖喷涂葡萄能够在其表面形成一层半透膜，可有效地降低果实的呼吸作用、减少水分蒸发及病原菌的侵染，抑制真菌，防止褐变，保持风味，可食性大大增强，使在常温下葡萄的保鲜期由 2～3 天延长至 8 天。

（5）冷库贮藏 葡萄的贮藏温度应严格控制在 −1～0℃，相对湿度保持在 90%～95%。在生产中，葡萄入库前要迅速降温，同时要保持库温的恒定，库温的波动不应超过 ±0.5℃。

3. 贮藏技术要点

（1）采前管理 葡萄浆果的品质是环境条件和栽培技术的综合体现。葡萄贮藏期出现的裂果、脱粒、腐烂等均与栽培措施不当有关。

① 加强肥水管理。浆果上色始期追施硫酸钾、草木灰或根外追施磷酸二氢钾（0.1%～0.3%），有利于果实增糖、增色，提高品质。钙对延缓果实衰老、提高耐藏性十分有益。生产上采 7～15 天应停止灌水，采前涝害会导致贮藏期大量裂果。

② 合理修剪。夏季进行合理修剪，及时防治病虫害，进行套袋等对葡萄贮藏均十分重要。用于贮藏的葡萄，产量应控制在每亩 1500～2000kg。结果量过大，果实糖分含量低，着色差，不耐贮藏。

③ 药剂处理。果实采前 3 天用 50～100mg/L 的萘乙酸或萘乙酸＋1～10mg/L 的赤霉素处理果穗，可防止脱粒；用 1mg/L 的赤霉素＋1000mg/L 的矮壮素在盛花期浸蘸或喷洒花穗，可增加坐果率，减少脱粒。

(2) 适时采收 葡萄是非跃变型果实，在气候和生产条件允许的情况下，采收期应尽可能延迟。充分成熟的葡萄含糖量高，着色好，果皮厚、韧性强，且果实表面蜡质充分形成，能耐久藏。在北方葡萄主产区，许多品种的果粒含糖量达 15%～19%、含酸量达 0.6%～0.8%时，即进入成熟期。

葡萄采收宜在天气晴朗、气温较低的清晨或傍晚进行。采摘时用剪刀小心剪下果穗，剔除病粒、破粒、青粒，剪去穗尖成熟度低的果粒。采收后按质分级，分别平放于内衬有包装纸的筐或箱中，包装时果穗间空隙越小越好。然后置于阴凉处或运往冷库。

(3) 预冷 美国有研究指出，采后经过 6～12h 将品温从 27℃降至 0.5℃效果最好。为实现快速预冷，应在葡萄入贮前一周开机，使库温降至 0℃。此外，葡萄入贮时应分批入库，以防库温骤然上升和降温缓慢。入库后应敞口，待果温降至 0℃，放药剂封口。快速预冷对任何品种均有益。

(4) 防腐处理 防腐保鲜处理是葡萄贮运保鲜的关键技术之一。目前国内外使用的葡萄保鲜剂主要有以下几种。

① 仲丁胺。研究表明，仲丁胺应用在宣化牛奶葡萄上保鲜效果较好。每千克果用仲丁胺原液 0.1mL，用脱脂棉或珍珠岩等作载体，将药袋装入开口小瓶或小塑料袋内，装药前须将仲丁胺稀释，否则易引起药害。仲丁胺防腐保鲜剂的缺点是释放速度快，药效期只有 2～3 个月。

② SO_2 处理。SO_2 对葡萄常见的真菌病害如灰霉菌有较强的抑制作用，同时还可降低葡萄的呼吸率。目前葡萄贮藏中常用 SO_2 进行防腐保鲜，进行硫处理时应注意药剂用量。葡萄成熟度不同，对 SO_2 的忍耐性不同。SO_2 浓度过低，达不到防腐目的；过高易使果实褪色漂白，果粒表面生成斑痕。SO_2 易对库内的金属器具设备产生腐蚀，葡萄出库后应检查清洗。SO_2 对呼吸道和眼睛黏膜有强烈刺激作用，工作人员应戴防护面具，注意安全。

(二) 香蕉的贮藏

香蕉为热带、亚热带水果，我国是世界上栽培香蕉的古老国家之一。世界上栽培香蕉的国家有 130 个，以中美洲产量最多，其次是亚洲。我国香蕉主要分布在广东、广西、福建等地。香蕉果实香甜味美，富含碳水化合物，营养丰富。

1. 贮藏特性

(1) 品种 我国原产的香蕉优良品种大型蕉主要有广东的大种高把、高脚、顿地雷、齐尾；广西高型蕉；中国台湾、福建和海南的台湾北蕉。中型蕉有广东的大种矮把、矮脚地雷。短型蕉有广东高州矮香蕉、广西那龙香蕉、福建的天宝蕉、云南河口香蕉。近年来引进的有澳大利亚主栽品种"威廉斯"。

(2) 呼吸跃变 香蕉是典型的呼吸跃变型果实，呼吸跃变是其重要的采后生理转折点。当果实一旦启动呼吸跃变，果实就会成熟变软，继而整个果实迅速衰老，难以继续贮藏和运输。香蕉果实对乙烯很敏感，因此，抑制乙烯的产生和延缓呼吸跃变的到来是香蕉贮藏保鲜的关键。

（3）冷害和高温　香蕉是一种热带水果，对低温很敏感，贮运温度低于 11℃ 时会导致果实遭受冷害。香蕉冷害的典型症状是果皮变暗无光泽，暗灰色，严重时则变为灰黑色，催熟后果肉不能变软，果实不能正常成熟。过高温度也会对香蕉造成伤害，当温度超过 35℃ 时，则引起果实高温烫伤，使果皮变黑，果肉糖化，失去商品价值和食用价值。香蕉适宜的贮藏温度为 11～13℃，相对湿度为 90%～95%，气体成分为 O_2 浓度 2%～3%、CO_2 浓度 4%～5%。

2. 贮藏方式

（1）塑料薄膜袋贮藏　香蕉采收处理后，装入塑料薄膜袋，每袋 10～15kg，在袋内放入 200g 吸透高锰酸钾溶液的碎石块和 100g 消石灰，扎紧袋口，贮放在 12～14℃、相对湿度为 90%～95% 的通风库内。此法利用香蕉自身呼吸降氧，利用高锰酸钾和消石灰吸收乙烯和二氧化碳，贮藏效果较好。

（2）气调贮藏　将香蕉去轴梳蕉处理后，放入纸箱。在温度为 13℃、相对湿度为 85%～90%、O_2 浓度为 2%、CO_2 浓度为 5% 的气调库内堆码贮藏，可较好地保持香蕉的品质。

（3）冷藏　采后的香蕉于冷库进行贮藏，在贮藏过程中保持库温在 11～13℃。经常进行库房的通风换气，防止乙烯积累。

（4）常温贮藏　香蕉常温贮藏运输一般只可用于短期或短途的贮运，并要注意防热防冻。在常温运输中，配合使用乙烯吸收剂，可显著延长贮运时间。

3. 贮藏技术要点

（1）采收　香蕉的成熟度习惯上多用饱满度来判断。在发育初期，果实棱角明显，果面低陷，随着成熟，棱角逐渐变钝，果身渐圆而饱满。贮运的香蕉要在 7～8 成饱满度采收，销地远时饱满度低，销地近时饱满度高。

机械损伤是致病菌侵染的主要途径，伤口还刺激果实产生伤呼吸、伤乙烯，促进果实黄熟，更易腐败。香蕉果实对摩擦十分敏感，即使是轻微擦伤，也会使其果皮发生褐变，使果实表面伤痕累累，俗称"大花脸"，严重影响商品外观。因此，香蕉在采收、落梳、去轴、包装等环节上应十分注意避免机械损伤。

（2）条蕉　条蕉即整个果穗，是不加任何包装的短途运输常用的方法，一般只适用于就地销售。

（3）梳蕉　采收后用快刀把条蕉切成梳，同时将质量较差的尾蕉除去，个别伤病果也应在梳蕉时剔除。

（4）去轴落梳　由于蕉轴含有较高的水分和营养物质，而且结构疏松，易被微生物侵染而导致腐烂，而且带蕉轴的香蕉运输、包装均不方便，因此香蕉采后一般要进行去轴落梳。

（5）清洗　由于香蕉在生长期间可能已附生大量的微生物，这些微生物可能会导致香蕉在贮运期间的腐烂，因此贮运前要进行清洗，清洗时可加入一定量的次氯酸钠溶液，同时除去果指上的残花。

（6）催熟　香蕉属后熟型水果，虽然树上或采后可自然成熟，但时间长，成熟不一致，风味也较差，故一般采收后需人工催熟。

① 乙烯利催熟法。用乙烯利溶液浸果或喷果，放于催熟房中待熟。通常浸果喷果使用的乙烯利浓度为 500～1000mg/L。浓度太高蕉果成熟快，容易脱梳。该法是国内常用的催熟方法。

② 乙烯气体催熟法。在密闭的催熟房，用乙烯气体进行催熟，乙烯的浓度为 200～500

mg/L。乙烯可由碳化钙（乙炔石、电石）加水反应产生，也可由乙烯发生器用乙烯利或酒精产生。这是国外大型催熟房采用的方法。空气中乙烯浓度达到3%左右时易发生爆炸，须注意安全。

（7）包装　近年来香蕉的包装多用瓦楞纸箱，内衬聚乙烯薄膜袋，聚乙烯薄膜袋厚度宜在0.03～0.04mm。在包装内加入浸有饱和高锰酸钾溶液的蛭石或其他轻质材料，可显著延长香蕉的贮藏期。

（8）贮藏

① 适宜温度11～13℃。

② 最适相对湿度90%～95%。

③ 最适气体成分O_2浓度2%～3%，CO_2浓度4%～5%。

在加有乙烯吸收剂时也可在常温下贮藏，夏季常温下可贮藏15～30天，冬季常温下可贮藏1～2个月。

四、柑橘类

柑橘，是橘、柑、橙、金柑、柚、枳等的总称，柑橘资源丰富，优良品种繁多，有4000多年的栽培历史，我国是柑橘的重要原产地之一。柑橘果实营养丰富，色香味兼优，既可鲜食，又可加工成以果汁为主的各种加工制品。

柑橘类水果包括柑橘、柠檬、橘子、橙子、柚子等。

（一）柑橘的贮藏

柑橘是我国的主要水果之一，南方各省普遍有栽培。柑橘的采收期因地区、气候条件和品种等情况而异。通过贮藏保鲜结合种植不同成熟期的品种，可显著延长鲜果供应期。

1. 贮藏特性

（1）非呼吸跃变型水果　柑橘是典型的非呼吸跃变型水果，无后熟作用，在树上完熟的时间相对较长，成熟期间果内的化学成分变化主要是糖分和固形物逐渐增多，有机酸减少，叶绿素消失，类胡萝卜素形成，可溶性固形物含量为5%～15%，柠檬酸含量为0.3%～1.2%。

（2）耐藏性　柑橘耐藏性与其大小、结构有密切的关系。成熟期晚、果心小而充实、果皮细密光滑、海绵组织厚而且致密、呼吸强度低的品种较耐贮藏，反之，则不耐贮藏。一般晚熟品种比早熟品种耐贮藏。

（3）冷害　柑橘是亚热带水果，由于系统生长发育处在高温多湿的气候环境中，对低温较为敏感，贮藏温度过低易发生冷害。水肿病是一种贮藏生理病害，是由于贮藏温度偏低和CO_2浓度过高所致。

（4）湿度对贮藏效果的影响　果品贮藏环境中，相对湿度与柑橘果实的贮藏质量有密切关系。相对湿度过低，柑橘容易失水，果皮萎蔫，失重大，果实的商品外观质量显著下降，而且果实内部的囊瓣干瘪，食之如败絮。湿度过高，微生物繁殖加快，橘类易遭霉菌的侵染罹病腐烂，也容易发生枯水病。在贮藏上，一般采取温度低时，湿度可稍高些；相反，在温度高的条件下，湿度应相对保持较低。

2. 贮藏方式

（1）通风库贮藏　通风库贮藏柑橘是我国当前柑橘的主要贮藏方式，它是利用冷热空气的对流作用来保持库内较低和较为稳定的温度，但普遍存在湿度偏低的问题。相对湿度通常在85%左右，甚至低于70%，以致果实失水失重显著，还易发生褐斑病。聚乙烯薄膜单果包装可弥补这一不足。通风库贮藏利用季节和日夜之间的温度变化，通过适当的通风换气以调节库内温度和湿度，还能排除库内不良气体。

(2) 冷库贮藏 冷藏的温度因柑橘种类而异，甜橙为 4～5℃，温州蜜柑等宽皮柑橘类为 3～4℃，椪柑为 7～9℃，红橘为 10～12℃。冷藏库要注意通风换气，排除过多的二氧化碳等有害气体。换气一般在气温较低的早晨进行。为使库内的温度迅速降低到所需要的温度，进库的果实要经过预冷散热处理。冷库制冷的蒸发器要注意经常除霜，以免影响制冷效果。甜橙采后在 40～45℃ 下预处理 4～6 天，再进行冷藏，能大大减少贮藏中褐斑病的发生。

(3) 气调贮藏

① 薄膜包贮藏。应用聚乙烯塑料薄膜进行单果或大袋包装，入通风库贮藏，有明显保鲜效果。

② 薄膜大帐贮藏。将采后选果、预贮的柑橘装箱后，封入 0.06mm 厚聚乙烯薄膜大帐，按不同品种的贮温要求，控制适宜温度、湿度和气体组成（一般二氧化碳浓度不要高于 3%，氧气浓度不要低于 18%）。在通风条件下一般可贮 3～5 个月。烂果率仅 1.29%，干耗 3.73%，好果率 94% 以上。此法可用于贮藏温州蜜柑，到春节期间供应。

③ 气调袋冷藏。将无病、伤，并经预贮的柑橘装入椪柑硅窗袋、锦橙硅窗袋等专用柑橘保鲜气调袋，分别装柑橘 30kg、6kg。再装箱入冷库。按品种要求控制温度、湿度。袋内气体可分别维持 $18\%O_2$、$1.5\%CO_2$ 和 $19\%O_2$、$1\%～2\%CO_2$，贮藏效果较好。

(4) 松针贮藏 将经过处理的果实直接放在干净的房内，先在地面垫一层鲜松针，再铺一层果实，一层松针，如此分层存放，这种方式也用于容器贮藏。贮藏期间如松针变干，要注意更换新鲜松针，遇上吹西北风的干寒天气应加盖草席或草包以保温、保湿。用此法贮藏的柑橘新鲜味浓，一般可贮至次年的 2～3 月。

3. 贮藏技术要点

(1) 采前管理 采前应了解果园的栽培情况和果实的来源，选择壮年树、健壮果实用于贮藏；应加强田间病虫害防治，减少病菌采前侵染；注意施有机肥或磷钾肥，切忌偏施氮肥和采收前 2～3 周灌水。果实采前 10 天左右喷 1～2 次杀菌剂，降低病原基数。

(2) 适时采收 贮藏果实，根据贮藏期长短适当提早采收，果实成熟度掌握在八成左右，过早或过晚采收均不利于贮藏。采收过早，会降低果品重量和质量；反之采收过迟，落果率增加，宽皮柑橘类易发生浮皮病，甜橙则易发生青绿霉病。

(3) 采收方法 应使用圆头果剪，一般一果两剪，第一剪剪下果实，第二剪齐果蒂剪平，装果容器内应衬垫柔软的麻袋片、棕片或厚的塑料薄膜等，以防擦伤果皮。在采收过程中，要切实做到轻采、轻放、轻装、轻卸，操作时尽量避免机械损伤，为贮藏与运输打好基础。同时边采边将病果、虫果、机械伤果、脱蒂果和等外次果剔除，以减轻分级时的压力。

(4) 晾果 对于在贮藏中易发生枯水病的宽皮柑类品种，贮藏前将果实在冷凉、通风的场所放置几日，进行晾果，使果实散失部分水分，轻度萎蔫，俗称"发汗"。晾果对减少枯水病、控制褐斑病有一定效果，同时还有愈伤、预冷和减少果皮遭受机械损伤的作用。

(5) 药剂处理 采后及时用药浸果处理，最好边采边进行浸果处理，最迟不超过 24h。柑橘在贮藏期间的腐烂主要是由真菌引起，大部分属田间侵入的潜伏性病害。目前常用的杀菌剂有噻菌灵（涕必灵）、多菌灵、硫菌灵、枯腐净（主要含仲丁胺和 2,4-D）以及克霉灵。按有效成分计，杀菌剂使用浓度为 0.05%～0.1%、2,4-D 浓度为 0.025%～0.1%，二者混用。另外，将包果纸和纸板用联苯石蜡或矿物油热溶液浸渍，可以防止在运输中果实腐烂。

（6）选果、分级 首先剔除伤果、畸形果、脱蒂果、青皮果和过熟果，然后按不同品种，根据果实的色泽、形状、成熟度、果面等分成若干等级，最后按果径大小分级。

（7）打蜡 打蜡处理在柑橘类果实中应用较普遍。果实表面涂一层涂料，可起到增加果皮光泽、提高商品价值、减少水分蒸腾、抑制呼吸和减少消耗等作用。打蜡处理后的果实不宜长期贮存，以防产生异味。涂料种类很多，主要有果蜡、虫胶涂料、蔗糖酯等。

（8）包装 目前柑橘果实的内包装一般都采用聚乙烯塑料薄膜，制成小袋、小方片、大袋使用。以小袋单果包装效果最佳。单果包装有减少水分蒸发、保持果实鲜硬和防止病害传染等优点。单个果实装入袋内，扭紧袋口即可。外包装形式主要有纸箱和竹箩，以薄膜单果包装结合纸箱外包装的商品档次较高。

（二）柠檬的贮藏

柠檬独具浓郁的香气和酸味，果汁含柠檬酸5%～7%，富含维生素C，清香扑鼻，有镇静、运气、开胃、帮助消化和增进食欲之功效。果实可供制酸汁及香料，鲜果可调制饮料，在国际市场上价值很高，占有一定的经济地位。我国以四川栽培较多，质量较好，在广东、广西、福建、台湾、浙江均有栽培。

1. 贮藏特性

（1）品种特性 柠檬果实坚实，色泽光亮，果蒂青绿，油胞饱满，芳香扑鼻。柠檬果皮组织紧密，蜡质层厚，是柑橘类中较耐贮藏的一种果实。柠檬有四季开花结果的习性，其鲜果供应期长。柠檬一般在10月或者1月采摘，用联苯包装纸，标准木箱包装。采摘柠檬时用剪刀剪，不留果柄，轻采轻放。

柠檬的品种很多，我国栽培的仅有十余种，市场上一般不分品种。主要栽培品种：尤力克、里斯本较耐贮藏；香柠檬、佛赖法郎、健阳耐藏性差。

（2）非呼吸跃变型水果 柠檬是一种较耐贮存的水果，柠檬虽为亚热带水果，但个体发育时间长，成熟时环境温度相对较低，而且果实含酸量高，果实表面蜡质较厚，果皮比较致密。柠檬属非呼吸跃变型果实，柠檬成熟过程较长，没有相对集中成熟的现象，自然成熟过程中也没有呼吸高峰和乙烯生成高峰。

（3）贮藏条件 温度为10℃，相对湿度为85%～90%，O_2含量为5%～10%，较低水平的CO_2，此为是柠檬的最佳贮藏条件。在此条件下柠檬可贮藏8～9个月而品质降低不明显。有的品种适宜在12～15℃下贮藏。

2. 贮藏方式

参照柑橘类贮藏方式。

3. 贮藏技术要点

参照柑橘类贮藏技术要点。

五、干果类

果实成熟时，果皮呈现干燥的状态，称为干果。干果中又分为裂果和闭果两类。

干果的果皮在成熟后可能开裂，称为裂果。裂果中，果皮沿两道缝开裂的，叫做荚果，例如大豆、台湾相思树等；果皮沿两道缝开裂，有假隔膜，有多数种子的，叫角果，例如白菜、萝卜、荠菜等。

如干果的果皮不开裂，则称为闭果。闭果中有坚果，如栗子、橡子等，坚果类食物多数是植物的果实和种子，如花生、核桃、杏仁、松子、榛子、白果、莲子、瓜子等；瘦果，如向日葵等；颖果，如水稻、玉米、小麦；翅果，如枫树、榆树等。

（一）核桃的贮藏

核桃为一种营养价值很高的干果，较耐贮藏。据现代科学分析，核桃仁含蛋白质15.4%，含脂肪40%～63%，含碳水化合物10%，还含有钙、磷、铁、锌、胡萝卜素、核黄素及维生素A、B族维生素、维生素C、维生素E等。味美多脂的核桃仁不仅营养丰富，还有其特殊的疗效。核桃多分布在我国北方各省，如山西的麻皮核桃和新疆的薄皮核桃均为皮薄、味美、出油率高的优良品种。

核桃在存放期间容易发生霉变、虫害和变味。核桃富含脂肪，而油脂易发生氧化败坏，尤其在高温、光照、氧气充足的条件下，能够加速氧化反应，这是核桃败坏的主要原因。因此，核桃贮藏条件要求冷凉、干燥、低O_2和背光。

1. 贮藏特性

核桃脂肪含量高，约占种仁的60%～70%，因而易发生氧化和酸败，生成的醛或酮都有臭味，油脂在日光下可加速此反应。

核桃在21℃下贮藏4个月就会发生酸败，而在1℃贮藏2年才有败坏变质表现。脱壳的核桃仁相对不耐贮藏，易变质。

2. 贮藏方式

（1）干藏　将脱去青皮的核桃置于干燥通风处阴干，晾至坚果的隔膜一折即断、种皮与种仁分离不易、种仁颜色内外一致时，便可贮藏。将干燥的核桃装在麻袋中，放在通风、阴凉、光线不直接照射的房内。贮藏期间要防止鼠害、霉烂和发热等现象的发生。

（2）湿藏　在地势高燥、排水良好、背阴避风处挖深1m、宽1～1.5m、长度随贮量而定的沟。沟底铺一层10cm厚的洁净湿沙，沙的湿度以手捏成团但不出水为度。然后依次铺一层核桃再铺一层沙，沟壁与核桃之间以湿沙充填。铺至距沟口20cm时，再盖湿沙与地面相平。沙上培土呈屋脊形，其跨度大于沟的宽度。沟的四周开排水沟。沟长超过2m时，在贮藏核桃时，应每隔2m竖一把扎紧的稻草作通气孔用，草把高度以露出屋脊为度。冬季寒冷地区屋脊的土要培得厚些。

（3）塑料薄膜帐贮藏　将适时采收并处理后的核桃装袋后堆成垛，贮放在低温场所，用塑料薄膜大帐罩起来，把二氧化碳气体充入帐内（充氮也可），以降低氧气浓度。贮藏初期二氧化碳的含量可达到50%，以后保持在20%左右，氧气在2%左右，既可防止种仁脂肪氧化变质，又能防止核桃发霉和生虫。使用塑料帐密封贮藏应在温度低、干燥季节进行，以便保持帐内低湿。

（4）冷藏　核桃适宜的冷藏温度为1～2℃，相对湿度75%～80%，贮藏期可达两年以上。

3. 贮藏技术要点

（1）采收　核桃必须达到完全成熟才能采收。生产上核桃果实成熟的标志是青皮由深绿变淡黄，部分外皮裂口，个别坚果脱落。核桃在成熟前一个月内果实大小和鲜重（带青皮）基本稳定，但出仁率与脂肪含量均随采收时间推迟呈递增趋势。采收过早的核仁皱缩，呈黄褐色，味淡；适时采收的，核仁饱满，呈黄白色，风味浓香；采收过迟则使核桃大量落果，造成霉变及种皮颜色变深。

我国主要采用人工敲击的传统方式采收核桃，适于分散栽培。美国采用机械振荡法振落采收，在80%的果柄形成离层时进行。如果采收前2～3周喷布125mg/kg的乙烯利和250mg/kg的萘乙酸混合液，可一次采收全部坚果，并比正常采收期提前5～10天，保证坚果品质优良。

（2）**干燥**　坚果干燥是使核壳和核仁的多余水分蒸发掉，其含水量均应低于8%，高于这个标准时，核仁易生长霉菌。生产上以内隔膜易于折断，种仁皮色由白色变为金黄色，种仁皮不易与种仁分离为粗略标准。核桃干燥时的气温不宜超过43.3℃，温度过高会使核仁脂肪败坏，并破坏核仁种皮的天然化合物。

我国核桃干燥，北方以日晒为主，先阴凉半天，再摊晒5～7天可干。南方由于采收多在阴雨天气，多采用烘房干燥，温度先低后高，至坚果互相碰撞有清脆响声时，即达到水分要求。

（二）板栗的贮藏

板栗是中国栽培最早的果树之一，已有2000～3000年的栽培历史。坚果紫褐色，被黄褐色茸毛，或近光滑，果肉淡黄。果实营养价值很高，含糖、淀粉、蛋白质、脂肪及多种维生素、矿物质。

中国的板栗品种大体可分北方栗和南方栗两大类：北方栗坚果较小，果肉糯性，适于炒食，著名的品种有明栗、尖顶油栗、明拣栗等；南方栗坚果较大，果肉偏粳性，适宜于菜用，品种有九家种、魁栗、浅刺大板栗等。

板栗采收季节气温较高，呼吸作用旺盛导致果实内淀粉糖化，品质下降，大量的板栗因生虫、发霉、变质而损失掉。因此，做好板栗贮藏保鲜十分必要。

1. 贮藏特性

（1）**生理特性**　板栗采收脱苞后，由于含水量高和自身温度高，淀粉酶、水解酶活性强，呼吸作用十分旺盛，故采后应及时进行通风、散热、发汗，使果实失水达5%～10%，减少腐烂霉变。板栗虽是干果，但怕干、怕水、怕热、怕冻，防止霉烂、失水、发芽和生虫是板栗贮藏技术的关键。

（2）**品种**　板栗原产我国，栽培历史悠久，品种资源丰富，分布地域辽阔。一般嫁接板栗的耐藏性优于实生板栗，北方品种优于南方品种，中晚熟品种又较早熟品种耐贮藏。我国板栗以山东薄壳栗、山东红栗、湖南和河南油栗等品种最耐贮藏。

（3）**贮藏条件**　板栗适宜的贮藏条件为：温度0～2℃，温度过高会生霉变质，温度过低则会造成冷害；贮藏环境要求湿润，但不可太湿，一般相对湿度为90%～95%；气体成分以10%的二氧化碳和3%～5%的氧气为宜。

2. 贮藏方式

（1）**沙藏法**　在阴凉的室内地面上先铺一层高粱秆或稻草，然后铺上约6cm厚的湿沙。一层沙一层板栗，每层4～6cm，总厚度为50～60cm，上面再铺6～7cm沙，然后用稻草覆盖。每隔15～20天检查翻动一次，有条件的也可用锯末、谷壳代替湿沙。

（2）**冷藏法**　此法适用于温度较高的南方，即用麻袋或竹篓盛装板栗，篓内填垫防水纸，放于冷库中，温度控制在1～3℃，相对湿度保持在91%～95%，最好每隔4～5天在麻袋外喷水1次，以保持适宜湿度。

（3）**塑料袋贮藏法**　将板栗装在塑料袋中，放在通风良好、气温较稳定的地下室内。室温在10℃以上时，打开塑料袋口；室温低于10℃以下时，扎紧塑料袋口。贮藏初期每隔7～10天翻动一次。一个月后，翻动次数可适当减少。

（4）**架藏法**　在阴凉的室内或通风库中，用毛竹制成贮藏架，每架三层，长3m、宽1m、高2m。架顶用竹制成屋脊形。栗果散热2～3天后，连筐（25kg/筐）浸入清水2min，捞出后堆码在竹架上，再用0.08mm厚的聚乙烯大帐罩上，每隔一段时间揭帐通风1次，每次2h。进入贮藏后期，可用2%食盐水加2%纯碱混合液浸泡栗果，捞出后放入少量松针，罩上帐子继续贮藏。

3. 贮藏技术要点

(1) 采收 应该在栗子充分成熟后进行采收，这时栗子皮色鲜艳，含水量低，各种营养成分含量高，品质好，耐贮藏运输。当板栗的栗苞由绿转黄并自动开裂，坚果呈棕褐色，全树有1/3球果开裂时采收，不宜过早。采收过早，气温偏高，坚果组织鲜嫩，含水量高，淀粉酶活性高，呼吸旺盛，不利贮藏。若采收过迟，则栗苞脱落，造成损失。最好在连续几个晴天后采收，避开雨天，否则易造成腐烂。

(2) 预冷 及时冷却对板栗贮藏极为重要，田间热除去不及时和呼吸热积累会造成板栗种仁被"烧死"。防止的措施是在采收后选择背阴、冷凉、通风的地方，迅速摊晾降温，如有可能应采用强制通风的预冷方法，促使板栗的品温迅速降至贮藏温度要求，预冷前最好解除包装，因为在板栗降温的过程中，会出现大量的凝结水，附着在果实表面致使板栗贮藏中霉烂增加。预冷达到要求并包装后整齐堆放，不要太实，防止垛中热量不易散发。

(3) 防腐处理 导致板栗腐烂的病菌多为腐生性真菌，主要有青霉菌属、毛霉菌属等。常用防腐处理方法有以下几种。

① 用 200mg/kg 2,4-D 与 200mg/kg 托布津的混合液，浸果 3min 即可。

② 0.1%高锰酸钾溶液浸果 3min。

③ 0.01%高锰酸钾和 0.125%敌百虫混合液浸果 1～2min。

④ 500 倍甲基托布津溶液浸果 5min，也可用 1%醋酸浸泡 1min。

除药剂处理外，也可用 80%～85%二氧化碳气体或热空气处理，效果较理想；用虫胶涂料浸涂、打蜡，可减轻腐烂，用 1～10kGy γ 射线辐射也可灭菌消毒。

六、根菜类

根菜类蔬菜，包括萝卜和胡萝卜。萝卜又名莱菔、卢菔，十字花科萝卜属植物；胡萝卜又名红萝卜、黄萝卜等，伞形科胡萝卜属植物。萝卜、胡萝卜富含维生素、碳水化合物、矿物质；萝卜含有大量的胡萝卜素。萝卜、胡萝卜在我国各地都有栽培，也是北方重要的秋贮蔬菜，萝卜、胡萝卜的贮藏量大，供应时间长，对调剂冬春蔬菜供应有重要的作用。

1. 萝卜、胡萝卜贮藏特性

萝卜原产我国，胡萝卜原产中亚细亚和非洲北部，性喜冷凉多湿的环境条件。萝卜、胡萝卜均以肥大的肉质根供食，萝卜的肉质根主要是由根的次生木质部薄壁细胞组成；胡萝卜除次生木质部薄壁细胞外还包括次生韧皮部薄壁组织。

萝卜和胡萝卜没有生理上的休眠期，在贮藏期若条件适宜便萌芽抽薹，这样会使水分和营养向生长点转移，从而造成糠心。温度过高及机械伤都会促使呼吸作用加强，水解作用旺盛，使养分消耗增加，促使糠心。萌芽使肉质根失重，糖分减少，组织绵软，风味变淡，降低食用品质。所以防止萌芽是萝卜和胡萝卜贮藏最关键的问题。

2. 采收处理及病害控制

(1) 采收处理 贮藏的萝卜以秋播的皮厚、质脆、含糖和水分多的晚熟品种为主，地上部分的耐藏性比地下部分长的品种以及各地选育的一代杂种的耐藏性高。如北京的心里美、青皮脆，天津的卫青，沈阳的翘头青等。另外，青皮种比红皮种和白皮种耐贮。胡萝卜以皮色鲜艳、根细长、根茎小、心柱细的品种耐藏，如小顶金红、鞭杆红等耐藏性较好。

栽培技术措施直接影响根菜类的耐贮性和抗病性，磷、钾肥能够增加干物质的积累，提高抗病性。因此，肥料中配以磷、钾肥，有利于贮藏。适时播种和收获，对根菜类贮藏影响很大，播种过早易抽薹，不利于贮藏。在华北地区，萝卜大致在立秋前后播种，霜降前后收获；胡萝卜生长期较长，一般播种稍早而收获稍晚。收获过早因温度高不能及时下窖，或下窖后不能使菜温迅速下降，容易导致萌芽、糠心、变质，影响耐贮性；收获过晚则直根生育期过长，易造成生理病害，引起糠心甚至大量腐烂。因此应注意加强田间管理，适时收获，既改善贮藏品质，又可以延长贮藏寿命。

采收萝卜、胡萝卜时，整株拔起后，随即去掉缨叶，防止贮期发芽空心。但要注意如伤口过大，容易造成病菌侵染和水分蒸发，同时，会刺激呼吸作用上升而消耗营养，容易造成糠心。

（2）采后病害及控制

① 萝卜黑腐病。萝卜黑腐病是一种侵染维管束的细菌性病害，由黄单胞杆菌致病。该病菌的发育适温为 $25\sim30℃$，低于 $5℃$ 发育迟缓。主要从气孔、水孔及伤口处侵入，为田间带菌、贮期发病，潜育期限为 $11\sim21$ 天。贮藏遇有高温高湿条件有利于该病的侵染与蔓延，尤其是根茎处愈伤组织形成不完全的菜体更容易感病。萝卜感病后表面无异常表现，但肉质根的维管束坏死变黑，严重时内部组织干腐空心，是萝卜贮藏中常见的采后病害。

② 胡萝卜的各种腐烂病。胡萝卜的黑腐、黑霉、灰霉及酸霉等腐烂病在田间侵染、贮藏发病，使胡萝卜脱色，被侵染的组织变软或呈粉状。这些病菌在高温高湿下易发病，病菌多从伤口侵入使肉质根软腐。另外，在冷藏时根霉属可使胡萝卜腐烂，软腐欧文菌也能在胡萝卜贮藏后期引起腐烂，多从伤口处侵染。故胡萝卜在收获及贮运中要避免机械伤害，并贮在 $0℃$ 的低温，这是预防腐烂的重要措施。

3. 贮藏条件及方法

（1）贮藏条件

① 温度。萝卜的贮藏适温为 $1\sim3℃$，当温度高于 $5℃$ 贮藏时，会在较短时间内发芽、变糠；而在 $0℃$ 以下时很容易遭受冻害。胡萝卜的贮藏适温为 $0\sim1℃$。

② 相对湿度。萝卜、胡萝卜含水量高，皮层缺少蜡质层、角质层等保护组织，在干燥的条件下易蒸腾失水，造成组织萎蔫、内部糠心，加大自然损耗。因此，萝卜、胡萝卜要求较高的相对湿度，一般为 $90\%\sim95\%$。

③ 气体成分。低氧、高二氧化碳能抑制萝卜、胡萝卜的呼吸作用，使之强迫休眠，抑制发芽。适宜的氧浓度为 $1\%\sim2\%$，二氧化碳浓度为 $2\%\sim4\%$。萝卜、胡萝卜的组织具有其自身特点，即细胞和细胞间隙都很大，具有高度的通气性，并能忍受高浓度的二氧化碳（据报道，可忍受 8% 的二氧化碳），这与肉质根长期生长在土壤中形成的适应性有关。

（2）贮藏方法

① 沟藏。萝卜和胡萝卜要适时收获，防止在外边风吹雨淋、日晒、受冻，应及时入沟贮藏。沟的宽度为 $1\sim1.5m$，过宽难以维持沟内适宜而稳定的低温，沟的深度应比当地冬季的冻土层稍深一些，如北京地区在 $1m$ 深的土层处，在 $1\sim3$ 月份温度为 $0\sim3℃$ 时，大致接近萝卜、胡萝卜的贮藏适温。

贮藏沟应设在地势较高、地下水位低、土质黏重、保水力较强的地方。一般东西延长，将挖出的表土堆在沟的南侧起遮阴作用。萝卜、胡萝卜可以散堆在沟内，最好利用湿沙层积，以利于保持湿润并提高直根周围二氧化碳浓度。直根在沟内堆积的厚度一般不超过 $0.5m$，以免底层受热。下窖时在贮藏产品的面上覆一层薄土，随气温的逐步下降分次添加，覆土总厚度一般为 $0.7\sim1m$，湿度偏低可浇清水，使土壤含水量达 $18\%\sim20\%$ 为宜，但沟内不能积水。埋藏的根菜多为一次出沟上市。

② 窖藏和通风贮藏库贮藏。窖藏和通风贮藏库贮藏根菜是北方常用的方法。窖藏贮藏量大，管理方便。根菜经过预冷，待气温降到 1～3℃ 时，再将根菜移入窖内，散堆或码垛均可。一般萝卜堆高 1.2～1.5m，胡萝卜堆高 0.8～1m，但堆不宜过高，否则堆中心温度不易散发，造成腐烂加剧。为促进堆内热量散发和便于翻倒检查，堆与堆之间要留有空隙，堆中每隔 1.5m 左右设一通风塔。贮藏前期一般不倒堆，立春后，可视贮藏状况进行全面检查和倒堆，剔除腐烂的根菜。贮藏过程中，注意调节窖内温度，前期窖内温度过高时，可打开通气孔散热；中期要将通气孔关闭，以利保温；贮藏后期，天气逐渐转暖，要加强夜间通风，以维持窖内低温。在窖内用湿沙与产品层积效果更好，便于保湿并积累二氧化碳。

通风贮藏库贮藏方法与窖藏相似，其特点是通风散热比较方便，贮藏前期和后期不宜过热。但由于通风量大，萝卜容易失水糠心；中期严寒时外界气温低，萝卜容易受冻。因此，保温、保湿是通风贮藏库贮藏根菜的两个主要问题。

③ 薄膜帐封闭贮藏。沈阳等地近年利用气调贮藏原理，在库内用薄膜半封闭的方法贮藏根菜，以抑制失水和萌芽，效果较好。具体方法是先在库内将根菜堆成宽 1～1.2m、高 1.5m、长 4～5m 的长方形堆，至初春萌芽前用薄膜帐扣上，堆底不铺薄膜。这种方法能适当降低氧的浓度，积累二氧化碳浓度，保持高湿，从而延长贮藏期。通常在贮藏期间要进行通风换气，必要时还进行检查挑选，除去染病的根菜。

七、茎菜类

地下茎菜类的贮藏器官是变态的茎。其中马铃薯为块茎，洋葱、大蒜等为鳞茎，虽然形态各异，贮藏条件不同，但收获后都有一段休眠期，有利于长期贮藏。

1. 马铃薯的贮藏

马铃薯又名土豆、山药蛋、洋芋等，属茄科蔬菜，食用部分为其块茎。马铃薯在我国栽培极为广泛，既是很好的蔬菜，又可作为食品加工的原料，是人们十分喜爱的粮食作物。

(1) 贮藏特性 马铃薯表皮薄，肉皮嫩，含水量大，不耐碰撞，易受病菌感染和腐烂，造成大量损失。

马铃薯收获后有明显的休眠期，其休眠期一般为 2～4 个月，品种之间有差异。刚刚采收的马铃薯呼吸强度大，失水严重，同时，采收时易产生较多的伤口，容易感染病菌，随着伤口处形成愈伤组织，能够阻止病菌侵入。当进入生理休眠阶段，呼吸强度降低，这时，即使条件适宜也不会发芽。生理休眠期后，如环境条件适宜，就会发芽生长。马铃薯的休眠期长短与品种、成熟度、播种条件、贮藏环境有关。一般早熟品种比晚熟品种休眠期长，未充分成熟的比充分成熟的长，秋播的比春播的长，贮藏期间低温、低湿和高二氧化碳会延长休眠期。另外，同一品种在南北方的休眠期会因气候条件的变化而变化。

(2) 采收及采后处理 马铃薯一般在地上部分枯黄后采收，此时，薯块发硬，外皮坚韧，淀粉含量高，薯块变为粉质，采收后容易干燥，这种马铃薯的耐贮性好。用于贮藏的马铃薯宜选沙壤土栽培，增强有机肥，控制氮肥用量，收获前 10～15 天控制浇水。采收时应选择晴天，土壤较干燥时采收。采收时如遇高温和大雨，薯块易腐烂。

马铃薯的表皮薄，易受伤害，受伤后容易感染细菌、霉菌、真菌，不利于贮藏，导致腐烂。所以马铃薯采收时应注意深挖，不能伤及薯块，注意轻拿轻放，防止机械损伤。采收后的马铃薯应放在阴凉通风处晾晒几天，至表皮干燥时方可进行贮藏。

马铃薯采收可用人工采收，用锄或铁锹挖，国外也有用机械采收的，由挖掘器、收集器、运输带组成，收后运到拖车上，但这种采收方法机械伤严重，不适合长期贮藏。

（3）贮藏病害及控制

① 马铃薯晚疫病。又叫马铃薯瘟，是马铃薯的全株性病害，产品在田间及贮藏期发病。染病初期，薯块表面呈现褐色凹陷小斑，逐渐蔓延扩大并向薯块内部延伸乃至整薯腐烂，有恶臭。干燥时，病部干硬。该病发病适温为 20℃ 左右。该病菌可通过伤口、皮孔、芽眼等侵入，潜伏期为 1 个月。

② 环腐病。是薯块在田间由棒状杆菌马铃薯环腐细菌侵染引起，在贮藏期间发病蔓延，该病害多由伤口侵入，不能从自然孔道侵染。

（4）贮藏条件

① 温度。由于马铃薯富含淀粉和糖，且在贮藏中，淀粉和糖能在酶的作用下相互转化，当温度降到 0℃ 时，由于淀粉水解酶活性增强，薯块内单糖积累；如贮藏温度过高，淀粉水解成糖也会增加，所以，马铃薯的贮藏适温为 3～5℃。

② 湿度。适宜的相对湿度为 80%～85%。

③ 气体成分。据报道，马铃薯在 6～8℃、相对湿度 90%～95%、氧气浓度 2%～3%、二氧化碳浓度小于 1% 的条件下，可贮藏 240 天。

（5）贮藏方法 马铃薯贮藏的形式多种多样，在我国除北方为一季栽培外，华中、中原、西南等地区都采用二季栽培。于是就有夏季和冬季两类贮藏方法。

在夏季收获的马铃薯，因气温高，采后应尽快摊放在凉爽通风的室内、窖内预贮，尽快让薯块散热和蒸发过多的水分，并使伤口愈合。预贮期间视天气情况，不定期翻动薯块，以免薯块热伤，倒动时要轻拿轻放避免产生机械伤害。2～3 周后，薯皮充分老化和干燥，剔除腐烂薯块，即可贮藏。此时马铃薯已处于休眠期，不需制冷降温。将薯块放在通风良好的室内或通风贮藏库内堆成高 0.5m 以下、宽不超过 2m 的薯堆即可。后期可结合降温措施，进一步延长其休眠期。

对于秋收的马铃薯，先在田间晾晒 1～2 天，蒸发掉部分水分，使薯块略有弹性，以减少贮运中的机械损伤。秋冬季节气温低，不像春天那样容易腐烂，应以防冻保温贮藏为主。冬季贮藏形式很多，北方农村多用沟藏；华东、华中采用通风阴凉的室内或窖藏；城市商业系统常用通风贮藏库散堆贮藏。

① 室内堆藏。一般将薯块装筐后码在室内，这种方法简单易行，但抑芽效果差。南方多采用该方法。

② 沟藏。东北地区在秋季收获马铃薯，采收后先预贮，直到 10 月份下沟贮藏。沟深 1～1.2m，宽 1～1.5m，长度按贮藏量而定。薯块堆至距地面 0.2m 处，上覆土保温，总厚度 0.8m 左右，要随气温下降分次覆盖。沟内堆薯不能过高，否则沟底及中部温度会偏高。

③ 窖藏。西北地区土质黏重坚实，多采用井窖或窑窖，贮藏量可达 3000～3500kg，利用窖口通风调节温度，所以保温效果较好，但入贮初期不易降温。因此，产品不能装得太多。

④ 通风贮藏库。一般在通风贮藏库内堆藏，堆高不超过 2m，堆内放置通风塔，也可码垛进行贮藏。不管采用何种方法，薯堆周围要注意留有一定的空隙以利通风散热。以通风库的体积计算，空隙不得少于 1/3，最好有 1/2 空隙。

2. 洋葱的贮藏

洋葱又称葱头、圆葱，属百合科植物，食用部分为其鳞茎。洋葱可分为普通洋葱、分蘖洋葱和顶生洋葱三种类型，我国主要以栽培普通洋葱为主。普通洋葱按其鳞茎颜色，可分为红皮种、黄皮种和白皮种。其中黄皮种属中熟或晚熟品种，品质佳、耐贮藏；红皮种属晚熟种，产量高、耐贮藏；白皮种为早熟品种，肉质柔嫩，但产量低、不耐贮。

(1) 贮藏特性 洋葱具有明显的休眠期，休眠期长短因品种而异，一般为 1.5～2.5 个月。食用部分为其肥大的鳞茎。收获后处于休眠期的洋葱，外层鳞片干缩成膜质，能阻止水分的减少和内部水分的蒸发，呼吸强度降低，具有耐热和抗干燥的特性，即使外界条件适宜，鳞茎也不萌芽。通过休眠期的洋葱遇到合适的外界环境条件便能出芽生长，贮藏的大量养分被利用，呼吸作用旺盛，有机物大量被消耗，鳞茎部分逐渐干瘪、萎缩而失去原有的食用价值。所以，如果能够有效延长洋葱的休眠期，就能有效延长洋葱的贮藏期。

(2) 采收及采后处理 用于贮藏的洋葱，应充分成熟，组织紧密。一般在第一、二片叶枯黄，第三、四片叶变黄，地上部分开始倒伏，外部鳞片变干时收获。收获过早的洋葱，产量低且组织松软，含水量高，贮藏期间容易腐烂萌芽；采收过迟，地上假茎易脱落，还易裂球，不利于编挂贮藏。

采收后的洋葱，经过严格挑选，去除掉头、抽薹、过大过小以及受机械损伤和雨淋的洋葱。挑选出用于贮藏的洋葱，首先要摊放晾晒，一般选择干燥不易积水和向阳的地方，将洋葱摊开晾晒，每隔 2～3 天翻动一次，一般晾晒 6～7 天，当叶子发黄变软、能编辫子方可停止晾晒。然后，编辫晾晒，用晒软了的茎叶编成长辫子，每挂约有葱头 60 个，晾晒 5～6 天，直晒至葱叶全部褪绿，鳞茎表皮充分干燥为止。晾晒过程中，要防止雨淋，否则，易造成腐烂。

(3) 贮藏病害及控制 洋葱采后的侵染性病害主要有细菌性软腐病、灰霉病。细菌性软腐病是由欧氏杆菌属细菌通过机械损伤侵染传播的，在高温高湿及通风不良的条件下危害加重。灰霉病菌也是从伤口或自然孔道侵入的，在湿度高时发病快且严重。

(4) 贮藏条件

① 温度。洋葱刚采收时，需要高温低湿处理，使得洋葱组织内水分蒸散，使鳞茎干燥，避免温湿度过高造成病变和腐烂。洋葱的贮藏适温为 0～1℃，这样可延长其休眠期，降低呼吸作用，抑制发芽和病菌的发生。但如温度低于 −3℃ 时，会产生冻害。

② 湿度。洋葱适应冷凉干燥的环境，相对湿度过高会造成大量腐烂，一般要求相对湿度以 65%～75% 为宜。

③ 气体成分。适当的低氧和高二氧化碳环境，可延长洋葱的休眠期及抑制发芽。据报道，采用氧气浓度 3%～6%、二氧化碳浓度 8%～12% 的贮藏环境，对抑芽有明显的效果。

(5) 贮藏方法

① 简易贮藏。洋葱简易贮藏方法有多种，如吊藏、挂藏、垛藏、窖藏等。

吊藏是将经过挑选晾晒的洋葱装入吊筐内，吊在室内或仓库的通风阴凉之处贮藏。此法虽然贮藏量小，但简便易行，适合于家庭贮藏。挂藏是在通风干燥的房中或阴棚内，将洋葱辫子挂在事先搭好的木架上，葱辫下端距地面 30cm 左右，如挂在阴棚内则需用席子等物围好，以防雨淋。贮到 12 月底移至室内，一般可再贮到来年的春季。

② 冷库贮藏。在洋葱脱离休眠、发芽前半个月，将葱头装筐码垛，贮于 0℃、相对湿度低于 80% 的冷库内。根据试验认为：洋葱在 0℃ 冷库内可以长期贮藏，有些鳞茎虽有芽露出，但一般都很短，基本上无损于品质。一般情况下冷库湿度较高，鳞茎常会长出不定根，并有一定的腐烂率。所以库内可适当使用吸湿剂如无水氯化钙、生石灰等吸湿。为防止洋葱长霉腐烂，也可在入库时用 0.01mL/L 的克霉灵熏蒸。

③ 气调贮藏。洋葱的贮藏方法很多，可采用简易自发气调贮藏，也可采用气调冷藏。如采用塑料薄膜大帐贮藏时，将晾干的葱头装筐，用塑料帐封闭，每垛贮藏 5000～

10000kg，塑料帐一般在洋葱脱离休眠之前封闭，利用洋葱自身的呼吸作用，降低贮藏环境中的氧气浓度，提高二氧化碳浓度，一般维持氧气浓度 3%～6%、二氧化碳浓度 8%～12%。堆垛时若垛内湿度较高，特别是在秋季时昼夜温差大，密封帐内易凝结大量水珠，对贮藏非常不利。所以，一方面要保证贮藏环境中的温度稳定，并配合使用吸湿剂；另一方面可以配合药物消毒，如采用氯气消毒，效果较为理想。

　　试验表明，采用此法贮藏到 10 月底，发芽率可控制在 5%～10%，即使气体管理较为粗放，但仍明显地优于不封闭处理。

　　④ 化学贮藏。洋葱收获前 10～15 天，用 0.25% 的青鲜素进行田间喷洒，每公顷喷液 750kg，喷药前 3～5 天，田间最好不要灌水，以免影响药物的作用。经青鲜素处理的洋葱能够较好地抑制发芽，但在贮藏后期鳞茎易腐烂。

八、果菜类

　　果菜类包括茄果类的番茄、辣椒等；瓜果类的黄瓜、南瓜、冬瓜等。此类蔬菜原产于热带或亚热带，不适合于低温条件贮藏，易产生冷害。果菜类同其他蔬菜相比最不耐贮藏。果菜类是人们非常喜爱的蔬菜，也是冬季调剂市场供应的重要细菜类。

1. 番茄的贮藏

　　番茄又称西红柿、洋柿子，属茄科蔬菜，食用器官为浆果。番茄起源于秘鲁，在我国栽培已经有近 100 年的历史。栽培种包括普通番茄、大叶番茄、直立番茄、梨形番茄和樱桃番茄 5 个变种，后两种果形较小，产量较低，近年来樱桃番茄的种植也日渐增多。番茄的营养丰富，经济价值较高，是人们喜爱的水果兼蔬菜品种。露地大面积栽培的番茄采收集中，上市正值夏季高温季节，容易造成较大的采后损耗，但高峰期过后，番茄产量又锐减，所以番茄贮藏主要是将夏季生产的番茄贮藏起来，到淡季时陆续供应市场。番茄果实皮薄多汁，不易贮藏，研究番茄的贮藏保鲜方法，可减少腐烂，延长其贮藏期及保持其品质。

　　(1) 贮藏特性　番茄性喜温暖，不耐 0℃ 以下的低温，但不同成熟度的果实对温度的要求不尽相同。番茄属呼吸跃变型果实，成熟时有明显的呼吸高峰及乙烯高峰，同时对外源乙烯反应也很敏感。

　　用于贮藏的番茄首先要选择耐贮藏品种，不同的品种耐藏性差异较大。贮藏时应选择种子腔小、皮厚、子室小、种子数量少、果皮和肉质紧密、干物质和糖分含量高、含酸量高的耐贮藏品种。一般来说，黄色品种最耐藏，红色品种次之，粉红色品种最不耐藏。此外，早熟的番茄不耐贮藏，中晚熟的番茄较耐贮藏。通过试验发现，适宜贮藏的番茄品种有满丝、橘黄佳辰、农大 23、红杂 25、大黄一号、厚皮小红、日本大粉等。加工品种中较耐贮藏的有扬州 24、罗城 1 号、渝红 2 号、罗城 3 号、满天星等。

　　(2) 采收及采后处理　番茄采收的成熟度与耐藏性密切相关，采收的果实过青，累积的营养不足，贮后品质不良；果实过熟，则很快变软，而且容易腐烂，不能久藏。番茄果实生长至成熟时会发生一系列变化，叶绿素逐渐降解，类胡萝卜素逐渐形成，呼吸强度增加，乙烯产生，果实软化，种子成熟。根据果实色泽的变化，番茄的成熟度可分为绿熟期、发白期、转色期、粉红期、红熟期 5 个时期。

　　① 绿熟期。全果浅绿或深绿，已达到生理成熟。

　　② 发白期。果实表面开始微显红色，显色小于 10%。

　　③ 转色期。果实浅红色，显色小于 80%。

　　④ 粉红期。果实近红色，硬度大，显色率近 100%。

　　⑤ 红熟期。又叫软熟期，果实全部变红而且硬度下降。

采收番茄时，应根据采后不同的用途选择不同的成熟度，用于鲜食的番茄应在转色期至粉红期采收，但这种果实正开始进入或已处于生理衰老阶段，即使在10℃条件下也难以长期贮藏；用于长期贮藏或长距离运输的番茄应在绿熟期至转色期采收，此时果实的耐贮性较强，在贮藏中完成完熟过程，可以获得接近植株上充分成熟的品质。

番茄果皮较薄，采收时应十分小心。番茄的成熟为分批成熟，所以一般采用人工采摘。番茄成熟时产生离层，采摘时用手托住果实底部，轻轻扭转即可采摘。人工采摘的番茄适宜贮运鲜销。发达国家用于加工的番茄多用机械采收，但果实受伤严重，不适宜长期贮藏。

（3）贮藏病害及控制

① 番茄灰霉病。多发生在果实肩部，病部果皮变为水浸状并皱缩，上生大量土灰色霉层，在果实遭受冷害的情况下更易大量发生。

② 番茄交链孢果腐病。多发生在成熟果实裂口处或日灼处，也可发生在其他部位。受害部位首先变褐，呈水浸状圆形斑，后发展变黑并凹陷，有清晰的边缘。病斑上生有短绒毛状黄褐色至黑色霉层，在番茄遭受冷害的情况下，尤其容易感病，一般是从冷害引起的凹陷部位侵染，引起腐烂。

③ 番茄根霉腐烂病。引起番茄腐烂部位一般不变色，但因内部组织溃烂果皮起皱缩，其上长出污白色至黑色小球状孢子囊，严重时整个果实软烂呈一泡儿水状。该病害在田间几乎不发病，仅在收获后引起果实腐烂。病菌多从裂口处或伤口处侵入，患病果与无病果接触可很快传染。

④ 番茄软腐病。一种真菌病害，一般由果实的伤口、裂缝处侵入果实内部。该病菌喜高温高湿，在24～30℃下很易感染发病。病害多发生在青果上，绿熟果极易感染。果实表面出现水渍状病斑，软腐处外皮变薄，半透明，果肉腐败。病斑迅速扩大以至整个果实腐烂，果皮破裂，呈暗黑色病斑，有臭味。这种病蔓延很快，危害较大。

⑤ 番茄炭疽病。一种真菌病害，该菌的生长发育温度范围很广，最低为6～7℃，最高34℃，最适温度在25℃左右。该病主要危害成熟果实，发病开始时，果实表面呈现水渍状透明斑点，渐渐扩大成黑色的凹陷。

（4）贮藏条件

① 温度。用于长期贮藏的番茄，一般选用绿熟果，适宜的贮藏温度为10～13℃，温度过低，则易发生冷害；用于鲜销和短期贮藏的红熟果，其适宜的贮藏温度为0～2℃。

② 湿度。番茄贮藏适宜的相对湿度为85%～95%，湿度过高，病菌易侵染造成腐烂；湿度过低，水分易蒸发，同时还会加重低温伤害。

③ 气体成分。氧气浓度2%～5%、二氧化碳浓度2%～5%的条件下，绿熟果可贮藏60～80天，顶红果可贮藏40～60天。

（5）贮藏方法

① 简易贮藏。夏秋季节利用通风库、地下室等阴凉场所贮藏，采用筐或箱存放时，应内衬干净纸垫，上用0.5%漂白粉消毒的蒲包，防止果实硌伤。将选好的番茄装入容器中，一般只装4～5层。包装箱码成四层高，箱底垫枕木，箱间留有通风道。也可将果实直接堆放在架上或地面，码放3～5层果实为宜，架宽和堆宽不应超过0.8～1m，以利于通风散热并防止压伤，层间垫消毒蒲包或牛皮纸，最上层可稍加覆盖（纸或薄膜）。贮藏后，加强夜间通风换气，降低库温。贮藏期间每8～10天检查一次，剔除有病和腐烂果实，红熟果实及时挑出销售或转入0～2℃库中继续贮藏。该法一般贮藏20～30天果实全部转红。秋季如果能将温度控制在10～13℃，番茄可以贮藏一个月。

② 冷藏。根据番茄冷藏的国家标准，冷藏时应注意以下事项。

a. 选择无严重病害的菜田，在晴天露水干后、凉爽干燥的天气下采收，选择耐藏的品种，要求果实饱满、无病害、无机械损伤的绿熟果、顶红果及红熟果，剔除畸形果、腐烂果、未熟果、过熟果。

b. 贮前准备。番茄贮藏 1 周前，贮藏库可用硫黄熏蒸（10g/m³）或用 1%～2%的甲醛（福尔马林）喷洒，熏蒸时密闭 24～48h，再通风排尽残药。所有的包装和货架等用 0.5%的漂白粉或 2%～5%硫酸铜液浸渍，晒干备用。同等级、同批次、同一成熟度的果实须放在一起预冷，一般在预冷间与挑选同时进行。将番茄挑选后放入适宜的容器内预冷，待温度与库温相同时进行贮藏。

c. 贮藏条件。最适贮藏温度取决于番茄的成熟度及预计的贮藏天数。一般来讲，成熟果实能承受较低的贮藏温度，因此可根据番茄果实的成熟度来确定贮藏温度。绿熟期或转色期的番茄贮藏温度为 12～13℃，红熟期的番茄贮藏温度为 0～2℃。空气相对湿度保持在85%～95%。为了保持稳定的贮藏温度和相对湿度，须安装通风装置，使贮藏库内的空气流通，适时更换新鲜空气。在贮藏期间必须进行定期检查，出库之前应根据其成熟度和商品类型进行分类和划分等级。

③ 气调贮藏。当气温较高或需长期贮藏时，宜采用气调贮藏。

塑料薄膜帐气调贮藏法是用 0.1～0.2mm 厚的聚乙烯或聚氯乙烯塑料膜做成密闭塑料帐，塑料帐内气调容量为 1000～2000kg。由于番茄自然完熟速度快，因此采后应迅速预冷、挑选、装箱、封垛。一般采用自然降氧法，用消石灰（用量为果重的 1%～2%）吸收多余的二氧化碳。氧不足时从袖口充入新鲜空气。塑料薄膜封闭贮藏番茄时，垛内湿度较高易感病，要设法降低湿度，并保持库温稳定，以减少帐内凝水。可用防腐剂抑制病菌活动，通常使用氯气，每次用量为垛内空气体积的 0.2%，每 2～3 天施用一次，防腐效果明显。也可用漂白粉代替氯气，一般用量为果重的 0.05%，有效期为 10 天。

2. 黄瓜的贮藏

黄瓜又名胡瓜，属葫芦科甜瓜属一年生植物，原产于中印半岛及南洋一带，性喜温暖，在我国已有 2000 多年的栽培历史。幼嫩黄瓜质脆肉细，清香可口，营养丰富，深受人们的喜爱。

(1) 贮藏特性　黄瓜每年可栽培春、夏、秋三季。春黄瓜较早熟，一般采用南方的短黄瓜系统；夏、秋黄瓜提倡耐热抗病，一般用北方的鞭黄瓜和刺黄瓜系统，还有一种专门用来加工的小黄瓜系统。贮藏用的黄瓜，一般以秋黄瓜为主。

黄瓜属于非跃变性果实，但成熟时有乙烯产生。黄瓜产品鲜嫩多汁，含水 95%以上，代谢活动旺盛。黄瓜采后数天即出现后熟衰老症状，受精胚在其中继续发育生长，吸取果肉组织的水分和营养，以致果梗一端组织萎缩变糠，苋端因种子发育而变粗，整个瓜形呈棒槌状；同时出现绿色减退，酸度增高，果实绵软。黄瓜采收时气温较高，表皮无保护层，果肉脆嫩，易受机械伤害。在黄瓜的贮藏中，要解决的主要问题是后熟老化和腐烂。

(2) 采收及采后处理　采收成熟度对黄瓜的耐贮性有很大影响，一般嫩黄瓜贮藏效果较好，越大越老的越容易衰老变黄。贮藏用瓜最好采用植株主蔓中部生长的果实（俗称"腰瓜"），果实应丰满壮实、瓜条匀直、全身碧绿；下部接近地面的瓜条畸形较多，且易与泥接触，果实带较多的病菌，易腐烂。黄瓜采收期多在雌花开花后 8～18 天，采摘宜在晴天早上进行。最好用剪刀将瓜带 3cm 长果柄摘下，放入筐中，注意不要碰伤瘤刺；若为刺黄瓜，最好用纸包好放入筐中。认真选果，剔除过嫩、过老、畸形和受病虫侵害、有机械伤的瓜条。将合格的瓜条整齐放入消过毒的筐中，每放一层，用薄的塑料制品隔开，以防瓜刺互相刺伤，感染病菌。

入库前，用软刷将0.2%甲基托布津和4倍水的虫胶混合液涂在瓜条上，阴干，对贮藏有良好的防腐保鲜效果。

（3）贮藏病害及控制

① 炭疽病。染病后，瓜体表面出现淡绿色水渍状斑点，并逐步扩大、凹陷，在湿度较高的条件下，病斑常出现许多黑色小粒，即分生孢子，病斑可深入果肉使风味品质明显下降，甚至变苦，不堪食用。该病菌发病适宜条件为24℃，4℃以下分生孢子不发芽，10℃以下病菌停止生长。防治此病，主要是做好田间管理，剔除病虫果，采后用1000～2000mg/L的苯来特、托布津处理。

② 绵腐病。染病后使瓜面变黄，病部长出长毛绒状白霉。应严格控制温度，防止温度波动太大凝结水滴在瓜面上，也可结合使用一定的药剂处理。

③ 低温冷害。黄瓜性喜温暖，不耐低温。在温度低于10℃条件下，易遭受冷害。发生冷害的黄瓜表面出现不规则凹陷及褐色斑点，果实呈水渍状，受害部位易感病。

（4）贮藏条件

① 温度。一般认为黄瓜的贮藏适温为10～13℃，低于10℃可能出现冷害；高于13℃代谢旺盛，加快后熟，品质变劣，甚至腐烂。

② 湿度。黄瓜含水量高，蒸散量大，因此，黄瓜需高湿贮藏，相对湿度高于90%，低于85%会出现失水萎蔫、变形、变糠等问题。

③ 气体成分。黄瓜对气体成分较为敏感，黄瓜的适宜氧气浓度和二氧化碳浓度均为2%～5%。二氧化碳的浓度高于10%时，会引起高二氧化碳伤害，瓜皮出现不规则的褐斑。乙烯会加速黄瓜的后熟和衰老，贮藏过程中要及时消除，如在贮藏库里放置浸有饱和高锰酸钾的蛭石。

（5）贮藏方法

① 水窖贮藏。在地下水位较高的地区，可挖水窖保鲜黄瓜。水窖为半地下式土窖，一般窖深2m，窖内水深0.5m，窖底宽3.5m，窖口宽3m。窖底稍有坡度，低的一端挖一个深井，以防止窖内积水过深。窖的地上部分用土筑成厚0.6～1m、高约0.5m的土墙，上面架设木檩，用秫秸棚顶并覆土。顶上开两个天窗通风。靠近窖的两侧壁用竹条、木板做成贮藏架，中间用木板搭成走道。窖的南侧架设2m的遮阳风障，防止阳光直射使窖温升高，待气温降低即可拆除。

黄瓜入窖时，先在贮藏架上铺一层草席，四周围以草席，以避免黄瓜与窖壁接触碰伤。用草秆纵横间隔成3～4cm见方的格子，将黄瓜瓜柄朝下逐条插入格内。要避免黄瓜之间摩擦，摆好后用薄湿席覆盖。

黄瓜贮藏期间不必倒动，但要经常检查。如发现瓜条变黄发蔫，应及时剔除以免变质腐烂。

② 塑料大帐气调贮藏。将黄瓜装入内衬纸或蒲包的筐内，重约20kg，在库内码成堆，堆不宜过大，每堆40～50筐。堆顶盖1～2层纸以防露水进入筐内，堆底放置消石灰吸收二氧化碳，用棉球蘸取克霉灵药液（用量按每千克黄瓜0.1～0.2mL）或仲丁胺药液（用量每千克黄瓜0.05mL），分散放到堆、筐缝隙处，不可放在筐内与黄瓜接触。在筐或堆的上层放置包有浸透饱和高锰酸钾碎砖块的布包或透气小包，用于吸收黄瓜释放的乙烯，用量为黄瓜质量的5%。用0.02mm厚的聚乙烯塑料帐覆罩，四周封严。用快速降氧或自然降氧的方式将氧气含量降至5%。实际操作时每天进行气体测定和调节。每2～3天向帐内通入氯气消毒，每次用量为每立方米帐容积通入120～140mL，防腐效果明显。这种贮藏方式严格控

制气体条件，因此效果比小袋包装好，在 12～13℃ 条件下可贮 45～60 天，在贮藏期间定期检查，一般贮藏约 10 天后，每隔 7～10 天检查一次，将变黄、开始腐烂的瓜条清除，贮藏后期注意质量变化。

黄瓜除上述贮藏方法外，还有缸藏、沙藏等。

九、叶菜类

叶菜类包括白菜、甘蓝、芹菜、菠菜等。叶菜类的产品器官是同化器官，又是蒸腾器官，所以代谢强度很高，不耐贮藏。但不同产品对贮藏要求的条件也不一样，各有其特点。结球白菜、甘蓝，是由不同叶龄的叶片组成的叶球，由幼龄叶和壮龄叶组成，没有衰老期，同时叶球有一定休眠期，所以可以长期贮藏。菠菜、芹菜等产品器官的发育是在 0℃ 左右的低温条件下度过的，抗寒性强，可以冷藏和冻藏。叶菜类是人们非常喜爱的蔬菜，也是冬季调剂市场供应的重要菜类。以下以大白菜为例介绍叶菜类的贮藏。

大白菜又名结球白菜、包心菜和胶菜，为十字花科芸薹属的两年生植物。原产我国山东、河北一带，是我国特产之一。其栽培历史悠久，是我国北方秋冬季供应的主要蔬菜，栽培面积广、产量高、贮藏量大、贮藏期长，可以调剂冬季蔬菜供应。

1. 贮藏特性

我国的大白菜种类有上百种，按照叶球形状，可将其分为抱头形、圆筒形和花心形三种。抱头形白菜，叶球粗大，叶球高度为直径的一倍到两倍之间，叶球坚实，单株产量高，耐贮藏，品种有北京大青口、济南大根白菜等；圆筒形白菜，叶球细长呈圆筒形，其高度为直径的两倍以上，耐贮藏，如天津青麻叶，其外叶浓绿色、心叶淡绿色，品质优良；花心形白菜，顶部心叶向外翻卷，不封顶，呈花心状，外部叶片为绿色，这类白菜抗病性差，不耐贮藏。

不同品种大白菜的耐贮性和抗病性有一定的差异，一般中晚熟的品种比早熟品种耐贮藏，青帮类型比白帮类型耐贮藏，青白帮类型的耐贮藏性介于两者之间。栽培时在氮肥足够但不过量的基础上增施磷、钾肥能增进抗性，有利于贮藏。采收前要停止灌水，否则组织脆嫩、含水量高，新陈代谢旺盛，易造成机械损伤。

叶球的成熟度也与贮藏性有关，叶球太紧的不利于长期贮藏，包心八成的能长期贮藏。播种期对贮藏性也有影响，播种期过早，叶球过度成熟，耐贮性差；播种期过晚，产量低而且叶球不成熟，代谢旺盛，不能进入稳定休眠，不利长期贮藏。因此作贮藏的大白菜应适当晚播，同时以选包心八成的健壮个体贮藏为宜。

2. 采收及采后处理

适时收获有利贮藏。收获过早，气温与窖温均高，不利于贮藏，也影响产量；收获过迟易在田间受冻。收获的适宜时期，东北、内蒙古地区约在霜降前后，华北地区在立冬到小雪之间。假植贮藏的大白菜，要求带根收获；其他方法贮藏的大白菜，可留 3cm 的根砍倒，也可沿叶球底部砍倒或连根收获。采收应选择天气晴朗、菜地干燥时进行，以七八成熟、包心不太坚实为宜，以减少或防止春后抽薹、叶球爆裂现象的发生。

收获后的白菜要进行晾晒，使外叶失水变软，达到菜棵直立而不垂的程度，这样既可减少机械损伤，又可以增加细胞液浓度，提高抗寒能力，同时可以减小体积，提高库容量。但晾晒也不宜过度，否则组织萎蔫会破坏正常的代谢机能，加强水解作用，从而降低大白菜的耐贮藏性、抗病性，并促进离层活动而脱帮。

经晾晒后的大白菜可以进行整理预贮，摘除黄帮烂叶，但不要清理过重，不黄不烂要尽量保留以保护叶球，同时进行分级挑选以便管理。经整理后如气温尚高，可在窖旁码成长形或圆形垛进行预贮。预贮期间既要防热又要防冻。

针对大白菜在贮藏中易脱帮腐烂，可辅以药剂处理。在收菜前2～7天用25～50mg/L的2,4-D进行田间喷洒，或在采收后于窖外、窖内喷洒或浸根，有明显抑制脱帮的效果。

3. 贮藏病害及控制

(1) 细菌性软腐病　病部呈半透明水渍状，随后病部迅速扩大，表皮略陷，组织腐烂、黏滑，色泽为淡灰至浅褐，腐烂部位有腥臭味。发病时或叶缘枯黄，或从叶柄基部向上引起腐烂，或心叶腐烂以及枯干呈薄纸状。该病菌一般从伤口侵入。

该病菌在2～5℃的低温下也能生长发育，是大白菜低温贮藏期间常见的病害，但该病菌在干燥环境下受到抑制。因此在采收、贮运过程中应尽量减少机械伤，采后适度晾晒，贮藏期间注意通风，控制环境中的湿度等措施是控制大白菜软腐病的关键所在。

(2) 大白菜霜霉病　又称霜叶病。染病后，一般由外层叶向内层叶扩展，初期只在叶片呈现出淡黄绿色至淡黄褐色斑点，潮湿时病斑背面出现白霜霉，严重时霉层布满整个叶片，干枯死亡。该病在高湿环境下易严重发生，因此，适度的晾晒和通风以保持环境中的低湿可抑制该病的发生。

(3) 生理性脱帮　脱帮主要发生在贮藏初期，指叶帮基部形成离层而脱落的现象。贮藏温度高时，离层形成快，空气湿度过高或晾晒过度也会促进脱帮。采前2～7天用25～50mg/L的2,4-D药剂进行田间喷洒或采后浸根，可明显抑制脱帮。

4. 贮藏条件

(1) 温度　用于长期贮藏的大白菜，要求低温贮藏条件，温度范围在（0±1）℃为宜。

(2) 湿度　大白菜贮藏过程中易失水萎蔫，因此要求较高的湿度，空气相对湿度为85%～90%。

(3) 气体成分　大白菜气调贮藏的报道较少。据美国报道，大白菜在0℃、相对湿度85%～90%、氧的浓度为1%的条件下贮藏5个月，叶片组织内维生素C损失减少，总糖高，且无低氧伤害症状。但当二氧化碳的浓度高于20%时，就会引起生理病害甚至腐烂而失去食用价值。

5. 贮藏方法

(1) 沟藏　又称埋藏法。沟藏法首先要选择地势平坦、干燥，地下水位低、排水良好、交通方便的地点，沿东西向挖沟，沟深根据当地冻土层厚度及贮藏时间长短而定，覆土厚度，大连为0.5m左右，沈阳为0.7m左右。入沟时间，大连地区是以2～3片叶稍稍受冻时为宜，即小雪前后，沈阳是立冬前后。北京地区一般沿南北向挖沟，沟宽1.5m，沟深0.25m，长度根据地形和贮藏量而定。挖出的土在沟四周做成土埂，埂厚约0.7m（以最冷时期不冻透为原则）。沟深与土埂高度相加等于白菜的高度，入沟前先在沟底铺一层稻草或菜叶。然后，将晾晒过的白菜紧密地挤码在沟内，菜上面覆盖一层稻草或菜叶，再盖0.5～0.7m厚的土。

(2) 窖藏　该方法简单，贮藏量大，贮藏时间也较长。窖藏一般选择地势高、地下水位低的地块，以免窖内积水造成腐烂。

白菜采收期一般在霜降前后，采后放在垄上晾1～2天，然后送到菜窖附近码在背风向阳处，堆码时菜根向下，四周用草或秸秆覆盖，以防低温受冻。

菜窖的形式有多种，在南方，气温较高，菜窖多为地上式；在北方，气温较低，菜窖多采用地下式，而中原地区，多采用半地下式。窖藏白菜多采用架贮或筐贮。架贮是将已晾晒过的大白菜贮藏于架上，架高 170cm、宽 130cm，层高 100cm 左右。贮藏架之间间隔 130cm 左右，以方便检查和倒菜。大白菜摆放 7～8 层，贮菜与上层的夹板应有 20cm 的间隙。入窖初期，窖温较高，大白菜易腐烂和脱帮，如采用地面堆码贮藏，必须加强倒菜，以利通风散热。外界气温高时，要把门窗通气孔关闭，防止高温空气侵入库内。夜间打开通风设施引进冷凉空气，降低窖温。入窖中期，此时外界气温急剧下降，必须注意防冻，要关闭窖的门窗和通气孔，中午可适当通风。架式贮藏应在春节前倒菜 1～2 次，垛藏要倒菜 2～3 次。入窖后期（立春以后），此时气温和地温均升高，造成窖温和菜温升高，这时要延缓窖温的升高，白天将窖封严，防止热空气侵入，晚上打开通风系统，尽量利用夜间低温来降低窖温。

（3）机械冷藏 大白菜先经过预处理，再装箱后堆码在冷藏库中，库温保持在（0±0.5）℃，相对湿度控制在 85%～90% 为宜，贮藏期间应定期检查。机械冷藏的优点是温湿度可精确控制，贮藏质量高，但设备投资大，成本高。

甘蓝贮藏特性同大白菜相似，对贮藏条件的要求也基本相同。因此大白菜的贮藏措施同样适用于甘蓝，但甘蓝比大白菜更耐寒一些，贮藏温度可控制在 -1～0℃，收获期可稍晚一些，相对湿度控制在 85%～95%。

十、花椰菜、蒜薹类

1. 花椰菜的贮藏

花椰菜，又名花菜、菜花，属十字花科植物，是甘蓝的一个变种，原产于地中海及英、法滨海地区，在我国已引种多年，为我国南部地区秋冬季主栽蔬菜之一。花椰菜的供食器官是花球，花球质地嫩脆，营养价值高，味道鲜美，而且食用部分粗纤维少，深受消费者的喜爱。

（1）贮藏特性 花椰菜喜冷温和湿润的环境，忌炎热，不耐霜冻，不耐干旱，对水分要求严格。花椰菜的花球由肥大的花薹、花枝和花蕾短缩聚合而成。贮藏期间，外叶中积累的养分能向花球转移而使之继续长大充实。花椰菜在贮藏过程中有明显的乙烯释放，这是花椰菜衰老变质的重要原因。

（2）采收及采后处理

① 采收成熟度的确定。从出现花球到采收的天数，因品种、气候而异。早熟品种在气温较高时，花球形成快，20 天左右即可采收；而中晚熟品种，在秋、冬季需一个月左右。采收的标准为：花球硕大，花枝紧凑，花蕾致密，表面圆正，边缘尚未散开。花球球大而充实，收获期较晚的品种适于贮藏；球小松散，收获期较早的品种，收获后气温较高，不利于贮藏。

② 采收方法。用于假植贮藏的花椰菜，要连根带叶采收。用其他方法贮藏的花椰菜，保留距离花球最近的三四片叶，连同花球割下，以减少运输中的机械损伤。同时由于花球形成时间不一致，所以要分批采收。

（3）贮藏病害及控制

① 侵染性病害。主要是黑斑病，染病初期花球脱色，随后褐变，花球上出现褐斑而影响其感官品质。此外还有霜霉病和菌核病。防治上述病害要注意尽量减少机械损伤，避免贮藏期间温度波动过大而出汗，另外，入贮前喷洒 3000mg/L 托布津可抑制发病。

② 失重、变黄和变暗。失重是由于水分蒸腾所造成的，特别是当贮藏期间相对湿度过低时尤为严重。花椰菜在贮藏期间出现的质量变化，如变黄、变暗，是由于花椰菜外部无保护组织，球体脆嫩，在运输过程中遭受机械伤而导致的，另外贮藏期间乙烯浓度高也会使花

球变色。

（4）贮藏条件

① 温度。花椰菜适宜的贮藏温度为 0～1℃。温度过高会使花球变色，失水萎蔫甚至腐烂；但温度过低（<0℃），花椰菜容易受冻害。

② 湿度。花椰菜贮藏适宜的相对湿度为 90%～95%。湿度过低，花球易失水萎蔫；湿度过大，有利于微生物生长，容易发生腐烂。

③ 气体成分。花椰菜贮藏适宜的气体成分为：氧气 3%～5%，二氧化碳 5%。低氧对抑制花椰菜的呼吸作用和延缓衰老有显著作用，且花球对二氧化碳有一定的忍受力。另外，贮藏库内放置乙烯吸收剂来吸收乙烯，可延缓花球衰老变色。

（5）贮藏方法

① 假植贮藏。山西太原等地用假植贮藏小花菜，是在大暑至立秋定植，立秋后气温冷凉，花球形成慢，到立冬前后只长成一定大小。用稻草等物扎缚包住花球，小雪前将具有幼小花球的植株紧挨着假植在沟内。沟宽 1m、深 0.7～1m，贮藏初期要防止温度太高，白天盖上草席防止日晒，晚上揭开草席利用夜间低温来降温，使温度维持在 2～3℃。后期防冻，根据气温的变化适当覆盖。同时适当灌水、适当通风。一般可使花球长至春节时，长大到 0.5kg 左右。

② 冷藏。根据中华人民共和国商业行业标准——花椰菜冷藏技术（SB/T 10285），花椰菜冷藏应按照以下要求进行：一般冷藏，花椰菜装箱（筐）时，花球应朝上；箱（筐）码放时，以不伤害下层花椰菜的花球为宜。单花球套袋冷藏时，应将单个花球装入 0.015mm 聚乙烯塑料袋中，扎口放入箱（筐）中，码放时要求花球朝下，以免袋内产生的凝结水滴在花球上造成霉烂。冷度应保持在 0℃±0.5℃，库内相对湿度为 90%～95%，冷藏期间应定时检测库内温湿度。在此条件下，根据花椰菜品种和产地不同，一般冷藏方法，冷藏期限为 3～5 周；单花球套袋方法，冷藏期限为 6～8 周。

③ 气调贮藏。因为花椰菜在整个贮藏期间乙烯的合成量较大，采用低氧、高二氧化碳可以降低花椰菜的呼吸作用，从而减少了乙烯的释放量，有效防止花椰菜受乙烯伤害。因此，气调法贮藏花椰菜能收到较好的效果。气调贮藏花椰菜的气体成分一般控制在氧气 2%～4%、二氧化碳 5%。采用袋封法或帐封法均可。注意在封闭的薄膜帐内放入适量的饱和高锰酸钾以吸收乙烯。气调贮藏可以保持花椰菜的花球洁白、外叶鲜绿。采用薄膜封闭贮藏时，要特别注意防止帐壁或袋壁的凝结水滴落到花球上。

2. 蒜薹的贮藏

蒜薹，又称蒜苗或蒜毫，是大蒜的花茎。蒜薹是抽薹大蒜经春化后在鳞茎中央形成的花薹和花序，花长 60～70cm。蒜薹味道鲜美，质地脆嫩，含有丰富的蛋白质、糖分和维生素，还含有杀菌力强的蒜氨酸（大蒜素）。蒜薹是我国目前果蔬贮藏保鲜业中贮量最大、贮藏供应期最长、经济效益颇佳的一种蔬菜，极受消费者的欢迎。我国山东、安徽、江苏、四川、河北、陕西、甘肃等省均盛产蒜薹。目前，随着贮藏技术的发展，蒜薹已可以做到季产年销。

（1）贮藏特性　蒜薹采后新陈代谢旺盛，表面缺少保护层，加之采收期一般为 4～7 月份的高温季节，所以在常温下极易失水、老化和腐烂，薹苞会明显增大，总苞也会开裂变黄、形成小蒜，薹梗自下而上脱绿、变黄、发糠，蒜味消失，失去商品价值和食用价值。蒜薹对低氧有很强的耐受能力，尤其当二氧化碳浓度很低时，蒜薹长期处于低氧环境下，仍能保持正常。但蒜薹对高二氧化碳的忍受能力较差，当二氧化碳浓度高于 10%，贮藏期超过 3～4 个月时，就会发生高二氧化碳伤害。

（2）**采收及采后处理** 贮藏用蒜薹的适时采收是确保贮藏质量的重要环节。蒜薹的采收季节由南到北依次为4～7月份，往往每一个产区采收期只有3～5天，在一个产区适合采收的3天内采收的蒜薹质量好，稍晚1～2天采收，薹苞便会偏大，薹基部发白，质地偏老，入贮后效果不佳。一般来说，生长健壮、无病害、皮厚、干物质含量高，表面蜡质较厚，基部黄白色短的蒜薹较耐贮藏。蒜薹的收获期可以以总苞下部变白、蒜薹顶部开始弯曲为标志。收获期应选在晴天早晨露水干后为宜，雨后、浇水后不能采。采收的方法有两种：一种是用长约20cm的钩刀，在离地面10～13cm处剖开假茎，抽出蒜薹，此法产量高，但划薹形成的机械伤容易引起微生物侵染，不耐贮藏；另一种方法是待蒜薹抽出叶鞘3～6cm时，直接抽枝。此法造成的机械伤少，但产量低。无论采用哪一种方法都必须缩短采摘、运输时间，才能取得较好的效果。

蒜薹运至贮藏地，应立即放在已降温的库房内或在阴棚下尽快整理、挑选、修剪。整理时要求剔除病虫、机械伤、老化、褪色、开苞等不适合贮藏的蒜薹，理顺薹条，对齐薹苞，除去残余的叶鞘。薹条基部伤口大、老化变色、干缩的均应剪掉，剪口要整齐，不要剪成斜面。若断口平整、已愈合成一圈干膜的可不剪，整理好后即入库上架。

蒜薹入贮前要进行预冷，预冷的目的是尽快散除田间热，抑制蒜薹呼吸，减少呼吸热，降低消耗，保持鲜度。目前预冷的最佳方式是将经过挑选处理的蒜薹上架摊开、均匀摆放。预冷时间以冷透为准，堆内温度达到-0.3℃后才能装袋。

（3）**贮藏病害及控制**

① 侵染性病害。蒜薹中含有大蒜素，具有较强的抗菌力。但贮藏条件不适宜时也会发生病害。常见的主要是白霉菌和黑霉菌两种病原菌，当感染病菌后，在蒜薹的根蒂部和顶端花球梢处出现白色绒毛斑（白霉菌）和黑色斑（黑霉菌），继而引起腐烂。特别是高温高湿条件会加速腐烂。为防止腐烂，首先应减少伤口，同时促进伤口愈合。另外，要严格控制温度、湿度和二氧化碳浓度，还要做好库房消毒工作。

② 生理病害。主要为高二氧化碳伤害，当贮藏环境中二氧化碳浓度过高时，会产生高二氧化碳中毒，其症状为在蒜薹的顶端和梗柄上出现大小不等的黄色小干斑。病变会造成呼吸窒息，组织坏死，最终导致腐烂。

（4）**贮藏条件**

① 温度。蒜薹的冰点为-1.0～-0.8℃，因此贮藏温度控制在-1～0℃为宜。贮藏温度要保持稳定，避免温度波动过大，否则会造成结露现象，严重影响贮藏效果。

② 湿度。蒜薹的贮藏湿度以85%～95%为宜。湿度过低易失水，过高又易腐烂。

③ 气体成分。蒜薹贮藏适宜的气体成分为氧气2%～3%、二氧化碳5%～7%。氧气过高会使蒜薹老化和霉变；过低又会出现生理病害。二氧化碳过高会导致比缺氧更厉害的二氧化碳中毒。

（5）**贮藏方法** 蒜薹是我国北方冬季人们所喜爱的细菜类。我国华北、东北利用冰窖贮藏蒜薹已有数百年历史，效果较好，近年来由于机械冷库的发展，在沈阳、北京、哈尔滨等地，均在机械冷藏库内采用塑料薄膜帐或袋进行气调贮藏蒜薹，并取得良好的效果。

① 塑料薄膜帐气调贮藏。先将捆成小捆的蒜薹薹苞朝外均匀码在架上预冷，每层厚度为30～35cm，待蒜薹温度降至0℃时，即可罩帐密封贮藏。具体做法是：先在地面上铺5～6m长、1.5～2.0m宽、厚0.23mm的聚乙烯薄膜。将处理好的蒜薹放在箱中或架上，箱或架成并列两排放置。在帐底放入消石灰，每10kg蒜薹放约0.5kg的消石灰。每帐可贮藏2500～4000kg蒜薹，大帐比贮藏架高40cm，帐身与帐底卷合密封。另外，在大帐两面设取气孔，两端设循环孔，以便抽气检测氧和二氧化碳的浓度，帐身和帐底薄膜四边互相重叠卷

起再用沙子埋紧密封。大帐密封后，可利用蒜薹自身呼吸使帐内氧气含量降低；或快速充氮降氧，先将帐内空气抽出一部分，再充入氮气，反复几次，使帐内的氧气下降至4%左右。降氧后，由于蒜薹的呼吸作用，帐内的氧气进一步下降，当降至2%左右时，再通入空气，使氧回升至4%左右。如此反复，使帐内的氧气含量控制在2%～4%，二氧化碳于帐内逐步积累，当二氧化碳浓度高于8%时可用气调机脱除。此法贮藏时间长达8～9个月，质量良好，好菜率可达90%，且薹苞不膨大、薹梗不老化。缺点是帐内的相对湿度较高，包装材料易感染病菌而引起蒜薹腐烂，所以应注意控制霉菌。

② 冷藏法。将选择好的蒜薹经充分预冷（12～14h）后，装入箱中，或直接码在架上，库温控制在0～1℃。采用这种方法，贮藏时间较长，但容易脱水及失绿老化。

任务十三　常见果蔬保鲜实验与贮藏方案编制

※【任务描述】

选择常见果蔬产品，制定贮藏保鲜方案，实施贮藏并进行贮藏管理，根据果蔬贮藏前后的品质变化进行评价，优化改进贮藏方案。

※【任务准备】

1. 材料

苹果、梨、葡萄、柑橘、菠萝、蒜薹、黄瓜、番茄等当地主要的果蔬产品。

2. 用具

机械冷库、气体分析仪、温度计、湿度计、天平、果实硬度计、折光仪等。

3. 相关标准

NY/T 2789—2015《薯类贮藏技术规范》、NY/T 3102—2017《枇杷贮藏技术规范》等各类果蔬贮藏技术规范。

※【作业流程】

选择果蔬产品 → 制定贮藏方案 → 贮藏前处理 → 贮藏保鲜 → 贮藏管理 → 贮藏效果评价 → 贮藏方案优化

※【操作要点】

1. 贮藏前处理

选择商品性状好、耐贮藏的中晚熟品种，采收处理过程中避免机械伤，进行预冷等处理。在贮藏前对产品的外观、色泽、病虫害、硬度、含糖、含酸等进行观察测定。

2. 贮藏保鲜

根据当地条件，因地制宜选择适宜的贮藏方式，做好贮藏前清扫消毒工作。选择适宜的温湿度条件入库贮藏。

3. 贮藏管理

贮藏期间对库内温度、湿度、气体成分进行监控，及时进行通风换气等管理。

4. 贮藏效果评价

贮藏一段时间后，鉴定贮藏后的产品品质，主要包括色泽、饱满度、风味、硬度、可溶性固形物含量、病害、损耗等。对贮藏前后产品质量变化进行充分比较，综合评价贮藏效果。

5. 贮藏方案的编制

根据果蔬产品的贮藏特性、采后用途，编制包括采收、采后处理、贮藏方式、贮藏管理等内容的贮藏方案。根据贮藏管理中存在的问题及效果评价，分析影响贮藏品质的因素，进一步优化贮藏方案。也可将产品分成几个不同的处理组合，在温度、湿度和气体成分上分别选择不同水平，配成各种组合进行试验，筛选最优贮藏条件。

※ 【成果提交】

《果蔬贮藏与加工技术项目学习册》任务工单。

模块四

果蔬加工技术

丰富的果蔬资源为果蔬加工业的发展提供了充足的原料。果蔬加工是中国农产品加工业中具有明显优势和国际竞争力的行业，也是中国食品工业重点发展的行业之一。果蔬加工的发展不仅是保证果蔬业迅速发展的重要环节，也是实现采后减损增值、建立现代果蔬产业化经营体系的基础。罐藏、干制、糖制等传统的加工手段的技术和装备水平不断提升，速冻技术等新工艺技术也广泛地应用于各类果蔬加工制品中。

项目一　果蔬加工基础

※【知识目标】

1. 了解果蔬加工品的分类。
2. 了解果蔬败坏的原因，理解各种加工方法对延长果蔬保藏期的原理。
3. 了解果蔬加工对原料种类和品种的要求。
4. 了解果蔬加工用水的要求，熟悉常用的食品添加剂和辅料的使用要求和方法。

※【技能目标】

1. 能熟练应用烫漂、硬化、护色、半成品保存等技术处理果蔬。
2. 能针对果蔬特性及具体条件，灵活采用不同的预处理技术。

一、果蔬加工的作用

果蔬加工品是以新鲜果蔬为原料，根据各种果蔬的理化性质，通过不同的加工工艺，制成营养丰富、不易败坏的工业食品。

（一）防止果蔬败坏

果蔬生产中存在的地域性、季节性及易腐性是影响果蔬生产质量及效益的主要原因。而解决易腐性，是打破地域性与季节性的基础与必要条件。果蔬加工的作用就是通过各种手段，最大限度地防止产品的败坏。

果蔬败坏引起的原因主要有三种：在有害微生物作用下发生霉变、发酵、酸败、软化、产气、混浊、变色、腐烂等；在自身水解酶和氧化酶的作用下导致蛋白质水解、果胶物质分解，从而导致的产品软烂和酶褐变的发生等；在光照、温度、机械损伤以及金属离子等因素的作用下发生氧化、还原、分解、合成、溶解、晶析等。这些原因造成食品的变色、变味、变软和营养品质下降，从而失去其食用价值。

果蔬加工中为了获得优质口感且延长制品的保藏期，就必须从杜绝这些外部因素入手来进行加工处理，总结主要有以下几种方法：

（1）密封加工　将原料经加工后罐藏密封从而隔绝外界微生物的侵染。

（2）杀菌处理　通过加热、辐照、膜过滤等方法杀灭或除去微生物和酶，以达到长期保藏的目的。

（3）干制处理　通过将果蔬原料干制来降低水分活度，从而抑制微生物和自身酶活性来延长保质期。

（4）腌制或糖渍　增大制品内渗透压，抑制微生物生长。

（5）利用有益菌发酵　产生具有一定保藏作用的乳酸、酒精、醋酸等代谢产物来抑制有害微生物的活动，使制品得到保藏。

（6）利用化学方法，加入防腐剂杀死或抑制食品中的微生物（主要用在半成品短期保藏或其他工艺的辅助抑菌），或加入抗氧化剂或护色剂对制品进行护色。但添加的化学成分必须是不影响人体健康、不破坏食品营养成分，必须严格按照相应标准添加。

（7）冷藏、冻藏　利用低温处理抑制微生物和酶的活性。

（二）改善产品的风味

对于一些果蔬产品，生食时风味不佳，甚至是不能生食的，如菠萝、青梅、橄榄、余甘子等，经加工后对其品质和风味都有较大的改善，提高其食用价值。

（三）增加花色品种

可以生产出琳琅满目、花样丰富的产品品种，满足不同消费者的需求，增加制品的食用方式，提高人们的生活水平。

（四）综合利用果蔬副产物

可以深挖果蔬品的利用价值，提高果蔬产品的附加值，变废为宝。例如柑橘除了用于罐头、果汁的加工外，柑橘皮可以提取香精油、果胶，提取这些物质剩下的皮渣，还可以制作橘红片、橘皮粉等产品。

二、果蔬加工品分类

果蔬加工品的种类很多，分类方法目前尚没有统一的标准，参照传统的分类及现代食品出现的新特点，根据其保藏原理和加工工艺的不同，可以分为以下几类。

果蔬加工品
- 罐制品（糖水橘子、糖水菠萝、盐水菠菜）
- 汁制品（苹果汁、柠檬汁、多维果汁）
- 糖制品（草莓酱、果脯、蜜饯）
- 酒制品（葡萄酒、苹果酒、香橙酒）
- 干制品（葡萄干、柿饼、红薯干）
- 腌制品（四川泡菜、糖醋蒜、酱黄瓜）
- 速冻制品（速冻草莓、速冻刀豆、速冻荔枝）
- 脆片制品（薯片、香蕉片、红薯片）
- 鲜切制品（鲜切苹果、鲜切什锦果蔬）

1. 罐制品

罐制品俗称罐头，是将原料进行预处理后装罐或装袋，经排气、封罐、杀菌等形成密封、真空和无菌状态，使制品能较长期保藏。果蔬罐头主要有糖水水果罐头和清渍蔬菜罐头，此外，糖渍蜜饯、果酱、果冻、果汁、盐渍蔬菜、酱渍蔬菜、糖醋渍蔬菜等，也可采用罐头包装的形式，制成罐头制品。

2. 汁制品

以新鲜果蔬为原料，经破碎、压榨或浸提等方法制成的汁液，装入包装容器内，再经密封杀菌而得到的产品，称为果蔬汁制品。这类产品酸甜可口，营养价值高，易被人体吸收，有的还有医疗效果，可以直接饮用，也可以制成各种饮料。

3. 糖制品

果蔬糖制是以新鲜果蔬为原料，利用高浓度糖液的渗透脱水作用，将果蔬加工成高糖制品的加工技术。果蔬糖制品分为果脯蜜饯类和果酱类，具有高糖高酸的特点。

4. 酒制品

果酒是果汁（果浆）经过酒精发酵酿制而成的含醇饮料。如白葡萄酒、红葡萄酒、苹果酒、山楂酒等。果酒具有色泽鲜艳、果香浓郁、醇厚柔和、营养丰富、酒精度低等特点。

5. 干制品

干制又称干燥或脱水，是指采用自然条件或人工控制条件促使果蔬水分蒸发的过程。果蔬干制品能较好地保持果蔬原有的风味，且保藏期较长，并且具有体积小、重量轻、便于运输和携带等优点。

6. 速冻制品

果蔬速冻是将经过一定处理的新鲜果蔬原料采用快速冷冻的方法使之冻结，然后在−20～−18℃的低温中保藏。速冻果蔬基本上保持了果品蔬菜原有的色香味和营养成分，保藏时间长，品质优良，是国内外很有发展潜势的果蔬加工品。

7. 腌制品

腌渍保藏是我国普遍而传统的蔬菜保藏法，是将新鲜的蔬菜经过适当处理后用食盐和香料等进行腌制，使其进行系列的生物化学变化，制成鲜香嫩脆、咸淡（或甜酸）适口且耐保存的制品的过程。腌制品分为发酵性和非发酵性两种，是我国蔬菜加工量最大的一类加工品。

8. 果蔬脆片

果蔬脆片是以新鲜果蔬为原料，采用先进的真空油炸技术、微波膨化技术和速冻技术精制而成。该产品形态平整、酥脆，具有全天然和高营养的特点，不含化学添加剂和防腐剂，极少破坏果蔬中的维生素成分；被食品营养界称为"二十一世纪食品"，是国际上流行的休闲食品。

9. 鲜切果蔬

鲜切果蔬又称最少加工果蔬、切割果蔬、最少加工冷藏果蔬等，是新鲜果蔬原料经清洗、去皮、切分、包装而成的即食即用果蔬制品，所用的保鲜方法主要有微量的热处理、控制 pH 值、应用抗氧化剂、氯化水浸渍或各种方法的结合使用等。

鲜切果蔬即食即用，食用方便，能最大限度保持产品原有的品质，但货架期短，甚至比新鲜果蔬更短，必须在冷藏条件下流通。

三、果蔬加工对果蔬的要求及预处理

（一）果蔬加工对果蔬的要求

果蔬加工的方法较多，不同的加工方法和产品对原料的要求不同，高品质的加工制品，除受加工工艺和设备的影响外，还与原料品质的好坏及原料的加工适应性密切相关。因此，要根据不同的加工品有目的地选择原料。

（1）同一种原料，因品种不同，加工效果有差异，如加工梨脯，就要选用含水少、石细胞少的洋梨系统中的品种。

（2）同一品种，产地区域不同，品质也不一样，如加工蜜枣，南方原料比北方好，制出的产品较酥松。

（3）不同的加工品，选择原料的成熟度也不同，如加工果脯、蜜饯要求果实生长成熟度在七八成（即果实坚熟期），要以肉质丰富、组织紧密、含单宁量较少、色泽鲜明时为好。果菜类罐藏一般要求坚熟，此时果实已充分发育，有适当的风味和色泽，肉质紧密而不软，杀菌后不变形，但叶菜类与大部分果实不同，一般要求在生长期采收，此时粗纤维较少，品质好。果蔬加工对原料总的要求是：合适的种类、品种，适当的成熟度和新鲜完整的状态。

（二）果蔬加工原料的预处理

果蔬加工原料的预处理，包括挑选、分级、清洗、去皮（去核、去心）、切分、修整、破碎、取汁、硬化处理、烫漂、护色、半成品保存，尽管果蔬原料种类和品种不同，组织特性相差很大，加工方法各不相同，但加工前的预处理过程基本相同。

1. 挑选、分级

为了保证原料质量相同，果蔬原料进厂后首先要进行挑选，剔除霉烂、病虫害和伤口大的果实，对残、次果及损伤不严重的原料要分别加工利用。挑选主要是通过人的感官检验，在固定的工作台或传送带上进行。

果蔬按大小、色泽和成熟度进行分级，根据原料的种类和加工产品的要求，分别采用一种或多种分级方法，以便于机械化操作，提高生产效率，保证产品质量，得到均匀的产品。

无须保持形态的制品如果蔬汁、果酒和果酱等，则不需要形态及大小的分级。其他的加工类型均需按大小分级，其方法有手工分级和机械分级两种。手工分级一般在生产规模不大或机械设备条件较差时使用，同时也可配以简单的辅助工具，如圆孔分级板、分级筛及分级尺等，以提高生产效率。机械分级法常用滚筒分级机

图 4-1　GFJ 型滚筒式果蔬分级机

（图 4-1）、振动筛及分离输送机。此外，果蔬加工中还有许多专用分级机，如蘑菇分级机、橘片专用分级机和菠萝分级机等。

成熟度与色泽的分级常用目视估测法进行。苹果、梨、桃、杏、樱桃、柑橘、黄瓜、豆类等常先按成熟度分级，大部分按低、中、高三级进行目视分级。色泽分级常按颜色深浅进行，除目测外，也可用灯光法和电子测定仪装置进行色泽分辨选择。除了在预处理前需要分级外，大部分罐藏果蔬在装罐前也要按色泽分级。

2. 清洗

清洗的目的是除去果蔬原料表面附着的灰尘、泥沙、大量的微生物及部分残留的化学农药，保证产品清洁卫生。

清洗用水应符合饮用水标准。清洗前应用水浸泡，必要时可用热水浸渍，但不适于成熟度高、柔软多汁的原料。原料上残留的农药，一般常用 0.5% 盐酸溶液、1.5% 氢氧化钠、0.1% 高锰酸钾或 0.1% 漂白粉等化学药剂浸泡数分钟再用清水洗去化学药剂。洗时必须用流动水或使原料震动及摩擦，以提高洗涤效果。除上述常用药剂外，近几年来，还有一些脂肪酸系列的洗涤剂如单甘酯、磷酸盐、糖脂肪酸酯、柠檬酸钠等也用于生产。清洗方法分为人工清洗和机械清洗，应根据生产条件、原料形状、质地、表面状态、污染程度、夹带泥土量及加工方法而定。常见的洗涤方法有水槽洗涤、滚筒式洗涤、喷淋式洗涤、压气式洗

涤等。

3. 去皮

除叶菜类外，大部分果蔬的外皮都较粗糙、坚硬，对加工制品有一定的不良影响。因此，许多果蔬加工时都要进行去皮处理，以提高制品品质。只有加工某些果脯、蜜饯、果汁和果酒时，因为要打浆或压榨或其他原因才不用去皮。加工腌渍蔬菜也无需去皮。

果蔬去皮时，只要求去掉不可食用或影响产品质量的部分，不可过度，否则会增加原料消耗和生产成本。果蔬去皮的方法有以下几种。

(1) 手工去皮　手工去皮是应用特别的刀、刨等人工工具削皮，应用较广。其优点是去皮干净、损失较少，并可有修理的作用，去心、去核、切分等也可以同时进行。在果蔬原料较不一致的条件下能显出其优点。但手工去皮费工、费时、生产效率低，大量生产时困难较多，一般作为其他去皮方法的辅助方法。

(2) 机械去皮　采用专门的机械进行，常用的机械去皮机主要有旋皮机、擦皮机和特种去皮机三类。

① 旋皮机。旋皮机是在特定的机械刀架下将果蔬皮旋去，适合于苹果、梨、柿、菠萝等大型果品。

② 擦皮机。擦皮机是利用内表面有金刚砂、表面粗糙的转筒或滚轴，借摩擦力的作用擦去表皮。适用于马铃薯、胡萝卜、荸荠、芋头等原料的去皮，效率较高，但去皮后表皮不光滑。

③ 特种去皮机。青豆、黄豆采用专用的去皮机械进行。菠萝可用菠萝去皮、切端捅心机去皮，使去皮、切端、捅心、挖去芽眼一次完成。

(3) 碱液去皮　碱液去皮是果蔬原料中应用最广泛的去皮方法。将果蔬原料在一定浓度和温度的强碱溶液中处理一定的时间，果蔬表皮内的中胶层受碱液的腐蚀而溶解，使果皮分离。绝大部分果蔬如桃、李、苹果、胡萝卜等可以用碱液去皮。

常用的碱液为氢氧化钠溶液或氢氧化钾溶液，因氢氧化钾较贵，也可用碳酸氢钠等碱性稍弱的碱。去皮时碱液的浓度、碱液温度和处理的时间，随果蔬种类、品种、成熟度和大小不同而异，必须合理掌握。几种果蔬的碱液去皮参考条件见表 4-1。碱液浓度高、温度高、处理时间长会腐蚀果肉。一般要求只去掉果皮而不能伤及果肉，对每一批原料都应该做预备试验，确定处理的浓度、温度和时间。

表 4-1　几种果蔬的碱液去皮参考条件

果蔬种类	NaOH 浓度/%	碱液温度/℃	处理时间/min	备　　注
桃	1.5～3	90～95	0.5～2	浸碱或淋碱
李	5～8	90 以上	2～3	浸碱
杏	3～6	90 以上	0.5～2	浸碱或淋碱
猕猴桃	5	95	2～5	浸碱
苹果	20～30	90～95	0.5～1.5	浸碱
梨	0.3～0.75	30～70	3～10	浸碱
甘薯	8～10	90 以上	3～4	浸碱
番茄	15～20	85～95	0.3～0.5	浸碱
胡萝卜	3～6	90 以上	4～10	浸碱
马铃薯	2～3	90～100	3～4	浸碱

注：引自罗云波，蔡同一．园艺产品加工学，2001.

碱液去皮的方法有浸碱法和淋碱法两种。浸碱法是将一定浓度的碱液装入特制的容器内，加热到一定的温度后，再将果实浸入并振荡或搅拌一定的时间，使浸碱均匀，取出后搅动、摩擦去皮。淋碱法是将加热的碱液喷淋于输送带上的果蔬上，淋过碱的果蔬进入转筒内，在冲水的情况下与转筒的边翻滚摩擦去皮，杏、桃等果实常用此法去皮。

经碱液处理后的果蔬必须立即在冷水中浸泡、漂洗，同时搓擦、淘洗除去果皮渣和黏附余碱，漂洗至果块表面无滑腻感、口感无碱味为止。漂洗必须充分，否则会使罐头制品的 pH 偏高，导致杀菌不足，口感不良。为加速降低 pH，可用 0.1%～0.2% 盐酸或 0.25%～0.5% 的柠檬酸水溶液浸泡中和，同时可防止变色和抑制酶的活性。

碱液去皮的特点是均匀而迅速，耗损率低，省工省时，适应性广，几乎所有的果蔬都可应用此法去皮，但碱液腐蚀性强，使用时必须注意安全。

(4) 热力去皮　将果蔬在高温下处理较短时间，使之表皮迅速升温而松软，果皮膨胀破裂，果皮与果肉间的原果胶发生水解失去胶黏性，果皮与果肉组织分离而脱落。该法适用于成熟度高的桃、杏、枇杷、番茄、甘薯等的去皮。

热力去皮分为蒸汽去皮和热水去皮。热水去皮时，少量生产可用锅加热；大量生产时，在带有传送装置的蒸汽加热沸水槽中进行。果蔬经短时间的热处理后，用手工剥皮或高压冲洗。如番茄即可在 95～98℃ 的热水中 10～30s，取出冷水浸泡或喷淋，然后手工剥皮；桃可在 100℃ 的蒸汽中处理 8～10min，淋水后用毛刷辊或橡皮辊冲洗；枇杷经 95℃ 以上的热水烫 2～5min 即可剥皮。

蒸汽去皮时一般采用近 100℃ 蒸汽，可以在短时间内使外皮松软，以便分离。具体的热烫时间，可根据原料种类和成熟度而定。

热力去皮原料损失少，色泽好，风味好。但只用于皮易剥落的原料，要求充分成熟，成熟度低的原料不适用。

(5) 酶法去皮　柑橘的囊衣在果胶酶的作用下，可使果胶水解，脱去囊衣。如将橘瓣放在 1.5% 的 703 果胶酶溶液中，在 35～40℃、pH 1.5～2.0 的条件下处理 3～8min，可达到去囊衣的目的。

酶法去皮条件温和，产品质量好。其关键是要掌握酶的浓度及酶的最佳作用条件如温度、时间、pH 等。

(6) 冷冻去皮　将果蔬与冷冻装置的冷冻表面接触片刻，其外皮冻结于冷冻装置上，当果蔬离开时，外皮即被剥离。冷冻装置温度在 −28～−23℃，这种方法可用于桃、杏、番茄等的去皮。去皮损失约 5%～8%，质量好，但费用高。

(7) 真空去皮　将成熟的果蔬先行加热，使其升温后果皮与果肉易分离，接着进入有一定真空度的真空室内，适当处理，使果皮下的液体迅速"沸腾"，皮与肉分离，然后破除真空，冲洗或搅动去皮。适用于成熟的桃、番茄。

4. 去核、去心

对于核果类的原料一般要去核，对于仁果类或其他种类的果品或蔬菜要去心。常用的工具有挖核器和捅核器。挖核器用于挖除苹果、梨、桃、杏、李等果实的果核或果心，捅核器用于去除枣、山楂等果实的核。生产时应根据果实的特点和大小选择适宜的去核、去心工具。

5. 切分、修整

体积较大的果蔬原料在进行罐藏、干制、果脯蜜饯及蔬菜腌制加工时，需要适当地切分，以保持一定的形状。

切分的形状和方法根据原料的形状、性质和加工品的要求而定。桃、杏、李常对半切；苹果、梨常切成两瓣、三瓣或四瓣；许多果蔬切成片状、条状、块状等多种形状。常用刀、

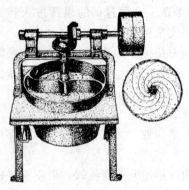

图 4-2 甘蓝切条机（引自华中农学院．蔬菜贮藏加工学）

劈桃机或多功能切片机以及专用的切条机（见图 4-2）、切片机等工具或设备。

罐藏或果脯加工时为了保持良好的形状，在装罐前需对果块进行修整，除去果蔬碱液未去净的皮或残留于芽眼或梗洼中的皮，除去部分黑色斑点和其他病变组织。

6. 破碎、取汁

制作果酱、果泥等的原料需要适当破碎，以便煮制。制作果蔬汁、果酒时原料也需要破碎，以便于压榨或打浆。使用破碎机或打浆机，果实破碎粒度要适当，不同种类的原料，不同的压榨方法，破碎粒度是不同的，一般要求果浆的粒度在 3～9mm，但应注意果皮和种子不能被磨碎。破碎时，可加入适量的维生素 C 等抗氧化剂，以改善果蔬汁的色泽和营养价值。制作果酱时果肉的破碎也可用绞肉机进行。果泥可用胶体磨或磨碎机。

对于果胶含量丰富的核果类和浆果类水果，在榨汁前添加一定量的果胶酶可有效分解果肉组织中的果胶物质，使果汁黏度降低，容易榨汁、过滤，提高出汁率。李、葡萄、苹果等水果破碎后采用预热处理，可以软化果肉，水解果胶物质，降低汁液黏度，提高出汁率。

常用榨汁机有杠杆式压榨机、螺旋式压榨机、液压式压榨机、带式压榨机、切半榨汁机、柑橘榨汁机、离心分离式榨汁机、控制式压榨机、布朗 400 型榨汁机等。带式压榨机是国际常用的榨汁设备。用压榨方法难以取汁的果蔬如山楂、梅、酸枣等采用浸提工艺取汁。

7. 硬化处理

对一些质地柔软的果蔬，在罐制或蜜饯加工前，需进行硬化处理，防止制品过度软化和提高耐煮性。常用的硬化剂有石灰、氯化钙、亚硫酸氢钙或明矾等稀溶液。所使用的盐类含有的钙离子和铝离子能与果胶性物质形成不溶性的盐类，使组织硬化耐煮。明矾还有触媒作用，使某些需要染色的制品容易着色与增加亮度。亚硫酸氢钙同时有护色、保脆与防腐作用。对于易变色的苹果、梨等制作果脯蜜饯，常用 0.1% 的 $CaCl_2$ 与 0.2%～0.3% 的 $NaHSO_3$ 混合液浸泡 30～60min，起着护色兼硬化的双重作用。

硬化剂的选择、用量和处理时间必须适当，用量过度会生成过多的果胶酸钙盐，或引起部分纤维素钙化，从而降低原料对糖的吸入量，并且使产品粗糙，品质低劣。一般加工蜜饯时石灰的用量是 0.5%～1%，罐头中氯化钙的用量是 0.05%。

经硬化处理的原料，在罐装和糖煮前应用清水充分漂洗，除去多余的硬化剂。

8. 烫漂

烫漂也称热烫、预煮，是将经过适当处理的新鲜原料在温度较高的热水或蒸汽中进行加热处理的过程。其主要作用有以下 5 点。

（1）破坏酶活性，防止酶促褐变和营养损失 果蔬受热后，氧化酶类被钝化，停止本身的生化活动，防止品质的进一步劣变，这在速冻和干制品中尤为重要。

（2）排除果蔬组织内的空气，稳定和改进制品色泽 排除果蔬组织内的空气，有利于防止制品酶褐变；有利于提高干制品的外观品质；有利于糖制品的渗糖；有利于罐头保持合适的真空度，减少马口铁内壁的腐蚀及避免罐头杀菌时发生跳盖或爆裂现象；使含叶绿素的原料，色泽更鲜绿；不含叶绿素的原料则呈半透明状态，色泽更鲜亮。

（3）软化组织，增加细胞膜透性 烫漂使果蔬细胞原生质变性，增加细胞膜透性，有利于水分蒸发，可缩短干燥时间，热烫过的干制品复水性也好。对于糖制原料，糖分易渗入，不易干缩。经过烫漂的原料质地变得柔韧，有利于装罐等操作。

（4）排除某些果蔬原料的不良气味 烫漂可适当排除原料中的苦味、涩味、辣味及其他不良气味，还可以除去部分黏性物质，提高产品品质。

（5）降低原料中的污染物和微生物数量 烫漂可杀死原料表面附着的部分微生物及虫卵等，减少原料的污染，提高制品卫生质量。

烫漂处理常用的方法有热水烫漂和蒸汽烫漂两种。

① 热水烫漂。热水烫漂可以在夹层锅内进行，也可以在专门的连续化机械，如链带式连续预煮机（图 4-3）和螺旋式连续预煮机内进行。在不低于 90℃ 的温度下热烫 2～5min，某些原料，如制作罐头的葡萄和制作脱水蔬菜的菠菜及小葱，只能在 70℃ 左右的温度下热烫几分钟。有些绿色蔬菜为了保绿，需在烫漂液中加入小苏打、氢氧化钙等，有时也用亚硫酸盐。制作罐头的某些果蔬也可以采用 2% 的盐水或 1%～2% 的柠檬酸液进行烫漂，有护色作用。

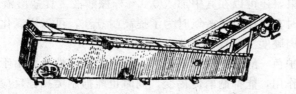

图 4-3 连续式烫漂机（引自华中农学院．蔬菜贮藏加工学）

热水烫漂的优点是物料受热均匀，升温速度快，方法简便；缺点是部分维生素及可溶性固形物损失较多，一般损失 10%～30%。如果烫漂水重复使用，可减少可溶性物质的流失。

② 蒸汽烫漂。将原料放入蒸锅或蒸汽箱中，用蒸汽喷射数分钟后立即关闭蒸汽并取出冷却。采用蒸汽热烫，可避免营养物质的大量损失，但必须有较好的设备，否则加热不均，热烫质量差。

烫漂后的原料应立即冷却，防止热处理的余热对产品造成不良影响，并保持原料的脆嫩，一般采用冷水冷却或冷风冷却。

烫漂标准：原料一般烫至半生不熟，组织较透明，失去新鲜硬度，但又不像煮熟后那样柔软，即达到热烫的目的。烫漂程度通常以原料中过氧化物酶全部失活为标准。过氧化物酶的活性，可用 0.1% 的愈创木酚酒精溶液或 0.3% 联苯胺溶液与 0.3% 的双氧水检查，将热烫到一定程度的原料样品横切，滴上几滴愈创木酚或联苯胺溶液，再滴上几滴 0.3% 的双氧水几分钟内不变色，表明过氧化物酶已被破坏；若变色则表明过氧化物酶仍有活性，烫漂程度不够。用愈创木酚时变成褐色，用联苯胺时变成蓝色。

9. 工序间的护色处理

果蔬原料去皮和切分后，放置于空气中，很快变成褐色，这不仅影响制品外观品质，还破坏产品风味和营养价值。因而在加工中有必要进行护色处理，以保证成品质量。

果蔬原料及其制品发生褐变的原因主要有非酶褐变和酶促褐变。

（1）非酶褐变 没有酶参与而引起的颜色变化统称为非酶褐变。非酶褐变主要包括羰氨反应（美拉德反应）褐变、焦糖化褐变、抗坏血酸褐变和金属引起的褐变。羰氨反应褐变是糖类化合物中的羰基与氨基化合物中的氨基发生反应引起的颜色变化；焦糖化褐变是糖类加热到其熔点以上时由于焦糖化作用生成黑褐色的物质引起的；抗坏血酸褐变是由抗坏血酸自动氧化生成的醛类物质聚合为褐色物质引起的；锡、铁、铝、铜等金属能促进褐变，并能与单宁类物质发生反应引起变色。

在满足糖煮、烘烤等加工工艺的条件下，尽量降低加热温度、缩短加热时间及烘烤时间、减少制品的糖含量，可有效抑制羰氨反应引起的褐变和焦糖化褐变。避免原料与铁、铜等接触，使用不锈钢用具和设备，防止金属离子引起的褐变。

(2) 酶促褐变 在多酚氧化酶的作用下，果蔬中酚类物质被氧化呈现褐色的现象，称为酶促褐变。在果蔬加工过程中，工序间的变色主要是由酶促褐变引起的。必须有酚类物质、酶和氧气同时存在此反应才能进行，所以只排除三者中任一条件，都可阻止此反应的发生，生产上常用隔绝氧气、钝化或抑制酶活性的方法来抑制酶促褐变的发生。

生产上常用的护色方法有以下 5 种。

(1) 热烫护色 热烫的主要作用是杀死酶的活性。

(2) 食盐溶液护色 食盐对氧化酶的活性有抑制和破坏作用，食盐溶于水后，能减少水中的溶解氧。一般采用 1%～2% 的食盐溶液即可。苹果、梨、桃及食用菌均可用此法，但要注意洗净食盐，特别是水果原料。

为了增进护色效果，还可以在其中加入 0.1% 柠檬酸液。食盐溶液护色常在制作水果罐头和果脯中使用。同时在制作果脯蜜饯时为了提高耐煮性，可以用氯化钙溶液浸泡，既有护色作用，又能增进果肉硬度。

(3) 有机酸溶液护色 酸性溶液既可抑制多酚氧化酶活性，又由于氧气在酸溶液中的溶解度较小具有抗氧化作用，能抑制酶促褐变，同时也能抑制美拉德反应。生产上多采用浓度为 0.5%～1% 的柠檬酸溶液浸泡，也可用抗坏血酸溶液浸泡，或用柠檬酸和抗坏血酸混合溶液浸泡，兼有提高制品营养价值的作用。

(4) 亚硫酸溶液护色 SO_2 与有机过氧化物中的氧易化合，使其不能生成过氧化氢，因此过氧化物酶失去氧化作用。SO_2 又能与单宁物质中的酮基结合，单宁物质不能被氧化。溶液中 SO_2 含量为 0.0001% 时，能降低褐变率为 20%，0.001% 时完全不变色。但 SO_2 被解除后，单宁物质的反应又恢复。此法对各种加工原料工序间的护色都适用，但罐头加工时，SO_2 处理后，要进行脱硫处理，否则易造成罐头内壁产生硫化斑。

(5) 抽真空护色 抽真空护色是将原料周围及果肉中的空气排除，渗入糖水或无机盐水，抑制氧化酶活性，防止酶促褐变。某些果蔬如苹果、番茄等内部组织较疏松，含空气较多，对罐藏或制作果脯等不利，常用此方法护色。根据实验，不易变色果蔬可用 2% 的食盐溶液作为抽空母液；易变色的果蔬（如长把梨）可用 2% 食盐、0.2% 柠檬酸、0.02%～0.06% 偏重亚硫酸钠混合溶液作为抽空母液；一般果品可用糖水作抽空母液。在 87～93kPa 的真空度下抽空 5～10min，护色后果蔬组织色泽更加鲜艳。

10. 半成品保存

果蔬原料成熟期采收集中，为了延长加工期限，除了进行原料的鲜贮外，还可以将原料加工处理成半成品进行保存。半成品保存一般是将处理的原料用食盐腌制、SO_2 处理及大罐无菌保藏等办法保存起来。

(1) 盐腌处理 某些果脯、蜜饯、凉果，如广东的凉果、江苏和福建的青梅蜜饯及蔬菜腌制品，需要用高浓度的食盐将原料腌渍成盐坯进行半成品保存，然后进行脱盐、配料等后续工艺加工制成成品。

食盐可以使半成品得以长期保存，是因为食盐的高渗透压和降低水分活性的作用，抑制大多数微生物的繁殖，也迫使新鲜果蔬的生命活动停止，避免了果蔬自身的溃败。

食盐腌制有干腌和湿腌两种方法。

① 干腌。适合于成熟度高，含水量大，容易渗透的原料的腌制。一般用盐量为原料的

14%～15%。腌制时，应分批拌盐，搅拌均匀，分层入池，铺平压紧，下层用盐较少，由下而上逐层加多，表面用盐覆盖隔绝空气，便能保存不坏。亦可盐腌一段时间后，取出晒干做成干坯保存。

② 湿腌。适合于成熟度低，水分含量少，不易渗透的原料的腌制。一般配制 10%～13% 的食盐溶液将果蔬淹没，便能保存。但食盐溶液腌制时一些耐盐性细菌活动易造成败坏，可采取将原料全部浸没于溶液中、加以密封、降低 pH、降低温度等措施防止。

盐腌的半成品再加工成成品时要经过脱盐处理，尽可能地将盐分脱去，但不可完全脱除，一方面会影响到制品的风味，因而盐腌的半成品只适合于某些制品的加工；另一方面果蔬中的可溶性固形物大量流失，大大降低了产品的营养价值。

(2) 硫处理　新鲜果蔬用 SO_2 或亚硫酸盐类处理，可以保持原料不腐烂败坏，是亚硫酸在起作用。亚硫酸可以减少溶液中或植物组织中氧的含量，杀死好气性微生物；未解离的亚硫酸还能抑制氧化酶的活性，可以防止果蔬中维生素 C 的损失。

亚硫酸盐类在一定的条件下可解离出 SO_2，所以也具有保藏作用。生产上常以 SO_2 的浓度来表示亚硫酸及其盐类的含量。

SO_2 还能与许多有色化合物结合变成无色的衍生物，使红色果蔬褪色，色泽变淡，经脱硫后色泽复显。SO_2 对花青素作用明显。SO_2 能杀灭害虫，防止制品生虫，延长保藏期。

硫处理常用的方法有浸硫法和熏硫法两种。

① 浸硫法是用一定浓度的亚硫酸盐溶液浸泡原料一定时间。亚硫酸（盐）的浓度以有效 SO_2 计，一般要求为果实及溶液总重的 0.1%～0.2%。

② 熏硫法是将原料放在密闭的室内或塑料帐内，燃烧硫黄生成 SO_2 气体，或者由钢瓶直接将 SO_2 通入室内。熏硫室或帐内 SO_2 浓度宜保持在 1.5%～2% 左右，可按每立方米空间燃烧硫黄 200g 或者每吨原料用硫黄 2～3kg 计。熏硫程度以果肉色泽变淡、核窝内有水滴，并带有浓厚的 SO_2 气味，果肉内含有 SO_2 达 0.1% 左右为宜。熏硫结束，将门打开，待空气中的 SO_2 散尽后，才能入内工作。

亚硫酸在酸性环境条件下作用明显，一般应在 pH3.5 以下，对于一些酸度偏小的原料处理时，应辅助加一些柠檬酸，以提高作用效果。亚硫酸盐类溶液易于分解失效，最好是现用现配。经硫处理的原料应在密闭容器中保藏。

一些水果经硫处理后会使果肉变软，为防止这种现象发生，可在亚硫酸中加入部分石灰，这对一些质地柔软的水果如草莓、樱桃等适用。

硫处理时应避免接触金属离子，否则会显著促进已被还原色素的氧化变色。

亚硫酸和 SO_2 对人体有毒，国际上规定：每人每日允许摄入量为 0～0.7mg/kg。因此硫处理的半成品不能直接食用，必须经过脱硫处理再加工制成成品。

经硫处理的原料，只适宜干制、糖制、果汁、果酒或片状罐头，而不宜制整形罐头。因为残留过量的亚硫酸盐会释放出 SO_2 腐蚀马口铁，生成黑色的硫化铁或生成硫化氢。

(3) 大罐无菌保藏　大罐无菌保藏是将经过巴氏杀菌的浆状果蔬半成品在无菌条件下装入已灭菌的密闭大金属罐内，保持一定的气体内压，以防止产品内微生物发酵变质的一种保藏方法。常用于保藏再加工用的各种果蔬汁和番茄酱。这种保藏方法是一种先进的贮存工艺，虽然设备一次性投资较高，但经济、卫生，对绝大多数的果蔬加工企业的周年生产具有重要意义。

四、果蔬加工对水质的要求

果蔬产品加工厂的用水量要远远大于一般食品加工厂，如生产 1t 果蔬类罐头，约需水

40～60t，1t糖制品约消耗 10～20t 的水。所以水的卫生、水质的好坏等直接影响加工品的质量。

凡是与果蔬原料及其制品接触的水，均应符合 GB 5749—2006《生活饮用水卫生标准》。水的硬度对加工品质量有很大影响。水的硬度过大，钙、镁与蛋白质等物质结合，使罐头汁液或果汁发生混浊或沉淀；还与果蔬中的果胶酸结合生成果胶酸钙，使果肉表面粗糙，加工制品发硬；镁盐如果含量过高，加工产品有苦味。

不同的加工品对水的硬度有不同的要求，制作果脯蜜饯、蔬菜腌制品及半成品的保存时应以硬水为好，以增进制品的脆度和硬度，防止煮烂和软烂；脱水干制品加工可用中度硬水，使组织不致软化；罐头制品、速冻制品、果蔬汁、果酒等加工品均要求使用软水。而锅炉用水硬度高，容易造成水垢，不仅影响锅炉的传热，严重时还易发生爆炸。

五、果蔬加工对其他辅料的要求

为了改善果蔬制品的色、香、味，提高制品品质，延长保质期及加工工艺的需要而添加的天然物质或人工合成的化学物质等辅料，统称为食品添加剂。食品添加剂的使用，必须遵循《食品添加剂使用卫生标准》（GB 2760—2014）的要求，不能破坏加工品的营养和性质，也不能掩盖加工品本身的品质。

食品添加剂的种类很多，按照其来源的不同可分为天然食品添加剂和化学合成食品添加剂两大类，目前使用化学合成食品添加剂较多，为了食品安全和人类的身体健康，提倡使用天然食品添加剂。目前，在果蔬加工中常用以下几种食品添加剂。

(1) 甜味剂 甜味剂是以赋予食品甜味为主要目的的食品添加剂。甜味剂通常指一些具有甜味但并非糖类的化学物质，蔗糖、淀粉糖浆等通常不作为食品添加剂看待，而称为食品原料。甜味剂主要包括糖醇类，如山梨糖醇、木糖醇、麦芽糖醇；非糖天然甜味剂，如甜叶菊苷、甘草苷、甘茶叶素、二氢查尔酮等；人工合成甜味剂如甜蜜素、阿斯巴甜（蛋白糖）等。人工合成甜味剂有一定的毒性和副作用，在生产中的使用有一定限制。糖醇类甜味剂和非糖天然甜味剂是低热能甜味剂和非营养型甜味剂，对肥胖病、高血压、糖尿病和龋齿等患者有积极作用，近年来日益受到重视和发展。

(2) 酸味剂 酸味剂是以赋予食品酸味为主要目的的一类食品添加剂。酸味剂除了赋予食品酸味外，还有调节食品的 pH 值、防止食品败坏和褐变、用作抗氧化剂的增效剂以及抑制微生物生长、防止食品腐败等作用。我国允许使用的酸味剂主要是有机酸，包括柠檬酸、苹果酸、酒石酸、乳酸等，无机酸使用较多的仅有磷酸等。

(3) 增稠剂 增稠剂是指在水中溶解或分散，能增加流体或半流体食品的黏度，并能保持所在体系的相对稳定的亲水性食品添加剂，又称稳定剂或乳化稳定剂。其具有稳定、增稠、凝胶和保水等作用，广泛地应用于食品中。在果蔬食品中常用的增稠剂有天然增稠剂，如酪蛋白酸钠、阿拉伯胶、海藻酸钠、卡拉胶、果胶、黄原胶、β-环状糊精等；化学合成增稠剂，如羧甲基纤维素钠（CMC-Na）等。

(4) 着色剂 食品着色剂是以食品着色为目的的一类食品添加剂，又称食用色素，其功能是提高商品价值，促进食欲。食品着色剂按其来源和性质可分为合成着色剂和天然着色剂。合成着色剂，也称为食品合成染料，是用人工方法合成的有机着色剂。合成着色剂的着色力强、色泽鲜艳、不易褪色、稳定性好、易溶解、易调色、成本低，但安全性低。常用的食用合成着色剂有苋菜红、胭脂红、柠檬黄、日落黄和亮蓝等几种，一般在食品中的最大用量不能超过 0.05g/kg。天然着色剂主要是从动、植物和微生物中提取的，常用的食用天然着色剂有红花黄、β-胡萝卜素、姜黄、红曲米、叶绿素铜钠和焦糖色素等。

（5）增香剂 增香剂是指在食品加工过程中改善或增强食品的香气和香味的香精或香料，需要的量一般很少，但对于人的感官是很重要的。通常将几种香料配制成香精使用。增香剂有水溶性和油溶性两种，如橘子香精、柠檬香精、香草香精、杨梅香精、香蕉香精、乳化香精和奶油香精等。

（6）防腐剂 为了防止食品腐败变质而添加到其中的化学物质，称为防腐剂。理想的防腐剂应具有：性质稳定，在一定时期内有效，使用中和分解后无毒；在低浓度下仍有抑菌作用；本身无刺激性和异味；价格合理，使用方便。常用的食品防腐剂有苯甲酸及其钠盐、山梨酸及其钾盐、对羟基苯甲酸乙酯、对羟基苯甲酸丙酯、SO_2 及亚硫酸盐类等。

任务十四　果蔬加工中的护色

※【任务描述】

酶褐变是引起果蔬产品原料、半成品及成品变色的主要原因，通过本实验，了解果蔬产品原料的变色过程，掌握果蔬加工工序间护色的方法。

※【任务准备】

1. 材料

苹果、梨、马铃薯等。

2. 器具

电炉、不锈钢锅、水果刀、漏勺、搪瓷盘、烘箱、分析天平等。

3. 试剂

0.1％愈创木酚溶液、0.3％的双氧水、0.5％柠檬酸、1.0％NaCl、2％NaHSO$_3$等。

※【作业流程】

※【操作要点】

1. 酶褐变观察

苹果、梨、马铃薯人工去皮，切成 5mm 厚薄片，裸露于空气中，观察颜色变化，作对照。

2. 护色方法

（1）清水护色 将已经去皮切分成 5mm 厚的苹果、梨、马铃薯片分别放入清水中，护色 10min，取出观察其颜色变化。

（2）盐水护色 将经过同样处理的苹果、梨、马铃薯片分别放入 1.0％NaCl 溶液中，护色 10min，取出观察其颜色变化。

（3）柠檬酸护色 将经过同样处理的苹果、梨、马铃薯片分别放入 0.5％柠檬酸溶液中，护色 10min，取出观察其颜色变化。

（4）亚硫酸盐护色 将经过同样处理的苹果、梨、马铃薯片分别放入 2％NaHSO$_3$ 溶液中，护色 10min，取出观察其颜色变化。

(5) **热烫护色** 将经过同样处理的苹果、梨、马铃薯片分别投入沸水即开始计时，每隔 1min，取出一片苹果（梨、马铃薯），滴上几滴 0.1%愈创木酚溶液，再滴上几滴 0.3%的双氧水，观察其变色程度和速度，直至取出的果片不再变色为止，将剩余果片投入冷水中及时冷却，再观察颜色变化，填入表 4-2。

表 4-2　不同处理原料颜色变化情况

处理方法 / 原料名称	对　照	清水护色	1.0%NaCl	0.5%柠檬酸	2%NaHSO₃	热烫护色
苹果片 梨片 马铃薯片						

3. 干燥

将上述三类果蔬片同时放入 55～60℃烘箱中，恒温干燥，观察经过处理和未经过处理果片干燥前后色泽变化，记录并填入表 4-3。

表 4-3　不同处理原料干燥后颜色变化情况

处理方法 / 原料名称	对　照	清水护色	1.0%NaCl	0.5%柠檬酸	2%NaHSO₃	热烫护色
苹果片 梨片 马铃薯片						

※ 【成果提交】

《果蔬贮藏与加工技术项目学习册》任务工单。

项目二　果蔬罐制品加工

※ 【知识目标】

1. 了解果蔬败坏的原因和原理，熟悉各类果蔬的加工特性以及果蔬罐头对原料的要求。
2. 掌握果蔬罐藏保鲜的基本原理。
3. 了解果蔬罐制品的主要种类和特点。
4. 了解果蔬罐制品相关标准法规，熟悉各种果蔬罐制品的感官、理化、卫生指标要求。
5. 了解现代加工新技术在果蔬罐藏加工中的应用。

※ 【技能目标】

1. 能够自行运用互联网等资源查阅相关资料进行参考学习，如罐头工业手册、相关论文文献等。
2. 能够自行查阅相关标准，针对性地找出准确标准对果蔬罐头产品的要求，包括原料要求、各项指标要求、添加剂使用限量、试验方法、检验规则等。
3. 能够在学习后完成罐头加工实施方案的制定，识别关键质量控制点。

4. 能够准备相关原辅料、设备等，完成果蔬罐头制作实施。

5. 能够按照标准对产品进行评价，并能够找出质量问题，提出解决方案。

果蔬罐制品是果蔬原料经过前处理后，装入能密封的容器内，再进行排气、密封、杀菌，最后制成别具风味、能长期保存的食品。世界罐头品种已达 2500 多种，罐头年产量 4000 万吨，其中果蔬罐头占 70%，国际间贸易量为 800 万吨。目前我国主要的罐头品种已有 400 多种，其中有发展前途的罐头品种有 230 多种。

罐头食品具有耐贮藏、易携带、品种多、食用卫生的特点。果蔬罐制品按包装容器分为玻璃瓶罐制品、铁盒罐制品、软包装罐制品、铝合金罐制品以及其他（如塑料瓶装罐头）。罐藏对果蔬原料的基本要求是具有良好的营养价值和感官品质，新鲜、无病虫害、完整无外伤，收获期长、收获量稳定，可食部分比例高，加工适应性强，并有一定的耐藏性。

一、果蔬罐头的类别

产品的类别直接关系到不同工艺及技术指标的产品类别的划分，是产品应该执行哪一个标准的判定依据，因此对产品类别的分辨也很重要。按照 GB/T 10786—2006《罐头食品分类》对罐头类别的划分，果蔬类罐头分为水果类罐头和蔬菜类罐头。

（一）水果类罐头

按加工方法不同，分为以下种类。

1. 糖水类水果罐头

把经分级去皮（或核）、修整（切片或分瓣）、分选等处理好的水果原料装罐，加入不同浓度的糖水而制成的罐头产品。如糖水橘子、糖水菠萝、糖水荔枝等罐头。

2. 糖浆类水果罐头

处理好的原料经糖浆熬煮至可溶性固形物达 45%~55% 后装罐，再经加入高浓度糖浆等工序而制成的罐头产品，又称液态蜜饯罐头。如糖浆金橘等罐头。

3. 果酱类水果罐头

按配料及产品要求的不同，分为下列种类。

（1）果冻罐头 将处理过的水果加水或不加水煮沸，经压榨、取汁、过滤、澄清后加入白砂糖、柠檬酸（或苹果酸）、果胶等配料，浓缩至可溶性固形物为 65%~70% 再经装罐等工序制成的罐头产品。

① 果汁果冻罐头 以一种或数种果汁混合，加白砂糖、柠檬酸、增稠剂（或不加）等按比例配料后加热浓缩制成。

② 含果块（或果皮）的果冻 以果汁、果块（或先用糖渍成透明的果皮）、白砂糖、柠檬酸、增稠剂等调配而成。如马茉兰。

（2）果酱罐头 将一种或几种符合要求的新鲜水果去皮（或不去皮）、核（心）后再经软化磨碎或切块（草莓不切），加入砂糖，熬制（含酸及果胶量低的水果须加适量酸和果胶）成可溶性固形物为 65%~70% 和 45%~60% 两种浓度，装罐而制成的罐头产品。分为块状和泥状两种。如草莓酱、桃子酱等罐头。

4. 果汁罐头

将符合要求的果实经破碎、榨汁、筛滤或浸取提汁等处理后制成的罐头产品。按产品品种要求不同可分为：

（1）浓缩果汁罐头 将原果汁浓缩成两倍以上（以质量计）的果汁。

（2）果汁罐头 由鲜果直接榨出（或浸提）的果汁或由浓缩果汁兑水复原的果汁。分为清汁和浊汁。

（3）果汁饮料罐头 在果汁中加入水、糖液、柠檬酸等调制而成，其果汁含量不低于10%。

（二）蔬菜类罐头

按加工方法和要求不同，分为下列种类。

1. 清渍类蔬菜罐头

选用新鲜或冷藏良好的蔬菜原料，经加工处理、预煮漂洗（或不预煮），分选装罐后加入稀盐水或糖盐混合液而制成的罐头产品。如青刀豆、清水笋、清水荸荠、蘑菇等罐头。

2. 醋渍类蔬菜罐头

选用鲜嫩或盐腌蔬菜原料，经加工修整、切块装罐，再加入香辛配料及醋酸、食盐混合液而制成的罐头产品。如酸黄瓜、甜酸藠头等罐头。

3. 盐渍（酱渍）蔬菜罐头

选用新鲜蔬菜，经切块（片）（或腌制）后装罐，再加入砂糖、食盐、味精等汤汁（或酱）而制成的罐头产品。如雪菜、香菜心等罐头。

4. 调味类蔬菜罐头

选用新鲜蔬菜及其他小配料，经切片（块）、加工烹调（油炸或不油炸）后装罐而制成的罐头产品。如油焖笋、八宝斋等罐头。

5. 蔬菜汁（酱）罐头

将一种或几种符合要求的新鲜蔬菜榨成汁（或制酱），并经调配、装罐等工序制成的罐头产品。如番茄汁、番茄酱、胡萝卜汁等罐头。

二、果蔬罐制品的加工原理

罐头食品之所以能长期保藏主要是通过在加工过程中杀灭了罐内能引起败坏、产毒、致病的微生物，破坏原料组织中自身的酶活性，并保持密封状态使罐头不再受外界微生物的污染来实现的。

罐头食品中含有需氧性芽孢杆菌如嗜热性芽孢杆菌和嗜温性芽孢杆菌，厌氧性芽孢杆菌如热性解糖状芽孢杆菌、致黑梭状芽孢杆菌以及大肠杆菌、液化链球菌、嗜热链球菌、酵母菌、霉菌等。根据微生物对生长环境的要求及对高温的承受能力，果蔬罐头的杀菌方法有三种：

① 巴氏杀菌法。一般采用65~95℃，用于不耐高温而含酸较多的产品，如一部分水果罐头、糖醋菜、番茄汁、发酵蔬菜汁等。

② 常压杀菌法。所谓常压杀菌即将罐头放入常压的热沸水中进行杀菌，凡产品pH<4.5的蔬菜罐头制品均可用此法进行杀菌。常见的如去皮番茄罐头、番茄酱、酸黄瓜罐头。一些含盐较高的产品如榨菜、雪菜等也可用此法。

③ 加压杀菌法。将罐头放在加压杀菌器内，在密闭条件下增加杀菌器的压力，由于锅内的蒸汽压力升高，水的沸点也升高，从而维持较高的杀菌温度。大部分蔬菜罐头，由于含酸量较低，杀菌需较高的温度，一般需115~121℃。特别是富含淀粉、蛋白质及脂肪类的蔬菜，如豆类、甜玉米及蘑菇等，必须在高温下较长时间处理才能达到杀菌的目的。

为提高杀菌罐制品的保存效果，有效地防止内部菌体的进一步活化及杂菌的感染，生产上必须配合使用排气与密封工艺，才能防止内容物的氧化及酶活性的提高。

三、果蔬罐制品加工的工艺流程

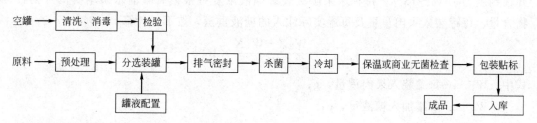

四、果蔬罐制品加工的技术要点

1. 原料选择

果蔬罐头的原料总体要求是：①水果罐藏原料要求新鲜，成熟适度，形状整齐，大小适当，果肉组织致密，可食部分大，糖酸比例恰当，单宁含量少；②蔬菜罐藏原料要求色泽鲜明，成熟度一致，肉质丰富，质地柔嫩细致，纤维组织少，无不良气味，能耐高温处理。

罐藏用果蔬原料均要求有特定的成熟度，这种成熟度即称罐藏成熟度或工艺成熟度。不同的果蔬品种要求有不同的罐藏成熟度。如果选择不当，不但会影响加工品的质量，而且会给加工处理带来困难，使产品质量下降。如青刀豆、甜玉米、黄秋葵等要求幼嫩、纤维少；番茄、马铃薯等则要求充分成熟。

罐藏用果蔬类原料越新鲜，加工品的质量越好。因此，从采收到加工，间隔时间愈短越好，一般不要超过 24h。有些蔬菜如甜玉米、豌豆、蘑菇、石刁柏等应在 2～6h 内加工。

2. 原料预处理

果蔬加工预处理在项目一中已有介绍，但与果蔬罐制品有关的一个预处理工艺叫做抽空，在这里单独介绍。

果蔬中都含有一定量的空气，尤其是苹果、梨、杏、草莓、菠萝等，空气的存在导致罐内真空度下降，罐内的果蔬密度下降从而在罐液中上浮。含有的氧气也常常导致产品变色、变味、组织形态不良、装罐困难，甚至造成罐内壁的腐蚀等。因此，装罐前应进行抽空处理。

抽空的技术条件主要取决于真空度，一般要求 79kPa 以上，55℃以下，抽空 5～10min。抽空的方法有干抽法和湿抽法两种。

（1）干抽法　果蔬原料先抽空，组织紧缩，再浸没于抽空液中，果蔬吸入部分抽空液。

（2）湿抽法　将原料浸于抽空液中，抽空液∶原料＝2∶1（体积与质量之比），控制适宜的抽空条件。

3. 装罐

（1）空罐的准备　不同的产品应按合适的罐型、涂料类型选择不同的空罐。一般来说，若为低酸性的果蔬产品，可以采用未用涂料的铁罐（又称素铁罐）。但番茄制品、糖醋制品、酸辣菜等则应采用抗酸涂料罐。花椰菜、甜玉米、蘑菇等应采用抗硫涂料罐，以防产生硫化斑。

空罐在装罐前应清洗干净，蒸汽喷射，清洗后不宜堆放太久，以防止灰尘、杂质再一次污染。装罐前要对空罐进行清洗和消毒以及空罐的检查。

(2) 灌注液的配制

① 果蔬罐头。所用的糖液主要是蔗糖溶液，我国目前生产的糖水果品罐头，一般要求开罐糖度为 14%～18%。每种水果罐头装罐糖液浓度可根据装罐前水果本身的可溶性固形物含量、每罐装入果肉重量及每罐实际注入的糖液重量，按下式计算。

$$Y = \frac{W_3 Z - W_1 X}{W_2} \times 100\%$$

式中　W_1——每罐装入果肉重量，g；

W_2——每罐加入糖液重，g；

W_3——每罐净重，g；

X——装罐前果肉可溶性固形物含量，%；

Z——要求开罐时的糖液浓度，%；

Y——需配制的糖水浓度，%。

糖液的配制方法有直接法和稀释法。直接法就是根据装罐所需要的糖液浓度，直接按比例称取砂糖和水，置于溶糖锅中加热搅拌溶解并煮沸 5～10min，以驱除砂糖中残留的二氧化硫并杀灭部分微生物，然后过滤、调整浓度。

② 蔬菜罐头。很多蔬菜制品在装罐时加注淡盐水，浓度一般在 1%～2%。目的在于改善制品的风味，加强杀菌、冷却期间的热传递，能较好地保持制品的色泽。

配制盐液的水应为纯净的饮用水，配制时煮沸，过滤后备用。有时，为了操作方便，防止生产中因盐水和酸液外溅而使用盐片，盐片可依罐头的具体用量专门制作，内含酸类、钙盐、EDTA 钠盐、维生素 C 以及谷氨酸钠和香辛料等。盐片使用方便，可用专门的加片机加入每一罐中或手工加入。

(3) 调味液的配制　有些蔬菜制品在装罐时需加入调味液。蔬菜罐头调味液的种类很多，但配制的方法主要有两种：一种是将香辛料先经一定的熬煮制成香料水，再与其他调味料按比例制成调味液；另一种是将各种调味料、香辛料（可用布袋包裹，配成后连袋去除）一起一次配成调味液。

(4) 装罐　原料应根据产品的质量要求按不同大小、成熟度、形态分开装罐，装罐时要求重量一致，符合规定的重量。

所谓顶隙即食品表面至罐盖之间的距离。一般应控制顶隙在 4～8mm。顶隙过大则内容物常不足，且由于有时加热排气温度不足、空气残留多会造成氧化；顶隙过小内容物含量过多，杀菌时食物膨胀而使压力增大，造成假胖罐。

4. 排气

排气即利用外力排除罐头产品内部空气的操作。它可以使罐头产品有适当的真空度，利于产品的保藏和保质，防止氧化；防止罐头在杀菌时由于内部膨胀过度而使密封的卷边破坏；防止罐头内好气性微生物的生长繁殖；减轻罐头内壁的氧化腐蚀；真空度的形成还有利于罐头产品进行打检和在货架上确保质量。

我国常用的排气方法有加热排气法和真空抽气法。

① 加热排气法。方法是将装好原料和注入填充液的罐头，送入排气箱加热升温，使罐头中内容物膨胀，排出原料中含有或溶解的气体，同时使顶隙的空气被热蒸汽取代。当封罐、杀菌、冷却后，蒸汽凝结成水，顶隙内就有一定的真空度。这种方法设备简单，费用

低，操作方便，但设备占地面积大。

② 真空抽气法。此法是在真空封罐机特制的密封室内减压完成密封，抽去存在于罐头顶隙中的部分空气。此法需真空封罐机，投资较大，但生产效率高，对于小型罐头特别适用且有效。

5. 密封

密封是保证真空度的前提，它也防止了罐头食品杀菌之后被外界微生物再次污染。罐头密封应在排气后立即进行，不应造成积压，以免失去真空度。密封需借助于封罐机。金属罐封口的结构为二重卷边，其结构和密封过程等可参见《罐头工业手册》；玻璃罐有卷封式和旋开式两种，可根据制品要求而定。复合塑料薄膜袋采用热熔合方式密封。

6. 杀菌

罐头杀菌的主要目的在于杀灭绝大多数对罐内食品起腐败作用和产毒致病的微生物，使罐头食品在保质期内具有良好品质和食用安全性，达到商业无菌；其次是改进食品的风味。

(1) 杀菌公式 生产上常采用加热杀菌。其条件依产品种类、卫生条件而定，一般采用杀菌公式表示。杀菌公式为：

$$(T_1 - T_2 - T_3)/t$$

式中　t——杀菌锅的杀菌温度，℃；

T_1——升温至杀菌温度所需时间，min；

T_2——保持杀菌温度不变的时间，min；

T_3——从杀菌温度降至常温的时间，min。

如某种罐头的杀菌式为（10min－40min－15min）/115℃，即该罐头的杀菌温度为115℃，从密封后罐头温度升至115℃需10min，升温后应在115℃保持40min，然后在15min内降至常温。

(2) 罐制品中常用的热力杀菌方法 罐制品中常采用的杀菌方法有常压杀菌和高压杀菌，通常以罐藏食品pH4.5为分界，pH4.5以下的称为酸性食品，常采用常压杀菌的方法；pH4.5以上的称为低酸性食品，采用高压杀菌的方法。

① 常压杀菌。在开口锅、水槽或蒸汽柜内进行。开始时注入水，加热至沸后放入罐头，这时水温下降。加大蒸汽，当升温至所要求的杀菌温度时，开始计算保温时间。达到杀菌时间后，进行冷却。常压杀菌也采用连续设备，在进、出罐运行过程中杀菌。

② 高压杀菌。采用高压灭菌锅进行杀菌，杀菌温度在100℃以上，加热介质为高压的蒸汽或高压水。生产上常采用高压水作为加热介质，原因是高压水将物料浸没、加热均匀且能够避免物料叠压造成杀菌不透。高压杀菌锅应配备反压装置，即在杀菌保温结束时，释放锅体内压力的时候通入高压的冷空气，并同时通入冷水，保持锅体内压力略大于包装容器内压力，以避免容器内压大于外压造成胀罐或胀袋现象。

7. 冷却

罐头杀菌完毕，应迅速冷却，防止继续高温使产品色泽、风味发生不良变化，质地软烂。冷却用水必须清洁卫生。

常压杀菌后的产品直接放入冷水中冷却，使罐头温度下降。高压杀菌的产品待压力消除后即可取出，在冷水中降温至38～40℃取出，利用罐内的余热使罐外附着的水分蒸发。如果冷却过度，则附着的水分不易蒸发，特别是罐缝的水分难以逸出，导致铁皮锈蚀，影响外观，降低罐头保藏寿命。玻璃罐由于导热能力较差，杀菌后不能直接置于冷水中，否则会发生爆裂，应进行分段冷却，每次的水温不宜相差 20℃ 以上。

某些加压杀菌的罐头，由于杀菌时罐内食品因高温而膨胀，罐内压力显著增加。如果杀菌完毕迅速降至常压，就会因为内压过大而造成罐头变形或破裂，玻璃瓶会"跳盖"。因此，这类罐头要采用反压冷却，即冷却时加外压，使杀菌锅内的压力稍大于罐内压力。加压可以利用压缩空气、高压水或蒸汽。

8. 保温与商业无菌检查

为了保证罐头在货架上不发生因杀菌不足引起的败坏，传统的罐头工业常在冷却之后采用保温处理。具体操作是将杀菌冷却后的罐头放入保温室内，中性或低酸性罐头在 37℃ 下最少保温一周，酸性罐头在 25℃ 下保温 7～10 天，然后挑选出胀罐，再装箱出厂。但这种方法会使罐头质地和色泽变差，风味不良。同时有许多耐热菌也有可能在此条件下发生增殖而导致产品败坏。因而，这一方法并非万无一失。

目前推荐采用"商业无菌检验法"，此法首先基于全面质量管理，其方法要点如下。

① 审查生产操作记录如空罐检验记录、杀菌记录、冷却水的余氯量等。

② 按照每杀菌锅抽两罐或 0.1% 的比例进行抽样。

③ 称重。

④ 保温。低酸性食品在（36±1）℃ 下保温 10 天，酸性食品在（30±1）℃ 下保温 10 天。预定销往 40℃ 以上热带地区的低酸性食品在（55±1）℃ 下保温 10 天。

⑤ 开罐检查。开罐后留样、涂片、测 pH、进行感官检查。此时如发现 pH、感官质量有问题即进行革兰染色，镜检。显微镜观察细菌染色反应、形态、特征及每个视野菌数，与正常样品对照，判别是否有明显的微生物增殖现象。

⑥ 结果判定。

a. 样品经保温试验未出现泄漏；保温后开启，经感官检验、pH 测定、涂片镜检，确证无微生物增殖现象，则可报告该样品为商业无菌。

b. 样品经保温试验出现泄漏；保温后开启，经感官检验、pH 测定、涂片镜检，确证有微生物增殖现象，则可报告该样品为非商业无菌。

9. 贴标签、贮藏

经过保温或商业无菌检查后，未发现胀罐或其他腐败现象，即检验合格，贴标签。标签要求贴得紧实、端正、无皱折。

合格的产品贴标、装箱后，贮藏于专用仓库内。要求罐头的贮存条件为温度 10～15℃、相对湿度 70%～75%。

五、质量控制点及预防措施

1. 杀菌

杀菌是罐头食品的关键工艺，直接影响产品的品质，掌握影响杀菌效果的因素，及时控制杀菌的效果是罐头食品生产的关键环节。

（1）影响杀菌效果的因素

① 产品在杀菌前的污染状况。污染程度越高，同一温度下，杀菌所需时间越长。

② 细菌的种类和状态。细菌的种类不同，耐热性相差很大，细菌在芽孢状态下比营养体状态下要耐热，细菌的数量很多时，杀菌就变得困难。

③ 蔬菜的成分。果蔬中的酸含量对微生物的生长和抗热性影响很大，常以 pH4.5 为界，高于 pH4.5 的称低酸性食品，需进行高温高压杀菌，低于 pH4.5 的称酸性或高酸性产品，可以采用常压杀菌或巴氏杀菌。

另外，产品中的糖、盐、蛋白质、脂肪含量或洋葱、桂皮等植物中含有的植物杀菌素，对罐头的杀菌效果也有一定的影响。

④ 罐头食品杀菌时的传热状况。总体来说传热好，杀菌容易。对流比传导和辐射的传热速度快，所以加汤汁的产品杀菌较容易，而固体食品则较难，甜玉米糊等稠厚的产品也难杀菌；另外小型罐的杀菌效果比大型罐好；马口铁罐好于玻璃瓶制品；扁形罐头好于高罐；罐头在杀菌锅内运动的好于静止的。

（2）杀菌操作的控制

① 罐头装筐或装篮时应保证每个罐头所有的表面都能经常和蒸汽接触，即注意蒸汽的流通。

② 升温期间，必须注意充足排气，控制升温时间。

③ 严格控制保温时间和温度，此时要求杀菌锅的温度波动不大于±0.5℃。

④ 注意排除冷凝水，防止积累，降低杀菌效果。

⑤ 尽可能保持杀菌罐头有较高的初温，因此不要堆积密封之后的罐头。

⑥ 杀菌结束后，杀菌锅内的压力不宜过快下降，以免罐头内外压力差急增，造成密封部位漏气或永久膨胀。对于大型罐和玻璃瓶要注意反压，需加压缩空气或高压水后，关闭蒸汽阀门，使锅内温度下降。

2. 罐头胀罐

罐头底或盖不像正常情况下呈平坦状或向内凹，而出现外凸的现象称为胀罐，也称胖听。根据底或盖外凸的程度，又可分为隐胀、轻胀和硬胀三种情况。根据胀罐产生的原因又可分为三类，即物理性胀罐、化学性胀罐和细菌性胀罐。

（1）物理性胀罐

① 胀罐原因。罐制品内容物装得太满，顶隙过小；加压杀菌后，降压过快，冷却过速；排气不足或贮藏温度过高等。

② 预防措施。严格控制装罐量，装罐时顶隙控制在 3～8mm；提高排气时罐内中心温度，排气要充分，封罐后能形成较高的真空度；加压杀菌后反压冷却速度不能过快；控制罐制品适宜的贮藏温度。

（2）化学性胀罐（氢胀罐）

① 胀罐原因。高酸性食品中的有机酸与罐藏容器（马口铁罐）内壁起化学反应，产生氢气，导致内压增大而引起胀罐。

② 预防措施。空罐宜采用涂层完好的抗酸全涂料钢板制罐，以提高罐对酸的抗腐蚀性能；防止空罐内壁受机械损伤，以防出现露铁现象。

（3）细菌性胀罐

① 胀罐原因。杀菌不彻底或密封不严使细菌重新侵入而分解内容物，产生气体，使罐内压力增大而造成胀罐。

② 预防措施。罐藏原料充分清洗或消毒，严格注意加工过程中的卫生管理，防止原料及半成品的污染；在保证罐制品质量的前提下，对原料进行热处理，以杀灭产毒致病的微生物；在预煮水或糖液中加入适量的有机酸，降低罐制品的 pH，提高杀菌效果；严格封罐质

量，防止密封不严；严格杀菌环节，保证杀菌质量。

3. 玻璃罐头杀菌冷却过程中的跳盖现象以及破损

（1）跳盖及破损原因

①罐头排气不足；②罐头内真空度不够；③杀菌时降温、降压速度快；④罐头内容物装得太多，顶隙太小；⑤玻璃罐本身的质量差，尤其是耐温性差。

（2）预防措施

①罐头排气要充分，保证罐内的真空度；②杀菌冷却时，降温、降压速度不要太快，进行常压冷却时，禁止冷水直接喷淋到罐体上；③罐头内容物装得不能太多，保证留有一定的空隙；④定做玻璃罐时，必须保证玻璃罐具有一定的耐温性；⑤利用回收的玻璃罐时，装罐前必须认真检查罐头容器，剔除所有不合格的玻璃罐。

4. 果蔬罐头加工过程中发生变色现象

（1）变色原因

①果蔬中固有化学成分引起的变色，如果蔬中的单宁、色素、含氮物质、抗坏血酸氧化引起的变色；②加工罐头时，原料处理不当引起的变色；③罐头成品贮藏温度不当。

（2）预防措施

①控制原料的品种和成熟度，采用热烫进行护色时，必须保证热烫处理的温度与时间；②采用抽空处理进行护色时，应彻底排净原料中的氧气，同时在抽空液中加入防止褐变的护色剂，可有效地提高护色效果；③果蔬原料进行前处理时，严禁与铁器接触；④绿色蔬菜罐头灌注液的 pH 调至中性偏碱并选用不透光的包装容器。

5. 果蔬罐头固形物软烂及汁液混浊

（1）果蔬罐头固形物软烂及汁液混浊的原因

①果蔬原料成熟度过高；②原料进行热处理或杀菌时的温度过高，时间过长；③运销中的急剧震荡、内容物的冻融、微生物对罐内食品的分解。

（2）预防措施

①选择成熟度适宜的原料，尤其是不能选择成熟度过高而质地较软的原料；②热处理要适度，特别是烫漂和杀菌处理，要求既起到烫漂和杀菌的目的，又不能使罐内果蔬软烂；③原料在热烫处理期间，可配合硬化处理；④避免成品罐头在贮运与销售过程中的急剧震荡、冻融交替以及微生物的污染等。

任务十五　糖水水果罐头制作

※【任务描述】

选择适当的果蔬罐头加工品种，判定合格的果蔬原料品质，根据果蔬特性设计果蔬加工工艺，并实施果蔬罐头加工制作。

※【任务准备】

1. 原料的准备

梨选择七八成熟、甜酸适口、风味浓郁的品种为原料，果实无病虫害及霉烂，品种如雪花梨、慈梨、秋白梨及洋梨等。

柑橘选择果皮薄、大小基本一致、无损伤、新鲜度高、肉质致密、色泽鲜艳、香味浓郁、含糖量高、糖酸比适度、无核的原料，如温州蜜柑、早红橘等。

菠萝应选择果形大、牙眼浅、果心小、纤维少的圆柱形果，成熟度控制在 70%～80%，果肉平均可溶性固形物不低于 10%～20%。

配置用水应采用纯净水，或自来水经过精滤、软化、蒸煮、冷却后得到。

盐酸、氢氧化钠、柠檬酸等，为食品添加剂；食盐、蔗糖为食品辅料，应符合相应的标准。

2. 仪器设备的准备

电子天平、封盖机等。

3. 相关工具的准备

筛网（滤布）（100 目、200 目）、不锈钢锅和盆、量杯、烧杯、不锈钢漏勺、玻棒、温度计、马口铁罐（盖）或玻璃瓶（盖）以及处理相应水果所需要的刀具等。

4. 参考标准

GB/T 13210—2014《柑橘罐头》。

※【作业流程】

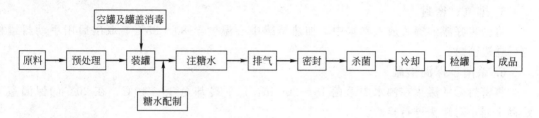

※【操作要点】

1. 原料预处理

根据原料自身的情况进行清洗、拣选，去掉不可食部分，进行休整、切片（块），并进行护色等处理。以下介绍三种水果的预处理方法。

（1）梨 用清水洗净梨果表面的泥沙及污物。对采前喷施农药的，应将梨放入 0.1% 盐酸溶液中浸泡 5～6min，再用清水冲洗干净。摘除果梗，用不锈钢水果刀纵切两半，并挖去果心，用刀去掉果实上的机械伤、斑点及残留果皮。在密闭的容器罐中，将梨块浸泡在 1%～2% 的食盐水中，加入 0.1%～0.2% 的柠檬酸，在 20～50℃ 的温度下，抽空 5～10min，真空表读数在 66.7kPa 以上。然后进行预煮，水中酌情加入 0.1%～0.2% 的柠檬酸，沸水投料，煮 5～10min；以煮透不夹白心为度。预煮后迅速将梨块冷却并进行修整。

（2）柑橘 以清水洗涤，洗净果面的尘土及污物，手工去掉外果皮；然后立即进行分瓣，分瓣要求手轻，以免囊瓣因受挤压而破裂，并把橘络去除干净。将橘瓣浸泡在温度为 40～45℃、浓度为 1% 的盐酸溶液中，橘瓣与溶液之比为 1：2，浸泡时间一般为 10min，具体视橘瓣的囊衣厚薄而确定浸泡的时间；当浸泡到囊衣呈松软状、浸泡液呈乳浊状时，即可取出果瓣放入流动清水中漂洗至不混浊止；然后进行碱液处理，氢氧化钠溶液浓度为 1%、温度 35～40℃，浸泡 5min 左右，以大部分囊衣易脱落、橘肉不起毛、不松散、不软烂为准；碱液处理结束后立即用清水漂洗，沥干水滴。将处理后的橘瓣放入清水盆中，除去残留的囊衣、橘络、橘核，剔除软烂的缺角橘瓣。

（3）菠萝 以清水将菠萝外表清洗干净，用片刀将果实两端垂直于轴线切下，削去外皮，削皮时应将青皮削干净，用三角刀沿果目螺旋方向挖除果目，深浅以正好能挖净果目为适宜。经雕目后的果实用小刀削除残留表皮及雕目残芽，清洗一遍后置于菜板上，用刀将果肉等分纵向切开，去除果心，果肉切成厚度为 10～13mm 的扇形块，要求切面光滑、厚度一致。捡选大小基本一致的扇形块，用清水洗去果屑。

2. 空罐及罐盖消毒

将用清水冲洗过的空罐及罐盖放入 85℃水中消毒 5min。

3. 装罐

称取一定质量的果肉装进罐内，要求果肉排列整齐。

4. 糖水配制及注糖水

将原料挤汁用手持糖度仪测定含糖量，根据测定值用下式计算加入糖液的浓度：

$$Y = \frac{W_3 Z - W_1 X}{W_2} \times 100\%$$

式中，Y 为糖液浓度，%；W_1 为每罐装入果肉量；W_2 为每罐加入糖液量；W_3 为每罐净重；X 为果肉含糖量，%；Z 为要求开罐时糖液浓度，15%。

称取所需砂糖和用水量，置于锅内加热溶解并煮沸后，用 200 目滤布过滤，柠檬酸按 0.1%加入糖水中。每罐注入约 160g 糖水，注糖水时要注意留 8～10mm 的顶隙。

5. 排气、密封

将已装好罐的罐头放入沸水中，加热至罐中心温度至 80～85℃，取出后用手动封罐机进行卷边密封。

6. 杀菌、保温检罐

将密封后的罐头在沸水中杀菌 15～20min，然后冷却至 38～40℃。在 20℃的保温室中贮存 1 周，对罐头进行检验。

※ 【成果提交】

《果蔬贮藏与加工技术项目学习册》任务工单。

项目三　果蔬汁制品加工

※ 【知识目标】

1. 了解果蔬汁制品按工艺和成分的分类，弄清澄清汁和混浊汁产品的根本区别、产品形式和工艺特点。

2. 了解果蔬汁加工对原辅料的要求。

3. 重点掌握果蔬取汁的方法、操作要点和关键工序。

4. 掌握几种果蔬榨汁机的结构和工作原理。

5. 掌握果蔬汁及其饮料加工过程中关键质量控制点和预防措施。

※ 【技能目标】

1. 能够自行运用互联网等资源查阅相关资料进行参考学习。

2. 能够自行查阅相关标准，针对性地找出准确标准对果蔬汁制品的要求，包括原料要求、各项指标要求、添加剂使用限量、试验方法、检验规则等。

3. 能够在学习后完成果蔬汁加工实施方案的制定，识别关键质量控制点。

4. 能够准备相关原辅料、设备等，完成果蔬汁制作实施。

5.能够按照标准对产品进行评价，并能够找出质量问题，提出解决方案。

果蔬汁制品保存了新鲜原料所含的糖分、氨基酸、维生素、矿物质等，风味和营养十分接近新鲜果蔬，能够快速补充人体能量与营养的需要。从20世纪60年代开始，随着罐藏工业、冷冻工业的迅速发展，世界各国果蔬汁饮料的产量迅速增加，具有广阔的前景。

一、果蔬汁制品的分类及特点

目前，世界上果蔬汁的分类没有统一的标准，分类依据也不相同。

1. 按工艺不同分类

(1) 澄清汁　也称透明汁，不含悬浮物质，都是澄清透明的汁液。

(2) 混浊汁　也称不澄清汁，带有悬浮的细小颗粒。这类果蔬汁一般是用橙黄色的果实榨取的。

(3) 浓缩汁　将新鲜果蔬汁进行浓缩，去除一部分水而形成的汁液。

2. 按成分分类

根据GB 10789—2015《软饮料分类标准》，果蔬汁类及其饮料的定义为：以水果和（或）蔬菜（包括可食的根、茎、叶、花、果实等）为原料，经加工或发酵制成的液体饮料。其类别可分为：

(1) 果蔬汁（浆）　以水果或蔬菜为原料，采用物理方法（机械方法、水浸提等）制成的可发酵但未发酵的汁液、浆液制品；或在浓缩果蔬汁（浆）中加入其加工过程中除去的等量水分复原制成的汁液、浆液制品，如原榨果汁（非复原果汁）、果汁（复原果汁）、蔬菜汁、果浆/蔬菜浆、复合果蔬汁（浆）等。

(2) 浓缩果蔬汁（浆）　以水果或蔬菜为原料，从采用物理方法榨取的果汁（浆）或蔬菜汁（浆）中除去一定量的水分制成的，加入其加工过程中除去的等量水分复原后具有果汁（浆）或蔬菜汁（浆）应有特征的制品。

含有不少于两种浓缩果汁（浆），或浓缩蔬菜汁（浆），或浓缩果汁（浆）和浓缩蔬菜汁（浆）的制品为浓缩复合果蔬汁（浆）。

(3) 果蔬汁（浆）类饮料　以果蔬汁（浆）、浓缩果蔬汁（浆）为原料，添加或不添加其他食品原辅料和（或）食品添加剂，经过加工制成的制品，如果蔬汁饮料、果肉（浆）饮料、复合果蔬汁饮料、果蔬汁饮料浓浆、发酵果蔬汁饮料、水果饮料等。

二、工艺流程

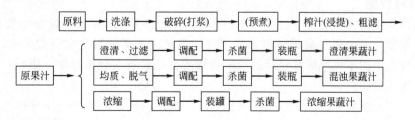

三、技术要点

1. 原料的选择

(1) 制汁果实的质量要求　选择含汁液丰富、糖酸比适度，具有良好风味和香气，色泽稳定的品种，要求原料新鲜，成熟度高。剔除过生、过熟以及虫、病、烂果或蔬菜。

① 果蔬的新鲜度。加工用的原料越新鲜完整，成品的品质就越好。采摘存放时间太长的果蔬由于水分蒸发损失，新鲜度降低，酸度降低，糖分升高，维生素损失较大。

② 果蔬的品质。选用汁液丰富、提取果蔬汁容易，糖分含量高，香味浓郁的果蔬是保证出汁率和风味的另一重要因素。

③ 果蔬的成熟度。果蔬汁加工要求成熟度在九成左右，酸低糖高，榨汁容易。

(2) 适宜于加工果蔬汁的原料种类 大部分果品及部分蔬菜适合于制汁，如苹果、葡萄、菠萝、柑橘、柠檬、葡萄柚、杨梅、桃、山楂、番石榴、番茄、胡萝卜、芹菜、菠菜以及野生果品沙棘、刺梨、醋栗、酸枣、猕猴桃等均能用来制取果蔬汁。

2. 原料洗涤

采用流动水或喷水对果蔬原料进行充分漂洗，以免杂质进入汁中。对于农药残留量较多的果实，可用稀酸溶液或洗涤剂处理后再用清水洗净。果实原料的洗涤方法，可根据原料的性质、形状和设备条件加以选择。

3. 破碎或打浆

破碎粒度要适当，粒度过大，出汁率低，榨汁不完全；如果粒度过小，压榨时外层汁液很快榨出，形成厚层，会阻碍内层果汁榨出，降低汁液滤出速度。通过压榨取汁的果蔬，例如苹果、梨、菠萝、杧果、番石榴以及某些蔬菜，其破碎粒度以 3～5mm 为宜；草莓和葡萄以 2～3mm 为宜；樱桃为 5mm。

果蔬汁加工使用的破碎设备要根据果实的特性和破碎的要求进行选择。如对于葡萄、草莓等浆果可选用桨叶型破碎机，使破碎与粗滤一起完成；对于肉厚且致密的苹果、梨、桃等，可选用锤碎机、辊式破碎机；生产带果肉果蔬汁时可选择磨碎机等，桃和杏等水果，可以用磨碎机将果实磨成浆状，并将果核、果皮除掉；对于山楂果汁，按工艺要求，宜压不宜碎，可以选用挤压式破碎机，将果实压裂而不使果肉分离成细粒时最合适；葡萄等浆果也可选用挤压式破碎机，通过调节辊距大小，使果实破裂而不损伤种子。果实在破碎时常喷入适量的氯化钠及维生素C配成的抗氧化剂，防止或减少氧化作用的发生，以保持果蔬汁的色泽和营养。破碎时还要注意避免压破种子，否则种子含糖苷物质进入汁液，会给制品带来苦味。

许多种类的蔬菜如番茄可采用打浆机加工成碎末状再行取汁，打浆机是由带筛眼的圆筒体及打浆器构成，原料进入打浆机内，由于打浆器的桨或刷子的旋转，使果肉浆从筛眼中渗出，而种子、皮、核从出渣口中出去，筛眼的大小可根据产品要求调节。

有一些原料在破碎后须进行预煮，使果肉软化，果胶物质降解，以降低黏度，便于后续榨汁工序，如桃、杏、山楂等。

4. 榨汁或浸提

榨汁的方法依果实的结构、果汁存在的部位、组织性质以及成品的品质要求而异。对于大多数水果来说，一般通过破碎就可榨取果汁，但对于柑橘类果实和石榴来说，其表皮很厚，榨汁时外皮中的不良风味和色泽的可溶性物质会一起进入到果汁中，影响产品的风味，应先去除后再进行榨汁。

榨汁机主要有螺旋榨汁机、带式榨汁机等，一般原料经破碎后即可用榨汁机进行压榨，对于汁液含量少的原料，须采用浸提法取汁，即将原料用水浸泡，使原料中的可溶性营养成分以及色素等溶解于水中，然后滤出浸提液即可，如山楂、枣等。

果实的出汁率取决于果实的质地、品种、成熟度、新鲜度、加工季节、榨汁方法和榨汁效能等。一般情况下，浆果类出汁率最高，柑橘类和仁果类略低。榨汁的工艺过程尽可能短，要防止和减轻果汁色、香、味的损失，要最大限度防止空气的混入。

5. 粗滤

粗滤或称筛滤。粗滤可除去果（菜）汁中的粗大果肉颗粒及其他一些悬浮物质。对于混浊果汁要求保存色粒以获得色泽、风味和香气，除去分散在果汁中的粗大颗粒或悬浮颗粒。对于透明果汁，粗滤后还需精滤。

粗滤一般采用筛滤机，所以也称筛滤，滤孔大小为 2mm 左右。生产上粗滤常安排在榨汁的同时进行，也可在榨汁后独立操作。如果榨汁机设有固定分离筛或离心分离装置时，榨汁与粗滤可在同一台机械上完成。单独进行粗滤的设备为筛滤机，如水平筛、回转筛、圆筒筛、振动筛等，此类粗滤设备的滤孔大小为 0.5mm 左右。此外，板框式压滤机也可以用于粗滤。

6. 精滤

这是生产澄清汁必经的一道工序。粗滤后的汁液还含有大量的微细果肉、果皮、色粒、胶体物质等，精滤的目的就是要除去这些物质，通过澄清和过滤两个步骤完成。澄清的方法有自然澄清法、明胶单宁澄清法、加酶澄清法、加热凝聚澄清法、冷冻澄清法；常用的过滤设备有袋滤器、纤维过滤器、板框压滤机、离心分离机；滤材有帆布、不锈钢丝布、纤维、硅藻土等。

7. 脱气

脱气是生产混浊汁必经的一道工序，其目的是为了减少汁液中所含的空气。这些气体的存在，特别是大量的氧气，不仅会使果蔬汁中的维生素 C 被破坏，而且会与果蔬汁中的各种成分反应使香气和色泽发生变化，还会引起马口铁罐内壁腐蚀；附于悬浮微粒上的气体，会导致微粒上浮而影响制品的外观；气体的存在还会造成装罐和杀菌时产生气泡，从而影响杀菌效果。生产中常采用的去氧法有真空法、氮气交换法、酶法脱气法和抗氧化剂法等。果蔬加工一般常采用真空脱气罐进行脱气，真空度为 90.7～93.3Pa。

8. 均质

均质是混浊汁必经的另一道工序，其作用是使果蔬汁中的悬浮微粒进一步破碎，减小粒度，保持均匀的混浊状态，增强混浊汁的稳定性。均质设备有高压式、回转式和超声波式等。高压均质设备主要有高压均质机，其工作原理如图 4-4 所示。根据实验，混浊果蔬汁饮料的均质压力一般为 18～20MPa，果肉型果蔬汁饮料宜采用 30～40MPa 的均质压力。果蔬汁在均质前，必须先进行过滤除去其中的大颗粒果肉、纤维

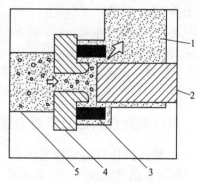

图 4-4　高压均质机工作原理图
1—均质后产品；2—阀杆；3—碰撞环；
4—阀座；5—未均质原料

和沙粒，以防止均质阀间隙堵塞。高压均质机磨碎力大，均质时空气不会混入物料，操作结束后宜清洗。但物料在高压下通过狭小的间隙容易引起均质阀的磨损，因而应注意保持正常的工作状态。另外，也可以考虑采用超声波均质机和胶体磨进行均质。

9. 糖酸调整

果蔬汁饮料的糖酸比例是决定其口感和风味的主要因素。果蔬汁的糖酸调整是为了改善制品的风味，使之更适宜人们口味的需要，但调整范围不宜过大。不浓缩果汁适宜的糖酸比例在 13∶1 到 15∶1 范围内，适宜于大多数人的口味。因此，果蔬汁饮料调配时，首先需要调整含糖量和含酸量。一般果蔬汁中含糖量在 8%～14%，有机酸的含量为 0.1%～0.5%。调整时一般使用砂糖和柠檬酸。

10. 浓缩

浓缩是生产浓缩汁的关键工序。浓缩果汁体积小，可溶性物质含量达到 65%～68%。浓缩方法主要有真空浓缩法、冷冻浓缩法、反渗透浓缩法以及超滤浓缩法等。

真空浓缩和脱气时会导致果蔬汁中挥发性芳香物质的损失，因此，常常需要对芳香物质进行回收，经分离纯化后重新加入到果蔬汁中。

11. 杀菌

果蔬汁热敏性较强。为了保持制品的色、香、味，采用高温瞬时杀菌法，即采用93℃±2℃保持 15～30s 杀菌，特殊情况下可采用 120℃ 以上温度保持 3～10s 杀菌。实验证明，对于同一杀菌效果而言，高温瞬时杀菌法得到了普遍应用。果蔬汁杀菌后须迅速冷却，避免余温对制品产生不良影响。

12. 灌装

现代生产上的杀菌灌装方式有以下 3 种。

(1) 传统灌装法 将果蔬汁加热到 85℃ 以上，趁热装罐（瓶），密封，在适当的温度下进行杀菌，之后冷却。此法产品的加热时间较长，品质下降较明显，但因设备投入不大，要求不高，在高酸性果汁中有时可获得较好的产品。

(2) 热灌装 将果蔬汁在高温短时或超高温瞬时杀菌，之后趁热灌入已预先消毒的洁净瓶内或罐内，再趁热密封，之后倒瓶处理，冷却。此法较常用于高酸性的果汁及果汁饮料，亦适合于茶饮料。

(3) 无菌灌装 是近 50 年来液态食品包装最大进展之一，它包括产品的杀菌和无菌充填密封两部分，为了保证充填和密封时的无菌状态，还须进行机器、充填室等的杀菌和空气的无菌处理。

无菌包装系统主要包括三部分：一是包装前食品物料瞬时杀菌工艺；二是无菌包装设备；三是无菌包装材料。在无菌包装中，食品灭菌常用蒸汽超高温瞬时灭菌（UHT 灭菌）；包装容器有金属罐、玻璃罐、纸、塑料薄膜及各种复合材料。金属容器大都用过热蒸汽和干热空气来热灭菌，塑料容器、复合塑料袋和纸包装一般采用双氧水、环氧乙烷和辐射等方法灭菌。

四、质量控制点及预防措施

1. 果蔬汁饮料的混浊与沉淀

澄清果蔬汁要求汁液清亮透明，混浊果蔬汁要求有均匀的混浊度，但果蔬汁生产后在贮藏销售期间，常达不到要求，易出现异常，例如，苹果和葡萄等的澄清汁常出现混浊和沉淀，柑橘、番茄和胡萝卜等的混浊汁常发生沉淀和分层现象。

(1) 原因

① 加工过程中杀菌不彻底或杀菌后微生物再污染。微生物活动会产生多种代谢产物，因而导致混浊沉淀。

② 澄清果蔬汁中的悬浮颗粒以及易沉淀的物质未充分去除，在杀菌后贮藏期间会继续沉淀；混浊果蔬汁中所含的果肉颗粒太大或大小不均匀，在重力的作用下沉淀；果蔬汁中的气体附着在果肉颗粒上时，使颗粒的浮力增大，混浊果蔬汁也会分层。

③ 加工用水未达到软饮料用水标准，带来沉淀和混浊的物质。

④ 金属离子与果蔬汁中的有关物质发生反应产生沉淀。

⑤ 调配时糖和其他物质质量差，可能有导致混浊沉淀的杂质。

⑥ 香精水溶性低或用量不合适，从果蔬汁分离出来引起沉淀等。

（2）预防措施　要根据具体情况进行预防和处理。在加工过程严格澄清和杀菌质量，是减轻澄清果蔬汁混浊和沉淀的重要保障。在榨汁前后对果蔬原料或果蔬汁进行加热处理，破坏果胶酶的活性，严格均质、脱气和杀菌操作，是防止混浊果蔬汁沉淀和分层的主要措施。

另外，针对混浊果蔬汁添加合适的稳定剂，增加汁液的黏度也是一个有效的措施。生产中通常使用混合稳定剂，稳定剂混合使用的稳定效果比单独使用好。如果汁液中钙离子含量丰富，则不能选用海藻酸钠、羧甲基纤维素（CMC）作稳定剂，因为钙离子可以使此类稳定剂从汁液中沉淀出来。

2. 果蔬汁的败坏

果蔬汁败坏常表现为表面长霉、发酵，同时产生二氧化碳、醇或因产生醋酸而败坏。

（1）败坏原因　果蔬汁败坏主要是由于微生物活动所致，微生物主要是细菌、酵母菌、霉菌等。酵母能引起胀罐，甚至会使容器破裂；霉菌主要侵染新鲜果蔬原料，造成果实腐烂，污染的原料混入后易引起加工产品的霉味。它们在果蔬汁中破坏果胶引起果蔬汁混浊，分解原有的有机酸，产生新的异味酸类，使蔬汁变味。

（2）预防措施

①采用新鲜、健全、无霉烂、无病虫害的原料取汁；②注意原料取汁打浆前的洗涤消毒工作，尽量减少原料外表微生物数量；③防止半成品积压，尽量缩短原料预处理时间；④严格车间、设备、管道、容器、工具的清洁卫生，并严格加工工艺规程；⑤在保证果蔬汁饮料质量的前提下，杀菌必须充分，适当降低果蔬汁的 pH，有利于提高杀菌效果等。

3. 果蔬汁的变味

（1）变味原因

①果蔬汁饮料加工的方法不当以及贮藏期间环境条件不适宜；②原料不新鲜；③加工时过度的热处理；④调配不当；⑤加工和贮藏过程中的各种氧化和褐变反应；⑥微生物活动所产生的不良物质也会使果蔬汁变味。

（2）预防措施

① 选择新鲜良好的原料，合理加热，合理调配，同时生产过程中尽量避免与金属接触，凡与果蔬汁接触的用具和设备，最好采用不锈钢材料，避免使用铜铁用具及设备。

② 柑橘类果汁比较容易变味，特别是浓度高的柑橘汁变味更重。柑橘果皮和种子中含有柚皮苷和柠檬苦素等苦味物质，榨汁时稍有不当就可能进入果汁中，同时果汁中的橘皮油等脂类物质发生氧化和降解会产生萜味。因此，对于柑橘类果汁可以采取以下措施防止变味。

a. 用锥形榨汁机或全果榨汁机压榨时分别取油和取汁，或先行磨油再行榨汁，同时改变操作压力，不要压破种子和过分压榨果皮，以防橘皮油和苦味物质进入果汁；b. 杀菌时控制适当的加热温度和时间；c. 将柑橘汁于 4℃ 条件下贮藏，风味变化较缓慢；d. 在柑橘汁中加少量经过除萜处理的橘皮油，以突出柑橘汁特有的风味。

4. 果蔬汁的色泽变化

果蔬汁色泽的变化比较明显，包括色素物质引起的变色和褐变引起的变色两种变化。

（1）色素物质引起的变色　主要是由于果蔬中的叶绿素、类胡萝卜素、花青素等色素在加工过程中极不稳定造成的。

预防措施：加工、运输、贮藏、销售时尽量低温、避光、隔氧、避免与金属接触。叶绿素只有在常温下的弱碱中稳定；此外，若用铜离子取代卟啉环中的镁离子，使叶绿素变成叶绿素铜钠，可形成稳定的绿色。

（2）褐变引起的变色　主要是由非酶褐变和酶褐变引起的。

预防措施：果蔬汁加工中应尽量降低受热程度，控制 pH 在 3.2
或以下，避免与非不锈钢的器具接触，延缓果蔬汁的非酶褐变。防止
酶促褐变除采用低温、低 pH 贮藏外，还可添加适量的抗坏血酸及苹
果酸等抑制酶褐变，减少果蔬汁色泽变化。

果蔬汁加工——乳化

任务十六　番茄浆的加工

※ 【任务描述】

选择适当的番茄品种，判定合格的果实原料品质，设计番茄浆加工工艺，并实施制作。

※ 【任务准备】

1. 原料的准备

采购新鲜、成熟度适当、果实色调鲜红、香味浓郁、可溶性固形物含量在 5% 以上的品
种，糖酸比为 6 左右。

清洗用水符合 GB 5749 的要求。

2. 仪器设备的准备

电子天平、打浆机、螺旋榨汁机、均质机、杀菌机、脱气机、封盖机等。

3. 相关工具的准备

筛网（滤布）（100 目、200 目）、不锈钢锅和盆、量杯、烧杯、不锈钢漏勺、玻棒、温
度计、马口铁罐（盖）或玻璃瓶（盖）、酸性精密 pH 试纸等。

4. 参考标准

GB/T 31121—2014《果蔬汁类及其饮料》。

※ 【作业流程】

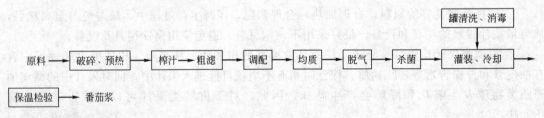

※ 【操作要点】

1. 原料预处理

用洗涤清水浸渍洗涤，洗净番茄表面的尘土及污物。在浸渍洗涤过程中，可以添加次氯
酸钠，但有效氯浓度不超过 200mg/kg，在二次洗涤水中，有效氯浓度应保持在 5～10mg/
kg。根据原料的卫生情况，必要时还可添加单甘酯、磷酸盐、柠檬酸钠、蔗糖脂肪酸酯等
洗涤剂，以提高清洗效果。

2. 破碎、预加热

番茄切块后用打浆机搅打至碎末状颗粒，然后迅速加热，加热可采用管式换热器或水浴
加热到 70～75℃，保持 10～15min，也可用 85～90℃保持 1～2min。

3. 榨汁

破碎、加热后的碎番茄榨汁，在除去果皮、种子和果心的同时，也进行果肉浆粒子的调

整。番茄榨汁有压榨法和打浆法两种，一般用螺旋式榨汁机进行操作，也可采用打浆机。螺旋式榨汁机是在螺旋和筛筒之间挤压碎番茄，汁液经过筛孔滤出。打浆机是以撞击的方式取汁，浆料依次通过筛板孔径 1.0mm、0.8mm 和 0.4mm（一般认为螺旋榨汁方法较好，可以减少空气的混入）。

4. 粗滤

番茄汁分别用 50 目、100 目筛网过滤，滤掉粗大的果肉微粒，然后再通过 200 目双联过滤器过滤。

5. 调配

将食盐溶解在部分番茄汁中（食盐为番茄汁饮料总量的 0.5%），使成为高浓度食盐溶液，然后从混合槽底部打入，并在不混入气泡的情况下进行搅拌混合，同时向番茄汁中加入 0.03% 黄原胶与 0.02% 酸性 CMC-Na 作为稳定剂，并搅拌均匀。若番茄汁色泽不自然，可加入适量番茄红素加以修正，使其呈红色或橙红色。

6. 均质

番茄汁饮料均质应选用较高的压力，一般在 30~40MPa 下均质两次，使果肉微粒粒径小于 2μm，均质时汁液温度为 50~55℃。

7. 脱气

脱气罐内真空度一般为 0.08~0.09MPa；物料温度热脱气为 50~70℃，常温脱气为 25~30℃；脱气时间为 30~60s。

8. 杀菌、灌装和冷却

采用 HTST 杀菌，杀菌条件为 115~121℃温度下保持 40~60s。杀菌后立即冷却到 90~95℃进行热灌装，灌装以灌满为度，趁热密封，然后冷却到常温，形成具有一定真空度的顶隙。灌装瓶可采用耐高温 PET 瓶、玻璃瓶或马口铁罐。

9. 保温检验

冷却后的产品于 37℃恒温箱中保温一周，对其理化指标和微生物指标进行测定，若无变质和败坏现象，则该产品的货架期可达一年。对产品进行感官品评，从色、香、味、形等几方面对产品进行评判。

※【成果提交】

《果蔬贮藏与加工技术项目学习册》任务工单。

项目四 果蔬糖制品加工

※【知识目标】

1. 了解果脯蜜饯类产品和果酱类产品的分类和特点。
2. 分别了解果脯蜜饯类制品和果酱类制品加工对原辅料的要求。
3. 掌握常见糖制品的生产方法、操作要点和关键工序。
4. 掌握果脯蜜饯类产品和果酱类产品加工过程中的关键质量控制点和预防措施。

※【技能目标】

1. 能够自行运用互联网等资源查阅相关资料进行参考学习。
2. 能够自行查阅相关标准，针对性地找出准确标准对果蔬糖制产品的要求，包括原料要求、各项指标要求、添加剂使用限量、试验方法、检验规则等。

3. 能够在学习后完成果脯蜜饯类产品和果酱类产品加工实施方案的制定，识别关键质量控制点。

4. 能够准备相关原辅料、设备等，完成果脯蜜饯类产品和果酱类产品制作实施。

5. 能够按照标准对产品进行评价，并能够找出质量问题，提出解决方案。

一、果蔬糖制品的分类及特点

1. 果脯蜜饯产品的分类及特点

蜜饯类按产地及产品特色可分为京式蜜饯、苏式蜜饯、广式蜜饯、闽式蜜饯等。一般按产品加工方式和风味形态特点可分为以下三类。

(1) 干态蜜饯　糖制后经干燥处理，传统上又分为果脯和返砂蜜饯两类产品。

① 果脯产品表面干燥，不粘手，呈半透明状。色泽鲜艳，含糖高，柔软而有韧性，甜酸可口，有原果风味。代表品种有苹果脯、梨脯、桃脯、杏脯等。

② 返砂蜜饯产品表面干燥，有糖霜或糖衣，入口甜糯松软，原果风味浓。代表品种有橘饼、蜜枣、冬瓜条等。

目前，果脯蜜饯向低糖方向发展，这两类产品没有严格区分，有的产品既可称果脯，又可称蜜饯。

(2) 湿态蜜饯　糖制后不经干燥，产品表面有糖液，果形完整、饱满，质地脆或细软，味美，呈半透明。如糖渍板栗、蜜饯樱桃、蜜金橘等。

(3) 凉果　凉果是以糖制过或晒干的果蔬为原料，经清洗、脱盐、干燥，浸渍调味料，再干燥而成。因以甘草为甜味剂，所以称为甘草制品。这类产品表面干燥或半干燥，皱缩，集酸、甜、咸味于一体，且有回味。代表品种有话梅、九制陈皮、橄榄制品等。

2. 果酱类产品的分类及特点

果酱类产品是先把原料打浆或制汁，再与糖配合，经煮制而成的凝胶冻状制品。由于原料细胞组织完全被破坏，因此其糖分渗入与蜜饯不同，不是糖分的扩散过程，而是原料及糖液中水分的蒸发浓缩过程。

按原料初处理的粗细不同（即基料不同）可分果酱、果泥、果糕、果冻及果丹皮等。

(1) 果酱　基料呈稠状，也可以是带有果肉碎片（块）的果酱，成品不成形，如番茄酱、草莓酱等。

(2) 果泥　基料呈糊状，即果实必须在加热软化后打浆过滤，使酱体细腻，如苹果酱、山楂酱等。

(3) 果糕　将果泥加糖和增稠剂后加热浓缩而制成的凝胶制品。

(4) 果冻　将果汁和食糖加热浓缩而制成的透明凝胶制品。

(5) 果丹皮　将果泥加糖浓缩后，刮片烘干制成的柔软薄片。如山楂片是将富含酸分及果胶的一类山楂制成果泥，刮片烘干后制成的干燥的果片。

二、工艺流程

(一) 果脯蜜饯类

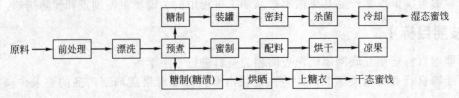

（二）果酱类

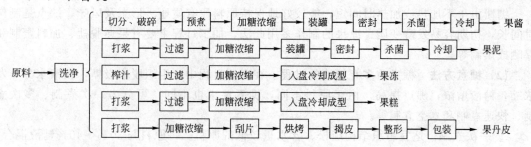

三、技术要点

（一）果脯蜜饯类

1. 原料选择、分级

果蔬原料应选择大小和成熟度一致的新鲜原料，剔除霉烂变质、生虫的次果。在采用级外果、落果、劣质果、野生果等时，必须在保证质量的前提下加以选择。

2. 洗涤

原料表面的污物及残留的农药必须清洗干净。洗涤方式有人工洗涤和机械洗涤，常用的机械洗涤有喷淋冲洗式、滚筒式和毛刷刷洗式等。

3. 原料预处理

（1）去皮、去核、切分、划线等处理 如项目一所述。有些原料不用去皮、切分，但需擦皮、划线、打孔或雕刻处理，一方面以便糖分更好渗透，另一方面是使产品更美观。

（2）护色、硬化处理 为防止褐变和糖制过程中不被煮烂，糖制前需对原料进行护色、硬化处理。

护色处理是用亚硫酸盐溶液（使用浓度为 0.1%～0.15%）浸泡处理或用硫黄（使用量为原料的 0.1%～0.2%）进行浸渍或熏蒸处理，防止褐变，使果块糖制后色泽明亮，并有防腐、增加细胞透性以及利于溶糖等作用。

硬化处理是为了提高原料的硬度，其操作是将原料放在石灰、氯化钙、明矾等硬化剂（使用浓度为 0.1%～0.5%）溶液中浸渍适当时间，使果块适度变硬，糖煮时不易煮烂。

如果采用浸硫护色处理，通常可与硬化处理同时进行，即用护色、硬化混合溶液同时浸渍处理。溶液用量一般与原料等量，浸泡时上压重物，防止原料上浮。果块硬化护色处理后，需经漂洗，除去多余硬化剂和硫化物。

（3）预煮 如项目一所述。然而蜜饯加工热烫的目的还包括使糖制时糖分易渗透。

预煮时把水煮沸，用水量约为原料的 1.5～2 倍，投入原料，预煮时间一般为 5～8min，以原料达半透明并开始下沉为度。热烫后马上用冷水冷却，防止热烫过度。无不良风味的部分原料可结合糖煮直接用 30%～40% 糖液预煮，省去单独预煮工序。

4. 糖制

糖制是蜜饯加工的主要操作，大致分为糖渍、糖煮和两者相结合三种方法。也可利用真空糖煮或糖渍，这样可加速渗糖速度和提高制品质量。

（1）糖渍（蜜制）方法

① 分次加糖，不可加热，逐步提高糖浓度。

② 在糖渍过程中取出糖液，经加热浓缩回加于原料中，利用温差加速渗糖。

③ 在糖渍过程中结合日晒提高糖浓度（凉果类）。

④ 真空糖渍，抽真空降低原料内部压力，加速渗糖。

糖渍由于不加热或加热时间短，能较好地保持原料原有质地、形态及风味，缺点是制作时间长，初期容易发酵变质，凉果的制作多用此法，加工过程主要有果坯脱盐、加料蜜制和曝晒或烘制等。

(2) 糖煮方法 糖煮前多有糖渍的过程。在煮制过程中，组织脱水吸糖，糖液水分蒸发浓缩，糖液增浓，沸点提高。由于原料不同，糖煮要求也不同，可分为一次煮制、多次煮制、快速煮制和真空煮制等。

① 一次煮制。适宜组织结构疏松、含水量较低的原料。将原料与30%～40%糖液混合，一次煮制成功，快速省工。但因加热时间长，原料易被煮烂，糖分不易达到内部，原料因失水过多而干缩。生产上不常采用，一般把原料糖渍到一定程度后才煮制。

② 多次煮制。分2～5次进行煮制，第一次煮制时糖液浓度约为35%，煮至原料转软为度，放冷8～24h。以后糖煮时每次增加糖浓度，如此重复直至糖浓度达到要求为止。对不耐煮的原料，可单独煮沸糖液再行浸渍。这样冷热交替，有利糖分渗透，组织不致干缩。缺点是时间长，不能连续生产。

③ 快速煮制。将原料在糖液中煮沸，然后捞起立即投入高一级浓度的糖液中，这样反复加热和冷却，糖浓度依次递增，很快完成透糖过程。此法时间短，可连续生产，但所用糖量较多。

④ 真空煮制。利用一定的真空条件，一方面促进糖分向原料内部渗透，另一方面由于沸点下降，从而使原料在较低温度下只需加热较短时间即可达到要求的糖浓度。因此，产品能较好地保持果蔬原有的色、香、味、质地和营养成分。但需要减压设备，投资大，操作麻烦，实际生产应用较少。

掌握糖制时糖液的浓度、温度和时间是蜜饯加工的三个重要因素。蜜饯品种虽多，但其生产工艺基本相同，只有少数产品、部分工序、造型处理上有些差异。

5. 装筛干燥

糖制达到所要求的含糖量后，捞起沥去糖液，可用热水淋洗，以洗去表面糖液、减低黏性和利于干燥。干燥时温度控制在60～65℃，期间还要进行换筛、翻转、回湿等控制。烘房内的温度不宜过高，以防糖分结块或焦化。

6. 整理包装

干态蜜饯成品含水量一般为18%～20%。达到干燥要求后，进行回软、包装。干燥过程中果块往往由于收缩而变形，甚至破裂，干燥后需要压平，如蜜枣、橘饼等。包装以防潮防霉为主，可采取果干的包装法，用PE（聚乙烯）袋或PA/PE（尼龙/聚乙烯）复合袋作50g、100g、250g等零售包装，再用纸箱外包装。

7. 质量控制点及预防措施

在果脯蜜饯加工过程中，由于操作方法的失误或原料处理不当，往往会出现一些问题，造成产品质量低劣，成本增加，影响经济效益。为尽量减少或避免这方面的损失，对加工中出现的一些问题可相应采取预防或补救措施。

(1) 果脯的"返砂"与"流汤" 达到质量标准的果脯，应质地柔软、鲜亮而呈透明状。

① 造成"返砂"或"流汤"原因。主要是转化糖占总糖的比例问题。

如果在糖煮过程中转化糖含量不足，就会造成产品表面出现结晶糖霜，这种现象称为"返砂"。实践证明，果脯中的总糖含量为68%～70%，含水量为17%～19%，转化糖占总糖的30%以下时，容易出现不同程度的"返砂"；果脯如果返砂，则质地变硬而且粗糙，表面失去光泽，容易破损，品质降低。相反，如果果脯中的转化糖含量过高，特别是在高温高湿季节，又容易产生"流汤"现象，使产品表面发黏，容易变质。转化糖占总糖的50%时，在良好的条件下产品不易"返砂"；当转化糖达到占总糖的70%以上时，产品易发生"流汤"。

② 预防措施。掌握好蔗糖与转化糖比例，即严格掌握糖煮的时间及糖液的pH（糖液的pH应保持在2.5～3.0）。为促进蔗糖转化，可加柠檬酸或酸的果汁调节。

（2）煮烂与干缩现象

① 产生原因

a. 煮烂原因主要是品种选择不当，果蔬的成熟度过高，糖煮温度过高或时间过长，划纹太深（如金丝蜜枣）等。

b. 干缩原因主要是果蔬成熟度过低；糖渍或糖煮时糖浓度差过大；糖渍或糖煮时间太短，糖液浓度不够，致使产品吸糖不饱满等。

② 预防措施

a. 选择成熟度适中的原料；b. 组织较柔软的原料应糖渍；c. 为防止产品干缩，应分批加糖，使糖浓度逐步提高，并适当延长糖渍时间，吸糖饱满后再进行糖煮，糖煮时间要适当。

（3）变色 在加工中，由于操作不当，就可能产生褐变现象或色泽发暗的情况。

① 变色原因。主要是原料发生酶褐变和非酶相变或原料本身色素物质受破坏褪色。糖煮时间越长、温度越高和转化糖越多，干燥时的条件及操作方法不当等都会加速变色。

② 预防措施。原料去皮切分后及时进行护色处理（硫处理、热烫等），减少与氧气接触；缩短糖煮时间和尽量避免多次重复使用糖煮液；改善干燥的条件，干燥温度不能过高，一般控制在55～65℃；抽真空或充氮气包装；避光、低温（12～15℃）贮存等。

（4）发酵、长霉

① 产生原因。主要是由于产品含糖量太低和含水量过大。贮藏过程中通风不良，卫生条件差，微生物污染造成。

② 预防措施。控制成品含糖量和含水量；加强加工和贮藏中的卫生管理；适当添加防腐剂。

（二）果酱类

果酱类加工主要是利用果胶的胶凝特性，使产品呈现为一定的黏稠浆体。果胶的胶凝特性根据其甲氧基含量不同而异，甲氧基含量大于等于7%的果胶称为高甲氧基果胶，在果胶、糖、酸在一定的比例条件下才能形成胶凝，一般果胶含量1%左右、糖的含量大于50%、pH2.0～3.5（pH过低易引起果胶水解）、温度在0～50℃才可形成凝胶，糖起脱水的作用，酸和果胶中的负电荷形成胶凝的结构，如果冻的制作；甲氧基含量小于等于7%的果胶称为低甲氧基果胶，只有在Ca^{2+}、Mg^{2+}或Al^{3+}存在的条件下，才能形成凝胶，如低糖果冻或果酱的生产。

1. 果酱、果泥

（1）原料选择 要求原料具有良好的色、香、味，成熟度适中，含果胶及含酸丰富。一般成熟度过高的原料，果胶及酸含量降低；成熟度过低，则色泽风味差，且打浆困难。

原料含果胶及含酸量均为1%左右，不足时需添加和调整。含酸量主要是通过补加柠檬酸来调节，果胶可用琼脂、海藻酸钠等增稠剂取代，也可通过加入另一种富含果胶的果实来弥补。

(2) 原料处理 剔除霉烂、成熟度过低等不合格原料，清洗干净，有的原料需要经去皮、切分、去核、预煮和破碎等处理，再进行加糖煮制。

果泥要求质地细腻，在预煮后进行打浆、筛滤，或预煮前适当切分，在预煮后捣成泥状再打浆，有些原料还需经胶体磨处理。

以果汁加糖、酸制造果冻产品，其取汁方法与果蔬汁生产相同，但多数产品宜先行预煮软化，使果胶和酸充分溶出。汁液丰富的果蔬，预煮时不必加水，肉质紧密的果蔬需加原料重1～3倍的水预煮。

(3) 加热软化 处理好的果块根据需要加水或加稀糖液加热软化，也有一小部分果实可不经软化而直接浓缩（如草莓）。加热软化时升温要快，沸水投料，每批的投料量不宜过多，加热时间根据原料的种类及成熟度加以控制，防止过长时间的加热影响风味和色泽。

(4) 配料

① 配方。糖的用量与果浆（汁）的比例为1∶1，主要使用砂糖（允许使用占总糖量20％的淀粉糖浆）。低糖果浆与糖的比例约为1∶0.5。低糖果浆由于糖浓度降低，需要添加一定量的增稠剂，常用的增稠剂是琼脂。

成品总酸量：0.5％～1％（不足可加柠檬酸）。

成品果胶量：0.4％～0.9％（不足可加果胶或琼脂等）。

果肉（汁）40％～50％，砂糖45％～60％，成品含酸量0.5％～1％、含果胶0.4％～0.9％。

② 配料准备。所用配料如糖、柠檬酸、果胶或琼脂等，均应事先配制成浓溶液备用。砂糖应加热溶解过滤，配成70％～75％的浓糖浆；柠檬酸应用冷水溶解过滤，配成50％溶液；果胶粉或琼脂等按粉量加2～6倍砂糖，充分拌匀，再以10～15倍的温水在搅拌下加热溶解过滤。

(5) 加热浓缩 将处理好的果酱投入浓缩锅中加热10～20min，这样可蒸发一部分水分，然后分批加入浓糖液，继续浓缩到接近终点时，按次序加入果胶液或琼脂液、淀粉糖浆，最后加柠檬酸液，在搅拌下浓缩至可溶性固形物含量达到65％即可。浓缩方法和设备有常压浓缩和减压浓缩。注意加热时要不断搅拌，防止焦底和溅出。

① 常压浓缩。常压浓缩的主设备是带搅拌器的夹层锅。工作时通过调节蒸汽压力控制加热温度。为缩短浓缩时间，保持制品良好的色、香、味和胶凝强度，每锅下料量以控制出成品50～60kg为宜，浓缩时间以30～60min为好。时间过长，影响果酱的色、香、味和胶凝强度；时间太短，会因转化糖不足而在贮藏期发生蔗糖结晶现象。

浓缩过程要注意不断搅拌，出现大量气泡时，可洒少量冷水，防止汁液外溢损失。

常压浓缩的主要缺点是温度高、水分蒸发慢、芳香物质和维生素C损失严重、制品色泽差，欲制优质果酱，宜选用减压浓缩法。

② 真空浓缩。真空浓缩又称减压浓缩，分单效、双效浓缩装置。单效浓缩装置是一个带搅拌器的夹层锅，配有真空装置。工作时先抽真空，当锅内真空度大于0.05MPa时，开启进料阀，使物料被吸入锅中，达到容量要求后，开启蒸汽阀和搅拌器进行浓缩。浓缩时锅内真空度为0.085～0.095MPa，温度为50～60℃。浓缩过程若泡沫上升剧烈，可开启空气阀，破坏真空抑制泡沫上升，待正常后再关闭。浓缩过程应保持物料超过加热面，防止煮焦。当浓缩接近终点时，关闭真空泵，开启空气阀，在搅拌下使果酱加热升温至90～95℃，然后迅速关闭空气阀出锅。

番茄酱宜用双效真空浓缩锅，该机是由蒸汽喷射泵使整个设备装置造成真空，将物料吸入锅内，由循环泵进行循环，加热器进行加热，然后由蒸发室蒸发，浓缩泵出料。整个设备由仪表控制，生产连续化、机械化、自动化，生产效率高，产品质优，番茄酱浓度可高达22%～28%。

浓缩终点的判断主要靠取样用折光计测定可溶性固形物浓度，达65%左右时即为终点；或凭经验控制，用匙取酱少许，倾泻时果酱难以滴下，黏着匙底，甚至挂匙边（称挂片），或滴入水中难溶解即为终点；常压浓缩可用温度计测定酱体温度，达104～105℃时，即为终点。

(6) 装罐密封　装罐前容器先清洗消毒。果酱类大多用玻璃瓶或防酸涂料铁皮罐为包装容器，也可用塑料盒小包装；果丹皮、果糕等干态制品采用玻璃纸包装。酱类制品属于热灌装产品，出锅后，应及时快速装罐密封，密封时的酱体温度不低于80℃，封罐后应立即杀菌冷却。

(7) 杀菌、冷却　果酱在加热浓缩过程中，微生物大多数被杀死，加上果酱高糖高酸对微生物也有很强的抑制作用。工艺卫生条件好的生产厂家，可在封罐后倒置数分钟，利用酱体余热进行罐盖消毒。但为了安全，在封罐后还需进行杀菌处理，在90～100℃下杀菌5～15min，依罐型大小而定。杀菌后马上冷却至38℃左右，玻璃瓶罐要分段冷却，每段温差不要超过20℃，以防炸瓶。然后用布擦去罐外水分和污物，送入仓库保存。

2. 果冻

(1) 原料处理　原料进行洗涤、去皮、切分、去心等处理。

(2) 加热软化　目的是便于打浆和取汁。依原料种类加水或不加水，多汁的果蔬可不加水。肉质致密的果实如山楂、苹果等则需加果实重量1～3倍的水。软化时间为20～60min，以煮后便于打浆或取汁为原则。

(3) 打浆、取汁　果酱可进行粗打浆，果浆中可含有部分果肉。取汁的果肉打浆不要过细，过细反而影响取汁。取汁可用压榨机榨汁或浸提汁。

(4) 加糖浓缩　在添加配料前，需对所制得的果浆和果汁进行pH和果胶含量测定，形成果冻凝胶的适宜pH为3～3.5，果胶含量为0.5%～1.0%，如含量不足，可适当加入果胶或柠檬酸进行调整。一般果浆与糖的比例是1：(0.6～0.8)。浓缩达可溶性固形物含量65%以上，沸点温度达103～105℃。

(5) 冷却成型　将达到终点的黏稠浆液倒入容器中冷却成果冻。

3. 质量控制点及预防措施

果酱加工中容易出现的质量问题及防止措施有如下几点。

(1) 液汁分泌

① 产生原因。主要原因包括果块软化不充分、浓缩时间短或果胶含量低未形成良好的胶凝。影响凝胶强度的因素有：果胶分子量、果胶甲酯化程度、pH以及温度等。高甲氧基果胶凝胶形成的条件为：糖65%～70%，pH2.8～3.3，果胶0.6%～1%。

② 预防措施。原料充分软化，使原果胶水解而溶出果胶；对果胶含量低的可适当增加糖量；添加果胶或其他增稠剂增强凝胶作用。

(2) 变色

① 果酱变色的原因。由于单宁和花色素的氧化，金属离子引起的变色，糖和酸及含氮物质的作用引起的变色，糖的焦化等。

② 预防措施。加工操作迅速，碱液去皮后务必洗净残碱，迅速预煮，破坏酶的活性；加工过程中防止与铜、铁等金属接触；尽量缩短加热时间，浓缩中不断搅拌，防止焦化；浓缩结束后迅速装罐、密封、杀菌和冷却，贮藏温度不宜过高，以20℃左右为宜。

（3）糖结晶

① 果酱产品出现糖结晶的原因。主要是含糖量过高，酱体中的糖过饱和。也可能是由于果酱中转化糖含量过低造成的。

② 预防措施。生产中要严格控制含糖量不超过 63％，并使其中转化糖不低于 30％。也可用淀粉糖浆代替部分砂糖，一般为总加糖的 20％。

（4）发霉变质

① 果酱产品出现发霉变质的原因。主要有原料霉烂严重，加工、贮藏卫生条件差，装罐时瓶口污染，封口温度低、不严密，杀菌不足等。

② 预防措施。严格分选原料，剔除霉烂原料，原料库房要严格消毒，通风良好，防止长霉；原料要彻底清洗，必要时进行消毒处理；车间、器具、人员要加强卫生管理；装罐时严防瓶口污染，瓶子、盖子要严格消毒，果酱装罐后密封温度要大于 80℃并封口严密，杀菌必须彻底。合理选用杀菌、冷却的方式。

任务十七　果脯蜜饯的制作

※【任务描述】

选择合适的果蔬品种，用判定品质合格的果实原料制作果脯蜜饯，并进行质量评定。通过实践掌握果蔬糖制品的工艺要点和品质要求。

※【任务准备】

1. 原辅材料的准备

苹果，选用果形圆整、果心小、肉质疏松和成熟度适宜的原料。

枣，选择果形大、上下对称、果核小、果肉肥厚、肉质疏松、皮薄而韧的品种，如北京的糖枣、山西的泡枣、浙江的大枣和马枣、河南的灰枣、陕西的团枣等。果实成熟度以开始退去绿色呈现乳白色时最佳（约 6~7 成熟）。采后按大小分级，分别加工，每 1kg 有 100~120 个为最好。

冬瓜，选用新鲜、完整、肉质致密的冬瓜为原料，成熟度以坚熟为宜。

砂糖为食品辅料，符合相关标准要求。

柠檬酸、氯化钙、亚硫酸氢钠等，均为食品添加剂。

2. 设备及加工器具

不锈钢刀具（挖核、切分）、台秤、夹层锅或不锈钢锅、温度计、手持糖量计、烘箱、烘盘、塑料薄膜热合封口机等。

3. 参考标准

GB 14884—2016《食品安全国家标准　蜜饯》。

※【作业流程】

1. 苹果果脯

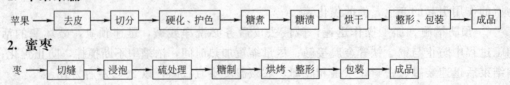

苹果 → 去皮 → 切分 → 硬化、护色 → 糖煮 → 糖渍 → 烘干 → 整形、包装 → 成品

2. 蜜枣

枣 → 切缝 → 浸泡 → 硫处理 → 糖制 → 烘烤、整形 → 包装 → 成品

3. 冬瓜条

冬瓜 → 去皮 → 切分 → 硬化 → 浸漂 → 热烫 → 糖制 → 烘烤 → 成品

※【操作要点】

1. 苹果果脯

(1) 去皮、切分 用手工或机械去皮后，挖去损伤部分，将苹果对半纵切，再用挖核器挖掉果心。

(2) 硬化、护色 将切好的果块立即放入 0.1% 的氯化钙和 0.2%～0.3% 的亚硫酸氢钠混合液中浸泡 6～12h，进行硬化和护色。肉质较硬的品种只需进行护色。每 100kg 混合液可浸泡 120～130kg 原料。浸泡时上压重物，防止上浮。浸后取出，用清水漂洗 2～3 次备用。

(3) 糖煮 在夹层锅内配成 40% 的糖液 25kg，加热煮沸，倒入果块 30kg，以旺火煮沸后，加入同浓度的冷糖液 5kg，重新煮沸。如此反复煮沸，补加糖液 3 次，共历时 30～40min，此后再进行 6 次加糖煮制。第一、二次分别加糖 5kg，第三、四次分别加糖 5.5kg，第五次加糖 6kg，以上每次加糖间隔 5min，第六次加糖 7kg，煮制 20min。全部糖煮时间需 1～1.5h，待果块呈现透明状态，温度达到 105～106℃、糖液浓度达到 60% 左右时即可起锅。

(4) 糖渍 趁热起锅后，将果块连同糖液倒入缸中浸渍 24～48h。

(5) 烘干 将果块捞出，沥干糖液，摆放在烘盘上，送入烘房，在 60～66℃ 下干燥至不粘手为度，大约需要 24h。

(6) 整形、包装 将干燥后的果脯整形，剔除碎块，冷却后用玻璃纸或塑料袋密封包装，再装入垫有防潮纸的纸箱中。

(7) 产品质量标准 呈浅黄色至金黄色，有透明感和弹性，不返砂，不流汤，甜酸适度，并具有原果风味。总糖含量为 60%～65%，水分含量为 18%～20%。

2. 蜜枣

(1) 切缝 用小弯刀或切缝机或自做的排针将枣果切缝 60～80 条，深至果肉厚度的一半为宜，同时要求纹路均匀，两端不切断。

(2) 浸泡 将划破果皮的枣果用清水浸泡，更换几次清水，直到浸泡的水无色为止。

(3) 硫处理 在切缝后一般要进行硫处理，将枣果装筐，入熏硫室处理 30～40min（硫黄用量为果重的 0.3%），再放入 5% 左右的柠檬酸溶液中浸泡 0.5～1h，然后捞起放入清水中，清洗后进行煮果。硫处理时，也可用 0.5% 的亚硫酸氢钠溶液浸泡原料 1～2h。南方蜜枣加工也常不进行硫处理，在切缝后即进行糖制。

(4) 糖制 蜜枣加工用糖量一般为 50kg 枣用白糖 45kg。先用糖 7.5kg，加水配成 30% 浓度的糖液，将糖液和枣一起下锅，煮沸。再用 20kg 糖，加水配成 50% 糖液，于煮制过程中分 4～5 次加入。糖液加完后，继续煮沸，并加白糖 7.5kg。再煮沸数分钟后，最后再一次加白糖 10kg，续煮 20min，而后连同糖液倒入缸中糖渍 48h。全部糖煮时间需 1.5～2h。糖渍后的枣汤可用于下一批蜜枣加工。

(5) 烘烤、整形 糖渍后沥干枣果，送入烘房（烘箱），烘干温度 60～65℃，烘至 6～7 成干时，进行枣果整形，捏成扁平的长椭圆形，再放入烘盘上继续干燥（回烤），至表面不粘手、果肉具韧性即为成品。

(6) 包装 用 PE 袋或 PA/PE 复合袋定量密封包装。

(7) 产品质量标准 色泽呈棕黄色或琥珀色，半透明，有光泽；形态为椭圆形，丝纹细密整齐，含糖饱满，质地柔韧；外干内湿，不返砂，不流汤，不粘手；总糖含量为 68%～72%，水分含量为 17%～19%。

3. 冬瓜条

（1）**去皮、切分**　将冬瓜表面泥沙洗净后，用旋皮机或刨刀削去瓜皮直至现肉质，然后切成宽 5cm 的瓜圈，除去瓜瓤和种子，再将瓜圈切成 1.5cm×1.5cm×1.5cm 的瓜条。

（2）**硬化**　将瓜条倒入 1%～1.5% 的石灰水中，浸泡 8～12h，使瓜条质地硬化，未能折断，用石蕊试纸检验至冬瓜条心 pH 在 6.5～7.0 为度。

（3）**浸漂**　将瓜条取出后，用清水将石灰水冲洗干净，再用清水将瓜条浸漂 8～12h，换水 3～4 次，以除尽瓜条表面的石灰溶液。

（4）**热烫**　将瓜条在沸水中烫煮 5～10min，至瓜条透明为止，捞出用清水冲洗一遍。

（5）**糖制**　总加糖量一般为生瓜条重的 80%～85%，分 3 次加糖，进行糖渍（蜜制）和糖煮。第一次糖渍：将热烫并洗净后的瓜条投入到沸水中热烫 1min，取出后立即趁热加入总糖量的 30% 于缸中，在缸（盆）中糖渍约 12h。第二次糖渍：将瓜条连同糖液倒入锅中，加第二次糖，用量为总糖量的 40%，煮沸 3～5min 后，继续糖渍约 12h。最后，进行糖煮（第三次糖煮）。

（6）**糖煮**　先将糖渍瓜条连同糖液在锅中大火加热煮制约 10min 后，将余下 30% 总糖量的白糖分 2～3 次加入锅中续煮，大部分水分蒸发后开始控火，直至用微火煮至几乎所有水分全部蒸发掉方离火，并不断搅拌，冷却后即成表面返砂的成品。煮制期间，要注意控火并适度搅拌，严防糖和瓜条焦化。在糖煮开始时应用大火，煮到糖液起大泡时，适当控制小火。

（7）**烘烤**　若要长期保藏，最好在 50～60℃ 下适当烘烤，以免返潮。烘干后的冬瓜条置于大盆中，拌以蔗糖粉（蔗糖烘干后研磨成粉），混匀。

（8）**包装**　用筛子筛去多余的糖粉，将产品装入聚乙烯塑料袋中密封包装。

（9）**产品质量标准**　外表洁白，饱满致密，质地清脆，风味清甜，不粘手、不返潮，表面有一层白色糖霜，含糖量 75% 左右。

※【成果提交】

《果蔬贮藏与加工技术项目学习册》任务工单。

任务十八　苹果果酱的制作

※【任务描述】

选择合适的果蔬品种，用判定品质合格的果实原料制作苹果果酱，并进行质量评定。通过实践掌握果酱制品的工艺要点和品质要求。

※【任务准备】

1. 原辅材料的准备

苹果，选择成熟度适宜，含果胶及果酸成分多的、芳香味浓的苹果。

砂糖、食盐，为食品配料，符合相应的标准。

柠檬酸、山梨酸、抗坏血酸等，为食品添加剂。

2. 设备及加工器具的准备

不锈钢刀具（挖核、切分）、台秤、夹层锅或不锈钢锅、温度计、手持糖量计、塑料薄膜热合封口机等。

3. 参考标准

GB/T 22474—2008《果酱》。

※【作业流程】

苹果 → 清洗 → 去皮、切片 → 预煮 → 打浆 → 浓缩 → 装罐、封口 → 杀菌、冷却 → 成品

※【操作要点】

(1) 原料处理　用清水将果面洗净后去皮、去心，将苹果切成小块，并及时地利用 1%～2%的食盐水或 0.2%的抗坏血酸溶液进行护色。

(2) 预煮　将小果块倒入不锈钢锅内，加果重 10%～20%的水，煮沸 15～20min，要求果肉煮透，使之软化兼防变色。

(3) 打浆　用打浆机打浆或用破碎机破碎。

(4) 配料　按果肉 100kg 加糖 70～80kg（其中砂糖的 20%宜用淀粉糖浆代替，砂糖加入前需预先配成 75%浓度的糖液）和适量的柠檬酸。

(5) 浓缩　先将果浆打入锅中，分 2～3 次加入糖液，在可溶性固形物达到 60%时加入柠檬酸调节果酱的 pH 为 2.5～3.0，待加热浓缩至 105～106℃，可溶性固形物达到 65%以上时出锅。

(6) 装罐、封口　出锅后立即趁热装罐，封罐时酱体的温度不低于 85℃。

(7) 杀菌、冷却　封罐后立即投入沸水中煮沸 5～15min，杀菌后分段冷却到 38～40℃。

(8) 产品质量要求　颜色为酱红色或琥珀色；黏胶状，不流散，不流汁，无糖结晶，无果皮、种子及果梗；具有果酱应有的良好风味，无焦煳和其他异味；可溶性固形物不低于 65%（按折光计）。

※【成果提交】

《果蔬贮藏与加工技术项目学习册》任务工单。

项目五　果蔬干制品加工

※【知识目标】

1. 了解主要的干燥方法，以及它们的干燥原理。
2. 重点掌握热风干燥的影响因素。
3. 熟悉果蔬干制前的清洗、硬化、护色等处理方法和原理。
4. 掌握热风干燥和真空油炸干制果蔬的生产方法、操作要点和关键工序。
5. 掌握果蔬干制加工过程中的关键质量控制点和预防措施。

※【技能目标】

1. 能够自行运用互联网等资源查阅相关资料进行参考学习。
2. 能够自行查阅相关标准，针对性地找出准确标准对果蔬干制品的要求，包括原料要求、各项指标要求、添加剂使用限量、试验方法、检验规则等。
3. 能够在学习后完成果蔬干制品加工实施方案的制定，识别关键质量控制点。

4. 能够准备相关原辅料、设备等，完成蔬菜干制品制作实践。

5. 能够按照标准对产品进行评价，并能够找出质量问题，提出解决方案。

果蔬干制又称果蔬脱水，是利用自然或人工的方法，脱出果蔬中一定量的水分，将可溶性物质的浓度提高到微生物难以利用的程度的一种果蔬加工方法。我国劳动人民在果蔬干制方面积累了丰富的经验，有许多传统的果蔬干制品如红枣、柿饼、荔枝干、桂圆、金针菜、蘑菇、木耳、辣椒干等。

随着现代加工技术的发展，果蔬干制加工已经不仅限于为了产品的保藏，还有通过干制来获得独特口感的产品，比较典型的是果蔬脆片，例如香蕉脆片、菠萝蜜干等，这类产品以其自然的色泽、松脆的口感、天然的成分以及宜人的口味，而畅销国内外。

目前，果蔬干制的方法比较多，有热风干燥、微波干燥、辐射干燥、油炸干燥以及冷冻干燥等。其中以热风干燥最为常见，而油炸干燥配合减压条件的真空油炸干燥技术是生产果蔬脆片的最常见工艺，本部分主要介绍这两种技术。

一、热风干燥

（一）干制原理

1. 干燥过程

热风干燥是以热空气为干燥介质，将食品物料中的水分汽化带走的过程。热风干燥中物料的干燥是在物料表面进行的，表面水分含量随干燥的进行逐渐降低，而内部水分就随之向表面迁移。

当干燥条件不变时，即热空气温度、相对湿度、气流速度以及流过物料的方式恒定，物料的铺设厚度、存在状态不变，则物料的干燥分为恒速干燥阶段和降速干燥阶段两个过程。

在干燥初始阶段，物料表面的水分充足，表面水分汽化的速率小于内部水分迁移到表面的速率，物料表面始终有充足的水分，这个阶段干燥速率恒定，称为恒速干燥阶段；当物料水分含量随干燥进一步降低，其内部水分迁移速率会逐渐降低，当其低于表面的汽化速率时，物料表面水分含量降低，干燥速率也会降低，这一阶段称为降速干燥阶段。恒速干燥和降速干燥的转折点称为临界点。

在恒速干燥阶段，应该想办法增大其表面汽化速率。而在降速干燥阶段，物料表面没有足够的水分，随干燥的进行逐渐形成干结区，物料表面有机物发生变性结壳，进一步阻断内部水分迁移的通道，影响干燥的顺利进行，这样的干燥产品有内部湿芯和表面干结的特点。所以人们常常在食品物料干燥过程中采用分阶段干燥的方法，即在临界点时，将干燥强度降低，例如增大热空气相对湿度、降低干燥温度、降低气流速度等，又或者将物料移出干燥设备静置回潮，待其内部水分充分迁移到表面后再进行干燥。

2. 干制对产品的影响

一般认为，果蔬产品中的水分是以游离水、结合水两种不同的状态存在于组织中。游离水是指以游离状态存在于食品组织中的水，在干燥时容易被蒸发排除。结合水是指与果蔬产品中的蛋白质、淀粉、果胶物质、纤维素等水性胶体物质通过氢键形式相结合的水，比较稳定，难以蒸发，在干制过程中在自由水蒸发完后，结合水才能被排除一部分。

(1) 干制对产品中微生物的影响 随着干燥的进行，果蔬原料中的微生物受到温度、紫外线及红外线的作用而死亡，但这些作用通常不能完全杀灭微生物，而是在果蔬脱水到一定程度后，微生物失去了其生长所必需的水分环境而使生长代谢受到抑制。

水分对微生物生命活动的影响，取决于食品的水分活度，水分活度和物料含水量成正相关关系。水分活度的经典定义是指溶液中水蒸气分压（p）与纯水蒸气压（p_0）之比。通常以 A_W 表示水分活度，即 $A_W = p/p_0$。食品中结合水含量越高，水分活度就越低，水分活度可用来表示食品中的水分可以被微生物利用的程度。

每一种微生物的生长也都有一适应范围及最适的 A_W 值，微生物生长所要求的 A_W 值，一般在 0.66～0.99，并且这个 A_W 值是相对恒定的，微生物生长的最低 A_W 值范围见表 4-5。

表 4-5　微生物生长的最低 A_W 值范围

类　群	最低 A_W 值范围	类　群	最低 A_W 值范围
大多数细菌	0.94～0.99	嗜盐性细菌	0.75
大多数酵母	0.88～0.94	耐渗透压酵母菌	0.66
大多数霉菌	0.73～0.94	干性霉菌	0.65

当食品中的水分活度低于微生物生长发育所必需的最低 A_W 值时，微生物的生长即受到抑制，食品就能够较长时期保藏。因此测定 A_W 值对于估计食品的耐藏性和腐败情况有着重要的作用。在室温条件下贮藏干制品，一般认为 A_W 值应低于 0.7，但还要根据果蔬种类、贮藏温度和湿度等因素而定。

（2）干制对产品中酶的影响　干制对果蔬中的各种酶有影响，当水分活度低于 0.8 时，大多数酶的活性就受到抑制，当水分活度降低到 0.25～0.30 的范围，食品中的淀粉酶、酚氧化酶和过氧化酶就会受到强烈的抑制甚至丧失其活性。但在水分减少的时候，酶和反应基质浓度同时增加，使得它们之间的反应率加速。因此，在低水分干制品中，尤其是在干制品吸湿后，酶仍会缓慢地活动，从而引起干制品品质恶化或变质。酶对湿热环境是很敏感的，为了控制干制品中酶的活动，可以将果蔬原料置于湿热环境下或用化学方法控制酶的活性，避免干制品品质恶化。

3. 影响热风干燥速度的因素

干燥速度受许多因素的相互制约和影响，归纳起来可分为两方面：一是原料本身性质和状态，如原料种类、原料干燥时的状态等；二是干燥环境条件，如干燥介质的温度、相对湿度、空气流速等。

（1）原料的种类和状态　果蔬原料种类不同，其理化性质、组织结构亦不同，因此，在同样的干燥条件下，干燥情况也不一样。一般来说，果蔬的可溶性物质含量越高，水分蒸发的速度越慢。物料的表面积越大，干燥的速度就越快。物料切成片状或小颗粒后，可以加速干燥。

（2）热空气的温度　热空气是绝干空气和水蒸气的混合物，热空气温度越高，果蔬中的水分蒸发便越快。另外，对于含湿量一定的热空气，温度越高，其相对湿度越低，空气的干燥能力越强，干燥速度也会加快。

对于果蔬热风干燥来说，在干燥初期，不宜采用过高的温度，这是由于干燥初期果蔬含水量高，骤然与干燥热空气相遇，组织内汁液迅速膨胀，易使细胞壁破裂，导致果蔬内容物流失以及果蔬质构品质的破坏。

（3）热空气的相对湿度　热空气的相对湿度直接影响干燥速率，前一部分已经提及热空气温度越高，相对湿度越低，热空气吸收水分的能力也越强。但是随着干燥的进行，热空气中的绝对含湿量在逐渐增大，这会引起相对湿度增大。因此，在恒速干燥阶段，为了保证表面汽化的速率，需要将湿空气不断地排出，以保证热空气在较低的相对湿度。

（4）空气流速　为了降低湿度，常常增加空气的流速，流动的空气能及时将聚集在果蔬原料表面附近的饱和水蒸气空气层带走，避免阻滞物料内水分进一步外逸。因此，空气流速越快,果蔬等食品干燥速度也越快。

(5) 大气压力 温度不变时,气压越低,水分蒸发越快,真空加热干燥就是利用这一原理,在较低的温度下,使果蔬内的水分以沸腾形式蒸发。果蔬干制的速度取决于真空度和果蔬受热的强度。

(6) 原料的装载量 单位烤盘面积上装载原料越多,厚度越大,越不利于空气流动和水分蒸发,干燥速度减慢。因此干燥过程中可以随原料体积的变化,改变其厚度,干燥初期宜薄些,干燥后期可以厚一些。

(二) 工艺流程

原料 → 选择、分级 → 清洗 → 整理 → 护色 → 干制 → 筛选、分级 → 回软(防虫) →

压块 → 包装 → 成品

(三) 果蔬干制的工艺要点

1. 原料选择

果蔬干制原料的选择首先应考虑的是其经济价值。其次应选择适合于干制的原料,对果品原料要求是:干物质含量高,风味、色泽好,肉质致密,果心小、果皮薄,肉质厚,粗纤维少,成熟度适宜。对蔬菜原料的要求是:干物质含量高,风味好,菜心及粗叶等废弃部分少,皮薄肉厚,组织致密,粗纤维少。

对于蔬菜来说,大部分都可干制,但黄瓜、莴笋干制后失去其柔嫩松脆的质地,亦失去了食用价值,石刁柏干制后,质地粗糙,组织坚硬,不堪食用。

原料分级:按大小、成熟度进行分级,同时剔除腐烂果 (植株)、病虫果 (植株),以保证品质一致。

2. 清洗

原料干制前要进行洗涤,以除去表面污物、微生物和泥沙。采用的方法有人工清洗和机械清洗。洗涤原料最好使用软水。水温一般用常温,有时为增加洗涤效果,洗前可用水浸泡,污物易洗去,同时更有利于残留在果蔬表面的农药浸出。如果原料上残留的农药较多,有时还可以用化学药剂洗涤。

3. 整理

按产品要求去除根、老叶、蜡质、皮、壳、核等不可食部分和伤、斑等不合格部分。有的原料须切成片、条、丝或颗粒状,以加快水分的蒸发。原料去蜡质可用碱液来处理,如葡萄可用 1.5%～4% 的氢氧化钠处理 1～5s,薄皮品种也可用 5% 的碳酸钠或碳酸钠与氢氧化钠混合液处理 3～6s,然后立即用清水冲洗干净。去皮和去蜡质同样可加快干燥过程。

4. 护色

果蔬干制前的护色主要采用热烫和硫处理。蔬菜以热烫为主,水果以硫处理为主。

(1) 热烫 如前所述。对于果蔬干制,热烫还能使细胞透性增强,有利于水分蒸发,缩短干制时间。此外热烫可排除组织中的空气,使干制品呈透明状,外观品质得到提高。

热烫可采用热水或蒸汽。热烫的温度和时间应根据原料种类、品种、成熟度及切分大小不同而异,一般情况下热烫水温为 80～100℃、时间为 2～8min。

(2) 硫处理 硫处理是许多果蔬干制的一种常见的预处理方法。如金针菜、竹笋、甘蓝、马铃薯、苹果、梨、杏等,经过切片热烫后,一般都要进行硫处理。但有些蔬菜,如青豌豆,干制时则不需要硫处理,否则会破坏它所含的维生素。硫处理可采用熏硫法,也可采用浸硫法。

① 熏硫法。熏硫处理时，可将装果蔬的果盘送入熏硫室中，燃烧硫黄粉进行熏蒸。二氧化硫的浓度一般为 1.5%～2.0%，有的可达 3%。1t 切分的原料，需硫黄粉 2～4kg，残留量不超过 2%。

② 浸硫法。常用亚硫酸进行处理，原因是亚硫酸对果蔬干制品品质提高具有如下作用。它可防止酶促褐变，能消耗组织中的氧，能防止果蔬中维生素 C 的氧化破坏，能抑制好气性微生物和酶的活动，还具有促进水分蒸发及漂白的作用。

此外，还有用 1%～5%柠檬酸、0.5%～1%抗坏血酸、0.1%～0.3% L-半胱氨酸等酶褐变抑制剂浸泡的方法抑制褐变。

5. 干制

(1) 干燥方法　分为自然干燥和人工干燥。

① 自然干燥。是指在自然条件下，利用太阳能、热风等使果蔬干燥的方法。自然干燥方法简便，设备简单，但自然干制受气候条件影响大，如在干制季节，阴雨连绵，会延长干制时间，降低制品品质，甚至会霉烂变质。自然干制方法有两种：一种是日光干制，即让原料直接接受阳光照射；另一种是阴干，即让原料在通风良好的室内或棚下以自然通风吹干。

② 人工干燥。是人为控制干燥条件和干燥过程而进行干燥的方法，可大大缩短干燥时间，并获得高质量的干制产品。但人工干制设备费用高，操作复杂，因而成本较高。

(2) 干燥设备

① 自然干燥。主要设备是晒场、晒盘或席箔、运输工具以及必要的风干室（棚）、贮存室、包装室等。晒场宜设在向阳、通风、交通便利、周围环境清洁卫生的地方，晒具可用木制或竹制，底部留适当的缝隙，以利于空气穿透，加快干燥。

② 人工干燥。设备需具有良好的加热装置和保温设施，较高而均匀的温度，良好的通风排湿设备以及较好的卫生条件和操作条件。目前普遍采用的是常压热风干燥设备，如烘房、隧道式干燥机、带式干燥机、滚筒式干燥器、喷雾式干燥器等。此外，还有真空干燥箱、远红外干燥器、微波干燥器、冷冻升华干燥器等。

(3) 果蔬干制过程　果蔬干制时，水分的蒸发是依赖水分的外扩散和水分的内扩散作用完成的。

水分由果蔬表面向大气中扩散的作用称外扩散作用。由于果蔬表面的水分不断蒸发而逐渐降低，造成果蔬表面和内部之间的水分含量的差异，即内部水分高于表面水分，从而使果蔬内部的水蒸气压大于表层，促使内部水分向表面移动。这种水分移动称为水分的内扩散作用。

在干制过程中，水分的外扩散和内扩散是同时进行的，只是扩散速度存在差异。若外扩散速度过快，原料内部水分补不上来，就会使表面干结而形成硬壳，称为结壳。结壳后因外层过分干燥而形成不透水的隔离层，若继续烘热干燥，表面没有足够的水分提供蒸发，会使结壳部位升温焦化，致使制品表面胀裂，影响外观，降低质量。因此，干制时应使水分内外扩散速度配合适当，这是干制技术的重要环节。

(4) 影响干制速度的因素

① 温度。干制时温度越高，水分的蒸发也越快。但温度过高时，会造成有机物和维生素 C 的大量损失，降低产品品质，而且高温能使果蔬形成硬壳，阻碍内部水分蒸发。果蔬一般干制温度为 40～90℃。富含维生素 C、挥发油及糖分的原料宜用低温，以 60～70℃较为适宜。如果干制时温度过低，就需拖延干制时间，甚至会使原料变色、生酸、发霉等，也会降低产品的营养成分及影响风味。

② 空气湿度。以热空气为干燥介质时，在一定的温度下空气中的含湿量越低，果蔬干

制则越快。低于物料表面蒸汽压的空气与物料接触时，有利于干制。

③ 空气流速。增加空气流速，可以加快干制速度，缩短干制时间。但是空气流速过大，会降低热的利用，同时增加动力消耗。

④ 原料的性质和状态。一般含可溶性固形物较少，含水量较高的果蔬干制速度快。此外，原料切分的大小，以及去皮、脱蜡等预处理，对干制速度也有很大影响。原料切分越小，表面积越大，蒸发速度越快，因此，去皮、脱蜡后的原料，干制速度快。

⑤ 原料的装载量。单位烤盘或晒盘面积上原料装载量越多，厚度越大，越不利于空气流动，干制速度就越慢；装载太少，干制速度虽然加快，但不够经济。装载厚度以不阻碍空气流动为原则。

(5) 干燥过程中对温、湿度的控制　在干制过程中，可根据果蔬的特点控制好干燥条件（温度、湿度），对干燥速度、产品质量以及能源的利用等，均起到重要作用。

① 温度的控制。通常采用以下三种方法。

a. 低温—较高温—低温的控制方法。即在整个干燥期间，烘房的初始温度较低（55～60℃），中期温度较高（68～70℃，不超过75℃），后期采用较低温度（50～55℃）直至干燥结束。这种控温方法操作较易掌握，耗煤量较低，制品品质好，成品率较高。主要适用于可溶性物质含量高或不切分的整个果蔬的干制，如红枣、柿饼等的干燥。

b. 高温—较高温—低温的控制方法。即先将烘房温度急剧升高到90～95℃，原料进入烘房后由于吸收大量热量而使烘房降温（一般降低25～30℃），继续增大火力使温度维持在70℃左右，然后逐渐降温至干燥结束。采用这种控温方法，干燥时间较短，成品质量优良，但耗煤量较高，技术较难掌握。主要适用于可溶性物质含量较低，或切成薄片、细丝的果蔬，如金针菜、辣椒、苹果、杏等。

c. 恒定较低温度的控制方法。即在整个过程中，温度始终维持在55～60℃的恒定水平，直至干燥结束。这种控温方法适用于大多数果蔬的干制。其操作技术易于掌握，成品质量好，但耗煤量较高。那些封闭不太严密、升温设备差、升温较困难的烘房可采用此法。

② 湿度的控制。果蔬干制时会大量蒸发水分，使烘房内湿度急剧升高，甚至可以达到饱和的程度，因此必须注意进行通风排湿，以加速物料的干燥。一般当烘房内的相对湿度达到70%以上时，应打开进气窗和排气筒，通风排湿10～15min，然后继续干燥。整个干制过程根据不同的果蔬原料，通风排气的次数在3～6次左右。

③ 倒换烘盘。即使是设计良好、建筑合理的烘房，上部与下部、前部与后部的温差也会超过2～4℃。一般靠近主火道和炉膛部位处，温度较高，干燥较快，有时还易烘焦。由于热空气上升，烘房上部温度也较高，而烘房中部的温度则较低。因此，要特别注意烘架最下部的第一、二层烘盘与中部的第四至六层烘盘位置的调换。在调换烘盘的同时还应翻动物料，使物料受热均匀，干燥程度一致。第一次调换烘盘的时间应在烘房温度最高、物料的水分蒸发时进行，以后间隔一定时间进行调换，直至干燥结束。

(6) 掌握干制时间　何时结束干制工作，取决于不同果蔬所要求的干制程度。一般要烘至产品达到它所要求的标准含水量，才能结束干制工作，进入产品的回软、分级、包装及贮藏工作。菜干含水量标准见表4-6。

(7) 果蔬干制过程中的变化　果蔬在干制过程中，会发生一系列的物理化学变化。

① 重量和体积的变化。果蔬干制后，体积缩小，重量减轻，一般体积为原来的20%～30%、重量为原来的6%～20%。

表 4-6　几种菜干的水分含量

菜干名称	含水量/%	菜干名称	含水量/%
辣椒干	14～15	大蒜片	6～7
金针菜	15	木耳	10～11
玉兰片	18	胡萝卜片	7～8
蘑菇	11.5	藕粉	15
芥菜干	14.5		

② 颜色的变化。果蔬在干制或贮藏过程中，容易因酶褐变或羰氨反应而变色。此外，颜色与透明度也有变化，新鲜细胞间隙存在着空气，在干制时受热排除，使制品呈半透明状，空气的减少使酶褐变减轻。干制前原料的热烫、熏硫都有利于减轻褐变。

③ 营养成分的变化。干制过程中营养成分的变化则因干制方式和各种处理不同而异。

糖分的损失随干制时间延长而相应增加。维生素则因其种类不同，其稳定性也不一样，其中以维生素 B_1、维生素 B_2、烟酸和胡萝卜素比较稳定，维生素 C 既不耐高温又容易氧化，遇光和碱都容易破坏，若高温和氧化同时作用，损失更大，但在加热而无氧的条件下，维生素 C 少量被保存，在酸性溶液或高浓度糖液中比较稳定。因此，干制前进行热烫、硫处理，都是减少维生素 C 损失的有效措施。矿物质和蛋白质在干制过程中比较稳定。

④ 风味的损失。新鲜果蔬加工成干制品后，无论如何在其复水后都与新鲜的原料在口感上、组织结构上、滋味上有不同程度的降低。在热风干燥过程中，水分蒸发的同时，一些低沸点的物质要随之挥发而损失。如洋葱、大蒜、香葱、莴苣等风味浓郁的原料干制后或多或少在风味品质上有所降低。在正常情况下，果蔬原料切分处理得越细，挥发表面积越大，风味损失就越多。

6. 筛选、分级

为了使产品符合规定标准，便于包装，贯彻优质优价原则，对干制后的产品要求进行筛选、分级。干制品常用振动筛等分级设备进行筛选分级，剔除块、片和颗粒大小不合标准的产品，以提高商品质量。筛下物另作他用。碎屑物多被列为损耗。大小合格的产品还需进一步进行人工挑选，剔除杂质、变色、残缺或不良成品，并经磁铁吸除金属杂质。

7. 回软

回软又称均湿、发汗或水分平衡，目的是通过干制品内部与外部水分转移，使各部分的含水量均衡，呈适宜的柔软状态，以便产品处理和包装运输。回软方法是待干燥后的产品稍微冷却，即可装入大塑料袋或铁桶中密封，一般菜干1～3天，干果为2～5天，待质地略软后便于后续操作。回软操作一般适宜叶菜类以及丝、片状干制品，防止制品在除杂、分级包装过程中因过于干脆而碎裂，降低产品合格率。有的产品回软后还要复烘，达到干制程度。

8. 防虫

果蔬干制品常有虫卵混杂其间，特别是自然干制的产品最易受害。害虫在果蔬干制期间或干制品贮存期间侵入产卵，以后再发育为成虫为害，有时会造成大量损失。所以，防止干制品遭受虫害是不容忽视的重要问题。常见的害虫有：蛾类，如印度谷蛾和无花果螟蛾；甲类，如露尾虫、锯谷盗、米扁虫、菌甲等；壁虱类，如糖壁虱等。防治方法有以下三种。

(1) 低温杀虫　采用低温杀虫最有效的温度必须在 -15℃ 以下。

(2) 热力杀虫　即在不损害成品品质的适宜高温下杀死干制品中隐藏的害虫。耐热性弱的叶菜类干制品可采用 65℃ 热空气处理 1h，根菜类和果菜类干制品可用 75～80℃ 热空气处理10～15min。

(3) 熏蒸剂杀虫 烟熏是控制干制品中昆虫和虫卵常用的方法,晒干的制品最好在离开晒场前进行烟熏。干制水果贮藏过程中还要定期烟熏以防止害虫发生。甲基溴是近年来使用最多的一种有效熏蒸剂,用量为 $16\sim24g/m^2$,密闭室处理时间在 24h 以上。此外,SO_2、CS_2、氯化苦也可用于熏蒸。

9. 压块

蔬菜干制后,体积蓬松,容积很大,不利于包装和运输,因此在包装前,需要经过压缩,一般称为压块。用约 $70kgf/cm^2$($1kgf/cm^2=98.0665kPa$)的压力,脱水蔬菜的体积缩小 3~7 倍,其比例如表4-7所示,脱水蔬菜的压块必须同时使用水、热与压力,方能获得好的结果。

表 4-7　几种脱水蔬菜的压缩比例

蔬菜名称	每千克的体积/L		压缩比例
	压缩以前	压缩以后	
小青菜	11.6	2.2	5.3
甘蓝	8.6	1.7	5.1
青辣椒	10.0	1.7	5.8
菠菜	8.9	1.5	5.9

一般脱水蔬菜在脱水的最后阶段,温度为 60~65℃,若此时立即压块,可不再重新加温。否则,为了减少破碎起见,压块之前,须喷以热蒸汽,但喷过后,必须立即压块,若放置稍久,又将变脆而易碎。若压块后的脱水蔬菜水分含量在 6% 左右时,可与等量的生石灰一起贮存,经过 2~7 天,水分可降低至 5% 以下。

10. 包装

常用的包装材料有木箱、纸箱、纸盒、无毒 PE 塑料袋、铝箔复合薄膜袋、马口铁罐等。包装的方法有如下 4 种。

(1) 普通包装 多采用纸盒、纸箱或普通 PE 袋包装,先在容器内衬防潮纸或涂防潮涂料,然后将制品按要求装入,上盖防潮纸,扎封。多用于自然干制和热风干制品的包装。

(2) 不透气包装 采用不透气的铝箔复合薄膜袋包装。其内也可放入脱氧剂,将脱氧剂包装成小包与干制品同时密封于不透气袋内,提高耐藏性。适用于真空干制、真空油炸、真空冻结干燥、喷雾干燥制品的包装。

(3) 充气包装 采用 PE 袋或铝箔复合薄膜袋包装,将干制品按要求装入容器后,充入二氧化碳、氮气等气体,抑制微生物和酶的活性。适用于真空干燥、真空油炸、真空冻结干燥制品的包装。

(4) 真空包装 将制品装入容器后,用真空泵抽出容器内的空气,使袋内形成真空环境,提高制品的保存性。多用于含水量较高的干制品的包装。

11. 贮藏

果蔬干制品贮藏效果首先取决于制品质量优劣,优质制品贮藏性好。另一重要条件是制品含水量,含水量越低,贮藏性越好。

(1) 干制品贮藏环境的要求 低温有利于抑制害虫和微生物的活动,干制品适宜贮藏温度为 0~2℃,最好不超过 10~12℃;贮藏环境的相对湿度,以不超过 65% 为宜,湿度较大,制品易吸湿返潮,尤其是含糖量较高的制品;光照和氧气能促进色素分解,引起变色，破坏维生素，降低二氧化硫的保藏效果，因此，干制品宜于避光和密闭保藏。

（2）贮藏期的管理　要做好贮藏库的清洁卫生和通风换气工作，做好防鼠、防潮工作，定期检查质量，发现问题，及时解决。

（四）质量控制点及预防措施

1. 制品干缩

（1）干缩的原因　果蔬在干制时，因水分被除去而导致体积缩小，细胞组织的弹性部分或全部丧失的现象称为干缩。干缩的程度与果蔬的种类、干制方法及条件等因素有关。一般情况下，含水量多，组织脆嫩者干缩程度大；含水量少，纤维多的果蔬干缩程度轻。果蔬干缩严重会出现干裂或破碎等现象。干缩有两种情形，即均匀干缩和非均匀干缩。有弹性的细胞组织在均匀而缓慢地失水时，就产生了均匀干缩，否则，会发生非均匀干缩。非均匀干缩还会使制品造成奇形怪状的翘曲，进而影响产品的外观。

（2）干缩预防措施　适当降低干制温度，缓慢干制；采用冷冻升华干燥可减轻制品干缩现象。

2. 制品表面硬化（结壳）

（1）硬化原因　表面硬化是指干制品外表干燥而内部仍然软湿的现象。有两种原因造成表面硬化：其一是果蔬干制时，内部的溶质随水分不断向表面迁移和积累而在表面形成结晶；其二是果蔬干燥过于强烈，内部水分向表面迁移的速度滞后于表面水分汽化速度，从而使表面形成一层干硬膜。

（2）表面硬化预防措施　采用真空干燥、真空油炸、冷冻升华干燥等方法来降低干燥温度、提高相对湿度或减少风速，用以减轻表面硬化现象。

3. 制品褐变

（1）褐变原因　果蔬在干制过程中或干制后的贮藏中，类胡萝卜素、花青素、叶绿素等均受影响或流失，造成品质下降。酶促褐变和非酶褐变反应是促使干制品褐变的原因。

（2）预防措施　干制前，进行热烫处理、硫处理、酸处理等，对抑制酶褐变有一定的作用；避免高温干燥可防止糖的焦化变色；用一定浓度的碳酸氢钠浸泡原料有一定的护绿作用。

4. 营养损失

果蔬中的营养成分有糖类、维生素、矿物质、蛋白质等，在干制过程中会发生不同程度的损失，主要是糖类、维生素的损失。预防措施是缩短干制时间，降低干制温度和空气压力有利于减少养分的损失。

5. 风味变化

失去挥发性风味成分是干制时常见的一种化学变化。迄今为止要完全阻止风味物质损失，几乎不可能。为防止风味损失，常采用干燥设备中回收或冷凝外逸的蒸汽再加回到干制品中，以便尽可能保存它的原有风味。

6. 干制品保质期短

（1）保质期短原因　主要是微生物侵染和害虫为害。

（2）预防措施　干制品的水分含量要低，密闭保藏防止吸潮；低温杀虫，热力杀虫，熏蒸剂杀虫；避光、隔氧防止不良变化。

7. 干燥率低

（1）干燥率低的原因　原料固形物含量低；干制过程中呼吸消耗；原料成熟度不够。

(2) 预防措施 选择固形物含量高的原料；干制前进行烫漂处理；选择成熟度适宜的原料。

二、真空油炸干制

果蔬脆片是利用真空低温油炸技术加工而成的一种脱水食品，在加工过程中，先把果蔬切成一定厚度的薄片，然后在真空低温的条件下将其油炸脱水，产生一种酥脆性的片状食品，故而命名为果蔬脆片。

果蔬脆片以其自然的色泽、松脆的口感、天然的成分、宜人的口味，融合纯天然、高营养、低热量、低脂肪的优点，以健康食品或绿色食品的形象，引起人们消费的热情，尤其在欧美等健康食品概念和市场成熟的国家，果蔬脆片十分受宠。

（一）工艺流程

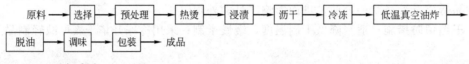

（二）工艺要点

1. 原料选择

果蔬脆片要求原料须有较完整的细胞结构，组织较致密，新鲜，无虫蛀、病害、霉烂及机械伤。适合加工果蔬脆片的原料十分广泛，水果主要有苹果、柿、枣、哈密瓜、山楂、香蕉、菠萝、杧果、番木瓜、杨桃等；蔬菜主要有胡萝卜、马铃薯、甘薯、山药、芋头、洋葱、南瓜、莲藕、马蹄、黄豆、蚕豆、豌豆等。

2. 预处理

(1) 挑选 先将原料进行初选，剔除有病、虫、机械伤及霉烂变质的果蔬，按成熟度及等级分开，便于加工和保证产品的质量。

(2) 洗涤 洗去果蔬表面的尘土、泥沙及部分微生物、残留农药等。对严重污染农药的原材料应先用 0.5%～1.0% 的盐酸泡 5min 后，再用冷水冲洗干净。

(3) 整理、切片 有的果蔬应先去皮、去核后再行切片，而有的可以直接切片，一般片厚在 2～4mm。

3. 热烫

主要作用是防止酶褐变，根据不同的原料采取不同的烫漂工艺，一般为温度 100℃、时间 15min。

4. 浸渍

沥干浸渍在果蔬脆片生产中又称前调味，通常用 30%～40% 的葡萄糖溶液浸渍已热烫的物料。浸渍后沥干时，一般采用振荡沥干或抽真空预冷来除去一些富余的水分。

5. 预冻结

油炸前进行冷冻处理有利于油炸，相同的原料在相同的加工条件下，冷冻处理的脆片较易膨大酥松、变形小及脆片表面无起泡现象等，可增加产品的酥脆性。而原料经冷冻后，对油炸的温度、时间有较高的要求，要注意与油炸条件配合好。一般原料冻结速率越高，油炸脱水效果越好，脆片的感官质量也越理想。

6. 真空低温油炸

在放入原料前，油锅（油脂）须先行预热，至 100～120℃ 之间迅速装入已冻结好的物料，关闭仓门，随即启动真空系统，动作要快，以防物料在油炸前融化，当真空度达到要求时，启动油炸开始开关，在液压推杆作用下，物料被慢速浸入油脂中油炸，到达底点时，被相同的速度缓慢提起，升至最高点又缓慢下降，如此反复，直至油炸完毕，整个过程已冻结的物料耗时约 15min、未冻结的物料耗时约 20min。不同的原料采用的真空度、油温和时间是不一样的。

7. 脱油

油炸后的物料表面仍沾有不少油脂，需要进行脱油处理。

8. 后处理

后处理包括后调味、冷却、半成品分检、包装等工序。对果蔬脆片后处理的场地环境要求与冻干食品后处理要求相同。

(1) 后调味 在油炸果蔬脆片脱油后，及时趁热喷以不同风味的调味料，可简化处理工艺，也可避免在油炸前所调的料在油炸时被冲淡，使产品具有更宜人的不同风味，以适合众多消费者的口味。

(2) 冷却 通常采用冷风机，迅速使产品冷却下来，以便进行半成品分检，按客户要求的规格分检，重点是剔除夹杂物、焦黑或外观不合格的产品。

(3) 包装 分销售小包装及运输大包装，小包装一般直接面对消费者，大都选用彩印铝箔复合袋，每袋约 20～50g，采用抽真空充氮包装（注意防止假封），并添加小包防潮剂及吸氧剂；运输大包装通常用双层 PE 袋作内包装、瓦楞牛皮纸板箱作外包装。

（三）质量控制点及预防措施

果蔬脆片生产技术结合了真空干燥技术、真空冷冻干燥技术而成为一门综合技术，生产的时间很短，在生产中的应用也十分复杂，目前也处于进一步完善并发展的阶段。果蔬脆片生产的关键还是主机的选择，真空油炸主机是否有真空脱油的功能，这对产品含油量、口感和保质期有决定性的影响，国内外机械企业均在加大技术开发力度。

根据果蔬脆片生产的工艺流程，从物理的、化学的、生物的方面对其中所有可能产生危害的步骤进行分析，控制这些危害的预防措施有：

1. 原料选择

对原料进行严格的质量控制，必须符合食品国家标准及相关的行业标准。应加强对原料产地、农药使用情况及周围生态环境的了解和督察，加强对原料的检查、验收和保管工作，避免使用霉变、有农药残留及有毒重金属超标的原料。

2. 护色硬化

护色硬化主要是为了防止原料产生褐变进而影响产品的色泽，由专业技术人员根据工艺要求配制护色硬化液，将切片后的原料迅速投入护色液中浸泡。操作人员随时监控并做好记录。

3. 烫漂

烫漂是为了钝化组织中酶的活性且同时杀死部分微生物，排除组织中的部分气体和水分。在烫漂时应根据不同的原料采取不同的烫漂工艺，一般为温度 100℃、时间 15min。将烫漂后的物料立即进行分段冷却，避免物料长时间受热而引起某些物质变化，影响产品质量。

4. 浸糖

浸糖处理是为了提高产品的固形物含量，让葡萄糖渗入物料内部，达到改善产品的外观和滋味的目的，同时可以控制最终产品的颜色（金黄色）。亦可真空浸渍，可缩短浸渍时间，提高工效，减少葡萄糖的浪费。但糖液浓度太高或者浸糖时间太长都会影响产品的口感。

根据不同的物料和加工季节，糖液浓度配比也不相同，一般糖液浓度应保持在30%～42%，浸糖时间为0.5～10h。操作过程中注意观察和检测糖液，要定时更换糖液以保证产品质量。

5. 冷冻

冷冻可以改善产品的品质，提高产品的酥脆度。物料冷冻方式的选择，对产品松脆度有很大影响。冷冻必须以物料中心形成冰晶体为度。

6. 真空油炸、脱油

真空油炸是整个工艺流程的关键，尤其是起始油炸真空度、油炸温度、油炸时间、脱油时间直接影响产品的感官品质和营养品质。起始油炸真空度越高，产品的酥脆度越好；油炸温度太高会使产品色泽发暗、不鲜艳，而油炸温度太低会使油炸时间延长。较理想的工艺为起始油炸真空度为0.092～0.094MPa，油炸温度85～88℃，油炸时间30～50min。同时，要定期对油进行清洗、检测，对于不符合标准的应及时更换，油的过氧化值（以脂肪计，meq/kg）≤20。

脱油：一般选用离心甩油方法脱油，离心脱油又有常压脱油和真空脱油两种方法。常压脱油是油炸破除真空后，将物料取出，在常压下将物料置于三足式离心机内脱油，由于破除真空时，空气将进入物料内部，会将部分油脂带进物料内部，增加脱油的难度，脱油时间4～5min，脱油后产品含油率将高达15%～20%。真空脱油是在油炸腔中未破除真空前，直接在真空状态下离心脱油，在120～130r/min大约1min条件下可完成理想脱油过程，产品的含油率能降至12%以下，不过此时对设备的要求更高。

不管采用何种脱油方法，因脱油时物料太脆，稍有不慎，将造成太多的碎片，应增加防止脱油时产生碎片的装置。

7. 包装

包装车间要定期消毒。工作人员严格执行岗位卫生制度，操作人员的工作服、口罩、帽子必须清洁消毒。进入车间前必须消毒双手。包装最好采用抽真空充氮包装，并确保封口严密。

任务十九　黄花菜的干制加工

※ 【任务描述】

选择合适的黄花菜原料，进行热风干燥加工。掌握脱水蔬菜热风干制的加工方法和设备；理解各工艺过程对脱水干制蔬菜的品质影响。

※ 【任务准备】

1. 原料的准备

选择花蕾充分发育而尚未开放，外形饱满，颜色由青绿转黄或橙色，含糖量高的品种为原料，早晨采摘，马上加工为宜。

清洗用水符合GB 5749的要求。

2. 仪器设备的准备

蒸锅（笼）、热风烘箱（房）、连续薄膜封口机等。

3. 参考标准

NY/T 960—2006《脱水蔬菜 叶菜类》。

❈ 【作业流程】

原料 → 烫漂 → 干燥 → 回软 → 包装 → 成品

❈ 【操作要点】

（1）**烫漂**　将花蕾采摘后要及时进行热烫。热烫可用沸水，也可用蒸制法。蒸制法是把花蕾放入蒸笼中，水烧开后用大火蒸 5min，然后改用小火焖 3～4min。当花蕾向里凹陷、不软不硬、色泽由深黄色变成浅黄色即可出笼，放于阴凉处散热后再行干燥。

（2）**干燥**　将黄花菜按 5kg/m² 装烘盘，初期 85～90℃高温，有利于水分蒸发，随着原料的大量吸热，烘房温度下降至 60～65℃时，在此温度下保持 10～12h，使水分大量蒸发。然后将烘房温度降至 50℃直至干燥结束。同时相对湿度达到 65％以上应立即通风排湿，并要倒换烘盘和翻动黄花菜两三次。

（3）**回软**　将烘干的黄花菜放于容器中回软 2～7 天，使其含水趋于一致，稍显微软时再行包装。

（4）**包装**　剔除变色、破碎和过湿等不合格者，将回软后的黄花菜装入塑料薄膜袋内，入箱密封，贮于冷凉、通风、干燥的库房内。

❈ 【成果提交】

《果蔬贮藏与加工技术项目学习册》任务工单。

任务二十　葡萄的干制加工

❈ 【任务描述】

选择合适的葡萄原料，进行葡萄干的加工，通过实训掌握几种常见的水果干制方法。

❈ 【任务准备】

1. 原料的准备
用于干制的葡萄应选皮薄、果肉丰满、粒大、含糖量高（20％以上）的，并要达到充分成熟。
清洗用水符合 GB 5749 的要求。
氢氧化钠、碳酸钠、碳酸氢钠、硫黄均为食品添加剂。

2. 仪器设备、工具、加工设施等
天平、晒盘、烘房、烘箱、隧道式烘干机、真空包装机等。

3. 参考标准
GB/T 19586—2008《地理标志产品　吐鲁番葡萄干》。

❈ 【作业流程】

原料 → 浸碱脱蜡 → 熏硫 → 干制 → 包装 → 成品

❈ 【操作要点】

1. 浸碱脱蜡
将采收以后太大的果串剪为几小串，再将果串在 1％～3％的氢氧化钠溶液中浸渍 5～

10s，以脱除表皮的蜡质、皮薄蜡质少的品种，则用 0.5% 的碳酸钠溶液或碳酸氢钠与氢氧化钠混合液处理 3～6s。然后立即放到清水中漂洗干净。

2. 熏硫

干制白葡萄干时，为保持制品色泽，需用硫黄熏蒸 3～4h，硫黄用量为 0.3%。

3. 干制

根据产地气候条件的不同，有晒制、风干和烘干三种方法。

（1）晒制 将处理好的葡萄摆放于晒盘中晒制，只放一层。暴晒 7 天左右，当有部分果粒干缩时，用一空晒盘盖上，迅速翻转，暴晒另一面，如此反复翻晒，直到用手捏挤葡萄不出汁时，叠置阴干，直至葡萄干含水量达到 15%～17%（表面干爽不粘手，质地柔韧适中）时，摘除果梗，堆放回软 10～20 天。

（2）风干 新疆吐鲁番盆地，夏秋季节气候炎热干燥，可在四壁多孔的风干室吊挂经处理后的整串葡萄，约经 30～40 天即可干燥。此法制得的葡萄干呈半透明，不变色，质量优。

（3）烘干 将处理好的葡萄装入烘盘，使用逆流干制机干燥，初温为 45～50℃，终温为 70～75℃，终点相对湿度为 25%，干燥时间为 16～24h。

4. 包装

将果串用聚乙烯塑料袋包装，密封后放置若干天，除去果梗，再用食品袋每袋 500g 以真空包装机抽空包装，即为成品。

※ 【成果提交】

《果蔬贮藏与加工技术项目学习册》任务工单。

任务二十一　香蕉脆片的加工

※ 【任务描述】

选择合适的香蕉原料，制备香蕉脆片，通过实训掌握果蔬真空油炸干制的方法和技术要点。

※ 【任务准备】

1. 原料的准备

香蕉，选择组织较为致密的香蕉。要求香蕉新鲜，最好是八成熟。加工前要除去原料中腐烂、霉变及有虫斑的部分。

植物油等符合相应的标准。

盐酸为食品添加剂。

2. 仪器设备、工具、加工设施等

切片机、真空油炸锅、离心甩干机、慢速拌料机、连续薄膜包装机等。

3. 参考标准

NY/T 948—2006《香蕉脆片》。

※ 【作业流程】

原料 ⟶ 清洗 ⟶ 去皮 ⟶ 切片 ⟶ 油炸 ⟶ 脱油 ⟶ 拌料 ⟶ 包装 ⟶ 成品

※ 【操作要点】

1. 清洗

目的主要是除去香蕉表面的尘土、泥沙等。一般可采用清水直接洗涤，对表面污染比较严重的原料，应先用浓度为 0.5% 的盐酸溶液浸泡数分钟，然后再用清水漂洗干净。

2. 去皮

手剥去皮。

3. 切片

用切片机或薄片刀切成 2～4mm 厚的薄片。切片的厚薄要均匀一致，否则在油炸脱水过程中，厚片和薄片脱水状态不同，将造成口感上的较大差异。

4. 油炸

将切好的香蕉片放入由金属网编成或由金属篮打眼制成的油炸筐中，原料叠放高度不宜超过 50mm，然后把油炸筐放入真空油炸锅中，密封。抽真空至 60kPa 时，将已预热至 100～120℃的精炼植物油放入油炸锅中与原料接触，蒸发水分。在此过程中，继续维持一定的真空度并逐步加热，使油炸锅内的温度保持在 75～85℃，直至油炸终点。油炸过程中的油温要控制好，油温低，炸油黏度高，油炸脱水需要的时间长，而且不能完全钝化氧化酶的活力，成品贮藏时易发生褐变；油温过高会形成过多的泡沫，使香蕉片破裂、变形。油炸时间多控制在 15～20min，当观察到原料片上的泡沫大多已消失，就可结束油炸。这时，先将油炸锅中的油抽到贮油罐中，而后破除真空，取出油炸筐。

5. 脱油

油炸后的香蕉脆片含油 80% 左右，必须脱除多余的油。通常用离心脱油法，将油炸好的香蕉片放入离心甩干机中，以 1000～1500r/min 的速度脱油 10min。脱油时，转速不能太高，否则会造成香蕉片粘连变形；但转速也不能太低，否则脱油效果会受到影响。

6. 拌料

用拌和法，在慢速拌和机中，让香蕉片与配制好的固体调味料相互拌和，使产品带有风味。如果条件具备，最好是向产品表面喷涂调味料。

7. 包装

油炸香蕉脆片含水量很低，极易从外界吸收水分，吸潮后会失去特有的松脆口感，着味后的产品应尽快包装。多采用不透光、气，并有一定强度的铝箔复合袋包装，以防止产品在运输和销售过程中破碎、吸湿以及使其所含的油脂发生酸败，影响产品质量。

※ 【成果提交】

《果蔬贮藏与加工技术项目学习册》任务工单。

项目六　蔬菜腌制

※ 【知识目标】

1. 了解主要的腌制蔬菜品种，理清其各自归属类别及特点。
2. 掌握腌制蔬菜的原理，理解食盐、微生物及蔬菜内蛋白质分解等对蔬菜腌制的作用。
3. 掌握常见蔬菜腌制品的生产方法、操作要点和关键工序。
4. 掌握蔬菜腌制品加工过程中的关键质量控制点和预防措施。

※【技能目标】

1. 能够自行运用互联网等资源查阅相关资料进行参考学习。

2. 能够自行查阅相关标准，针对性地找出准确标准对蔬菜腌制品的要求，包括原料要求、各项指标要求、添加剂使用限量、试验方法、检验规则等。

3. 能够在学习后完成蔬菜腌制产品加工实施方案的制定，识别关键质量控制点。

4. 能够准备相关原辅料、设备等，完成蔬菜腌制品制作实践。

5. 能够按照标准对产品进行评价，并能够找出质量问题，提出解决方案。

凡将新鲜果蔬经预处理后，再用盐、香料等腌制，使其进行一系列的生物化学变化，制成鲜香嫩脆、咸淡或甜酸适口且耐保存的加工品，统称腌制品。其中以蔬菜制品居多，水果只有少数品种适宜腌制，且大多是为了保存原料或延长加工期。腌制是我国最为普遍、产量最大的一种加工方法。蔬菜腌制在我国历史悠久、分布广泛，如四川榨菜、泡菜，北京冬菜、酱菜，扬州、镇江酱菜，浙江萧山萝卜干、小黄瓜，云南大头菜，广东酥姜、咸酸菜、惠州梅菜、潮汕贡菜等，均畅销国内外，深受消费者欢迎。

一、蔬菜腌制品的分类及特点

蔬菜腌制是一种生物化学的保藏方法，一方面它利用有益微生物活动的生成物以及各种配料来加强制成品的保藏性；另一方面利用高渗透性物质溶液抑制有害微生物生命活动来加强其保藏性。低盐、增酸、适甜是蔬菜腌制品发展的方向，低盐化咸菜、乳酸发酵的蔬菜腌制品被誉为健康腌菜。蔬菜腌制品可以分为发酵性腌制品和非发酵性腌制品两大类。

① 发酵性腌制品。可分为半干态发酵和湿态发酵两类，这类腌菜食盐用量较低，往往加用香辛料，在腌制过程中，经过乳酸发酵，利用发酵所产生的乳酸与加入的食盐及香辛料等的防腐作用，来保藏蔬菜并增进其风味，这一类产品都具有较明显的酸味，如泡酸菜、咸菜。

② 非发酵性腌制品。可分四种：盐渍品、酱渍品、糖醋渍品、酒糟制品。这类腌菜食盐用量较高，间或加用香辛料，不产生乳酸发酵或只有极轻微的发酵，主要是利用高浓度的食盐、糖及其他调味品来保藏和增进其风味。

腌制品含盐量一般为：泡酸菜 0～4%，咸菜类 10%～14%，酱渍菜 8%～14%，糖醋菜 1%～3%，盐渍菜 25%。

二、蔬菜的腌制原理

新鲜蔬菜一经腌渍，即停止生命活动，不再有生理机制，从而丧失了固有的抗病性和耐贮性，很容易遭受微生物侵染而引起败坏和腐烂。那么蔬菜经腌渍之后失去了生理机能，为什么还能够保存呢？这主要是因为蔬菜在腌制过程中依靠食盐的高渗透压作用、微生物的发酵作用、蛋白质的分解作用以及其他生物的化学作用而产生的结果。

1. 食盐的作用

食盐具有高渗透作用。一般微生物细胞液的渗透压力在 3.5～16.7atm（1atm＝1.01×10^5Pa），而一般细菌也不过 3～6atm。而 1%的食盐溶液就可产生 6.1atm 的渗透压力。咸菜和酱菜的含盐量一般都在 10%以上，远远超过了一般微生物细胞液的渗透压力，使微生物的细胞发生质壁分离现象，造成微生物的生理干燥，迫使它处于假死状态或休眠状态，从而阻止了微生物的危害。

食盐溶液能降低制品的水分活性。食盐溶解于水，与自由水结合，降低了水分活度，从而也降低了微生物利用自由水的程度，同时水中溶解氧缺少，需氧菌难于生长。细菌对水分活性的要求是0.9，酵母菌是0.88，霉菌是0.80，耗盐性细菌（在水分含量较低条件下亦能生长）是0.70。

食盐溶解于水后会解离，Na^+能和细胞原生质中的阴离子结合，对微生物有毒害作用，并随pH降低Na^+的毒害作用增强。

微生物分泌出来的酶活性在食盐溶液中也遭受不同程度破坏，尤其是氧化酶类，其活性随食盐浓度的提高而下降，可减少或防止氧化作用的发生。

2. 微生物的发酵作用

在各类腌制品中都在进行或强（如泡酸菜）或弱（如榨菜）的微生物发酵作用，但这些微生物发酵作用有的有益、有的有害。

（1）乳酸发酵 乳酸菌在泡酸菜的发酵中是主要的、优良的，而在榨菜或酱菜当中是次要的。如果在榨菜或酱菜中过分地产酸，会影响产品的品质。乳酸发酵是乳酸菌将原料中的糖分（主要是单糖或双糖，甚至五碳糖）分解生成乳酸及其他物质。乳酸发酵分正型乳酸发酵和异型乳酸发酵两种。正型乳酸发酵只产生乳酸，而且生酸量高，参与正型乳酸发酵的有植物乳杆菌及小片球菌，能积累乳酸量1.4％以上，在最适条件下可达2.0％以上。异型乳酸发酵除产生乳酸外，还能生成乙醇、CO_2等物质，肠膜明串珠菌、短乳杆菌、大肠杆菌等，都能进行异型乳酸发酵。蔬菜在腌制过程中，前期以异型乳酸发酵占优势，中后期以正型乳酸发酵为主。凡能产生乳酸的微生物都叫乳酸菌，包括细菌、真菌等。

（2）酒精发酵 在蔬菜腌制过程中同时也伴有微弱的酒精发酵作用，其量可达0.5％～0.7％。酒精发酵是指酵母菌将蔬菜中的糖分分解成酒精和二氧化碳。酵母菌还能将几种氨基酸（如缬氨酸、亮氨酸及异亮氨酸）分解为异丁醇和戊醇等高级醇。另外，异型乳酸发酵、蔬菜被卤水淹没时的无氧呼吸也产生微量的酒精。在酒精发酵过程中和其他作用中生成的酒精及高级醇，乙醇（俗称酒精）与其他物质化合生成酯产生的芳香物质，使腌制品具香味。这对于腌制品在后熟中品质的改善及芳香物质的形成起到重要作用。

（3）醋酸发酵 在蔬菜腌制过程中也有微量的醋酸形成。醋酸的来源是由醋酸菌氧化乙醇而生成的，这一作用称为醋酸发酵。除醋酸菌外，某些细菌的活动，如大肠杆菌、戊糖醋酸杆菌等，也能将糖转化为醋酸和乳酸等。极少量的醋酸不但无损于腌制品的品质，反而有利，只有在含量过多时才会影响成品的品质。醋酸菌仅在有空气存在的条件下，才可能使乙醇氧化成醋酸，因此腌制品要及时装坛封口，隔离空气，避免醋酸产生。除此之外，还有一些有害的发酵及腐败作用，如丁酸发酵、不良的乳酸发酵、细菌的腐败作用、有害酵母的作用等，它们若在蔬菜腌制品中出现，会降低制品品质，甚至不堪食用。

3. 蛋白质的分解作用

在蔬菜腌制过程及制品后熟期，其所含的蛋白质在微生物和蔬菜本身所含蛋白质水解酶的作用下逐渐分解为氨基酸，这一变化是腌制品产生一定色泽、香气和风味的主要原因，这是十分重要的生物化学变化。

（1）鲜味的形成 由蛋白质水解所生成的各种氨基酸都具有一定的鲜味，但是蔬菜腌制品的鲜味来源主要是由谷氨酸与食盐作用生成的谷氨酸钠，其他的氨基酸均可生成相应的盐类。因此，腌制品的鲜味远远超过了谷氨酸钠单纯的鲜味，而是多种鲜味物质综合的效果，如微量的乳酸及具甜味的甘氨酸、丙氨酸、丝氨酸等，对鲜味的丰富大有帮助。

（2）香气的形成 腌制品中的香气主要来源于有机酸、氨基酸与发酵中形成的醇类作用形成的酯类，如乳酸乙酯、醋酸乙酯、氨基丙酸乙酯、琥珀酸乙酯等。氨基酸与戊糖或甲基戊糖的还原产物4-羟基戊烯醛作用，生成含有氨基酸类的烯醛类香味物质，这还是使产品色泽变为黄褐色的因素之一；乳酸菌类将糖发酵生成乳酸的同时，还生成具有芳香的双乙酰；在腌制过程中乳酸发酵产生的乳酸和其他酸类、丁二酮，及加入花椒、辣椒末及其他各种香料，也形成香味。

(3) 色泽的变化 蛋白质水解后生成氨基酸如酪氨酸，在有氧的前提下，在过氧化物酶的作用下，可生成黑色素；在高温条件下，氨基酸中的—NH$_2$与含有—C—的化合物如醛、还原糖发生羰氨反应生成黑蛋白素。物理吸附辅料中酱油、酱、食醋、红糖的颜色，使细胞壁着色；叶绿素在酸性介质中脱镁生成脱镁叶绿素而变成黄褐色，影响外观品质。尤其是咸菜在后熟中制品要发生色泽变化，最后生成黄褐、黑褐色。

(4) 脆度的变化 蔬菜原料在腌制之前变软、过熟或机械伤害可以使腌制品失去脆性；腌制过程中微生物活动分泌果胶酶类水解果胶物质使蔬菜组织失去脆性，蔬菜腌渍时失水，细胞膨压减小，也会使脆性下降。在腌制过程中使用碳酸钙、硫酸钙、氯化钙作保脆剂，最常用的为氯化钙，用量为菜重的 0.05%～0.1%。

三、泡酸菜类

泡菜和酸菜主要是利用乳酸发酵产生乳酸，辅以低盐来保存蔬菜并增进其风味的，是我国民间大众化的蔬菜加工品。泡酸菜鲜美可口，且能增进食欲、助消化。现代医学证明，泡酸菜中的乳酸和乳酸菌对人体的健康十分有益，如抑制肠道中腐败菌的生长和减弱腐败菌在肠道的产毒作用，并有防止便秘、降低胆固醇、抗肿瘤以及调节人体生理机能等保健和医疗作用。

(一) 泡酸菜类加工的工艺流程

1. 酸菜工艺流程

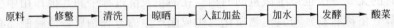

原料 → 修整 → 清洗 → 晾晒 → 入缸加盐 → 加水 → 发酵 → 酸菜

2. 泡菜工艺流程

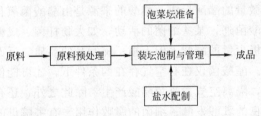

(二) 泡酸菜加工的工艺要点

1. 酸菜

(1) 原料选择与处理 腌制酸菜的主要原料是叶菜类，如白菜、甘蓝、芥菜、黄瓜等。蔬菜收获后，除去烂叶、老叶，削去菜根，晾晒 2～3 天，以晾晒至原重的 65%～70% 为宜。

(2) 腌制 腌制容器一般用大缸或木桶。用盐量按 100kg 晒过的菜用盐 3～5kg，如要保藏较长时间可适当增加。腌渍用水以硬水为宜。腌制时，一层菜一层盐并进行揉压，要缓慢而柔和，以全部菜压紧压实见卤水为止。一直腌渍距缸沿 10cm 左右，加上竹栅，压以重物。待菜下沉，菜卤上溢后，还可加腌一层，仍然压上重物，使菜卤漫过菜面 7～8cm，置凉爽处任其自然发酵产生乳酸，约 30～40 天即可腌成。如急于食用可放在适宜乳酸菌发酵的温度中，发酵后，再置于阴凉处。

(3) 质量标准 蔬菜原料不同，产品色泽分别为黄绿色或乳白色，具有乳酸发酵所产生的特有香气，无不良气味，酸咸适口，质脆。

2. 泡菜

（1）原料选择 凡是组织紧密、质地脆嫩、肉质肥厚且在腌制过程中不易软化的新鲜蔬菜均可作为泡菜的原料。例如大头菜、球茎甘蓝、萝卜、甘蓝、嫩黄瓜等。也可以选用几种蔬菜混合泡制。

（2）原料处理 新鲜原料充分洗涤后，将不宜食用的部分剔除，根据原料的体积大小决定是否切分，块形大且质地致密的蔬菜应适当切分，特别是大块的球茎类蔬菜应适当切分。清洗、切分的原料沥干表面水分后即可入坛泡制。

（3）盐水的配制 盐水对泡菜的质量影响很大，泡菜用水要求符合饮用水标准，如井水、泉水或硬度较大的自来水均可用于配制制作泡菜用的盐水，因为硬水有利于保持泡菜成品的脆性。经处理的软水用于配制制作泡菜用的盐水时，需加入原料重 0.05％ 的钙盐。

盐水的含盐量为 6％～8％，为了增进泡菜的品质，还可在盐水中加入 2％ 的红糖、3％ 的红辣椒以及其他香辛料，香辛料应用纱布包盛装后置于盐水中。将水和各种配料一起放入锅内煮沸，冷却后备用。冷盐水中也可以加 2.5％ 的白酒与 2.5％ 的黄酒。

（4）泡菜坛及其准备 泡菜坛用陶土烧制而成，抗酸碱、耐盐。其口小肚大，距坛口 6～15cm 处有一水槽，槽缘略低于坛口，坛口上放一小碟作为假盖，坛盖扣在水槽上，其结构见图 4-5。泡菜坛的大小规格不一，小的泡菜坛可容纳 1～2kg 菜，大的可容纳 10～50kg 菜。这种结构的泡菜容器能有效地将容器内外隔离，又能自动排气，而且在发酵过程中可形成厌氧环境，这样不仅有利于乳酸发酵，而且可以防止外界杂菌的侵染。

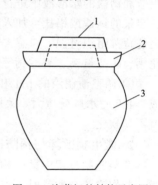

图 4-5　泡菜坛的结构示意图
1—坛盖；2—水槽；3—坛体
（引自赵晨霞. 果蔬贮藏加工技术）

泡菜坛在使用前必须清洗干净，如果泡菜坛内壁粘有油污，应用去污剂清洗干净，然后再用清水冲洗 2～3 次，倒置沥干坛内壁的水后备用。

（5）入坛泡制与管理 将准备就绪的蔬菜装入泡菜坛内，装至半坛时，将香辛料包放入，再装原料至坛口 6cm 处即可。用竹片将菜压住，以防腌渍的原料浮于盐水面上。随后注入配制好的冷盐水，要求盐水将原料淹没。首次腌制时，为了使发酵迅速，并缩短成熟时间，将新配置的冷盐水在注入泡菜坛前进行人工接入乳酸菌，或加入品质优良的陈泡菜汤。将假盖盖在坛口，坛盖扣在水槽上，并在水槽内注入清水或食盐溶液。最后将泡菜坛置于室内的阴凉处自然发酵。

根据微生物的活动和乳酸积累多少，发酵过程一般可分为三个阶段。

① 初期。异型乳酸发酵为主，伴有微弱的酒精发酵和醋酸发酵，产生乳酸、乙醇、醋酸及 CO_2，逐渐形成嫌气状态。乳酸积累约为 0.3％～0.4％，pH4.0～4.5，是泡菜的初熟阶段，时间 2～5 天。

② 中期。正型乳酸发酵，嫌气状态形成，乳杆菌活跃。乳酸积累达 0.6％～0.8％，pH 3.5～3.8，大肠杆菌、腐败菌等死亡，酵母、霉菌等受抑制，是泡菜完熟阶段，时间 5～9 天。

③ 后期。正型乳酸发酵继续进行，乳酸积累可达 1.0％ 以上，当乳酸含量达 1.2％ 以上时，乳酸菌本身也受到抑制，此时的产品酸味浓，也叫酸菜。

泡菜的成熟期随原料种类、气温及食盐浓度等而异。泡菜在发酵中期食用风味最佳，如果在发酵初期取食，成品咸而不酸，在发酵末期取食风味过酸。

成熟的泡菜取食后，应及时添加新原料，同时也应按原料的 5％～6％ 补充食盐，其他调味料也应适当地添加。

(6) 成品泡菜 成品泡菜应清洁卫生，保持蔬菜原有色泽，香气浓郁，组织细嫩，质地清脆，咸酸适度，略有甜味与鲜味，尚有蔬菜原有的特殊风味。

（三）质量控制点及预防措施

1. 失脆及预防措施

(1) 失脆原因 产品质地脆嫩是大部分腌制菜质量标准中一项重要指标。蔬菜腌制过程中，促使原果胶水解而引起脆性减弱的原因有两方面：一是用来腌制加工的蔬菜原料成熟度过高，或者受了机械伤，原果胶酶的活性增强，使细胞壁中的原果胶水解；二是由于腌制过程中一些有害微生物的生长繁殖，所分泌的果胶酶类能水解果胶物质，导致蔬菜变软而失去脆性。

(2) 保脆措施

① 原料选择。在腌制前剔除过熟及受过机械伤的蔬菜，将原料与泡菜坛清洗干净。

② 及时腌制与食用。收购的蔬菜要及时进行腌制，防止蔬菜品质下降；不宜久存的泡菜应及时取食，取食泡菜后应及时补充新的原料，充分排出坛内空气，同时严密水封，并经常检查。泡菜取食时，切忌将油脂带入坛内，以防腐败微生物分解脂肪使泡菜腐臭。

③ 抑制有害微生物。腌制过程中一定要减少有害微生物的污染。

④ 使用保脆剂。为使腌制菜保持脆口，一般在腌制时加入保脆剂。即把蔬菜原料放入铝盐和钙盐的水溶液中进行短期浸泡，然后取出再进行初腌，或者直接往初腌的盐卤中加入一定量的钙盐或铝盐，加入量一般为蔬菜原料的 $0.05\%\sim0.1\%$。但如果加入量过多，反而会使蔬菜组织过硬，口感欠佳。用碱性的井水浸泡也可起到保脆的效果，因为井水中含有氯化钙、碳酸氢钙、硫酸钙等多种钙盐。

⑤ 调整渍制液的 pH 和浓度。果胶在 pH 为 $4.3\sim4.9$ 时水解度最小，如果 pH<4.3 或 >4.9 时水解就增大，菜质就容易变软。另外，果胶在浓度大的渍制液中溶解度小，菜质就不易软化。

2. 微生物败坏与预防措施

蔬菜腌制过程中微生物的发酵作用主要是乳酸发酵，其次是酒精发酵，醋酸发酵极轻微。制作泡菜和酸菜时，需要利用乳酸发酵。

(1) 微生物败坏 蔬菜腌制过程中，除了上述有益微生物的发酵作用外，同时会发生有害微生物的发酵作用，如大肠杆菌、丁酸菌、霉菌、有害酵母菌。这些有害的微生物大量繁殖后，不仅消耗了糖分与乳酸，还降低制品的质量，会使产品劣变。有时还会生成亚硝酸盐、亚硝胺、硫化氢等一些有害物质，并产生异味。

(2) 预防措施 应保证蔬菜原料鲜嫩完整，无损伤及病虫害侵染，清洗附着的泥土和污物；加工用水、食盐必须符合国家卫生标准；要求腌制中便于封闭隔离空气；容器在使用前，要进行检查和消毒；蔬菜腌制受食盐浓度、酸度、温度、空气等环境因素影响，腌制时要注意采取综合的措施抑制有害微生物的活动。

添加防腐剂虽然能够抑制某些微生物和酶的活动，但其作用是有限的，常用的防腐剂有苯甲酸钠、山梨酸钾和脱氢醋酸钠等。生产上泡菜盐水表面已有酒花酵母菌膜产生，在泡菜坛内加入大蒜、洋葱、红萝卜或高度白酒，然后密封一段时间，则可有效地抑制酒花酵母菌的生长。

3. 腌制中亚硝酸盐的生成与防治

(1) 亚硝酸盐的生成 蔬菜生长过程中所摄取的氮肥是以硝酸盐或亚硝酸盐的形式进入

体内。在采收时仍有部分亚硝酸盐或亚硝酸尚未转化而残留，此外，土壤中也有硝酸盐的存在，植物体上所附着的硝酸盐还原菌（如大肠杆菌）所分泌出的酶亦会使硝酸盐转化为亚硝酸盐。在加工时所用的水质不良或受细菌侵染，均可促成这种变化。

亚硝胺是由亚硝酸和胺化合而成，胺来源于蛋白质、氨基酸等含氮物的分解，新鲜蔬菜原料含量极少，但在腌制过程中会逐渐地分解，并溶解到腌液中。在腌液的表面往往出现霉点、菌膜，这都是蛋白质含量很高的微生物如白地霉生成的菌膜，一旦受到腐败菌的侵染，会降解为氨基酸，并进一步分解成胺类，在酸性环境中具备了合成亚硝胺的条件，尤其在腌制条件不当导致腌菜劣变时，还原与合成作用更明显。

（2）亚硝酸盐的控制　选用新鲜蔬菜原料，加工前冲洗干净，减少硝酸盐还原菌的侵染。据试验，采后蔬菜经晾晒有助于降低菜体内亚硝酸盐含量，晾晒1～3天后可基本消失；腌制时用盐要适当，撒盐要均匀并将原料压紧，使乳酸菌迅速生长、发酵，形成酸性环境抑制分解硝酸盐的细菌活动；如发现腌制品表面产生菌膜，不要打捞或搅动，以免菌膜下沉使菜卤腐败而产生胺类，可加入相同浓度的盐水将菌膜浮出，或立即处理销售；腌制成熟后食用，不吃霉烂变质的腌菜，待腌制菜亚硝酸盐生成的高峰期过后再食用。要严格控制腌制品表面不要"生花"，表面的霉点或菌膜一旦被搅破下沉则不宜继续食用。

四、咸菜类

咸菜类制品，必须采用各种脱水方法，使原料成半干态（水分含量一般控制在60％～70％），并需盐腌、拌料、后熟（发酵），用盐量10％以上，色、香、味的来源靠蛋白质的分解转化，具有鲜、香、嫩、脆、回味返甜的特点。榨菜、冬菜、梅菜、萝卜干等都属于这类制品，又称为半干菜。

1. 咸菜类加工的工艺流程

咸菜加工工艺因原料及产品不同其工艺不完全相同，一般选择萝卜、大头菜、茎芥菜等作原料，也有选择大白菜（如北京冬菜）、洞菜（如梅菜）作原料。以四川涪陵榨菜为例，其加工工艺如下所示。

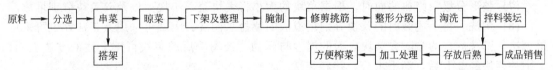

2. 咸菜类加工的工艺要点

（1）原料分选　应选择组织细嫩、紧实、皮薄、粗纤维少、凹沟浅而少、菜体呈圆形或椭圆形、体积不宜太大的青菜头加工榨菜。青菜头含水量应小于93％，可溶性固形物含量大于5％。适宜的青菜头品种有草腰子、三转子、鹅公苞等。新鲜榨菜的个体形状和单个重量不同，水分高低都有较大差别，所以混合加工会给脱水和盐分渗透带来困难，因此必须分类处理。分类原则为：个体重150～350g的，可整个加工；个体重350～500g的，应对剖后加工；个体重500g以上的，应剖成3～4块。做到大小基本一致，老嫩兼顾，青白均匀，防止食用时口感不一。

（2）串菜　将分类好的菜块，用篾丝穿成串，以便晾晒。每个青菜头必须先剥去基部的老皮，抽去老筋，且不伤及上部的青皮。用2m长的篾丝将切分的菜头按大小穿串。每串两端的菜块应回穿牢实，但不能回大圈。每串菜块重4～5kg。过去用篾丝直接穿菜身，菜身会留下黑洞，且易夹杂污物。现在可在菜块上留约3cm根茎，作穿篾之用，以避免损伤菜身。要求大小菜块分开穿串，并使有间隙通风，力求脱水均匀。

(3) 搭架、晾菜 穿串的青菜头必须置于菜架上晾晒，脱去部分水分才能腌制，所以应先搭好菜架。搭架场地应选择风向适宜且平坦宽敞处，顺风向搭成"X"形。穿好的菜串搭在菜架上，要求菜块切面向外，菜串密度均匀，并适当留出间隙，使菜块受风均匀，加速脱水。在晾架期间，久雨不晴会导致菜块变质腐烂；长时间的时晴时雨会导致菜块抽薹与空心；长时间太阳曝晒会使菜块表面结壳，形成外干内湿，没有达到脱水目的。

(4) 下架及整理 要求先晾先下，菜头软而无硬心，控制好适时下架。在2~3级风的情况下，一般须晾晒7天。控制水分下降率为早期菜42%，中期菜40%，晚期菜38%。除去根部，剥尽茎部老皮。

(5) 腌制 脱水下架后的菜块应及时腌制，防止堆积发热。菜块的腌制是在菜池中进行的。腌菜池在地面以下，其大小规格各地不同。一般腌菜池的长、宽均为3.3~4m，深为2.3~3.3m，池底及四壁最好用水泥涂抹。一般每个菜池可容纳菜块25000kg。涪陵榨菜的腌制采用三次干腌法。

① 第一次腌制。将菜块与盐层层相间入池，每层放菜块750~1000kg，每100kg菜块用盐3kg，将盐分别均匀地撒在每层菜块上，共40~50层。池底1~5层菜块可适当少加盐，预留10%的底盐作为盖面盐。装满池后，在表层菜块上撒盖面盐，并保持菜块紧密，腌制72h，则可起池除去苦水。起池时利用池底菜盐水淘洗菜块，要求边淘洗、边起池、边上囤。菜块上囤的过程中，同时有2~3人上囤踩压，以便挤压出菜块附着的水分。起池完毕，将池内菜盐水转入盐水贮存池。上囤的菜块经24h后，即为半熟菜块。

② 第二次腌制。方法同第一次腌制，但每层称取半熟菜块600~800kg，用盐量为半熟菜块重的7%，池底1~5层扣留10%的盐作为盖面盐，装满踩紧后，加盖面盐，早晚各踩压一次。经过7昼夜的腌制，按上法起池上囤，上囤的菜块经24h后，即为毛熟菜块。

③ 第三次腌制。将毛熟的菜块修剪、挑筋、整形、分级、淘洗后，拌料装坛，后熟发酵，即为第三次腌制。

(6) 修剪挑筋 用剪刀剔净切分块菜的虚边，再用小刀削去老皮，抽去老筋，削净黑斑烂点，但不损伤青皮、菜心。

(7) 整形分级 修剪的同时，根据菜块的大小将大块菜、小块菜以及碎菜块分别堆放。

(8) 淘洗 将上述修剪的菜块分别用澄清的菜盐水淘洗，淘洗可采用人工法，也可采用机械法。淘洗的目的是除去菜块表面的泥沙与污物。经淘洗后的菜块可用上述的方法上囤，上囤的菜块经24h后，沥干水分，拌料装坛。

(9) 拌料装坛（第三次腌制） 将前面上囤的菜块、食盐与各种不同调味料按一定比例混合均匀。每100kg菜块加食盐14~16kg、辣椒粉1.1kg、整花椒0.03kg、粉状混合调味料0.12kg。其中混合调味料的组成为：八角45%、白芷3%、山柰15%、朴桂8%、干姜15%、干草5%、砂仁4%、白胡椒5%。将菜块与各种调味料拌匀，立即装坛。

菜坛用陶土烧制而成，其内外两面均上釉，外形呈椭圆状，每个坛子可装70~80kg菜。装坛前，应事先对菜坛进行检查和清洗。将检查无沙眼与裂痕的菜坛清洗干净，倒置，沥干水后备用。

将拌匀的菜块分5次装入坛内，每次装菜量基本一致，分层压紧，使坛内不留空隙，以便排除空气。装满后在坛口撒一层0.06kg的红盐（红盐：100kg食盐与2.5kg辣椒粉的混合物），在红盐上面撒一层谷壳，最后用含纤维多的长梗菜的茎和叶填塞坛口，即封口。封口后入库贮存，待其发酵后熟。

(10) 后熟 装坛后宜放在阴凉干燥处存放后熟，至少需2个月，良好的榨菜需一年多。每隔1~2月进行一次敞口清理检查，称为"清口"。清口检查就是要把封坛口的菜茎和菜叶去掉，取出发霉的菜块，再用毛熟并经修剪的菜块塞紧坛茎，最后用长梗菜的茎、叶将坛口扎紧，清口检查2～3天后，用水泥封口，并在中间留一小孔，便于后熟过程中产生的气体排出。

(11) 成品运销　待水泥封口干后将菜坛套上竹箩，套装菜坛的竹箩应与菜坛十分吻合。最后在水泥层表面注明编号，即可运销。

(12) 榨菜加工　以存放后熟的榨菜为原料，经切分、拌料、装袋、真空封口、杀菌、冷却等工艺过程，即为成品方便榨菜。杀菌处理可采用常压杀菌与高压杀菌两种方法。拌料时添加适量的防腐剂，则可采用常压杀菌；否则就应采用高压杀菌，反压快速冷却。方便榨菜因其体积小、分量轻，携带方便，开袋即可食用，深受消费者欢迎。

(13) 质量标准

① 感官指标。产品要求干湿适度，淘洗干净，咸淡适口，修剪光滑，色泽鲜明，风味鲜香，质地嫩脆，块头均匀。

② 理化指标。含水量在72％～74％，含盐量12％～14％，含酸量0.6％～0.7％。

③ 微生物指标。应符合商业无菌要求。

3. 质量控制点及预防措施

(1) 腌制的作用与控制　咸菜类含盐量为10％～14％，主要是利用食盐具有高渗透压和降低水分活性的性质，在腌制中起防腐、脱水、变脆等作用。这些作用的大小与食盐的浓度成正比，加盐越多，则原料失水越多，变脆和防腐的效果也越大。10％的食盐对乳酸菌、大肠杆菌、丁酸菌产生抑制作用，酵母菌和霉菌抗盐力强，甚至能忍受饱和食盐溶液。食盐对酶活性也有影响，当食盐浓度大于12％和14％时，分别对蛋白酶和果胶酶有抑制作用。

(2) 色泽的变化与预防　腌制菜的色泽是感官质量的重要指标之一。因此，保持其天然色泽或改变色泽是在生产过程中需要特别注意的一个问题。

① 咸菜的变色。蛋白质水解生成的氨基酸能与还原糖作用发生非酶褐变形成黑色物质，酪氨酸在酪氨酸酶或微生物作用下，可氧化生成黑色素，这是腌制品在腌制和后熟过程中色泽变化的主要原因，腌制和后熟时间越长、温度越高，制品的颜色越深。另外，腌制过程中叶绿素也会发生变化而逐渐失去鲜绿色泽，特别是在酸性介质中叶绿素发生脱镁呈黄褐色，也使腌制品色泽改变。

② 护色措施

a. 原料选择。应选含单宁物质、还原糖较少的品种，成熟的蔬菜不如幼嫩的蔬菜利于护色，因为成熟的蔬菜含单宁物质、氧化酶、含氮物质均多于鲜嫩的蔬菜。

b. 控制或破坏氧化酶的活性。添加抑制剂或热烫处理，抑制或破坏多酚氧化酶、过氧化物酶等的活性，可有效地防止腌制品的酶褐变。

c. 控制pH。糖在碱性介质中分解非常快，其参与羰氨褐变反应较容易，所以腌制液应控制在pH3.5～4.5，以抑制褐变速度。此外，褐变反应速度与温度的高低有关，温度高，褐变快。

d. 其他。隔绝氧气，控制水分活性，低温贮藏，避免日光照射等措施都可以抑制褐变。

(3) 生产过程中常出现的问题及预防　榨菜生产中常见的问题是霉口现象、菜坛爆破和酸败现象。

① 霉口现象

a. 霉口原因。指翻水后，长时间不进行清口检查，坛口表面的榨菜生长霉菌。翻水后，坛中内容物减少，坛内榨菜自然下沉，使坛内菜叶变得松弛，并与坛缘分离而露出表面榨菜，坛内进入空气，导致霉菌的生长繁殖。

b. 预防措施。及时进行清口检查，发现榨菜下沉，及时添加新榨菜，并将坛口扎紧。

② 菜坛爆破现象

a. 菜坛爆破原因。指坛内压力大于坛的承受力时产生的菜坛爆裂。其原因是坛内榨菜装得太紧太满，气温升高时，微生物发酵产气又快又多，但不能及时从坛口排出，使坛内压力增加而导致菜坛爆裂。尤其是过早地用水泥封口且不留排气孔时，更易发生菜坛爆裂现象。

b. 预防措施。装坛时，菜不宜压得太紧，以排出坛内空气、并不留太大间隙为度，特别是水泥封口时，必须留有排气孔。

③ 酸败现象

a. 酸败原因。指装坛后熟的榨菜失去鲜味且变酸的现象，其原因是菜块含水量较多，食盐用量不足，导致大量产酸菌生长繁殖；也有可能是菜坯在第一道与第二道菜池内停留时间太长，产酸菌的大量繁殖使菜坯中总酸含量增多而变酸。

b. 预防措施。菜块晾架充分并达到脱水效果，遇阴雨天，应适当延长晾架时间，若因气候原因，脱水效果差，采用人工加热脱水和盐腌脱水；装坛时，盐的用量要适宜。此外，菜坯在第一道与第二道菜池中不能停留时间太长。

五、酱制菜类

酱菜是将盐腌的蔬菜或用已腌好的半成品，经脱盐、脱水处理，然后用发酵好的酱或酱油浸渍，使酱料中的色、香、味等物质渗透到坯料内部而形成的，具有所用酱料的色、香、味及蔬菜原有的形态和质地脆嫩特点。我国酱菜加工历史悠久，各地有不少名优产品，各具特色。我国北方酱菜多用甜酱酱渍，成品略带甜味，南方多用豆酱，咸味较重。

1. 酱制菜类加工的工艺流程

原料 → 选择 → 原料处理 → 腌制 → 脱盐 → 酱渍 → 成品

2. 酱制菜类加工的工艺要点

(1) 原料选择 除叶片极薄的菠菜、芥菜外，凡肉质肥厚、质地嫩脆的叶菜类、根菜类、瓜菜类以及香辛菜类均可用作酱菜的原料。

(2) 原料处理 将原料冲洗干净，剔去老皮、粗筋、根须、黑斑烂点，对切为两半或切为条形、片状、颗粒状，也可不切分，如小黄瓜、大蒜等。

(3) 腌制 腌制方法有干腌法和湿腌法。干腌法是将原料与盐在大缸或池内层层相间放置，用盐量为原料重的 14%～16%，这种方法适用于含水量多的原料。湿腌法是将原料在 25% 的盐水中腌制。两种方法的腌制时间随蔬菜的种类不同而有差异，一般为 10～20 天。

(4) 脱盐 将腌制的咸菜坯在清水或流动的水中浸泡脱盐，夏天 2～4h，冬天 6～7h，脱盐至口尝能感到少许咸味即可。

(5) 酱渍 用发酵好的酱或酱油浸渍，使酱料中的色、香、味等物质渗透到坯料内部，形成滋味鲜美的酱菜。酱菜的质量决定于酱料好坏，优良的酱菜应具有所用酱料的色、香、味。

(6) 成品酱菜 成品酱菜应具有与酱同样鲜美的风味、色泽与芳香，保持原有蔬菜的形态和质地嫩脆的特点，呈半透明状。

(7) 酱菜质量标准 (NY/T 437—2000)

① 感官标准。色泽：黄色或棕黄色；滋味和气味：具有酱香味，咸甜适口，有鲜味，口脆，无异味，无霉变；杂质：无肉眼可见外来杂质。

② 微生物指标。大肠杆菌，MPN/100g≤30个；致病菌不得检出。

3. 质量控制点及预防措施

(1) 酱渍及影响　酱渍是酱菜的重要工艺，酱菜的质量决定于酱料好坏，酱料的色、香、味通过扩散与渗透作用进入菜坯，使酱菜具有酱料的特有的色、香、味。酱渍的方法有三种：一是直接将处理好的菜坯浸没在豆酱或甜面酱的酱缸内；二是在缸内先放一层菜坯，再放一层酱，层层相间进行酱渍；三是将原料如草石蚕、嫩姜等先装入布袋内然后用酱覆盖。酱的用量一般与菜坯的重量相等，最少也不得低于3∶7，为了缩短酱渍时间，可配合真空酱渍。

为了获得品质优良的酱菜，最好连续三次酱渍。即第一次在第一个酱缸内进行酱渍，1周后取出转入第二个酱缸内，再用新鲜的酱再酱渍1周，随后又转入第三个酱缸内继续酱渍1周即成熟。已成熟的酱菜在第三个酱缸内继续存放可以较长期保存。

为充分利用酱料，第一个酱缸内的酱重复使用两三次后即不适宜再用，第二个酱缸内的酱使用两三次后可改作为下一批的第一次酱渍用，第三个酱缸内的酱使用两三次后改作为下一批的第二次酱渍用，下一批的第三个酱缸则需另配新酱。如此循环更新即可保证酱菜的品质始终维持在同一水平上。

为增加酱料的风味与花色，可以在酱料中加入各种调味料酱制成花色品种，如加入花椒、香料、料酒等制成五香酱菜；加入辣椒酱制成辣酱菜；将多种菜坯按比例混合酱渍，或酱渍好的多种酱菜按比例搭配包装制成八宝酱菜、什锦酱菜等。

(2) 酱菜的杀菌　为便于贮存、运输和销售，目前已普遍采用罐藏工艺（瓶装和袋装）生产酱菜，可缩短酱渍时间，在贮存过程进行酱渍，1个月左右即可渗透平衡。

酱菜水分活性较低，引起腐败的微生物主要是好气性霉菌和酵母，生产上可采用提高真空度抑制其生长。瓶装酱菜的技术关键是保持酱菜的脆度，由于加热排气和杀菌对此都有一定的影响，因此在同一工艺流程中完成排气和杀菌工序，结合抽真空包装降低排气和杀菌温度，在达到杀菌目的条件下，尽可能降低热负荷对酱菜脆度的影响。

软包装酱菜一般采用酱渍好的成熟酱菜，预热装袋或抽真空封口（0.09～0.095MPa）排气，再杀菌冷却。

六、糖醋菜类

糖醋菜是蔬菜经预处理后，浸渍在糖醋液内而制成的。制品甜酸可口、爽脆，作餐前小菜或闲时零食，助消化，增食欲。醋除用作调料外，还有助于身体健康，醋在人体被吸收后，有预防动脉硬化、脑出血、心肌梗死的效果。

1. 糖醋菜类加工的工艺流程

2. 糖醋菜类加工的工艺要点

(1) 原料选择　适用糖醋加工的原料有黄瓜、萝卜、子姜、鲜嫩蒜、未成熟的番木瓜、杧果等。

(2) 原料处理　原料要清洗干净，按需要去皮、去根或去核等，再按食用习惯切分。

(3) 盐腌　整理好的原料用8%左右食盐腌制至原料呈半透明为止，可以排除原料中不良风味（如苦涩味），增强原料组织细胞膜的渗透性，使其呈半透明状，以利糖醋液渗透。

如果以半成品保存原料时，则需补加食盐至15％～20％以上。

（4）**糖醋卤配制**　一般选用白砂糖，糖醋液含糖30％～40％，含醋酸2％左右，砂糖加热溶解过滤后煮沸，待温度降低至80℃时，加入醋酸。亦可适量加入其他香辛料。

（5）**糖醋卤浸渍**　用腌好的原料做糖醋菜，原料要在清水中脱盐至稍有咸味捞起，并沥去水分，随即转入已配制好的糖醋液内，糖醋液用量一般与原料等量，1周左右即可成熟。

（6）**杀菌包装**　如要较长期保存，需进行罐藏。包装容器可用玻璃瓶、塑料瓶或复合薄膜袋，进行热装罐包装或抽真空包装，如密封温度≥75℃，不经再行杀菌也可长期保存。也可包装后，进行杀菌处理，在70～80℃热水中杀菌10min。热装罐密封后或杀菌后都要迅速冷却，否则制品容易软化。

（7）**质量标准**　糖醋菜的质量要求符合NY/T 437—2000标准要求。一般为色泽正常，具有本品种固有的香气、无异味，甜、脆；含盐量≤4％；无农药残留及致病菌检出。

3. 质量控制点及预防措施

糖醋菜的质量控制点：一是原料菜坯的腌制，二是糖醋液浸渍，三是杀菌的影响。

（1）**菜坯的质量控制**　糖醋菜的加工，原料一般要经过盐渍，影响原料菜坯的质量因素见咸菜部分。

（2）**糖醋液浸渍**　糖醋液与制品品质密切相关。一般含糖30％～40％，选用白砂糖，可用甜味剂如甘草、蛋白糖等代替部分白砂糖；含酸2％左右，用醋酸或与柠檬酸混合使用。为增进风味，可适当加入0.5％酒、1％的辣椒、0.05％～0.1％的香精或香料（如丁香、桂皮等）作调味品。香料或甘草要先用水熬煮过滤后备用，砂糖加热溶解过滤后煮沸，依次加入其他配料，待温度降低至80℃时，加入醋酸、白酒和香精，可加入0.1％的氯化钙保脆。

（3）**杀菌**　糖醋菜含较高酸分，对保存起一定作用，但保存期不长，要延长其保质期，必须按罐头食品保存。

任务二十二　糖醋榨菜的加工

※ 【任务描述】

通过实训使学生了解糖醋榨菜的制作方法，掌握其腌制的操作过程，了解糖醋液的配置，知道如何判断糖醋榨菜的质量。

※ 【任务准备】

1. 原料的准备

采购白块榨菜，可直接选用已经修剪挑筋的毛熟菜块或者用盐腌制的白块榨菜，经发酵后可以随时取用。

辅料：食盐、冰醋酸、丁香、豆蔻粉、生姜、红辣椒、月桂叶、白胡椒粉、大蒜、白糖等。

2. 仪器设备的准备

电子天平等。

3. 相关工具的准备

泡菜坛、菜坛、缸、菜刀、竹筛、瓷盆、台秤、稻草、聚乙烯塑料薄膜等。

4. 参考标准

NY/T 437—2012《绿色食品 酱腌菜》。

※【作业流程】

※【操作要点】

（1）原料处理　制作糖醋榨菜的原料可直接选用已经修剪挑筋的毛熟菜块或者用盐腌制的白块榨菜，经发酵后可以随时取用。

（2）浸泡　不管是毛熟菜块还是坛装白块榨菜，在使用前都要用清水浸泡脱盐，浸泡 1.5～2h 即可。浸泡时最好使用流动水，浸泡脱盐的程度以口尝能感觉到少许咸味和鲜味为宜。

（3）切分　脱盐后的菜块取出沥去明水或稍加压力压除多余的水分，然后用刀将菜块切成宽 2cm、长 5cm、厚 0.3cm 薄片，凡是不能切成片状的部分可以用绞肉机绞成细颗粒作为榨菜末。也可切成长短基本一样的细条作为榨菜丝，或者切成长、宽、高为 1.5cm 正方体称为榨菜粒。凡是不能切成一定形状的边角余料都可绞成细末。

（4）糖醋液配制　每 100kg 脱盐切分的榨菜需要凉开水 60kg，冰醋酸 2.4kg，丁香36g，豆蔻粉 16g，生姜 80g，红辣椒 100g，月桂叶 16g，白胡椒粉 20g，大蒜 100g 及白糖9kg，各种香料直接放在醋酸溶液中，在 80℃ 条件下，加热 1h，凉后过滤，再加热到 80℃，同时再加入纯净的白糖并使其溶化。

（5）糖醋渍　将上述切好的菜片、菜丝、菜颗及菜末浸泡于糖酸香液中，最好利用泡菜坛子浸泡，坛颈也要横挡竹片以免菜片等上浮。加满后再盖上瓦罐状盖子并用水封口。如此浸泡 15 天后，将坛内的香液取出一部分后再按每 50kg 原料加冰醋酸 150g、白糖 3.5～4kg。如此再浸泡一周就成为糖醋榨菜成品。

（6）质量要求　产品脆嫩，甜酸度适当。

※【成果提交】

《果蔬贮藏与加工技术项目学习册》任务工单。

任务二十三　泡菜的加工

※【任务描述】

通过实训使学生了解几种蔬菜的不同腌渍方法，掌握几种主要腌渍方法的操作过程，了解不同用盐量与乳酸发酵的关系。

※【任务准备】

1. 原料的准备

实验原料选择甘蓝、萝卜、胡萝卜、黄瓜、豆角、大白菜等，要求新鲜。

辅料为食盐、食醋等。

2. 仪器设备的准备

电子天平等。

3. 相关工具的准备

泡菜坛、菜坛、缸、菜刀、竹筛、瓷盆、台秤、稻草、聚乙烯塑料薄膜等。

4. 参考标准

DB 51/T 975—2009《四川泡菜》。

※ 【作业流程】

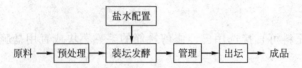

※ 【操作要点】

1. 原料预处理

将原料称重后，用清水洗净，晾干或擦干，避免将生水带入泡菜坛中引起败坏。将原料去除不可食部分，称重计算修削率，切成适当大小的块或条，便于装坛和食用，并具备较好的外形。

2. 盐水配置

盐水（亦称泡菜水、卤水）的配制：为了便于进行发酵，盐液不能太浓，一般为 3%～5%，最高为 8%，分别采用 3%、5%、7%，煮沸溶解后，过滤冷却备用。

3. 配料（香料）

一般 100kg 盐水中加入花椒 0.1kg、尖红辣椒 3kg、生姜 3kg，加入少量黄酒、白酒或白糖更好。

4. 装坛发酵管理

坛在用前用沸水热烫消毒，将晾干后的蔬菜装入坛内压紧，加入盐水，装满。在表面加少许食醋和辣椒，在坛颈的水槽圈中注入冷开水或盐水，盖好盖。记录每坛的盐水浓度、容量、各种原料和配料的用量，标明制作时间。装完后把坛置于 15～20℃处，7～10 天即可发酵成熟。

5. 管理

泡菜如果管理不当会败坏变质，必须注意以下几点：

(1) 泡菜坛应放在室内较阴凉的地方。

(2) 泡菜坛颈部围槽里的水要经常更换，水槽水不能流入坛中。

(3) 取出的泡菜不要再放回坛中，以免污染。

(4) 如发现生霉花，加入少量白酒，可使霉花消失。

(5) 泡菜制成后，一面取食，一面再补加新鲜原料，补充盐水，保持坛内一定的容量。

※ 【成果提交】

《果蔬贮藏与加工技术项目学习册》任务工单。

项目七　果蔬速冻

※ 【知识目标】

1. 了解速冻的原理，认识速冻相对普通冻结的优点。
2. 掌握速冻一般工艺流程，了解速冻工艺对果蔬的影响。

3. 掌握速冻工艺的几种方法，熟悉相应速冻设备的主要结构和工作原理。

4. 掌握果蔬速冻加工过程中的关键质量控制点和预防措施。

※【技能目标】

1. 能够自行运用互联网等资源查阅相关资料进行参考学习。

2. 能够自行查阅相关标准，针对性地找出准确标准对果蔬速冻制品的要求，包括原料要求、各项指标要求、添加剂使用限量、试验方法、检验规则等。

3. 能够在学习后完成果蔬速冻制品加工实施方案的制定，识别关键质量控制点。

4. 能够准备相关原辅料、设备等，完成蔬菜速冻制品制作实践。

5. 能够按照标准对产品进行评价，并能够找出质量问题，提出解决方案。

果蔬速冻制品的加工就是果蔬原料经过一系列处理后，在 -35～-30℃ 的低温条件下进行快速冻结，再在能保持果蔬冻结状态的低温下进行冷冻保藏。速冻加工是现代食品冷冻的最新技术和方法。

我国的果蔬速冻加工在 20 世纪 60 年代已开始发展，尤其是蔬菜速冻，20 世纪 80 年代以后有了较大发展。在商品供应上以速冻蔬菜较多，速冻水果则多用于做其他食品（如果汁、果酱、蜜饯、点心、冰激凌等）的半成品、辅料或装饰物。近年来由于"冷链"配备的不断完善和家用微波炉的普及，速冻业获得迅速的发展，果蔬速冻制品技术和产品质量不断提高。

一、果蔬速冻的原理

所谓速冻，就是将产品在 30min 或更短的时间内迅速通过冰晶体最大生成阶段（-5～0℃），使果蔬中 80% 以上的水分变成微小的冰晶的过程。

(1) 冻结过程 果蔬中水分结晶的温度称为果蔬的冰点。果蔬在冻结过程中，温度逐渐下降，冻结过程可分为三个阶段。首先随着温度降低至冰点以下仍不结冰，分子热运动降低（过冷状态），当温度下降到过冷临界温度时，形成稳定晶核；冰晶逐渐长大，并释放出相变热，温度回升至冰点，随着持续向周围传热，大量的冰晶逐渐生成，导致果蔬中母液（未形成冰晶的溶液）的浓度增大，从而冰点持续下降，直至果蔬中水分全部结冰，达到共晶点；结冰的冰晶在超低温下继续降温。果蔬薄片的冻结曲线见图 4-6。

在冻结过程中，大部分果蔬原料在从 0℃ 降至 -5℃ 时，近 80% 的水分可冻结成冰，此温度范围称为"最大冰晶生成区"，快速通过此温度区域，是保证冻品质量的重要条件。实现快速冻结有以下途径。

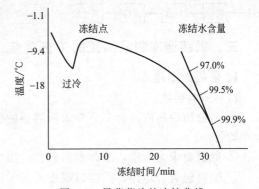

图 4-6　果蔬薄片的冻结曲线

① 降低冻结温度，提高冷冻介质与果蔬制品初温的温差；

② 加快冷冻介质流经原料的相对速度，增加冷冻介质与原料的接触面，以提高原料表面的放热效果；

③ 减少制品的体积和厚度，增大制品与冷冻介质的热交换率和缩短冷冻介质与制品中心的距离。

(2) 速冻对果蔬的影响

① 组织结构变化。冻结速度的快慢与冻结过程中形成的冰晶颗粒的大小有直接的关系。

果蔬在缓慢冻结时，由于冻结的时间长，由一个晶核缓慢形成大晶核，存在于细胞间隙，形成巨大的冰晶体对细胞伤害大。同时由于水分的迁移造成细胞浓度增加，这些都直接危害冻结制品的品质，使其解冻后出现流汁、风味劣变等。当果蔬进行快速冻结（速冻）时，细胞内外的水分几乎同时在原地形成冰晶。因此，所形成的冰晶体体积小（呈针状），数量多，分布均匀，对组织结构不会造成机械损伤，可最大限度地保持冻结果蔬的可逆性和质量。解冻后能基本保持原有的品质。

② 生化变化。速冻产品经过降温、冻结、冻藏和解冻后都会发生色泽、风味、质地等变化，从而影响产品的品质。如蛋白质的变性；原果胶水解成果胶，造成组织结构分离，质地软化；果蔬色泽发生不同程度变化，叶绿素转化成脱镁叶绿素，颜色由绿色变成灰绿色。

③ 酶的变化。脱氢酶在冻结时其活性受到强烈抑制。但大多数酶如转化酶、脂肪酶、脂肪氧化酶、过氧化物酶、果胶酶等，在冻结的果蔬中仍有活性，在−30～−20℃才能完全受到抑制。多数酚类物质发生酶促褐变，使产品颜色变暗。

(3) 速冻对微生物的影响　冻结可以杀死一部分微生物，冰晶体的形成不仅使微生物细胞遭到机械性破坏，还促使微生物细胞内原生质或胶体脱水，最后导致不可逆的蛋白质变性，但冻结的杀菌效应是不完全的。冷冻对微生物的影响，主要决定于冻结温度及冻结速度。冻结的温度越低，微生物的损伤越大；冻结的速度越慢，对微生物的伤害越大。

二、果蔬速冻制品加工的工艺流程

果蔬种类不同，速冻前处理方法也不同。有的需要烫漂，有的需要以添加剂（硬化剂、糖液、盐水）浸泡，所以果蔬速冻加工工艺可分为烫漂速冻工艺和浸泡速冻工艺两种。

1. 烫漂速冻工艺流程

原料 → 验收 → 挑选 → 清洗 → 预处理 → 烫漂 → 冷却、沥干 → 快速冻结 → 加冰衣 → 包装 → 冻藏

2. 浸泡速冻工艺流程

原料 → 验收 → 挑选 → 清洗 → 预处理 → 浸泡、漂洗 → (沥干)、预冷 → 快速冻结 → 加冰衣 → 包装 → 冻藏

三、果蔬速冻制品加工的工艺要点

1. 果蔬烫漂速冻

(1) 原料验收

① 所选用原料应符合工艺要求所需要的优良品种、成熟度、新鲜度，色泽、形状良好，大小均匀。

② 原料要求无污染，所含农药残留、微生物等指标符合 HACCP 要求。

③ 原料包装、运输、贮存过程中要求无污染、无损坏、无腐烂变质。

④ 原料采后最好能做到当日采收，及时加工，以确保产品质量。

(2) 预处理　进厂后的原料，应及时进行处理，处理室温度以控制在 15℃ 以下为宜。处理的措施有挑选、分级、去除不可食部分、清洗，有的需要去皮、切分、去核整理等。

① 挑选。对原料逐个挑选，除去带伤、有病虫害、畸形及不熟或过熟的原料，并按大小、长短分级。除去皮、核、心、蒂、筋、老叶及黄叶等不可食部分。

② 清洗。将上道工序的合格原料置于容器中以流水冲洗，洗净尘土，除去杂质，每次清洗的数量不宜过多，以彻底洗净泥沙。对一些易遭虫害的蔬菜，如花椰菜、菜豆等应用 2%～3% 的盐水浸泡 20～30min，进行驱虫处理。对一些速冻后脆性明显减弱的果蔬，可以将原料在 0.5%～1% 的碳酸钙或氯化钙溶液中浸泡 10～20min，以增加其硬度和脆度。

③ 整理。严格按照不同品种的工艺要求切分、整修、挑选、分级，使块形、长度、粗细等形态要求符合标准，同时注意剔除不合格品。严格按照操作规程，加工人员苦练刀工，熟能生巧，加强检验。工器具在班前、班后需清洗消毒，保持清洁。使用机械时班前做好检查、调试工作，以保证产品质量。

（3）烫漂 烫漂的目的是抑制酶的活性，软化组织，去掉辛辣、涩等味，便于烹调加工。烫漂有热水烫漂和蒸汽烫漂。烫漂工艺要根据不同品种、不同客户要求，调节烫漂水温和烫漂时间，以保持产品原有色泽，不破坏营养成分，达到破坏引起产品褐变的氧化酶和杀灭致病菌及降低细菌总数的目的。烫漂温度一般为 $90\sim100℃$，品温要达到 $70℃$ 以上，烫漂时间一般为 $1\sim5min$。

（4）冷却、沥干

① 冷却。经烫漂后的原料，其中心温度在 $70℃$ 以上，应立即放在自来水中降温，然后放在冰水中快速冷却，使产品温度迅速降至 $0℃$ 以下，或用冰水喷淋，风冷降温，以减少营养成分损失，防止变色。冷却的同时进行进一步清洗，去净杂质。冷却应迅速。

② 沥干。以除去菜体表面附着的大量水分，避免冻结时结成坨块，既便于快速冻结，又便于冻结后包装。沥干的方法很多，如用自动振动筛沥干、自然控干。室温要低，采用吹风法预冷，就可以与沥干同时进行。

（5）摆盘 沥干后的原料要进行装盘以便做好冻结准备。可用布料机对原料均匀布料，以实现均匀冻结，提高产品质量。

（6）速冻

① 速冻方法。果蔬速冻的方法很多，按其所用的制冷剂或载冷剂与物料接触的状态，可分为间接冻结和直接冻结两种。间接冻结方法包括接触式冻结和鼓风式冻结。接触式冻结如平板接触冻结；鼓风式冻结如带式连续冻结和流化床式速冻。直接冻结如浸渍冻结、喷淋式冻结等。

a. 鼓风冷冻法。即空气冷冻法，是利用高速流动的空气，促使果蔬快速散热，以达到冷冻的目的。生产中多采用隧道式鼓风冷冻机，在一个长方形的、墙壁有隔热装置的通道中进行冷冻。产品放在传送带或筛盘上以一定速度通过隧道。冷空气由鼓风机吹过冷凝管道再送入隧道穿流于产品之间，与产品进入的方向相反，这种方法一般采用空气温度是 $-34\sim-18℃$，风速在 $30\sim100m/min$。目前有的工厂采用大型冷冻室，其内装置回旋式输送带，盘旋传送过程中进行冻结。还有一种冷冻室为方形的直立井筒体，装食品的浅盘自下向上移动，在传送过程中完成冻结。

b. 流化冷冻法。小型颗粒产品或各种切分成小块的果蔬均可采用。其产品铺放在一个有孔眼的网带上，或有孔眼的盘子上，铺放产品厚度为 $2.5\sim12.5cm$。冷冻时，将足够冷却的空气，以足够的速度由网带下方向上方强制吹送，这样使冷空气能与产品颗粒全面直接接触。吹风速度至少 $375m/min$，空气温度为 $-34℃$。要求产品大小要均匀，铺放厚度一致。此法冷冻迅速均衡，一般几分钟至十几分钟可冻结。

c. 间接接触式冻结法。用制冷剂或低温介质（盐水）冷却的金属板与食品密切接触，使果蔬冻结的方法称间接接触冻结法。可用于冻结未包装的和用塑料袋、玻璃纸或纸盒包装的食品。金属板有静止的，也有上下移动的，常用的有平板、浅盘、输送带等。生产上多采用在绝热的箱橱内装置可移动的空心金属板，冷却剂通过平板的空心内部，使温度降低。由于冻结品是上下两面同时进行降温冻结，故冻结速度比较快。

d. 直接接触冷冻法。直接接触冷冻法是指散态或包装食品与低温介质或超低温制冷剂直接接触进行冻结的方法。一般将产品直接浸渍在冷冻液中进行冻结，也有用冷冻剂喷淋产品的方法，又统称浸渍冻结法。液体是热的良好传导介质，在浸渍或喷淋中，冷冻介质与产品直接接触，接触面积大，热交换效率高，冷冻速度快。常用的冷冻剂有液态氮、液态二氧化碳、一氧化碳、丙二醇、丙三醇、液态空气、糖液和盐液等。

② 冷冻设备

a. 鼓风冻结设备。隧道式连续速冻器、螺旋式连续速冻器、流化床式速冻器。

b. 流化速冻装置。带式流化速冻装置，适用于小食品的单体冻结，如蘑菇、青刀豆、豌豆、葡萄和草莓等。流化床式速冻机由多孔板（或带）、风机、制冷蒸发器等组成。工作过程是将预处理后的颗粒状物料，从多孔板一端送入。空气通过蒸发器、风机，由多孔板底部进入向上吹送，使产品呈沸腾状态流动，并使低温冷风与颗粒全面地直接接触，冷冻速率大大加强，因此冻结时间短，而且使物料在不相黏结的情况下完成冻结。其特点是成单体冻结，连续作业，但由于冷空气能与物料全面接触，把物料吹成悬浮状态需要很高的气流速度，因此被冻结物的大小受到一定限制。

c. 间接接触冻结设备。间接式接触冷冻箱、半自动接触冷冻箱、全自动平板冷冻箱。

d. 直接接触冻结设备。隧道式液氮连续喷淋速冻器等。

隧道式液氮连续喷淋速冻器主要分三个区域，即预冷区、喷氮区和冻结区。隧道内有传送带、喷雾器或浸渍器和风机等装置。如图4-7所示，物料从一端置于传送带上，随带移动进入预冷区，在高速氮气流吹冲下表层迅速冻结，然后进入喷氮区，液氮直接喷淋在物料上，由于气化蒸发吸收大量热量，使食品继续冻结，最后在冻结区内冻结到中心温度达 $-18℃$。采用液氮冻结食品干耗小，几乎无氧化变色现象，品质好。但超低温冻结食品易造成食品表面与中心产生瞬间温差而使表面龟裂，因此实际冻结温度限制在 $-60\sim-30℃$，有时可达 $-120℃$，在这样的冻结温度下可得到优良的速冻品质。$1\sim3mm$ 厚的物料，在 $1\sim5min$ 内即可冻至 $-18℃$ 以下。该装置的特点是结构简单，使用寿命长，可超速单体冻结，但成本高。

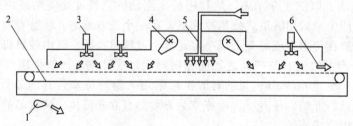

图 4-7　液氮冻结装置

1—排散风机；2—进料口；3—搅拌风机；4—风机；5—液氮喷雾器；6—出料口

（7）加冰衣

① 将块茎、豆类等的产品浸入 0℃ 的冰水中 $2\sim3s$，迅速提出，震荡除去多余的水分，使产品表面光亮、均匀、圆滑。

② 成品包装前，质检部门应对产品质量进行感官指标和微生物检验，如不符合规定要求，一概不得进入包装工序。

（8）包装　封口前严格称重，标准质量误差为 $\pm0.01kg$，质量不合格均按不合格产品处理；速冻果蔬制品包装要求具有能防湿、防气、防脱水、耐低温和高温、耐酸碱、气密性好等性能。常用的内包装容器为 PE 袋、PP 袋、PET 袋和复合袋，每袋规格有 0.25kg、0.5kg 和 1kg，可采用普通包装、充氮包装和抽空包装等；外包装容器常为纸箱，规格是 $10\sim20kg$/箱。包装速冻果蔬制品应在清洁卫生、温度能受控制的环境中进行，包装用品使用前均需严格检查，凡有水湿、霉变、虫蛀、破碎或污染等现象不得使用，箱外要印刷上产品名称、规格、批次、代码、级别标准，标记要求清楚、正确。速冻食品的标签应符合 GB 7718—2011《食品安全国家标准 预包装食品标签通则》的要求。

(9) 冻藏

① 包装完毕的产品，应及时入库，分垛存放，以免温度回升而影响产品质量，待微生物检验合格后，方可归大垛存放。速冻果蔬应设专库存放，保持库温在−20℃以下，成品中心温度−18℃以下，温度波动要求控制在1℃以内，冷藏库的室内温度要定时核查、记录。最好采用自记温度仪。

② 冷藏库应分期进行冲霜，保持库内清洁，无异味，产品的码放要有条理，按生产日期、批次分别存放，码垛整齐，标记清楚，垛底有垫板，要求垫高30cm，垛与垛之间留有一定的空隙，以便通风，保持温度平衡。

③ 货垛离墙20cm，离顶棚50cm，距冷气排管40～50cm，垛间距15cm，库内通道大于20cm。在出口产品仓库内，不得存放其他有异味商品，要专库专用。

(10) 运输与分配 运输产品的厢体必须保持−18℃或更低的温度。厢体在装载前必须预冷到−10℃或更低的温度。并装有能在运输中记录产品温度的仪表。产品从冷藏库运出后，运输途中允许温度升到−15℃，但交货后应尽快降至−18℃。产品装卸或进出冷藏库要迅速。产品运送到销售点时，最高温度不得高于−12℃。销售点无降温设备时，应尽快出售。部分冻结果蔬的贮藏期如表 4-8 所示。

表 4-8 部分冻结果蔬的贮藏期

名　称	贮藏期/月			名　称	贮藏期/月		
	−18℃	−25℃	−30℃		−18℃	−25℃	−30℃
加糖桃、李	12	18	24	胡萝卜	18	24	24
加糖樱桃	12	18	24	甘薯	15	24	24
加糖草莓	18	24	24	豌豆	18	24	24
不加糖草莓	12	18	24	菠菜	18	24	24

2. 果蔬浸泡速冻

果蔬浸泡速冻工艺与烫漂速冻工艺区别就在于代替烫漂工序的是浸泡工序，其他工序完全相同。因此，这里只介绍浸泡工序。

(1) 浸泡目的 将蔬菜浸于保脆剂（多用氯化钙）的溶液中，可保持菜体的良好脆性。水果需要保持鲜食品质，通常不进行烫漂处理，为了破坏水果的酶活性，防止氧化变质，水果在整理切分后需要保持在糖液或维生素 C 溶液中。水果浸糖处理还可以减轻结晶对水果内部组织的破坏作用，防止芳香成分挥发，保持水果原有品质及风味。糖的浓度一般控制在30%～50%，因水果种类而异，一般用量配比为 2 份水果加 1 份糖液，加入超量糖会造成果肉收缩。某些品种的蔬菜，可加入 2% 食盐水包装速冻，以钝化氧化酶活性，使蔬菜外观色泽美观。为了增强护色效果，还常在糖液中加入 0.1%～0.5% 维生素 C、0.1%～0.5% 柠檬酸或维生素 C 和柠檬酸混合使用效果更好（如 0.5% 左右的柠檬酸和 0.2%～0.5% 维生素 C 合用），此外，还可以在果蔬去皮后投入 50mg/kg 的 SO_2 溶液或 2%～3% 亚硫酸氢钠溶液浸泡 2～5min 也可有效抑制褐变。

(2) 浸泡方法 浸泡可在清洗后进行，也可在切分后进行。整体浸泡时间较长，浸泡时间因果蔬大小和成熟度而异，一般需 15～20min。切分后浸泡，汁液流失较多，不利于保持果蔬营养成分，但可缩短浸泡时间。无论是整体浸泡，还是切分后浸泡，浸泡后都需用水冲洗一次，以去掉附着在果蔬表面的氯化钙。水果添加糖液（维生素 C、柠檬酸），蔬菜添加食盐水，应添加适量后包装速冻。

四、质量控制点及预防措施

虽然果蔬的速冻过程和冻藏过程都在很低的温度下进行，其组织结构和内部成分仍然会发生一些理化变化而影响产品质量。一般情况下产品的品质变化较小。但由于冻结或冻藏时温度波动较大等，冻结果蔬制品还是会发生以下主要的变化，使品质有所下降。

1. 龟裂

(1) 龟裂产生的原因 0℃时冰的体积比水的体积约增大 9%。虽然冰的温度每下降 1℃，其体积收缩 0.005%~0.01%，但相比起来，膨胀比收缩大得多。因此含水量多的果蔬冻结时体积会膨胀。由于冻结时表面水分首先结成冰，然后冰层逐渐向内部延伸，当内部的水分因冻结而膨胀时，会受到外部冻结层的阻碍，于是产生内压，内压过大使外层难以承受时，则会造成产品龟裂。如在采用温度较低的液氮冻结时，如果果蔬厚度厚，含水率高，表面温度下降极快时则易产生龟裂。

(2) 预防措施 可选择水分含量较低的原料，沥水要干净，冻结速度要均匀。

2. 干耗

(1) 干耗产生的原因 果蔬在速冻过程中，热量被带走的同时，部分水分也会被带走。通常鼓风式冻结比接触式冻结干耗大；在冻藏过程中也会发生干耗，这主要是由速冻品表面的冰晶直接升华所致。贮藏时间越长，干耗越重。

(2) 预防措施 可采取加冰衣和包装来降低或避免干耗。

3. 变色

(1) 变色产生的原因 速冻果蔬制品的变色种类较多，分为酶褐变和非酶褐变，酶褐变现象有：浅色果蔬或切片的果蔬切面色泽变红或变黑；绿色蔬菜的颜色常由绿色变至灰绿色、橄榄色乃至褐色；果蔬制品失去原有的色泽或原有色泽加深，主要原因有叶绿素变成脱镁叶绿素；其他色素的氧化；果蔬组织中的多酚氧化酶等在有氧的条件下，使酚类物质氧化；而且在冷冻条件下，细胞发生了变化，酶与底物更加容易接触而起作用。非酶褐变主要是在加工中遇有金属离子可催化速冻制品产生褐变，制冷剂的泄漏也会引发变色等。

(2) 预防措施 在冻结前，应对原料进行护色处理，如热烫、硫处理、降低 pH，添加抗氧化剂（维生素 C 等）。

4. 解冻时流汁

(1) 流汁的原因 主要是由于冻结过程及冻藏中导致植物细胞膜的透性增加，造成细胞膨压的消失，冷冻过程中冰晶体的形成和增长导致细胞和原生质体不可逆的损害；在速冻过程中，迅速但不均匀的温度下降，常常会引起组织的破裂，因此冷冻原料大小和质地应保持一致，以便在冷冻中均匀一致地冻结；重结晶对果蔬质地的影响与缓冻类似，所以应坚决避免；冻结速度缓慢使组织受机械损伤，解冻后冰融化的水不能被细胞所吸收，就会变成汁液流失，使口感、风味、营养价值发生劣变，并造成重量的损失。

(2) 预防措施 提高冻结速度、避免冷藏温度波动可以减少流汁现象。

5. 微生物、农药、重金属污染

(1) 产生的原因 冷冻并不能完全杀死微生物，随着冻藏时间延长，微生物数量减少，但温度回升后仍可繁殖。因此速冻制品的冻藏温度一般要求低于−12℃，通常都采用−18℃或更低温度。微生物超标可在速冻、冻藏及流通期间发生，速冻制品中微生物的存在有两个方面需引起关注：一是存在的有害微生物产生有害物质，危及人体健康，即速冻制品的安全性问题；二是造成产品的质量败坏或全部腐烂。

果蔬速冻制品中农药、重金属污染主要是由于产品在田间生长过程中造成的，在原料处理时不彻底，造成农药、重金属残留超标。

（2）**预防措施**　加强原料验收检测、控制生产环境卫生可防止污染发生。

任务二十四　速冻豌豆的加工

※【任务描述】

选择适合加工的品种和质量的原料，进行速冻加工，掌握果蔬速冻工艺和方法，熟悉速冻相关设备。

※【任务准备】

1. 原料的准备

选择豆粒鲜嫩、饱满、均匀，色泽鲜绿的白花品种青豌豆。加工成熟度应选择乳熟期，过迟或过早都会影响品质。在适宜的时间采收，并及时加工。

水符合 GB 5749 的要求。

食盐为食品辅料，应符合相关标准要求。

2. 设备及仪器

流化床式速冻器、农药快速测定仪、真空包装机、夹层锅、托盘等。

3. 参考标准

NY/T 1406—2007《绿色食品　速冻蔬菜》。

※【作业流程】

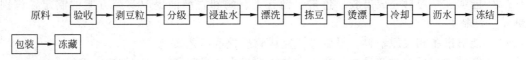

原料 → 验收 → 剥豆粒 → 分级 → 浸盐水 → 漂洗 → 拣豆 → 烫漂 → 冷却 → 沥水 → 冻结

包装 → 冻藏

※【操作要点】

（1）**剥豆粒**　人工或机器剥荚，机械剥荚应尽量避免机械损伤。

（2）**分级**　去荚后的豆粒按直径大小分成各种规格。按产品标准用筛分级，不要混淆。

（3）**浸盐水**　将豆粒放入 2% 的盐水中浸泡约 30min，既可除虫，又可分离老熟豆。先捞取上浮豌豆，下沉的老熟豆作次品处理。浸泡后的豆粒用流水冲洗干净。

（4）**拣豆**　将浮选漂洗后的豆粒倒在工作台上，剔除失色豆粒如花斑豆、黄白色豆、棕色豆等色泽不正常的豆粒。表面有破裂、有病虫害的豆粒也应剔除，同时也应剔除碎荚、草屑等杂质。

（5）**烫漂**　沸水烫漂 1.5～3min，要适当翻动，使受热均匀，烫漂时间视豆粒的大小和成熟度而定，品质以口尝无豆腥味为宜。

（6）**冷却、沥水**　冷却后的豆粒立即投入冷水或冰水冷却，慢慢搅拌，加速冷却。冷却后捞出沥干水分。

（7）**冻结**　采用流态化速冻。即将豆粒均匀地放入流化床输送带上，豆层厚度为 40mm，在

−35～−30℃、冷气流速为 4～6m/s 的条件下冻结 3～8min，至中心温度为−18℃。

（8）包装、冻藏 冻结后按各种规格包装，纸箱和塑料袋应注明规格。然后冻藏。

（9）质量标准 呈鲜绿色，不带异色豆；具有本品种应有的滋味及气味，无异味；组织鲜嫩，豆粒饱满，无破碎豆，无硬粒豆，无病虫害。

※ 【成果提交】

《果蔬贮藏与加工技术项目学习册》任务工单。

项目八　果蔬加工副产物综合利用

※ 【知识目标】

1. 了解果蔬加工副产物综合利用的意义、种类和目前现状。

2. 掌握果胶在果蔬原料中的分布、提取的工艺方法、主要设备以及加工过程中的关键控制点和质量问题及预防措施。

3. 了解香精油的含义，在果蔬原料中的分布，香精油的种类及其在食品工业中的应用。

4. 了解果蔬中存在的色素、糖苷类、酶的种类、分布、提取方法，在食品工业中的应用。重点掌握各项提取工艺的工艺路线、主要设备、加工过程关键控制点和质量问题及预防措施。

5. 掌握香精油的组成、提取的几种方法，重点掌握各项提取工艺的工艺路线、主要设备、加工过程关键控制点和质量问题及预防措施。

※ 【技能目标】

1. 能够自行运用互联网等资源查阅相关资料进行参考学习。

2. 能够自行查阅相关标准，针对性地找出准确标准对果胶、色素、糖苷类、酶和香精油提取物产品的要求，包括原料要求、各项指标要求、添加剂使用限量、试验方法、检验规则等。

3. 能够在学习后完成果胶、色素、糖苷类、酶和香精油提取实施方案的制定，识别关键质量控制点。

4. 能够准备相关原辅料、设备等，完成物质提取工艺实施。

5. 能够按照标准对产品进行评价，并能够找出质量问题，提出解决方案。

果蔬作物无论是蔬菜还是果树，都是种类繁多，产品多样，从地下的根到地上的茎、叶、花、果实和种子均可利用。此外，园艺产品罐制、制汁、干制、糖制等工艺，均会产生一些具有利用价值的副产品和下脚料，如果皮、种子、残渣、叶、根（表 4-9）。

表 4-9　果蔬作物的一些副产品和下脚料及其利用

果 蔬 作 物	副产品、下脚料	加 工 产 品
柑橘类、枇杷	果皮、皮渣	精油、果胶、柠檬酸
柑橘类、枇杷、葡萄、山茶	种子	精油、种子油（山茶油食用）
葡萄	种子、果梗、皮渣果核	酒石酸、单宁、葡萄色素
核果类	果核	活性炭、种子油、精油
柑橘类	橘络	维生素 A
辣椒	残次品	辣椒红素
番茄	残次品、种子	番茄制品、番茄红素、种子油
胡萝卜	皮渣	色素、类胡萝卜素
马铃薯、甘薯	残次品	淀粉及其他制品

注：摘自潘静娴．园艺产品贮藏加工学．北京：中国农业大学出版社，2007。

据不完全统计，仅制汁加工中产生的下脚料就占加工原料的 20％～60％，如苹果达 20％～25％、柑橘 50％～55％、葡萄 30％～32％、菠萝 50％～60％、沙棘 22％。弃之，不仅不能充分利用，而且还污染环境。其实，只要采取合理的工艺，上述副产品和下脚料就可以得到充分利用，加工成很多果蔬制品，某些还可以成为医药、日用化工的功能性物质成分。

一、果胶的提取

果胶在世界上的产量很大。目前许多国家从柑、橘、柠檬、苹果等果皮及甜菜渣粕中提取大量果胶，国内也有许多单位利用当地资源进行开发果胶工作。

1. 工艺流程

2. 操作要点

（1）果胶原料的选择与处理　果实中含果胶的情况：果实中所含果胶是随着果实成熟度的增加而减少。几种常见的果实的果胶含量：草莓 0.35％～0.80％；李 0.90％～1.60％；梨 0.50％～1.40％；甜橙 1.50％～3.00％；杏 0.45％～0.80％；无花果 0.35％～1.15％；苹果 1.50％～3.50％；桃 0.56％～1.25％；山楂 6％左右；鲜苹果皮 0.45％～0.50％；鲜向日葵梗茎 0.77％；橘、橙渣（干）15％～20％；甜菜 4.8％～7.8％。上述各种原料提取果胶后的渣，稍加处理后是一种很好的饲料。

提取果胶的原料要求新鲜，否则由于果胶的降解而导致得率降低。不能及时提取的原料，可以通过热烫杀死酶活性后短期贮存。热烫通常是将原料加热至 95℃ 以上，保持 5～7min。如果原料需较长时间保藏，可以将原料热烫后干制保存。

在浸提果胶前，要将原料洗涤，目的是除去其中的糖类及杂质，以提高果胶的质量，通常是将原料破碎成 0.3～0.5cm 的小块，然后加入水进行热处理，接着用清水清洗几次。为了提高淘洗效率，可以用 50～60℃ 的温水进行，最后压干备用。上述洗涤方法会造成原料中部分可溶性果胶流失，因而也有用酒精来洗涤的。

（2）浸提　按原料的重量，加入 4～5 倍的 0.15％盐酸溶液，以原料全被浸渍为度，并将 pH 调至 2～3，加热至 85～95℃，保持 1～1.5h。随时搅拌，后期温度宜降低。在保温浸提的过程中，控制好浸提的条件，即酸度、温度和时间。

幼果及未成熟果实的原果胶含量较多，可适当增加盐酸用量，延长浸提时间，但以增加浸提次数为宜，并应分次及时将浸提液加以处理。

（3）过滤和脱色　以上所得的浸提液约含果胶 1％，先用压滤机过滤，除去其中的杂质碎屑。再加入活性炭 1.5％～2％，80℃ 保温约 20min，然后压滤，目的是脱色，改善果胶的商品外观。

（4）浓缩　将浸提液浓缩至 3％～4％以上，浓缩的温度宜低，时间宜短，以免果胶分解。最好减压真空浓缩，在 45～50℃ 下进行，将浓度提高至 6％以上，这种果胶浓缩液可以在食品工业上直接应用，但此果胶浓缩液的含水量大，容易变质，不宜长期贮存。如需保存，可用氨或碳酸钠将其 pH 调至 3.5，然后装瓶、密封、杀菌（70℃，保持 30min）。浓缩或杀菌后的果胶液要注意迅速冷却，以免果胶分解。如用喷雾干燥装置，可将 7％～9％以上浓度的果胶浓缩液喷雾干燥成粉状，果胶粉可以长期保存。

没有喷雾干燥设备的可用沉淀法，沉淀法的优点是除果胶物质外，其他水溶性及醇溶性的杂质可分离出来，所得的果胶制品纯度高；缺点是须用沉淀剂，成本较高。

（5）**沉淀和洗涤**　沉淀法最简易的做法是以95％的酒精加入抽提液中，使抽提液的酒精含量达到60％以上，即见果胶浸提液中有成团的絮状沉淀凝结析出，过滤得团块状的湿果胶，然后将其中的溶液压出。再用60％的酒精洗涤1～3次，并用清水洗涤几次，最后经压榨除去过多的水分。

酒精可以重新蒸馏回收，提高浓度后再行利用。沉析的方法耗费酒精很多，应该与上述浓缩措施结合，用较浓的果胶液进行沉淀，则可节省酒精用量，降低成本。或者利用明矾与酒精相结合的沉淀法，先用氨水将浸提液的pH调至4～5，随即加入适量饱和明矾溶液，然后重新用氨水调整pH值，保持pH4～5，即见果胶沉淀析出。可以加热至70℃，以促使其沉淀，此时可取少量上层清液，以少量明矾液检验果胶是否已完全沉淀。沉析完全后即滤出果胶，用清水冲洗数次除去其中的明矾。压干后用少量稀盐酸（约0.1％～0.3％的浓度）将果胶溶解，再按上述步骤用酒精重新将果胶沉析出来，并再加以洗涤，这样，酒精的用量可以减少很多。

（6）**干燥和粉碎**　压榨除去水分的果胶，在60℃以下的温度中（最好用真空干燥）烘干，要求含水量在16％以下，然后用球磨机将其粉碎，过筛（40～120目）即为果胶粗制成品。

3. 果胶在食品工业中的应用

商品高甲氧基果胶按其酯化度与凝胶条件不同而分为快凝高甲氧基果胶、中速凝高甲氧基果胶、慢凝高甲氧基果胶。

果胶虽是一种亲水的胶体物质，但是果胶的酯化度越高，亲水性就越小。低甲氧基果胶的胶凝特性和条件是随着钙离子的含量而变化的。所以一般来说，高甲氧基果胶更不容易分散或溶解于水，如果将其直接分散于水中，往往会发生结块现象，这是果胶食品制造中的一个障碍。使用低甲氧基果胶时，产品中含55％以下的固形物可形成胶冻，成为低热量的食品，适于身体肥胖、高血压、冠心病患者食用。

（1）**应用于果汁饮料**　加适量的果胶溶液，就能延长果肉的悬浮作用，保持较好外观，改善饮料口感。

（2）**乳品和酸乳酪饮料**　高甲氧基果胶能有效地稳定酸牛奶制品和改善它的风味，特别对人工发酵的酸乳酪和用化学方法酸化的牛奶饮料效果更好。

（3）**速溶饮料粉**　加入适量果胶能改善饮料的质感和风味。儿童食品用维生素C或蛋白质加以强化时，必须利用果胶的稳定作用，可防止牛奶变酸或加酸时的凝结。

果胶还可作凝胶剂，制作高级糖果食品，如果胶软糖。

二、色素的提取

近年来，从植物中提取天然色素用于食品加工业受到广泛的重视，用天然色素逐渐取代人工合成色素，以减少人工合成色素对人体带来的副作用已是大势所趋。

植物体中所含的天然色素种类很多，大体上可分为叶绿素、黄酮类色素、花色素与花色苷、姜黄色素、甜菜色素等。其中除花色素及与其类似的色素是水溶性色素外，其余都是脂溶性色素。

1. 从葡萄皮渣中提取葡萄红色素

葡萄皮是制汁、白葡萄酒酿造工艺等的下脚料，但却含有丰富的红色素（紫色葡萄），这种天然红色素可广泛用于酒类、果汁饮料、果冻、果酱等制品的着色。

(1) 工艺流程

葡萄皮渣破碎 → 萃取 → 加护色剂 → 速冷粗滤 → 调pH → 离心过滤 → 减压 → 浓缩成品

(2) 操作要点

① 皮渣处理。用破碎机将皮渣打碎，按皮渣重加 1.1～1.5 倍水，搅拌均匀，入锅萃取色素。

② 加热萃取。把破碎后的皮渣液入锅加热至 75～80℃，保温萃取 10min 后，加入 1200～2000mg/L 的 SO_2 作护色剂，继续保温 30min，使花色素苷类物质充分溶出。

③ 冷却过滤。冷却萃取液，并粗滤，除去残渣。上清液用酸调整 pH 为 2.5～4.0。加入乙醇，并充分搅拌，静置浸提，使蛋白质、果胶等物质充分沉淀。

④ 过滤。离心除去乙醇浸提的沉淀物。

⑤ 浓缩。采用真空浓缩法浓缩再过滤的分离上清液，浓缩条件为温度 50～55℃，真空度 0.906～0.959MPa，浓缩时间以上清液成红色膏状物为标准，即为葡萄皮浸膏，为成品Ⅰ。

⑥ 喷雾干燥。采用喷雾法干燥上清液，即得葡萄皮红色素的粉剂，即为成品Ⅱ。

2. 胡萝卜素的提取

胡萝卜素是一种重要的食用色素，它具有食品着色剂和营养增补剂的双重功能。其中 β-胡萝卜素及类胡萝卜素是维生素 A 原，在人体内可以被转化成维生素 A，具有较好的抗氧化性。它可消除人体内的氧自由基，因而具有抗衰老、防癌等保健功效。目前，胡萝卜素作为色素和保健功能性食品添加剂越来越受到消费者欢迎。

(1) 工艺流程

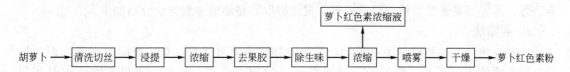

胡萝卜 → 清洗切丝 → 浸提 → 浓缩 → 去果胶 → 除生味 → 浓缩 → 喷雾 → 干燥 → 萝卜红色素粉

（浓缩 ↑ 萝卜红色素浓缩液）

(2) 操作要点

① 原料。应选择深红色、质地紧密、不空心、不发软、无虫蛀、色素含量高的胡萝卜为原料。

② 浸提。以 50% 的乙醇作为浸提剂，使用量为：乙醇：胡萝卜=1.2：1，用 1mol 的盐酸调节 pH 至 4，60℃浸提，浸提时间 1h，连续提取三次，然后过滤，合并滤液。

③ 浓缩。分两次进行。第一次在回收乙醇后浓缩至原体积的 6.5%～10%；第二次在除生味后，浓缩至色素液含花色苷 20% 左右。

④ 去果胶。用果胶酶水解果胶，酶用量 0.15%～0.2%，酶解条件为 pH3～4，温度 30～40℃，时间 3～5h。随后用等量的乙醇沉淀除胶。

⑤ 除生味。将去掉果胶的色素液加入 3% 白皮白心萝卜汁，调节 pH 至 3.5，在 35℃下处理 1h，然后把色素液放入高压锅内，在尽量短的时间内升温至 121℃，然后停止加热，立即放出全部蒸汽。

⑥ 干燥。将浓缩液用喷雾干燥设备进行干燥。

3. 辣椒红素的提取

辣椒红素是存在于辣椒中的类胡萝卜色素，可用于椒酱肉、辣味鸡等罐头食品的着色，也可用于饮料的着色。

（1）工艺流程

干辣椒 → 粉碎 → 乙醇提取 → 蒸馏 → 乙酸乙酯萃取 → 碱水处理 → 除杂处理 → 蒸馏 →

干燥 → 包装 → 成品

（2）操作要点

① 乙醇提取。将粉碎后的辣椒粉投入提取罐中，用95%的乙醇连续提取红辣椒至无红色，将得到的提取液蒸馏去除乙醇，可得到辣椒油浸膏。

② 蒸馏、乙酸乙酯萃取。用水蒸气蒸馏辣椒油浸膏，馏去残余的乙醇，同时可部分蒸去辣味。然后用乙酸乙酯萃取，可得辣椒油树脂。

③ 碱水处理。取一定量的辣椒油树脂，加入20%NaOH溶液，料液比为1∶4.5。搅拌处理4h，控制温度为70℃。

④ 除杂处理。碱水处理后，缓缓加入氢氧化钙作为沉淀剂，料液比为1∶4，使游离脂肪酸转化成难溶的钙盐，生成沉淀。同时加入10%的盐酸调节体系pH8～10，使含辣椒红色素的脂肪酸类和胺酚类以水溶性盐的形式充分游离出来。将调酸后的沉淀离心去除，并低温干燥，干燥后的固形物再放入提取罐中，用乙酸乙酯连续提取至固形物无色为止，除去固形物。

⑤ 蒸馏、干燥。提取液经常压蒸馏去除溶剂乙酸乙酯，进一步浓缩、低温干燥或真空喷雾干燥，即得到粉末状辣椒红色素，包装后就是成品。

三、香精油的提取

香精油具有很高的价值，在食品、日用化工及医药等工业上应用十分广泛。迄今为止，世界上已提取出来的精油有3000种以上，有商业价值的为500种左右。我国已有香料植物62科400余种，其中不少品种在世界上占有重要地位，甚至是唯一的生产品种。柑橘、薄荷、葱、蒜等都是重要香精油提取原料。现将提取香精油的主要方法介绍如下。

1. 蒸馏法

一般香精油的各种组分沸点较低，受热时随同水蒸气挥发，在冷凝时与水蒸气同时冷凝，但香精油不溶于水，密度小，因而可进一步分离纯化。该方法在提取香精油时用得最多。

蒸馏方式主要有三种。

（1）水中蒸馏法 水中蒸馏是将原料完全浸入蒸馏锅的水中，加热沸腾使水蒸气和精油溢出，再经过冷凝，使精油和水分离的一种水蒸馏法。该法除不能用于精油在沸水中易溶解、分解、水解的植物，广泛适合于多种植物。但是，水中蒸馏也有缺点，如加热温度较高，可能导致精油的某些成分分解；过热会使植物材料焦化，影响产品质量；温度高，低沸点和水溶性组分容易缺失。

（2）水上蒸馏法 在蒸馏锅的下部设置一块多孔的隔板，将切分或不切分的原料置于隔板上，然后加热蒸馏锅，使隔板下的水沸腾，精油被水蒸气从原料中蒸出，再冷凝分离的一种水蒸馏法。该法原料与水不直接接触，精油中的低沸点组分不会溶解，设备简单，适合多种植物精油的提取。

（3）水蒸气蒸馏 是用蒸汽锅炉产生的蒸汽将香精油原料组织中的芳香成分蒸馏出来的方法。该方法可用于大规模生产，除细的粉末易被蒸汽黏着而结块外，其他原料均可适用，种子、根、木质原料利用此法最为适宜。

2. 浸提法

浸提法是应用有机溶剂把香精油提取出来的方法。浸提法又分为以下3种。

（1）油脂冷浸法　在常温下以油脂或石蜡油从原料中萃取其芳香成分（所得的含香油脂称为"香脂"），然后用乙醇浸提香脂，再经蒸馏分离乙醇，就可获得成品。该方法较适用于采摘之后仍有继续发香生理作用的原料。

（2）油脂温浸法　该方法基本同油脂冷浸法，不同的是在稍加温的条件下浸提。该方法较适合采摘后生理活动立即停止的原料的香精油提取。

（3）溶剂浸提法　是指利用有机溶剂如乙醇、乙醚、环己烷、正己烷、石油醚、丙酮等为提取剂，制取精油的技术。由于溶剂的性质不同，适合的原料也不同，如乙醇不能作为花瓣精油的提取剂，否则会因乙醇吸收香气，导致制品香气不足；丙酮适合含酚类精油的提取；含氯溶剂氯仿则适合含胺类化合物的精油提取。因此，应针对不同的植物材料和精油成分，选用不同的有机溶剂，如沙田柚皮精油宜用石油醚、乙醚、环己烷为提取剂，氯仿则不适合。

3. 磨榨法

磨榨法应用面较窄，尤其是冷磨法，主要用于各类柑橘原料香精油的提取。柑橘果实的芳香油主要分布在果皮的油胞中，其基本原理是使这些油胞破裂使香精油流出。此外，姜、蒜等香精油的提取也可采用冷榨法。

（1）冷磨法　冷磨法是针对柑橘类水果提取香精油而设计的一种方法。一般是将坚实的柑橘全果，按大小分级，漂洗，并用0.5％碳酸钠溶液浸泡1～3min，以除去果实表面腊质。碳酸钠溶液每小时补充0.25％，每4h更换一次。然后将原料送入有齿轮、磨壁有针刺的磨油机中，磨破或刺破果实表皮的油胞，使芳香油流出，再喷水冲洗。获得的油水混合物经过滤，高速离心分离（6000r/min的油水分离机），最后将香精油在5～10℃条件下，静置5～7天，让杂质沉淀，过滤并包装。提取香精油后的果实可供榨汁、制酱、作橘饼使用，果皮还可进一步提取果胶。

（2）冷榨法　冷榨法是将原料经预处理后，施加一定压力，榨出香精油及水分等杂质，然后经过滤、离心分离、静置，最后过滤包装为成品的一种香精油提取方法。

4. 吸附法

在香料的加工中，吸附法的应用远较蒸馏法、浸提法为少。在水蒸气蒸馏时，分去精油的馏出水常常溶解有一部分精油，这部分精油的回收可以用活性炭吸附法。处于气体状态香气成分的回收也可采用吸附法。常用的吸附剂有硅酸和活性炭。活性吸附剂吸附的精油达饱和以后，再用溶剂浸提脱附，蒸去溶剂，即得吸附的精油。

5. 超临界 CO_2 萃取技术

利用超临界 CO_2 萃取技术（SFE）提取植物精油是基于超临界流体（SCF）特殊的理化性质。与传统的精油提取方法相比，超临界 CO_2 萃取技术在植物精油、香气提取中显示出很大的优势，制得的产品具有传统工艺所无法比拟的优点，如单萜烯类较少，有较多的头香成分，因为萃取是在低温下进行的，底香较好，香气持久，有效防止对热敏性及化学不稳定性组分的破坏，更适于香辛料的萃取。

6. 液氮冷冻研磨技术

这项技术主要是利用液氮从液态转化为气态时可产生-112℃低温的性质，将液氮喷洒在物料表面，使物料在8s内迅速降到-70℃左右，改变物料的脆性、韧性等，使物料更加容易粉碎。

与常温研磨相比，液氮冷冻研磨具有以下优点：降低了研磨温度，显著降低了精油的挥发性，精油损失少。一般精油的损失仅为常温研磨的1/400～1/300。降低了风味物质的氧化，芳香物质被液氮包围，风味成分的氧化变质受到了抑制。液氮冷冻后，使研磨香料颗粒的物理结构得到了改良，从而使有效成分在制品中得到更好的保护。

四、糖苷类物质的提取

糖苷类是糖与醛、酚、醇等含烃基化合物结合的酯态化合物。在柑橘类果实中含有橙皮苷、柚皮苷、柠檬苷等多种糖苷类，苷类大多具有苦味，这是柑橘类果实苦味的来源，有些苷类本身虽不显出苦味，但当它与酸接触化合时即可尝出苦味，这是在加工中或者腐败的果实中产生苦味的原因。在综合利用中以提取橙皮苷及柚皮苷为主，在医药上可用来防治动脉硬化、心肌梗死、微血管脆弱等，此外还有治疗伤风感冒的效应。它们含量虽微，应尽量加以提取，其制取方法如下。

1. 橙皮苷的提取

纯橙皮苷（$C_{28}H_{34}O_{15}$）为白色细针状晶体，带苦味，熔点 $258\sim262℃$。橙皮苷广泛存在于柑橘的果皮和橘络中，其中甜橙、酸橙、温州蜜柑、红橘等均含有丰富的橙皮苷。橙皮苷仅溶于碱液、热酒精及热甲醇，在冷水、热水、冷酒精中极难溶解或不溶解。生产上就利用它的这个特性，常采用热酒精、甲醇等溶剂提取或碱液提取两种方法。前者提取的橙皮苷质量高，但耗用溶剂多，成本较高；后者方法简便，但得率较低，且杂质较多。现将这两种提取方法介绍如下。

(1) 溶剂提取法 新鲜橙皮最好削去油胞层，以白皮层作原料，将其破碎，用清水洗净，并用热水煮 10min，压榨除去过多的水分，再用 90% 冷酒精浸 8h，酒精用量为果皮的 1 倍左右。这一系列处理的目的是洗净除杂，以保证成品的纯度及色泽。将上述处理过的果皮放入装有回流装置的容器内，加入浓度为 50% 的酒精，其用量为果皮的 $2\sim3$ 倍。将容器密封，在水浴中加热回流抽提，温度控制在 80℃ 以下。抽提 1.5h 后，滤出抽提液，并将残渣内液体压出，加入到抽提液中。将抽提液蒸馏，回收酒精，冷却 $3\sim4h$ 后即见大量结晶析出，静置让其充分沉淀，最好在低温下进行，得率较高。沉淀后用虹吸法除去上层清液，再用离心机将沉淀物中的水分尽量除去。最后在 70℃ 温度下烘干。所得成品颜色洁白，纯度较高，一般得率约为 0.3%。

(2) 碱液浸泡法 此法主要是利用橙皮苷能溶解在碱液中转变为黄色橙皮苷，其性质不稳定，遇酸立即析出橙皮苷。此法可与前述提取香精油的压榨法配合进行。在压榨法提取香精油中，为了提高压榨效率而将果皮浸泡于饱和的石灰水中，石灰水可浸泡 3 次，使其中有较多的橙皮苷，以此为原料来提取橙皮苷。此外，用其他方法提取香精油的果皮也可用做原料。要注意调整饱和石灰水的酸碱度，整个浸泡过程应保持 pH 在 11 以上，每次浸泡时间为 $6\sim12h$。浸泡完毕后，将浸提液过滤，滤液要求透明，无细小颗粒。然后在滤液中加盐酸中和酸化至 pH 为 $4.5\sim5$，在 $70\sim90℃$ 条件下保温 1h 左右，逐渐见到灰白色或黄色结晶颗粒浮动，让其自然沉降，与溶液分离。试验结果证明，不同 pH、不同温度下处理，产品得率差异较大。将沉淀物与溶液分离后，用虹吸法除去上层清液，用离心机除去沉淀物中的水分，在较低温度下及时烘干，然后粉碎过筛，即得到灰白色或橙黄色粉末状的橙皮苷粗制品。

2. 柚皮苷的提取

柚皮苷（$C_{27}H_{32}O_{14}$）在葡萄柚的果皮中最多，味极苦，也称苦味素。柚皮苷易溶于水，其溶解度随温度的提高而增大，在稀酸中则易水解。抽提时，可将果皮破碎，加水浸没，水的用量不宜过多，煮沸 10min，滤出抽提液，可以用抽提液多浸几次新鲜原料，尽量提高其中抽提物的含量。最后以真空浓缩3～5倍以上，静置冷却。最好在0～3℃的低温下静置，结晶析出后，待其充分沉淀后再分离，分出的清液可再用做抽提，以避免其中抽提物的损失。所得的沉淀以60℃烘干，粉碎后即为粗制成品。

五、酶的提取

（一）菠萝蛋白酶的提取

菠萝蛋白酶是菠萝下脚料综合利用的重要产品之一。由于菠萝蛋白酶具有很强的分解蛋白质的能力，因此其用途极为广泛。工业上用于皮革脱毛、蚕茧脱胶、肉类软化、明胶制造、啤酒澄清等，特别在医疗上，用于治疗水肿及多种炎症效果很好。生产方法主要有吸附法和单宁法两种。

1. 吸附法

（1）工艺流程

原料 → 压榨去汁 → 吸附 → 洗脱 → 盐析 → 离心分离 → 溶解 → 过滤 → 沉淀 →

离心分离 → 冷冻干燥 → 菠萝蛋白酶

（2）操作要点

① 压榨。把加工后的菠萝皮洗净用压榨机压出汁液，然后按汁液体积加入0.05％的苯甲酸钠（防腐剂），置4℃冰箱或冷库中保存备用。

② 吸附。将汁液移入搪瓷缸中，边搅拌边加入4％的白陶土（又称高岭土）于10℃左右吸附30min，然后静置过夜。翌日吸去上层清液，收集下层白陶土吸附物。

③ 洗脱。在上述白陶土吸附物中加入7％氢氧化钠溶液，调节pH至7.0左右，再加入吸附物重50％的硫酸铵粉末，搅拌40min后进行洗脱，然后压滤，弃去杂物，收集滤液。

④ 盐析。将压滤液收集到搪瓷桶中，用1∶3的盐酸（即1份浓盐酸加3份水）调节pH至5.0左右，边搅拌边加入压滤液重25％的硫酸铵粉末，待硫酸铵完全溶解后，置于4℃的环境中过夜，离心弃去上层清液，收集下层盐析物，得粗品。

⑤ 溶解。将粗品放入另一搪瓷桶中，加入10倍量的自来水，用16％的氢氧化钠溶液调节pH至7.0～7.5，搅拌使其溶解，然后过滤，除去杂质，收集滤液。

⑥ 沉淀、干燥。在搅拌下用1∶3的盐酸调节上述滤液的pH至4.0，然后静置使酶析出，于离心机上分离出沉淀物，弃去离心液，沉淀冷冻干燥即得菠萝蛋白酶产品。

2. 单宁法

（1）工艺流程

菠萝茎 → 压榨取汁 → 去杂 → 沉淀 → 离心分离 → 洗脱 → 过滤 → 沉淀 → 减压干燥 → 菠萝蛋白酶

（2）操作要点

① 压榨。将菠萝茎切成小块，用压榨机压出汁液。

② 去杂质。将汁液移入搪瓷缸中，在搅拌下加入汁液重10％的固体氯化钠，然后于10℃的环境中放置13h左右，过滤分出滤液。残渣加入等量水后，再加入10％固体氯化钠，然后用柠檬酸调节pH至4.5左右，搅拌均匀，浸泡40min，过滤分离出滤液（合并两次滤液）。

③ 沉淀。将滤液移入搪瓷桶中，在搅拌条件下，按滤液体积加入0.05％的EDTA-2Na、0.06％的二氧化硫、0.02％的维生素C（作稳定剂）及0.6％左右的鞣酸，于4℃条件下静置10h，然后离心分出沉淀物。

④ 洗脱、干燥。将沉淀物放入搪瓷桶中，加入 2～3 倍量的 pH4.5 的抗坏血酸溶液，搅拌洗脱 40min，然后过滤，收集滤液，减压干燥，即得菠萝蛋白酶产品。

（二）超氧化物歧化酶的提取

超氧化物歧化酶（SOD）是广泛存在于生物体内的一种金属酶，是清除人体内超氧阴离子自由基的最佳催化剂之一，因而受到广泛重视。国内外都在开展 SOD 在抗衰老方面的基础研究，并且在治疗风湿性关节炎、放射治疗后炎症、免疫系统疾病方面进行了临床应用研究，取得了较好的疗效。SOD 已成为众多制药厂、日化厂和食品加工厂的重要功能性原料。

1. 工艺流程

蒜瓣 → 破碎 → 提取 → 除杂蛋白 → 沉淀 → 离心分离 → 冷冻干燥 → SOD酶制剂

2. 操作要点

（1）破碎 将蒜瓣放在高速组织捣碎机中。加入 2 倍蒜瓣重的 0.05mol/L、pH 为 7.8 的磷酸盐缓冲溶液（使用前应冷藏，保持其温度为 0～4℃），然后高速破碎。

（2）提取 在破碎后的浆液中加入同体积的 0.05mol/L、pH 为 7.8 的磷酸盐缓冲溶液，置于 0～4℃ 的冰箱中放置 24h 后，用冷冻离心机在 5000r/min、2～4℃ 下离心 20min，弃去沉淀，得到 SOD 提取液。

（3）除杂蛋白 在提取液中加入 0.25 倍体积的氯仿-乙醇溶液（氯仿：乙醇＝1：1），迅速搅拌 15min，立即在冷冻离心机中，于 5000r/min、2～4℃ 条件下离心 20min，弃去沉淀，得到 SOD 粗酶液。

（4）沉淀 在 SOD 粗酶液中加入等体积的冷丙酮，搅拌 15min，立即在冷冻离心机中，于 5000r/min、2～4℃ 条件下离心 20min，得到 SOD 沉淀。

（5）干燥 将 SOD 沉淀进行冷冻升华干燥后，即可得到 SOD 酶制剂。

任务二十五 柑橘皮中果胶的提取

※【任务描述】

以新鲜柑橘皮或陈皮为原料，完成一系列操作，最后得到果胶。通过实训掌握果胶提取的方法、设备和技术要点。

※【任务准备】

1. 原材料的准备

新鲜柑橘果皮或陈皮，要求干净、无杂质、无霉变、无腐烂。

清洗用水应符合 GB 5749 的要求，工艺用水应采用软化处理的水或蒸馏水。

磷酸、50％乙醇，为食品添加剂。

包装材料、活性炭、硅藻土等，为食品包装材料或食品加工助剂。

2. 加工设备和用具

搅拌机、连续式压滤机、刀片式粉碎机、管式热交换器等。

3. 参考标准

GB 25533—2010《食品安全国家标准 食品添加剂 果胶》。

❋【作业流程】

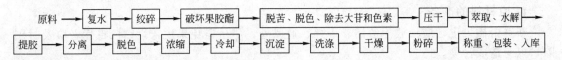

原料 → 复水 → 绞碎 → 破坏果胶酯 → 脱苦、脱色、除去大苷和色素 → 压干 → 萃取、水解 →

提胶 → 分离 → 脱色 → 浓缩 → 冷却 → 沉淀 → 洗涤 → 干燥 → 粉碎 → 称重、包装、入库

❋【操作要点】

(1) 复水 使果皮组织充分吸水。如用鲜果皮，则不需要此工序。

(2) 绞碎 使果皮表面积增大，便于脱苦、脱色和水解。

(3) 破坏果胶酯 将绞碎的果皮迅速煮沸 3～5min，破坏果胶酯，防止果胶损失。

(4) 脱苦、脱色、除去大苷和色素 50～60℃下 2～3h，每隔 0.5～1h 换水 1 次，可用搅拌机增强其效果。

(5) 压干 除去大部分水分，以计算萃取时的用水量。

(6) 萃取、水解提胶 加软水为干料的 10～20 倍，加入盐酸，使溶液的 pH 达到 1.9～3.0，温度保持在 85～98℃，时间为 1～1.5h。一般萃取 1 次，其中可加入少量磷酸，以提高果胶获得率。

(7) 分离 使萃取液与废皮渣分离，可用连续式压滤机进行。

(8) 脱色 萃取液色泽较深，可用活性炭和硅藻土进一步脱色，并不断搅拌，然后进行压滤，以除去吸附剂。

(9) 浓缩 一般用真空浓缩或连续真空浓缩，真空度在 86659.3Pa 以上。

(10) 冷却 用直接喷淋干燥法，此工序可省去。如用沉淀法时，可采取管式热交换器进行冷却。

(11) 沉淀 使果胶从水溶性溶液中析出，一般用乙醇，浓度为 45%～60%。

(12) 洗涤 用 50%乙醇洗涤 1～3 次，并每次压干。以进一步除去色素、异味和萃取时带入的酸。

(13) 干燥 使果胶含水量在 10%以下，可在 80℃以下烘干或真空干燥。真空干燥果胶色较浅，并能回收醇。

(14) 粉碎 将干燥的果胶用刀片式粉碎机粉碎至 40～120 目。

(15) 标准化 测定果胶粉的胶凝力（测定方法可参考相关国家标准）。

(16) 称重、包装、入库 包装材料要卫生，并要求密封，防止果胶粉结块。

❋【成果提交】

《果疏贮藏与加工技术项目学习册》任务工单。

任务二十六　柑橘中香精油的提取

❋【任务描述】

选择合适的原料，通过压榨的方法提取香精油，通过实训掌握香精油提取的工艺要点、提取设备及注意事项。

※ 【任务准备】

1. 原材料的准备

新鲜柑橘果皮，应摊放于清洁、干燥、通风处，尽量避免果皮霉烂，已霉烂者应及时剔除，以免造成污染。

清洗或加工用水应符合 GB 5749 的要求。

小苏打 1kg、碳酸钠 2kg、滤纸、硬脂蜡等。

2. 加工设备及工具

压筛板、螺旋式压榨机、水泵、橘油分离机、虹吸管、棕色玻璃瓶、冷库等。

※ 【作业流程】

原料 → 预处理 → 离心分离 → 静置、抽滤 → 包装、贮存 → 香精油

※ 【操作要点】

1. 挑选

供压榨用的果皮应摊放于清洁、干燥、通风处，尽量避免果皮霉烂，已霉烂者应及时剔除，以免造成污染。

2. 果皮硬化与压榨

用压榨法取油的果皮应进行硬化处理，即将果皮浸入 pH12 的石灰水中。上面加压筛板，使果皮淹没于水中，浸泡 10h 以上，浸到果皮呈黄色无白心，硬而有弹性，压榨时不滑，残渣为颗粒状，过滤时不易糊筛，黏稠度不太大为准。浸好后捞出橘皮用流动水漂洗干净，最后沥干水分备用。

将硬化了的果皮送入螺旋式压榨机中，加压榨出香精油。在加压的同时要喷洒喷淋液，用量约与果皮重量相等。喷淋液的配方是：清水 400～500kg、小苏打 1kg、碳酸钠 2kg，调节 pH 为7～8。这种喷淋液既能加大水油间的密度差异，提高油水分离的效果，又可提高油水混合液的 pH，减少酸性介质对香精油的不良影响。

3. 离心分离

将已过滤的油水混合液用泵送入橘油分离机进行离心分离。经分离后，水流入下方的循环桶中，油浮在上面，积累到一定量时，油由上方出口流入盛溢器内。

混合液进入离心机的流量应该恰当，流量过大，易出混油，流量过小，则影响出油率，在正常情况下，橘油分离机出来的油应当澄清透明。

4. 静置与抽滤

分离出的油需在 5～10℃的冷库中静置 5～7 天，使杂质下沉。然后以虹吸管吸出上面澄清的香精油，并用滤纸过滤。

5. 包装与贮存

柑橘香精油应装于清洁干燥的棕色玻璃瓶中，尽量装满，加盖后再用硬脂蜡密封，贮藏于冷库或阴凉场所。

※ 【成果提交】

《果疏贮藏与加工技术项目学习册》任务工单。

参 考 文 献

[1] 李海林，刘静. 果蔬贮藏加工技术 ［M］. 北京：中国计量出版社，2011.
[2] 赵晨霞. 果蔬贮藏加工实验实训教程 ［M］. 北京：科学出版社，2010.
[3] 卢锡纯. 园艺产品贮藏加工 ［M］. 北京：中国轻工业出版社，2016.
[4] 祝战斌. 果蔬加工技术 ［M］. 北京：化学工业出版社，2016.
[5] 曹健康. 果蔬采后生理生化实验指导 ［M］. 北京：中国轻工业出版社，2007.
[6] 赵晨霞. 果蔬贮藏加工技术. 北京：科学出版社，2006.
[7] 赵丽芹. 园艺产品贮藏加工学. 北京：中国轻工业出版社，2001.
[8] 郭衍银，王相友. 园艺产品保鲜与包装. 北京：中国环境出版社，2004.
[9] 罗云波，蔡同一. 园艺产品贮藏加工学：贮藏篇. 北京：中国农业大学出版社，2003.
[10] 刘升，冯双庆. 果蔬预冷贮藏保鲜技术. 北京：科学技术文献出版社，2001.
[11] 胡安生，王少峰. 水果保鲜及商品化处理. 北京：中国农业出版社，1998.
[12] 刘兴华，陈维信. 果品蔬菜贮藏运销学. 北京：中国农业出版社，2002.
[13] 李家庆. 果蔬保鲜手册. 北京：中国轻工业出版社，2003.
[14] 张子德. 果蔬贮运学. 北京：中国轻工业出版社，2002.
[15] 张平真. 蔬菜贮运保鲜及加工. 北京：中国农业出版社，2003.
[16] 赵晨霞. 果蔬贮运与加工. 北京：中国农业出版社，2002.
[17] 周山涛. 果蔬贮运学. 北京：化学工业出版社，1998.
[18] 赵晨霞. 农产品贮藏加工. 北京：中国农业出版社，2001.
[19] 朱维军，陈月英. 果蔬贮藏保鲜与加工. 北京：高等教育出版社，1999.
[20] 张维一，毕阳. 果蔬采后病理与控制. 北京：中国农业出版社，1996.
[21] 胡小松等. 水果贮藏保鲜实用技术. 北京：科学技术出版社，1992.
[22] 刘国芬. 果蔬贮藏保鲜技术. 北京：金盾出版社，2001.
[23] 陈锦屏. 果品蔬菜加工. 西安：陕西科技出版社，1990.
[24] 张建新. 无公害农产品标准化生产技术概论. 杨凌：西北农林科技大学出版社，2002.
[25] 陈天佑. 绿色食品. 杨凌：西北农林科技大学出版社，2002.
[26] 聂继云. 果品标准化生产手册. 北京：中国标准出版社，2003.
[27] 应铁进. 果蔬贮运学. 杭州：浙江大学出版社，2001.
[28] 叶兴乾等. 果品蔬菜加工工艺学. 北京：中国农业出版社，2002.
[29] 邓伯勋等. 园艺产品贮藏运销学. 北京：中国农业出版社，2002.
[30] 刘北林. 食品保鲜与冷藏链. 北京：化学工业出版社，2004.
[31] 潘瑞炽. 植物生理学. 第5版. 北京：高等教育出版社，2004.
[32] 李富军. 果蔬采后生理与衰老控制. 北京：中国环境科学出版社，2004.
[33] 赵晨霞. 果蔬贮藏与加工. 北京：高等教育出版社，2005.
[34] 吕劳富等. 果品蔬菜保鲜技术和设备. 北京：中国环境科学出版社，2003.
[35] 赵晨霞. 园艺产品贮藏与加工. 北京：中国农业出版社，2005.
[36] 陆兆新. 果蔬贮藏加工及质量管理技术. 北京：中国轻工业出版社，2004.
[37] 徐照师. 果品蔬菜贮藏加工实用技术. 延边：延边人民出版社，2003.
[38] 王文辉等. 果品采后处理及贮运保鲜. 北京：金盾出版社，2003.
[39] 秦文，吴卫国等. 农产品贮藏与加工学. 北京：中国计量出版社，2007.
[40] 罗学刚. 农产品加工. 经济科学出版社，1996.
[41] 罗云波，蔡同一等. 园艺产品贮藏加工学：加工篇. 北京：中国农业大学出版社，2001.
[42] 杨士章，徐春仲. 果蔬贮藏保鲜加工大全. 北京：中国农业出版社，1996.
[43] 张晓光. 林果产品贮藏与加工. 北京：中国林业出版社，2002.
[44] 邓桂森，周山涛. 果品贮藏与加工. 上海：上海科学技术出版社，1985.

[45] 陈学平．果蔬产品加工工艺学．北京：中国农业出版社，1995．

[46] 华南农学院．果品蔬菜贮藏加工学．北京：农业出版社，1981．

[47] 无锡轻工业学院，天津轻工业学院．食品工艺学：中册．北京：轻工业出版社，1983．

[48] 龙燊．果蔬糖渍工艺学．北京：轻工业出版社，1987．

[49] 杨巨斌，朱慧芬．果脯蜜饯加工技术手册．北京：科学出版社，1988．

[50] 赵晨霞，祝战斌．果蔬贮藏加工实验实训教程．北京：科学出版社，2006．

[51] 何国庆．食品发酵与酿造工艺学．北京：中国农业出版社，2001．

[52] 顾国贤．酿造酒工艺学．北京：中国轻工业出版社，2005．

[53] 张宝善，王军．果品加工技术．北京：中国轻工业出版社，2002．

[54] 孟宪军等．食品工艺学概论．北京：中国农业出版社，2006．

[55] 武杰．脱水食品加工工艺与配方．北京：科学技术文献出版社，2002．

[56] 曾庆孝等．食品加工与保藏原理．北京：化学工业出版社，2007．

[57] 潘静娴等．园艺产品贮藏加工学．北京：中国农业大学出版社，2007．

[58] 禹邦超，胡耀星．酶工程．武汉：华中师范大学出版社，2005．

[59] 廖传华，黄振仁．超临界流体与食品深加工．北京：中国石化出版社，2007．

[60] 张峻，齐崴，韩志慧等．食品微胶囊、超微粉碎加工技术．北京：化学工业出版社，2005．

[61] 李冬生，曾凡坤．食品高新技术．北京：中国计量出版社，2007．

[62] 张德权，胡晓丹．食品超临界 CO_2 流体加工技术．北京：化学工业出版社，2005．

[63] 袁勤生，赵健．酶与酶工程．上海：华东理工大学出版社，2005．

[64] 陈功等．净菜加工技术．北京：中国轻工出版社，2001．

[65] 张德权，艾启俊．蔬菜深加工新技术．北京：化学工业出版社，2003．

[66] 陈月英．果蔬贮藏技术．北京：化学工业出版社，2008．

[67] 王丽琼．果蔬贮藏与加工．北京：中国农业大学出版社，2008．

果蔬贮藏与加工技术项目学习册

刘新社　聂青玉　主编

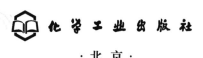

化学工业出版社

·北京·

任务工单一　果蔬含酸量的测定与化学特性评价

姓　名		学　号		指导教师	
班　级		组　号		日　期	
任务描述					

【任务资讯】

1. 果蔬中的主要化学成分有哪些?

2. 果蔬中主要有哪几种有机酸? 它们在贮藏过程中如何变化?

3. 测定果蔬含酸量的原理是什么? 如何确定折算系数?

【任务实施】

1. 相关标准查阅、准备工作

2. 工作流程

3. 操作要点记录

4. 结果与分析

（1）NaOH 的标定

初读数 $V_初$/mL	终读数 $V_末$/mL	实读数 $V_实$/mL	标定值/mg
氢氧化钠浓度 /(mol/L)			

（2）样品含酸量测定记录计算

样品名称	NaOH 浓度 /(mol/L)	消耗标液体积 V_1/mL	空白消耗标液体积 V_0/mL	总酸含量 /(g/100g)	以何种酸计

（3）果蔬化学特性综合评价

【检查与评估】

1. 相关能力提升总结

2. 存在的问题及改进方案

3. 综合评分表

自评 30%	小组互评 30%	教师评价 40%	综合评分

任务工单二　果蔬感官品质的评定

姓　名		学　号		指导教师	
班　级		组　号		日　期	
任务描述					

【任务资讯】

1. 果蔬的呈色物质主要有哪些? 如何测定果蔬的色泽?

2. 影响果蔬香味的芳香成分有哪些?

3. 影响果蔬产品品质的主要呈味物质有哪些? 如何进行含量测定?

4. 什么是果蔬的质地特性? 如何进行质地检测与评价?

【任务实施】

1. 相关标准查阅、准备工作

2. 工作流程

3. 操作要点记录

4. 结果与分析

评定项目	评定结果	评定项目	评定结果
单果重量		果肉比率	
果形指数		果实硬度	
果面颜色		可溶性固形物含量	
果实硬度		果实密度	
果蔬感官品质综合评价			

【检查与评估】

1. 相关能力提升总结

2. 存在的问题及改进方案

3. 综合评分表

自评 30%	小组互评 30%	教师评价 40%	综合评分

任务工单三　果蔬维生素C含量测定与营养品质评价

姓　名		学　号		指导教师	
班　级		组　号		日　期	
任务描述					

【任务资讯】

1. 果蔬的营养成分有哪些？它们在成熟衰老过程中如何变化？

2. 采用2,6-二氯靛酚法测定果蔬中维生素C含量的原理是什么？

3. 维生素C的化学性质是什么？对人体有何营养价值？

4. 如何进行营养品质综合评价？

【任务实施】

1. 相关标准查阅、准备工作

2. 工作流程

3. 操作要点记录

4. 结果与分析
（1）维生素 C 含量测定记录计算

样品名称	样品数量/g	样液的总体积/mL	滴定时所用样品液的量/mL	滴定样品所用染料量/mL				空白滴定所用染料量/mL				维生素 C 含量/(mg/100g)
				1	2	3	平均	1	2	3	平均	

（2）果蔬营养品质综合评价

【检查与评估】

1. 相关能力提升总结

2. 存在的问题及改进方案

3. 综合评分表

自评 30%	小组互评 30%	教师评价 40%	综合评分

任务工单四　果蔬农药快速检测与卫生品质评价

姓　名		学　号		指导教师	
班　级		组　号		日　期	
任务描述					

【任务资讯】

　　1. 什么是农药残留？农药残留对人体有哪些危害？

　　2. 目前农药残留的检测方法主要有哪些？

　　3. 农药残留对人体有哪些危害？

　　4. 果蔬卫生品质的概念是什么？主要包括哪些指标？

【任务实施】

　　1. 相关标准查阅、准备工作

　　2. 工作流程

3. 操作要点记录

任务工单四　果蔬农药残检测与卫生品质评价

4. 结果与分析

评定项目	评定结果
以胆碱酯酶被有机磷农药抑制	
以胆碱酯酶被氨基甲酸酯农药抑制	
果蔬卫生品质综合评价	

【检查与评估】

1. 相关能力提升总结

2. 存在的问题及改进方案

3. 综合评分表

自评 30%	小组互评 30%	教师评价 40%	综合评分

任务工单五　采前因素对果蔬品质影响调查

姓　名		学　号		指导教师	
班　级		组　号		日　期	
任务描述					

【任务资讯】

1. 影响果蔬品质的生物因素有哪些？

2. 影响果蔬品质的生态因素有哪些？

3. 影响果蔬产品品质的农业生产技术主要有哪些？

【任务实施】

1. 相关标准查阅、准备工作

2. 工作流程

3. 问卷调查表的设计与实地调查

4. 结果与分析

调查项目	调查结果
生物因素	
生态因素	
农业生产技术	
采前因素对果蔬品质影响综合评价	

【检查与评估】

1. 相关能力提升总结

2. 存在的问题及改进方案

3. 综合评分表

自评 30%	小组互评 30%	教师评价 40%	综合评分

10

任务工单六　果蔬呼吸强度测定与采后生理特性评价

姓　名		学　号		指导教师	
班　级		组　号		日　期	
任务描述					

【任务资讯】

1. 呼吸作用的概念是什么？有哪两种类型？

2. 影响果蔬呼吸强度的因素有哪些？

3. 控制果蔬采后呼吸对贮藏有何意义？

4. 果蔬贮藏过程中的生理活动有哪些？如何影响果蔬的耐贮性和抗病性？

【任务实施】

1. 相关标准查阅、准备工作

2. 工作流程

3. 操作要点记录

4. 结果与分析

项目	结果与评价
呼吸强度	
其他生理指标	
果蔬采后生理特性综合评价	

【检查与评估】

1. 相关能力提升总结

2. 存在的问题及改进方案

3. 综合评分表

自评 30%	小组互评 30%	教师评价 40%	综合评分

任务工单七　常见果蔬采后病害识别

姓　名		学　号		指导教师	
班　级		组　号		日　期	
任务描述					

【任务资讯】

1. 果蔬贮藏期间低温伤害的预防措施是什么？

2. 果蔬贮藏期间的气体伤害有哪些？如何预防？

3. 什么是果蔬侵染性病害？果蔬采后侵染性病害的病原物主要是什么？

4. 影响果蔬贮藏病理性病害的因素和预防措施有哪些？

【任务实施】

1. 相关标准查阅、准备工作

2. 工作流程

3. 果蔬采后病害观察记录

（1）主要贮藏病害的观察记录表

编号	果蔬名称	病害名称	主要症状	病因	预防措施

（2）采后病害发生的原因分析

（3）采后病害防治的措施建议

【检查与评估】

1. 相关能力提升总结

2. 存在的问题及改进方案

3. 综合评分表

自评 30%	小组互评 30%	教师评价 40%	综合评分

任务工单八　果蔬的采收

姓　名		学　号		指导教师	
班　级		组　号		日　期	
任务描述					

【任务资讯】

　　1. 确定果蔬采收成熟度的方法是什么？

　　2. 果蔬采收的原则是什么？

　　3. 果蔬的采收方法有哪两类？各有何特点？

　　4. 采收时的注意事项有哪些？

【任务实施】

　　1. 相关标准查阅、准备工作

　　2. 工作流程

　　3. 采收方案编制

4. 操作要点记录

【检查与评估】

1. 相关能力提升总结

2. 存在的问题及改进方案

3. 综合评分表

自评 30％	小组互评 30％	教师评价 40％	综合评分

16

任务工单九　果蔬采后商品化处理

姓　名		学　号		指导教师	
班　级		组　号		日　期	
任务描述					

【任务资讯】

1. 果蔬采后商品化处理是什么？目的是什么？

2. 果蔬采后商品化处理的主要环节有哪些？

3. 果蔬分级的方法主要有哪些？

4. 果蔬采后包装的作用和对包装容器的要求是什么？

【任务实施】

1. 相关标准查阅、准备工作

2. 工作流程

3. 采后处理方案编制

4. 操作要点记录

【检查与评估】
　　1. 相关能力提升总结

　　2. 存在的问题及改进方案

　　3. 综合评分表

自评 30%	小组互评 30%	教师评价 40%	综合评分

任务工单十 果蔬的催熟脱涩处理

姓　名		学　号		指导教师	
班　级		组　号		日　期	
任务描述					

【任务资讯】

　　1. 常需要采取催熟的果蔬产品有哪些？催熟的目的是什么？

　　2. 果蔬催熟常用方法有哪些？

　　3. 影响果蔬脱涩的因素有哪些？

　　4. 果蔬脱涩常用方法有哪些？

【任务实施】

　　1. 相关标准查阅、准备工作

　　2. 工作流程

　　3. 催熟脱涩处理方案编制与操作

（技术工作十一 果蔬的储藏保鲜）

4. 结果观察记录

品种	处理方法	处理日期	处理前品质		处理后品质 （色、味、质地）
			开始	结束	

【检查与评估】

1. 相关能力提升总结

2. 存在的问题及改进方案

3. 综合评分表

自评 30%	小组互评 30%	教师评价 40%	综合评分

任务工单十一　贮藏环境中氧气和二氧化碳含量的测定

姓　名		学　号		指导教师	
班　级		组　号		日　期	
任务描述					

【任务资讯】

1. 影响果蔬产品贮藏时间和贮藏品质的环境因素主要有哪些？

2. 什么是常温贮藏？有何优缺点？

3. 果蔬常温贮藏的方式有哪些？各有什么特点？

4. 如何进行常温贮藏管理？

【任务实施】

1. 准备工作

2. 工作流程

3. 通风贮藏库的参观，记录贮藏库的布局与结构以及管理措施和存在的问题

4. 贮藏环境中氧气和二氧化碳含量测定结果记录

【检查与评估】

    1. 相关能力提升总结

    2. 存在的问题及改进方案

    3. 综合评分表

自评 30%	小组互评 30%	教师评价 40%	综合评分

任务工单十二　当地主要农产品贮藏库调查

姓　名		学　号		指导教师	
班　级		组　号		日　期	
任务描述					

【任务资讯】

　　1. 机械冷藏的原理是什么？有哪几种冷却方式？

　　2. 气调贮藏的原理是什么？有哪些方式？各有何特点？

　　3. 说明冷库的使用和管理要点。

　　4. 气调贮藏管理应注意哪些问题？

【任务实施】

　　1. 准备工作

　　2. 工作流程

　　3. 参观调查方案编制与问卷设计

23

作表工单十二 北地主教贮藏产品实验单表工

4. 参观调查结果记录

贮藏方式	贮藏种类	库址选择	主要建材	通风系统	贮藏容量	贮藏品种	贮藏效果

【检查与评估】

1. 相关能力提升总结

2. 存在的问题及改进方案

3. 综合评分表

自评 30%	小组互评 30%	教师评价 40%	综合评分

任务工单十三　常见果蔬保鲜实验与贮藏方案编制

姓　名		学　号		指导教师	
班　级		组　号		日　期	
任务描述					

【任务资讯】

　　1. 列表说明各类果蔬的贮藏特性。

　　2. 调查本地区主要果蔬的种类品种，并简述其贮藏方式。

　　3. 分析当地主要果蔬在贮藏过程中存在的主要问题，并提出相应的解决措施。

　　4. 本地区主要果蔬贮藏管理措施有哪些？

【任务实施】

　　1. 准备工作

　　2. 工作流程

　　3. 贮藏方案编制与实施

25

4. 贮藏效果评价

品种	贮藏条件			贮藏时间		固形物/%		硬度/(kg/cm²)		色泽			风味	贮藏效果		
	温度	湿度	气体	入贮期	贮藏天数	贮前	贮后	贮前	贮后	果皮	果肉	果心		好果数	烂果数	好果率/%

【检查与评估】

1. 相关能力提升总结

2. 存在的问题及改进方案

3. 综合评分表

自评 30%	小组互评 30%	教师评价 40%	综合评分

任务工单十四　果蔬加工中的护色

姓　名		学　号		指导教师	
班　级		组　号		日　期	
任务描述					

【任务资讯】

1. 果蔬加工中变色的原因有哪些?

2. 常用的果蔬加工护色方法有哪些?分别的护色机理是什么?

3. 本次实训任务中,哪种方法护色效果最好?说明原因。

【任务实施】

1. 相关标准查阅、准备工作

2. 工艺流程

3. 操作要点记录

27

4. 结果与分析

表 1　不同处理原料颜色变化情况

处理方法 原料名称	对　　照	清水护色	1.0%NaCl	0.5%柠檬酸	2%NaHSO₃	热烫护色
苹果片						
梨片						
马铃薯片						

表 2　不同处理原料干燥后颜色变化情况

处理方法 原料名称	对　　照	清水护色	1.0%NaCl	0.5%柠檬酸	2%NaHSO₃	热烫护色
苹果片						
梨片						
马铃薯片						

【检查与评估】

1. 相关能力提升总结

2. 存在的问题及改进方案

3. 综合评分表

自评 30%	小组互评 30%	教师评价 40%	综合评分

任务工单十五　糖水水果罐头制作

姓　名		学　号		指导教师	
班　级		组　号		日　期	
任务描述					

【任务资讯】

1. 果蔬罐头有哪些类别？分别找出相应的产品标准。

2. 果蔬罐头加工的原理是什么？罐头一般采用哪些杀菌方法？

3. 果蔬罐头加工对原料的要求有哪些？果蔬罐头加工对调配用水有何要求？

4. 果蔬罐头为什么要进行保温和商业无菌检验？

5. 糖水橘子罐头加工中，酸碱去囊衣的原理是什么？

【任务实施】

1. 相关标准查阅、准备工作

2. 工艺流程

3. 操作要点记录

4. 结果与分析

评定项目		评定结果
感官指标	色泽	
	滋味、气味	
	组织形态	
	杂质	
净重		
固形物含量	镀锡薄板容器罐头	
	玻璃瓶装罐头	
	软包装柑橘罐头	
可溶性固形物含量(20℃,按折光计法)		
pH		
卫生要求		

【检查与评估】

1. 相关能力提升总结

2. 存在的问题及改进方案

3. 综合评分表

自评 30%	小组互评 30%	教师评价 40%	综合评分

任务工单十六　番茄浆的加工

姓　名		学　号		指导教师	
班　级		组　号		日　期	
任务描述					

【任务资讯】

1. 果蔬汁制品类别有哪些？找出相应果蔬汁制品的产品标准。

2. 果蔬榨汁前为什么要进行热处理和酶处理？

3. 澄清型果蔬汁的澄清方法有哪些？分别依据哪些原理？

4. 浑浊型果蔬汁如何保证其均匀稳定？依据什么原理？

5. 常见的果蔬汁制品的质量问题有哪些？其分别的引起原因是什么？如何解决和预防？

【任务实施】

1. 相关标准查阅、准备工作

2. 工艺流程

3. 操作要点记录

4. 结果与分析

评定项目		评定结果
感官指标	色泽	
	滋味、气味	
	组织形态	
	杂质	
番茄浆含量(质量分数)/%		
锌、铜、铁总和(仅限于金属罐装制品)/(mg/L)		
污染物限量		
真菌毒素		
农药残留限量		
微生物限量	商业无菌	
	致病菌	

【检查与评估】

1. 相关能力提升总结

2. 存在的问题及改进方案

3. 综合评分表

自评 30%	小组互评 30%	教师评价 40%	综合评分

任务工单十七　果脯蜜饯的制作

姓　名		学　号		指导教师	
班　级		组　号		日　期	
任务描述					

【任务资讯】

1. 糖煮时，为何实行分次加糖？

2. 在进行硬化和护色处理时，能否用石灰替换氯化钙？为什么？

3. 制作冬瓜条时，为何有时会出现制品收缩（中间凹陷）、制品发黄的现象？

4. 造成果脯"返砂"与"流汤"的原因是什么？如何预防？

【任务实施】

1. 相关标准查阅、准备工作

2. 工艺流程

3. 操作要点记录

4. 结果与分析

	项目	评定结果
感官指标	色泽	
	滋味、气味	
	组织形态	
	杂质	
水分含量(质量分数)/%		
总糖(以葡萄糖计,质量分数)/%		
氯化钠(质量分数)/%		
污染物限量		
真菌毒素		
农药残留限量		

	采样方案^①及限量	n	c	m	M
微生物限量					
	菌落总数/(CFU/g)				
	大肠菌群/(CFU/g)				
	霉菌/(CFU/g)				

① 样品的分析及处理按 GB 4789.1 和 GB/T 4789.24 执行。

【检查与评估】

1. 相关能力提升总结

2. 存在的问题及改进方案

3. 综合评分表

自评 30%	小组互评 30%	教师评价 40%	综合评分

任务工单十八　苹果果酱的制作

姓　名		学　号		指导教师	
班　级		组　号		日　期	
任务描述					

【任务资讯】

　　1. 制作果酱可否添加少量氯化钙？

　　2. 加工苹果酱时，若不外加柠檬酸可否？

　　3. 试说明果酱的浓缩重点如何判定？

　　4. 果酱中产生汁液分泌和结晶是何原因造成的？如何避免？

【任务实施】

　　1. 相关标准查阅、准备工作

　　2. 工艺流程

　　3. 操作要点记录

4. 结果与分析

项目		评价结果
感官指标	色泽	
	滋味、气味	
	组织形态	
	杂质	
可溶性固形物(以 20℃折光计)		
总砷(以 As 计)/(mg/kg)		
铅(Pb)/(mg/kg)		
锡(Sn)/(mg/kg)		
污染物限量		
真菌毒素		
农药残留限量		
微生物要求		

【检查与评估】

1. 相关能力提升总结

2. 存在的问题及改进方案

3. 综合评分表

自评 30%	小组互评 30%	教师评价 40%	综合评分

任务工单十九　黄花菜的干制加工

姓　名		学　号		指导教师	
班　级		组　号		日　期	
任务描述					

【任务资讯】

1. 黄花菜为什么要进行漂烫处理？

2. 在干燥过程中，黄花菜经历了几个温度阶段？为什么要这样干燥？

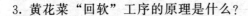

3. 黄花菜"回软"工序的原理是什么？

4. 黄花菜干制的原料应满足什么条件？

【任务实施】

1. 相关标准查阅、准备工作

2. 工艺流程

3. 操作要点记录

4. 结果与分析

评定项目		评定结果
感官指标	色泽	
	香气	
	形状	
	复水性	
	杂质	
	霉变	
含水量/%		
总灰分(以干基计)/%		
酸不溶性灰分(以干基计)/%		
砷(以 As 计)/(mg/kg)		
铅(以 Pb 计)/(mg/kg)		
镉(以 Cd 计)/(mg/kg)		
汞(以 Hg 计)/(mg/kg)		
亚硝酸盐(以 $NaNO_2$ 计)/(mg/kg)		
亚硫酸盐(以 SO_2 计)/(mg/kg)		
菌落总数/(CFU/g)		
大肠菌群/(MPN/100g)		
致病菌(系指肠道致病菌及致病性球菌)		

【检查与评估】

1. 相关能力提升总结

2. 存在的问题及改进方案

3. 综合评分表

自评 30%	小组互评 30%	教师评价 40%	综合评分

任务工单二十　葡萄的干制加工

姓　名		学　号		指导教师	
班　级		组　号		日　期	
任务描述					

【任务资讯】

1. 葡萄的干制处理为何要进行浸碱处理？

2. 葡萄干制的方法有哪些？分别有什么特点？

3. 葡萄干制中"熏硫"工艺的目的是什么？

4. 葡萄干制中常存在的质量问题有哪些？如何预防？

【任务实施】

1. 相关标准查阅、准备工作

2. 工艺流程

3. 操作要点记录

4. 结果与分析

评定项目		评定结果
感官指标	外观	
	滋味	
	果粒均匀度/%	
	果粒色泽度/%	
含水量/%		
总糖/%		
破损果粒/%		
杂质/%		
霉变果粒		
虫蛀果粒		

【检查与评估】

1. 相关能力提升总结

2. 存在的问题及改进方案

3. 综合评分表

自评 30%	小组互评 30%	教师评价 40%	综合评分

任务工单二十一　香蕉脆片的加工

姓　名		学　号		指导教师	
班　级		组　号		日　期	
任务描述					

【任务资讯】

1. 真空油炸干燥技术的原理是什么？其产品有何特点？

2. 香蕉脆片脱油采用什么设备？简单说明其工作原理。

3. 哪些果蔬较适合真空油炸脱水干燥？

4. 通过查阅资料，设计一个香蕉脆片的调味拌料配方，并应用于本实训任务中。

【任务实施】

1. 相关标准查阅、准备工作

2. 工艺流程

3. 操作要点记录

4. 结果与分析

评定项目		评定结果
感官指标	色泽	
	滋味和口感	
	形态	
	杂质	
水分/%		
酸价(以脂肪计)		
过氧化值/(g/100g)		

【检查与评估】

1. 相关能力提升总结

2. 存在的问题及改进方案

3. 综合评分表

自评 30%	小组互评 30%	教师评价 40%	综合评分

任务工单二十二　糖醋榨菜的加工

姓　名		学　号		指导教师	
班　级		组　号		日　期	
任务描述					

【任务资讯】

　　1. 蔬菜腌制品类别有哪些？找出相应蔬菜腌制品的产品标准。

　　2. 蔬菜腌制一般可采用什么材料腌制，其腌制保藏的原理是什么？

　　3. 糖醋类腌制蔬菜制品的保质期一般如何？如何延长其保质期？

　　4. 糖醋类腌制蔬菜如何保脆？说明其原理。

【任务实施】

　　1. 相关标准查阅、准备工作

　　2. 工艺流程

3. 操作要点记录

4. 结果与分析

评定项目		评定结果
感官指标	滋味、气味	
	状态	
总砷(以 As 计)/(mg/kg)		
铅(以 Pb 计)/(mg/kg)		
大肠菌群/(MPN/100g)		
致病菌(沙门菌、志贺菌、金黄色葡萄球菌)		

【检查与评估】

1. 相关能力提升总结

2. 存在的问题及改进方案

3. 综合评分表

自评 30%	小组互评 30%	教师评价 40%	综合评分

任务工单二十三　泡菜的加工

姓　名		学　号		指导教师	
班　级		组　号		日　期	
任务描述					

【任务资讯】

1. 泡菜制作的原理是什么？

2. 泡菜在装坛前要对坛进行什么处理？为什么这样做？

3. 导致泡菜失脆的原因有哪些？如何解决失脆的问题？

4. 泡菜发酵期间的管理需要注意哪些事项？

【任务实施】

1. 相关标准查阅、准备工作

2. 工艺流程

3. 操作要点记录

4. 结果与分析

评定项目		评定结果
感官指标	色泽	
	香气	
	滋味	
	体态	
固形物含量/%		
食盐(以 NaCl 计)/%		
总酸(以乳酸计)/%		
总砷(以 As 计)/(mg/kg)		
铅(以 Pb 计)/(mg/kg)		
亚硝酸盐(以 NaNO$_2$ 计)		
大肠菌群/(MPN/100g)		
致病菌(沙门菌、志贺菌、金黄色葡萄球菌)		

【检查与评估】

1. 相关能力提升总结

2. 存在的问题及改进方案

3. 综合评分表

自评 30%	小组互评 30%	教师评价 40%	综合评分

任务工单二十四　速冻豌豆的加工

姓　名		学　号		指导教师	
班　级		组　号		日　期	
任务描述					

【任务资讯】

1. 冻结过程分为哪几个阶段？冻结速度对冻品质量有何影响？

2. 速冻过程中容易出现的质量问题有哪些？如何控制？

3. 速冻中加冰衣如何操作？有何作用？

4. 豌豆速冻前经过哪些处理？这些工序的作用是什么？

【任务实施】

1. 相关标准查阅、准备工作

2. 工艺流程

3. 操作要点记录

4. 结果与分析

项目		评价结果
感官指标	色泽	
	香气	
	杂质	
砷(以 As 计)/(mg/kg)		
铅(以 Pb 计)/(mg/kg)		
镉(以 Cd 计)/(mg/kg)		
菌落总数/(CFU/g)		
致病菌(系指肠道致病菌及致病性球菌)		

【检查与评估】

1. 相关能力提升总结

2. 存在的问题及改进方案

3. 综合评分表

自评 30％	小组互评 30％	教师评价 40％	综合评分

任务工单二十五 柑橘皮中果胶的提取

姓 名		学 号		指导教师	
班 级		组 号		日 期	
任务描述					

【任务资讯】

1. 果胶一般存在果蔬的哪些部位？对提取果胶的原料一般有什么要求？

2. 果胶提取中，将柑橘皮快速蒸煮起到的是什么作用？

3. 果胶提取过程中如何脱色？举例说明。

4. 举例说明果胶在食品工业中的应用。

【任务实施】

1. 相关标准查阅、准备工作

2. 工艺流程

3. 操作要点记录

4. 结果与分析

项目		评定结果
感官指标	色泽	
	组织状态	
干燥减量 w_1/%		
酸不溶性灰分 w_2/%		

【检查与评估】

1. 相关能力提升总结

2. 存在的问题及改进方案

3. 综合评分表

自评 30%	小组互评 30%	教师评价 40%	综合评分

任务工单二十六　柑橘中香精油的提取

姓　名		学　号		指导教师	
班　级		组　号		日　期	
任务描述					

【任务资讯】

1. 香精油一般存在果蔬的哪些部位？对提取香精油的原料一般有什么要求？

2. 香精油提取的预处理有哪些？分别有哪些作用？

3. 香精油的提取方法有哪些？其提取产品有何区别？

4. 果蔬中多糖类及酶类的提取方法分别是什么？

【任务实施】

1. 相关标准查阅、准备工作

2. 工艺流程

3. 操作要点记录

4. 结果与分析

项目		评定结果
感官指标	色泽	
	组织状态	
	香气	

【检查与评估】

1. 相关能力提升总结

2. 存在的问题及改进方案

3. 综合评分表

自评30%	小组互评30%	教师评价40%	综合评分

52

附录 工作任务综合考核评价表

工作任务					
组别/成员					
评价项目	评价标准	分数	评价方式		
			自评	小组互评	教师评价
			30%	30%	40%
素质评价	态度认真、团队协作、积极主动	10			
资讯计划	能查阅相关资料,掌握相关知识;明确任务目标,制订任务计划	20			
任务实施	能按任务工单和计划,运用各种仪器设备完成工作任务	40			
检查改进	检查任务实施情况,对存在问题提出改进方案	15			
提升评估	职业能力提升总结,任务完成情况综合评价	15			
合　计					
总　分					
综合评价					

ISBN 978-7-122-31222-8

定价 49.80元